改訂3版

ザビックス

Zabbix
[Version 4.0対応]

統合監視
実践入門

Zabbix Japan
寺島広大［著］

障害通知、傾向分析、
可視化による省力運用

技術評論社

改訂版に寄せて

　Zabbixの開発を始めた頃、自分がZabbixの書籍のレビューを行うことになるとは夢にも思っていなかった。いまやそれは現実となり、すべての作業を楽しむことができた。

　本書の前身である『Zabbix統合監視［実践］入門』はすでにZabbixの知識を得るための重要な情報源となっており、その改訂版が出版されると聞いたとき、とてもうれしく思ったことを覚えている。

　まだご存知ない方へお伝えしておきたいのは、本書の著者である寺島氏がZabbixの歴史の中でも初期の頃から関わっているアーリーアダプターであり、彼の努力と貢献によりZabbixは日本において人気のある有名な監視ソリューションのひとつとして知られるようになったことだ。

　Zabbixは非常に活発に開発が行われているオープンソースの監視プラットフォームであり、リリースごとに多くの新機能の追加や改善を行っている。本書では、その最新バージョンであるZabbix 4.0の機能を含め、Zabbixの全機能を体系立てて網羅的に解説している。

　Zabbixはどのような規模、複雑性を持つITシステムの監視でも可能とする高い自由度と柔軟性を持っている。本書からは、Zabbixを利用した実際の監視システムの構築のために必要な、多岐にわたる実践的な知識を得られる。Zabbixを利用するにあたり、効率的かつ最適な方法で設定・構築するための助けとなるだろう。

　すべてのZabbixユーザーに本書を推奨します！

2019年6月　Alexei Vladishev, Author of Zabbix

本書に寄せて

2005年10月2日、ある一通のメールが私のメールボックスに届いた。メールの冒頭には、こう書かれていた。

"Hello Alexei. My name is Kodai Terashima, I live in Japan. Thanks for Zabbix."

そしてそのメールには、ZabbixのWebインターフェースの日本語訳が添付されていたのである。「すばらしい！」私はそう思った。「これでZabbixを日本語に対応させることができる！」

しかしそのメールは始まりに過ぎず、その後彼の多大なる貢献により、Zabbixは日本でもよく知られる監視ソリューションになった。もちろんそのメールを受け取ったときには、2009年に東京にて実際に彼と彼の奥さんに会うことになるなど考えもしなかったわけだが[訳注]。

では、Zabbixとはいったい何か？

Zabbixは洗練された、高機能なオープンソースの監視システムであり、国際的な大企業から小さなショップにまで、幅広く利用されている。

もちろん、そのすべての機能や特徴を学ぶのには時間がかかる。しかし優れた監視システムの利点は、自動化によってシステム管理者の手間を削減することにある。つまり、ひとたび習得してしまえば、あなたの代わりに監視システムがチェックを行い、あなたはそれ以外の、より重要な仕事に時間を割くことができるようになる。私は、まったく同じことが良い技術書を読むことにも言えると思う。良い技術書を読むことに時間を費やせば、その後実際の業務においてはるかに多くの時間を削減することができるのだ。

彼のすばらしい努力のおかげで、こうして本書に、Zabbixに関する知識がわかりやすく収められた。初心者の方のみならず、Zabbixをより先進的に使いこなしたいという方にとっても、大いに役立つことだろう。

本書は、Zabbixがどのように動作しているのか、そしてそれをどのように利用するべきかを教えてくれる。そして一般的なアプリケーションを監視するための数々の貴重な知識を、深く、かつわかりやすく解説してくれる。

あなたが知りたいZabbixに関しての事柄は、すべてこの本の中にある。どうぞ楽しんで！

2010年2月　Alexei Vladishev, Auther of Zabbix

（初版より再掲）

訳注　2009年10月31日に開催された「オープンソースカンファレンス 2009 Tokyo/Fall」にAlexei氏を招待し講演を行った。

はじめに

　本書は統合監視ソフトウェアZabbixの解説書です。Zabbixはシステムで動作している
サーバーやネットワーク機器、アプリケーションなどの監視や、システム管理者への障
害通知、監視データのグラフ化を簡単に行うことができます。同じカテゴリに属するソ
フトウェアとしてはNagiosやHobbit、MRTG、Cactiなどが挙げられますが、Zabbixは
障害検知や通知、グラフ化などシステム監視に必要な機能を単体で備えている点や、監
視データをデータベースに長期間蓄積することで、過去のデータを利用してシステムの
分析やレポートに活用できる点が特徴です。

　ZabbixはAlexei Vladishev氏によって開発され、2000年に初期バージョンがリリース
されました。現在はラトビアにあるZabbix LLC（以下、Zabbix社）により開発とメンテナ
ンスが行われています。2013年の11月にZabbix 2.2、2016年の2月にZabbix 3.0、2019年
の9月にZabbix 4.0がリリースされ、通信の暗号化、予測検知、トリガーのタグ、保存前
処理、依存アイテムなど多数の機能強化が行われたほか、Webインターフェースでもダ
ッシュボードや障害画面など新しい画面が作成され、デザインも変わるなどさまざまな
面で改善が行われています。

　本書は主にサーバーやネットワークのシステム運用に携わる方に向けて、Zabbix 4.0を
利用したZabbixの機能の網羅的な解説と、Zabbixを構築、設計、運用するにあたり必要
となる解説を行っています。Zabbixの概要や基本的な機能、設定についての解説だけで
なく、Zabbixの導入にあたり必要となる周辺的な知識や、実際のシステムを例に挙げた
実践的な解説も行っています。Zabbixの設定方法や詳細を理解したい方はもちろんのこ
と、監視システムを初めて利用される方や、すでにほかの監視ソフトを導入されている
方にも活用できるようになっています。

　本書は第1章から第9章までを基本編、第10章から第13章までを実践編として解説し
ています。基本編ではZabbixのインストールから基本的な設定について解説し、実践編
では実際のシステムを例に挙げてZabbixの導入・運用するにあたり必要となる知識やア
プリケーションの監視例、Zabbixの拡張的な機能について解説します。また、Appendix
ではZabbixの監視設定に必要となるアイテムのキー、トリガーの関数と演算子、マクロ
の一覧などを掲載しています。

●基本編（第1章〜第9章）

　監視システムの基本的な考え方、Zabbixの概要とシステム要件、Zabbixのインストー
ル、基本的な監視設定を解説します。第1章〜第3章ではZabbixの概要やインストール、

基本的な設定を理解でき、第4章〜第9章ではZabbixが持つ機能を機能別に解説します。基本編ではZabbixの設定を網羅的に解説しているため、Zabbixを基礎から理解したい場合や、Webインターフェースの設定項目の詳細を理解したい場合に活用できます。

●実践編（第10章〜第13章）

第10章〜第12章では一般的なシステム構成を例に挙げ、Zabbixの導入に必要となる周辺的な知識を含めたZabbixの実践的な導入方法や運用方法、障害発生時のスクリプトの活用やさまざまなアプリケーションの監視について解説を行います。第13章では大規模システム向けの監視機能やAPIなど、Zabbixの応用的な機能について解説します。実際にZabbixをシステムに導入・運用するにあたり必要となる設計やパフォーマンスチューニング、メンテナンスなどについて理解できます。

●Appendix

Zabbixの監視設定を行うにあたり必要となるアイテムのキー、トリガー条件式の関数と演算子、マクロ、コードページの一覧を記載しています。監視設定を行う際にリファレンスとして活用できます。

本書は執筆時点で最新版のZabbix 4.0を利用して執筆を行っていますが、Zabbixは開発が活発であり、バグフィックスや機能追加が頻繁に行われています。最新の情報についてはZabbix社サイトのリリースノートや公式マニュアルも併せて参照ください。

- Zabbixリリースノート ：https://www.zabbix.com/jp/release_notes
- Zabbixマニュアル ：https://www.zabbix.com/jp/manuals

最後に、Zabbixという良いソフトウェアを開発、提供、メンテナンスしているAlexei Vladishev氏をはじめとしたZabbix社の方々に心から感謝と敬意を表します。また、本書を執筆するにあたり、さまざまなご協力をいただいた技術評論社様、編集者様、執筆中に文章のレビューや貴重な意見を頂戴した福島崇様、田中敦様、伊藤一生様、池田大輔様、比嘉啓太様に心より感謝いたします。

2019年6月　寺島 広大

[改訂3版] **Zabbix統合監視実践入門** —— 障害通知、傾向分析、可視化による省力運用

【目次】

第1章
統合監視ソフトウェアZabbixとは 1

第3章
クイックスタートガイド

3.1 Webインターフェースの操作

4.4 ユーザーパラメータを使用した独自監視項目の追加   127

4.5 ローダブルモジュール   131

第5章
障害検知と障害通知の設定 165

第6章
グラフィカル表示の設定 199

第10章
Zabbixによるシステム監視サーバー構築実践   329

第12章
Zabbixサーバーの運用とメンテナンス 411

第 1 章

統合監視ソフトウェア Zabbixとは

本章では、統合監視ソフトウェア Zabbix の主な機能と特徴について、システム監視を行う必要性や統合監視ソフトウェアを利用するメリットという視点から解説を行います。システムを監視するとはどういうことか、監視を行うために必要となる基礎知識についても併せて解説します。

1.1

現代の企業活動とITシステム

　企業の活動にはITシステムの利用が必須であると言えるほど、日々の業務には不可欠になっています。規模の大小にかかわらず、オフィスにはPCやネットワークが設置され、インターネットを利用し、ファイルサーバーやメールサーバーなど常時稼働しているサーバーが設置されていることがほとんどでしょう。ビジネスにおけるIT化が進む中でITへの依存度も高くなっており、システムやネットワークの停止に伴うビジネスへの影響は計り知れないものになっています。さらに、最近ではWebサービスの普及に伴い、24時間365日稼働のシステムも珍しくなくなってきています。

　また、近年ではシステム構成が複雑化し、動作しているサーバーやネットワーク機器も増加の一途をたどっています。サービスを支えるインフラの構成が複雑化しているだけではなく、利用するアプリケーションやミドルウェアも多岐にわたります。加えて、仮想環境やクラウド環境の普及により、これまで以上に簡単にサーバーやアプリケーションを動作／停止させることができるようになりました。サーバー台数が数十台から数百台という規模のシステムも珍しくなくなっただけでなく、仮想化技術によりシステムが動的に変化する環境が一般的になってきています。

1.1.1
ITシステムの運用管理の重要性

　ITシステムは設計／開発／導入を行ったのち、必ず運用管理というフェーズを迎えます。これまで、ITシステムの話題は主に導入までのフェーズに焦点を当てたものがほとんどであり、運用管理について話題になることはあまり多くありませんでした。しかしながら、システムは導入以降が本番のサービス稼働期間であり、サービスが続く限り日々の運用管理を止めることはできません。サービスの開始から終了までのトータルコストで考えると、運用管理にかかるコストは非常に大きなものになるため、運用管理の現場では、管理コストを抑えつつ、いかにして効率よくサーバーを管理できるかが非常に重要な課題となっています。

1.1.2
複雑化するITシステム

企業のシステムでは、複数のサーバーやネットワーク機器、NAS(*Network Attached Storage*)などの機器が存在します。また、サーバー上ではさまざまなアプリケーションが動作し、それらが連携して複数のサービスを提供しています。これらの機器は機械である以上はいつか必ず故障が発生し、OSやアプリケーションもソフトウェアである以上はバグや誤動作を起こすことがあります。また、何よりもこれらシステムを構成する機器やOS、ソフトウェアは、人が設定を行い運用管理を行う以上は、人為的なミスが発生することがあります。

システムを構成する機器、OS、アプリケーションに問題が発生すると、それらによって構成されているサービス自体が停止してしまう可能性があります。サービスが停止した場合、社内向けのシステムであった場合は業務が停止し、外部向けのサービスであった場合には顧客の業務が停止してしまうことになり、結果として自身の企業の業績やビジネスの継続性に大きなダメージを与えることになります。

近年ではシステム停止を未然に防ぐための二重化やバックアップなど冗長化のしくみが開発され、容易に利用できるようになってきています。しかしながら、これら冗長化のしくみ自体もソフトウェアである以上は、通常のアプリケーションと同様にバグや誤動作、人為的な設定ミスなどで正常に動作しない可能性もあります。システムを安定稼働させ、サービスを停止させずに提供し、障害が発生した場合でも迅速に復旧を行いサービスの停止時間を最小限にとどめることは、システム管理者の最も重要な仕事の1つといえます。

1.2

システム監視とは

　システムを効率的に安定稼働させるためには、サーバーのハードウェアに故障がない
か、システムのリソースは足りているか、アプリケーションやプロセスは正常に稼働し
ているかなど、システム全体の稼働状況をリアルタイムに把握できることが重要です。
システム監視とは、システム内で動作しているサーバー、アプリケーション、ネットワー
クなどが正常に稼働しているかを定期的に確認することによって、システムで発生し
た障害やリソース不足を検知し、システム管理者に通知を行うための作業やしくみのこ
とです。

　システム監視は大きく次の3つに分けられます。

1.2.1

稼働監視

　稼働監視とは、pingを実行して応答を確認することでネットワークの疎通を確認した
り、アプリケーションが利用するポートに接続を行い応答を確認することで、サーバー
やネットワーク機器、アプリケーションが正常に稼働しているかを監視することです（図
1.2-1）。ネットワーク的に外部から監視を行うことができ、OSに付属する簡単なコマン
ドで実現できることから、最も基本的で手軽に行える監視です。また、稼働監視の応用
としてpingやポートの応答確認だけでなく応答に要した時間を監視することで、ネット
ワークやアプリケーションの遅延を監視できます。

●図1.2-1　pingやポート接続による稼働監視

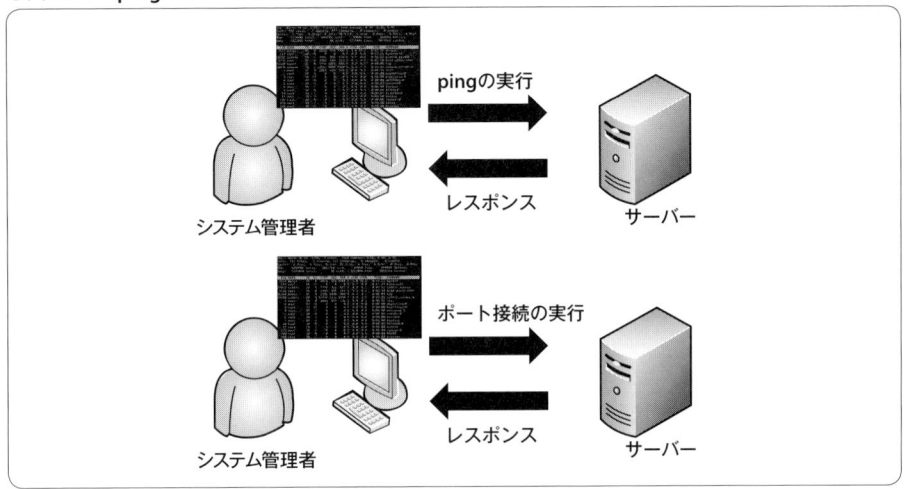

1.2.2
リソース監視

　リソース監視とは、CPU／メモリ／ディスク／ネットワークなど、OSやサーバーハードウェア、ネットワーク機器などのリソース使用状況をチェックすることにより、システムやサービスのパフォーマンスが十分であるかを監視することです。リソースの使用状況があらかじめ定義した値以上になった場合はシステム管理者に通知を行うことで、システムのダウンタイムを短くできます。また、過去のリソース監視のデータを蓄積してグラフを作成し、リソース使用状況の統計分析を行うことでリソース不足から起こる障害などに事前に対応できるようになります。システムリソースの適切な分配や増強計画によりコストの削減も行いやすくなります。

　リソース監視を行うためには、各サーバーやネットワーク機器にログインしてコマンドを実行して情報を収集する必要があります（**図1.2-2**）。また、ネットワーク機器やNASなどの専用ハードウェア機器では、SNMP（*Simple Network Management Protocol*）エージェントが動作していることが多く、外部からSNMPコマンドを利用して情報を収集できます。

●図1.2-2　リソース監視

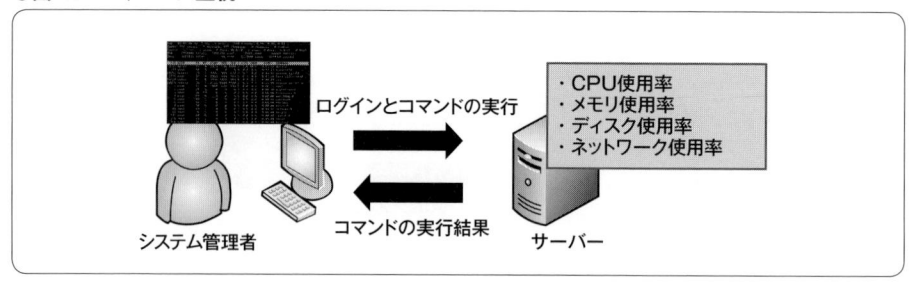

リソース監視データの長期保存やグラフ化には、古くからMRTGやRRDtool[注1]などのグラフ作成ソフトウェアが利用されており、ほかにもCacti[注2]やMunin[注3]などのソフトウェアも利用されています（**図1.2-3**）。

●図1.2-3　MRTGによるグラフ表示の例

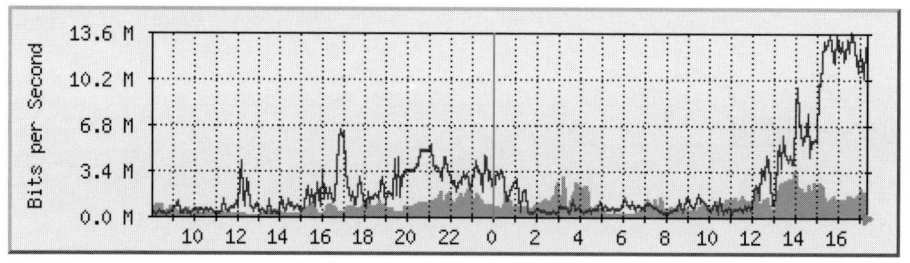

1.2.3
アプリケーション監視

　アプリケーション監視とは、サーバー上で稼働している各アプリケーション内部のステータスやリソース使用状況を監視することです。アプリケーション固有の内部ステータスを監視することで、より詳細に稼働状況を把握でき、アプリケーション固有のパフォーマンスチューニングなどにも役立てることができます。

　アプリケーション監視を行うためには、アプリケーションが動作しているサーバーにログインし、アプリケーションで用意されたコマンドなどを利用して情報を収集する必要があります（**図1.2-4**）。

注1　https://oss.oetiker.ch/rrdtool/
注2　https://www.cacti.net/
注3　http://munin-monitoring.org/

●図1.2-4 アプリケーション監視

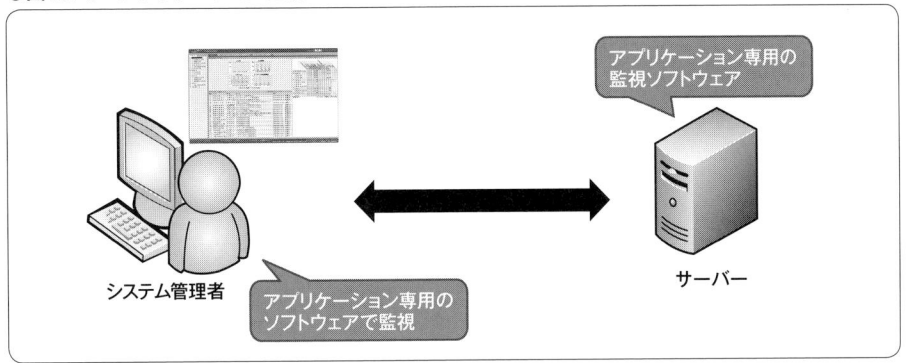

　アプリケーションの監視は個々のアプリケーションによって監視方法が異なるため、個別に開発が必要になります。商用ソフトウェアには専用のパフォーマンス監視ソフトウェアが付属することも多くあります。それらのソフトウェアではあらかじめ主要な監視項目が設定され、容易にステータス情報を見ることができたり、中にはパフォーマンスチューニングの提案機能を有しているものもあります。

1.3

統合監視ソフトウェアとは

前述したとおり、システム監視には稼働監視／リソース監視／アプリケーション監視があります。これらの監視をすべて個別に手作業や自作のスクリプトで実施したり、それぞれ異なるソフトウェアを組み合わせて利用する場合、システムが大規模化し監視ポイントが増加／複雑化してくると、スクリプトの開発や設定管理のメンテナンスの手間の増加により監視システム自体の維持管理にコストがかかるようになってしまいます。また、スクリプトや設定が適切に管理され、確実に監視が実行されているかどうかを把握すること自体が難しくなってきます。

このような課題を解決する方法として、監視／監視データの保存／監視設定などを一元的に行い、システム監視を自動化するツールである統合監視ソフトウェアの利用が挙げられます（**図1.3-1**）。

●図1.3-1　統合監視ソフトウェアを利用した監視

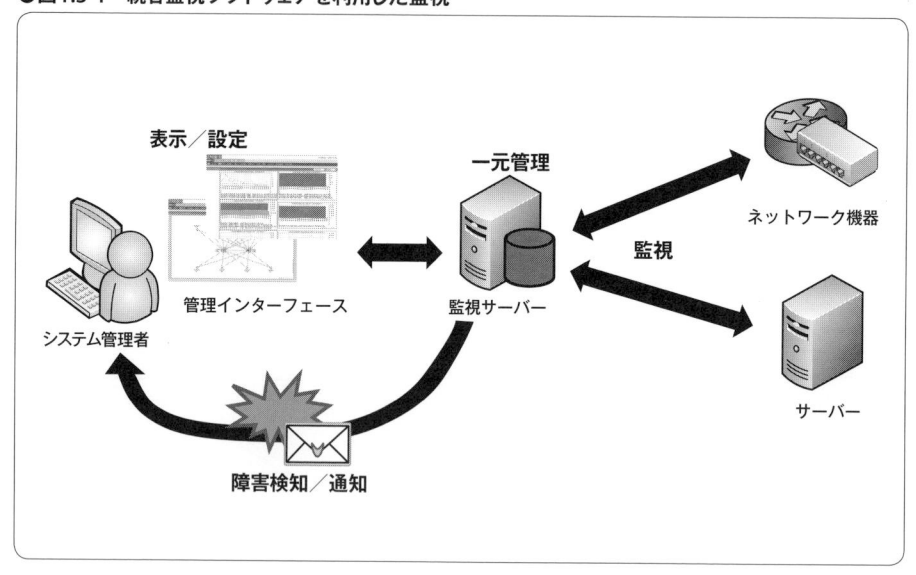

1.3.1
統合監視ソフトウェアの機能

統合監視ソフトウェアは、主に次の機能を備えています。

- 専用の監視サーバーから、監視対象のサーバーにインストールする専用の監視エージェント／SNMP エージェントなどを利用して、ネットワークを介して複数のサーバーやネットワーク機器の稼働監視／リソース監視／アプリケーション監視を定期的に行い、収集したデータを一元管理するデータ収集機能
- 収集した監視データが正常か異常かを判断し、設定した値を上回った／下回った場合に障害として検知するための障害検知機能
- 障害発生／復旧時、システム管理者に知らせる通知機能
- 専用の管理インターフェースから、収集した情報の履歴やグラフの表示、監視設定を行う表示機能

統合監視ソフトウェアを利用することで、複数のサーバーやネットワーク機器の監視設定や、監視によって得られたデータを一元的に管理できるようになり、システムの運用管理負荷を軽減できます。

また、統合監視ソフトウェアは監視を行って収集したデータを利用して障害検知を行い、システム管理者に障害通知を行う機能や、履歴やグラフの表示を行う機能を有しているものがほとんどです。これらの機能を活用することにより、システム監視から、障害発生時のシステム管理者への通知、障害をグラフィカルに確認するところまでを1つのソフトウェアで一元的に行うことができ、リアルタイムなシステム稼働状況の把握や迅速な障害対応をより簡単に実現できます。

1.3.2
統合監視ソフトウェアを利用するメリット

また、統合監視ソフトウェアを利用することで監視システムの管理負荷を軽減できるだけにとどまらず、次のようなメリットがあります。

- 監視対象のプラットフォームの差異を吸収できる

  システムにはさまざまなOSや機器が存在します。監視内容によって個別のツールを使い分けていると、それぞれの監視が別々のインターフェースやプロトコルによって実施されることがあり、監視システムの運用にあたっては監視方法ごとの設定や知識が要求されます。たとえばLinuxはシェルスクリプト、Windows は WMI（*Windows Management Instrumentation*）やパフォーマンスモニタ、ネットワーク機器はSNMPといった監視を行っている場合、システム管理者

はそれぞれの利用知識が要求されるうえ、監視の確認にはそれぞれ異なる作業を要します。

　これに対して統合監視ソフトウェアは、OSの監視には専用のエージェントを利用し、ネットワーク機器の監視に対してはSNMPマネージャの機能を有していることがほとんどであるため、利用する監視プラットフォームの種類を最低限に抑えることができます。また、エージェントを利用することでOS間の差異を吸収できたり、システム管理者はエージェントのインストール方法を知っているだけで監視を始めることができるなどのメリットがあります。

● 専用のインターフェースにより、監視システムの運用を標準化できる

　手動、あるいはスクリプトや各種ツールを利用して監視を行う場合、監視の設定はテキストベースになることがほとんどです。また、監視システムの運用にあたっては各種ツールの利用知識や、そのツールを動作させるOSの知識が要求されます。

　たとえばLinuxやオープンソースのツールを利用している場合、コンソール端末からのログインやviエディタによる監視設定の変更、cronによる定期的な処理実行の設定、プロセス再起動による設定の反映などを理解して実施する必要があります。これらの作業はスキルを平準化するのが難しく、手順書の作成やスキルトランスファーに適さないため、結果としてシステム管理者のスキルに依存する結果となりかねません。

　これに対して統合監視ソフトウェアは、専用のインターフェースを備えているため、利用にあたってはそのソフトウェアの利用知識を習得するだけでよく、スクリーンショットや入力項目の解説を使った手順書の作成も容易であるため、オペレータや監視システム専任の管理者への引き継ぎも行いやすいなどのメリットがあります。

● ユーザーごとに管理権限を設定できる

　統合監視ソフトウェアのインターフェースは、ユーザーが閲覧／設定できる監視対象の権限を管理する機能を有していることがほとんどです。この機能を利用することにより、複数のシステムを1つの監視サーバーから監視し、管理担当者ごとに閲覧権限を分けるなど、セキュリティを確保しつつ監視システムを集約できます。

1.4
統合監視ソフトウェアZabbixとは

　本書で取り上げるZabbixとは、オープンソースの統合監視ソフトウェアです。サーバーやネットワーク機器、アプリケーションの稼働監視やリソース監視とその設定などを一元管理でき、障害発生時や復旧時にはメールによる通知やコマンドの実行を行うことができます。また、収集したデータを利用したグラフの作成やネットワークマップの作成なども可能です。

1.4.1
海外／日本での実績と開発形態

　Zabbixの開発はラトビアにあるZabbix社によって行われており、英語圏では同企業により商用サポートやパートナープログラム、認定エンジニア制度などが実施され、すでに多数の企業利用の実績があります。日本国内ではZabbix Japanがサポート、パートナープログラム、トレーニングなどの公式サービスを行っています。

　また、非公式日本コミュニティである日本Zabbixユーザー会も活動を行っています。

- **Zabbix社サイト**　　　：https://www.zabbix.com/jp
- **日本Zabbixユーザー会**：http://www.zabbix.jp/

1.4.2
Zabbixの主な特徴と機能

　Zabbixの主な特徴と機能を次に示します。

- **オープンソースソフトウェア(GPLv2)**
  GPLv2ライセンス[注4]で配布されるオープンソースソフトウェアであるため、無償で利用できます。また、ソースの閲覧や修正を行えるため、ソフトウェアの動作を正確に調査したり、特定ユーザー向けのカスタマイズや、GPLの条件のもとでアプライアンス製品に組み込むこともできます。

注4　GPLについては、次のサイトを参照してください。原文：http://www.gnu.org/licenses/gpl.html、日本語訳：http://sourceforge.jp/projects/opensource/wiki/licenses%2FGNU_General_Public_License

- **LAMPやLAPPシステム上で動作**

  監視を一元的に実行するZabbixサーバーは、Linux、Apache、MySQL/PostgreSQL、PHPと組み合わせて動作します。これは、一般的にLAMP/LAPPと言われるWebシステムと同様のシステム構成のため、プラットフォームとしての実績が非常に多くあります。インターネットや書籍などの技術情報も充実しているので、導入や運用スキルの敷居は非常に低いと言えます。

- **動作が軽量**

  Zabbixサーバーと専用の監視エージェントであるZabbixエージェントはC言語で開発されているため、OSネイティブに動作し非常に軽量です。また、Zabbixエージェントは非常に小さなプログラムであるため、監視対象のリソースを不要に消費することがありません。

- **さまざまなOSと監視に対応した専用エージェント**

  Zabbixエージェントは非常に多くのOSやアーキテクチャ上で動作します。通常のシステムではさまざまなOS、アーキテクチャが混在していることがほとんどですが、Zabbixは現在利用されているOSのほぼすべてに対応しています（**2.1節**の表2.1-1参照）。Zabbixエージェントは標準でさまざまな稼働監視やリソース監視を行う機能を有しており、プラグインなどのインストールを行わなくても標準的な監視を行えます。

- **SNMPv1/v2/v3に対応**

  ZabbixサーバーはSNMPv1/v2/v3マネージャの機能を有しており、SNMPエージェントが動作するネットワーク機器などからステータス情報を監視できます。そのため、サーバーとネットワーク機器を一元的に監視できます。

- **エージェントレスの監視に対応**

  ZabbixエージェントやSNMPエージェントを利用することなく、Zabbixサーバーからpingによる稼働監視やポート接続確認の監視を行うことができます。また、SSHやtelnetを利用したエージェントレスの監視機能も有しているため、エージェントを導入できないサーバーのリソース監視も行えます。

- **Webインターフェースから監視設定／表示が可能**

  監視設定や監視データの表示はすべてWebブラウザから専用のWebインターフェースで直感的に操作できるので、監視システムの運用やスキルトランスファー、手順書の作成などを容易に行えます。

- **マップ／グラフ／複数グラフの表示機能**

  収集、蓄積したデータをもとにマップやグラフ、複数グラフを1画面で表示するなどグラフィカル表示機能を有しているため、視覚的にわかりやすくシステムの状態を表示できます。グラフは動的に期間を変えて表示できたり、マップは障害が発生した場合に動的に表示を変化させられるなど、より詳細な分析やリアルタイムな障害検知を行えます。複数グラフ画面では任意のグラフを並べて画面を作成でき、月次のレポート作成などにも役立てることができます。

- **監視データをRDBMSで一元管理**

  監視により収集したデータをRDBMSで一元的に長期保存するため、過去のデータを表示したり、過去にさかのぼってグラフを作成するなど、蓄積されたデータを柔軟に活用できます。これらのデータを活用すれば、将来のシステム増強の計画立案やシステムの弱点の調査などを行

えるため、システムの安定稼働をより確かなものにできます。

- **テンプレートによる監視項目／閾値設定／グラフ設定の管理**

  監視項目／閾値設定／グラフ設定をテンプレートとしてまとめて管理でき、多数のサーバーの監視設定を容易に管理できます。また、テンプレートはインポート／エクスポートすることが可能であるため、Zabbix社や日本Zabbixユーザー会などが配布するテンプレートを活用することで容易に監視を始められます。

- **スクリプトによる監視項目の拡張機能**

  独自のアプリケーション監視を行う場合や、ハードウェア監視などを行う場合は、スクリプトをZabbixエージェントに登録することで容易に監視機能を拡張できます。また、これまでにアプリケーション監視スクリプトなどの資産がある場合でも、それらのスクリプトをZabbixエージェントに登録することで容易にZabbixに移行できます。

- **大規模システムにも対応する分散監視機能**

  Zabbixプロキシを利用することで、監視データの収集処理をスケールアウトさせ、大規模システムの一元監視を行ったり、リモート拠点にある対象の監視も1台のZabbixサーバーで一元的に行ったりすることが可能です。

- **サービスの稼働率とSLAを算出するサービス機能**

  Zabbixは監視項目をグループ化し、稼働率やSLA（*Service Level Agreement*）を算出する機能を有しています。グループ化は監視対象によらず任意の監視項目を選択できるため、監視対象単位ではなくサービス単位での監視を行えます。

- **監視対象の自動登録機能とディスカバリ機能**

  Zabbixは、監視対象を自動的に登録するエージェントの自動登録機能やネットワークディスカバリ機能を有しています。サーバーやネットワーク機器が多数存在する環境でも自動的に監視対象を登録し、仮想環境やクラウド環境で動的に監視対象が作成／削除される環境でもシステムの変化に自動的に追随してシステム全体を監視できます。また、監視対象内のデバイスを探索して自動的に監視項目を登録するローレベルディスカバリ機能も有しています。これらの機能を利用することにより、監視対象の登録や監視設定の作業を自動的に行うことで運用管理の負担を削減できます。

第2章
Zabbixの
インストール

本章では、まず Zabbix の動作環境とインストールに必要な要件を解説します。その
あと、インストール方法を紹介し、最後にインストール後に確認しておくべき基本的
な設定について解説します。

2.1
インストールの準備

Zabbixのインストールを行う前に、まずはZabbixの動作環境とシステム要件を解説します。

2.1.1
Zabbixの動作環境

　Zabbixの動作環境を**図2.1-1**に示します。Zabbixは、監視を行う「Zabbixサーバー」、監視対象に導入する「Zabbixエージェント」、監視設定やデータの表示を行う「Webインターフェース」で構成されます。

●図2.1-1　Zabbixの動作環境

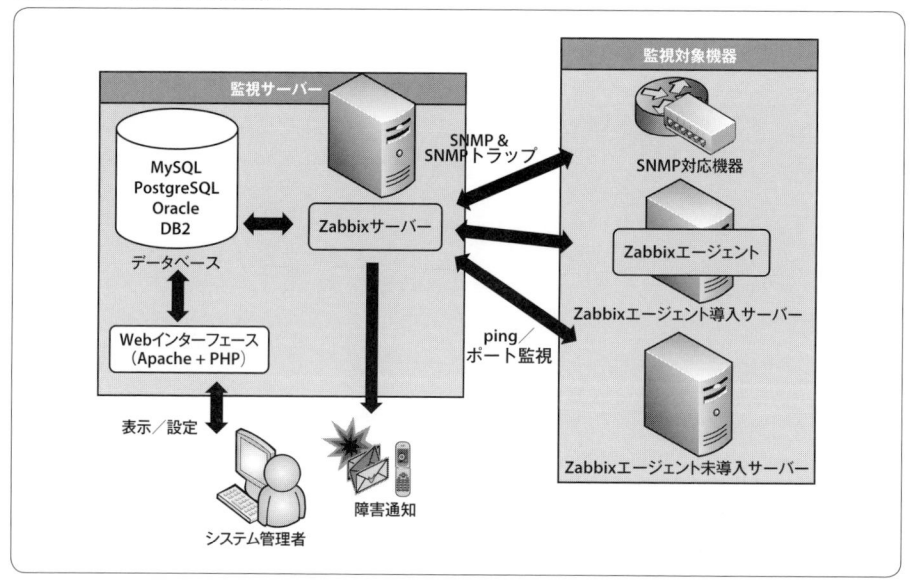

Zabbixサーバー

　監視マネージャの機能を有したサーバーです。監視設定を一元的に管理し、各監視対象からネットワーク経由でpingやポート監視を行ったり、Zabbixエージェント、SNMPエージェントによるステータス情報収集を行って結果をデータベースに保存します。そ

のほかにも、IPMI（**第4章**コラム参照）、Javaアプリケーション、RDBMSの監視、収集したデータを利用して計算を行った結果を監視する機能なども有しています。収集したデータと閾値設定をもとにした障害の検知、システム管理者への障害通知、スクリプトの実行もZabbixサーバーが行います。

　C言語で作成されているため動作が軽く、1台で多数の機器を監視できます。

Zabbixエージェント

　専用のZabbixエージェントを利用することにより、各OSのCPU／メモリ／ディスク／ネットワークなどのリソース情報やプロセスなどのアプリケーションの稼働情報を収集できます。Zabbixエージェント自体が主なリソース監視の機能を有しており、プラグインなど別途ソフトウェアを必要としないため容易に導入できます。

　こちらもC言語で作成されており、監視データの収集にはOSネイティブなシステムコールを使用するため動作が軽く、Zabbixエージェントの動作が監視対象のリソースを大きく消費することはなく、効率よく監視データを収集できます。

SNMP対応機器

　Zabbixサーバーは汎用的な監視プロトコルであるSNMPのマネージャ機能を有しており、ネットワーク機器などのSNMP対応機器を監視できます。

Zabbixエージェント未導入サーバー

　Zabbixサーバーから直接監視対象サーバーに対して死活監視とポート監視を行えます。

　そのほかにも、IPMIによるハードウェア監視とコマンド実行、ODBC（**4.3.5項**内の「データベースモニタ」を参照）を利用したデータベース監視、SSHとtelnetを利用したエージェントレス監視などを行うことができます。

データベース

　Zabbixは各監視対象から収集したデータをRDBMSに保存／蓄積します。監視データの長期保存を行えるため、過去のデータをグラフ表示などに活用できます。また、SQLを実行することで監視データを取り出せるので、監視データを容易に再利用できます。

　データベースは通常Zabbixサーバーと同じサーバー上で動作させますが、異なるサーバー上で動作させることもできます。

Webインターフェース

　Zabbixは、監視データの閲覧や監視設定はすべてWebインターフェースから行います。専用のクライアントを利用する必要がないため、Webブラウザが動作する環境であればどこからでも操作を行えます。WebインターフェースはPHPによって作成されており、カスタマイズも容易です。Webインターフェースは直接データベースを参照するので、Zabbixサーバーやデータベースサーバーとは異なるサーバー上で動作させることもできます。

2.1.2
Zabbixのバージョンと開発ポリシー

　Zabbixのバージョンは4.0.0など3つの数字で表されており、前の2つの数字がメジャーバージョンを、3つ目の数字がマイナーバージョンを表します。メジャーバージョンでは新機能の追加や仕様変更を伴う機能改善を行い、マイナーバージョンでは仕様変更を伴わないバグ修正や機能改善、パフォーマンス改善を行います。

　Zabbixは半年に一度メジャーバージョンをリリースすることを目標に開発を行っており、メジャーバージョンは通常多数の機能強化を含みます。3.0、3.2、3.4、4.0など2つ目の数字が偶数のものが正式リリースのメジャーバージョンで、3.1、3.3、3.5など奇数のものは開発リリースのメジャーバージョンを表します。

　また、メジャーバージョンにも、開発／サポート期間が異なる2種類のリリースが存在します。

- **ポイントリリース**
  次のメジャーバージョンをリリースしてから1ヵ月後には開発を停止するバージョン。直近では、3.2、3.4がポイントリリースです。

- **LTSリリース**
  初版のリリースから5年間継続して開発を行う長期サポート（Long Term Support）バージョン。直近では2.2、3.0、4.0がLTSリリースです。LTSリリースでは1つ目の数字をバージョンアップするため、以降のLTSリリースは5.0、6.0となります。

　メジャーバージョンのバージョンアップを行うことなく長期間安定して利用したい場合は、LTSリリースを利用することをお勧めします。最新の機能をいち早く利用したい場合はポイントリリースを利用することになりますが、次のメジャーバージョンがリリースされるとすぐに開発が止まり、重大な問題やセキュリティの修正対応も行われないため、早めに次のメジャーバージョンへアップグレードを行う必要があります。

ZabbixサーバーとWebインターフェース、Zabbixプロキシサーバーは、必ず同じメジャーバージョンを利用する必要があり、異なるメジャーバージョンを混在させて利用した場合は正しく動作しません。マイナーバージョン間では互換性を保つように開発が行われているため、たとえばZabbixサーバーが4.0.0、Webインターフェースが4.0.1、Zabbixプロキシサーバーが4.0.2といった組み合わせで利用することは可能です。

Zabbixサーバー、Zabbixプロキシサーバーは古いZabbixエージェントとも通信できるように後方互換性を持たせた開発が行われており、Zabbix 4.0サーバーやプロキシサーバーは4.0、3.4、3.2、3.0など古いメジャーバージョンのZabbixエージェントと組み合わせても動作します。そのためバージョンアップを行う場合は、先にZabbixサーバーとZabbixプロキシサーバーをアップデートすることで監視を継続でき、エージェントはあとから順次アップデートを実施できます。

2.1.3
システム要件

Zabbixを動作させるために必要なシステム要件を解説します。

対応OS

表2.1-1にZabbixの対応OSを示します。ZabbixはさまざまなOS、アーキテクチャで動作します。現在システムで利用されている主要なOSに対応しているため、マルチプラットフォームなシステムにも導入しやすいことが特徴です。Zabbixは対応しているOSが動作可能であれば、x86、x86-64、SPARCなど、ほぼすべてのアーキテクチャに対応します。

●表2.1-1 Zabbixの対応OS

OS	Zabbixサーバー	Zabbixエージェント
Linux	○	○
Windows（Windows 2000以降）	×	○
Solaris	○	○
AIX	○	○
HP-UX	○	○
macOS	○	○
FreeBSD	○	○
OpenBSD	○	○
NetBSD	○	○

　Zabbixサーバーの動作には実績や情報量の多さ、導入のしやすさから動作OSにはLinux が採用されることが多く、Zabbixの開発もLinux上で行われているため、Zabbixサーバーの動作OSにはLinuxを選択することを推奨します。

Zabbixサーバーのシステム要件

　Zabbixサーバーを動作させるために最低限必要なハードウェアのシステム要件は**表2.1-2**のとおりです。

●表2.1-2　Zabbixサーバーのシステム要件

デバイス	スペック(最小)	スペック(推奨)
CPU	Linux OSが動作するCPU	64ビットCPU
メモリ	512Mバイト	2～4Gバイト以上
HDD	1Gバイト以上の空き容量	10Gバイト以上の空き容量

　Zabbixの負荷は監視項目数と監視間隔によって大きく異なり、監視項目数が多い場合はより高速なCPU、大容量のメモリとHDDが必要です。Zabbixは監視を行ったデータをデータベースに保存するため、データベースへの負荷がボトルネックになりやすい傾向があります。そのため、大規模なシステムを監視するためには、データベースに割り当てるバッファのために大容量なメモリと高速なHDDを利用することで、パフォーマンスを向上させることができます。また、多くの監視データを長期間保存するためにはHDDの容量を必要とします。Zabbixのハードウェア選定については**10.3節**で解説します。

　Zabbixサーバーの動作には**表2.1-3**のソフトウェアやライブラリが必要です。

●表2.1-3　Zabbixサーバーの動作に必要なソフトウェアとライブラリ

名前	説明
mysql、postgresql、oracle、DB2接続用ライブラリ	利用するデータベースに応じた接続用のライブラリ
fping	pingによる死活監視を行うために必要
libiksemel	Jabberプロトコルを利用したチャットによる障害通知を行う場合に必要(オプション)
net-snmp	SNMPを利用した監視を行う場合に必要(オプション)
libldap	LDAP監視を行う場合に必要(オプション)
libcurl	Web監視とSMTP認証を利用した通知メールの送信を行う場合に必要(オプション)
unixODBC	データベース監視を行う場合に必要(オプション)
OpenIPMI	IPMI監視を行う場合に必要(オプション)

名前	説明
libssh2	SSHエージェント監視を行う場合に必要(オプション)
libxml2	VMware監視を行う場合に必要(オプション)
libpcre	正規表現を利用した監視設定のために必要
libevent	複数の監視データの一括取得を行うために必要
libpthread	内部的なmutexと読み書きロックの処理のために必要
zlib	ZabbixサーバーとZabbixプロキシ間の通信圧縮のために必要
openssl、gnutls、mbedtls	暗号化通信を利用する場合に必要

Zabbixエージェントのシステム要件

　Zabbixエージェントは非常に小さく軽量なプログラムであるため、ハードウェアのシステム要件は特に定められていません。

データベースのシステム要件

　Zabbixサーバーは次のデータベースに対応しています。

- **MySQL/MariaDB 5.0.3以上**
- **PostgreSQL 8.1以上**
- **DB2 9.7以上**
- **Oracle 10g以上**

　ZabbixのデータベースとしてはMySQLとPostgreSQLの実績が多く、小規模から大規模まで対応できます。また、MySQLはMyISAMやInnoDBなどいくつかのストレージエンジンを選択して利用できますが、行単位でロックを行えることなどのメリットからZabbixではInnoDBのみ利用可能です。Zabbix 3.2以前のバージョンではZabbixサーバーのデータベースとしてSQLiteを利用することもできました。しかし、SQLiteは組み込み向けデータベースであり、本来はZabbixプロキシ(**第13章**で解説)用として開発されていたため、Zabbixサーバーのデータベースとして利用するとパフォーマンスが問題となることもあったので、Zabbix 3.4からは利用できなくなっています。

　Zabbixサーバーはデータベースに対し更新系のクエリを頻繁に行うため、参照系のクエリが多い通常のアプリケーション用のデータベースと同居させるのではなく、Zabbix専用のデータベースサーバーを構築することを推奨します。

Webインターフェースのシステム要件

　Webインターフェースの動作には**表2.1-4**のソフトウェアやライブラリが必要です。

●表2.1-4　Webインターフェースの動作に必要なソフトウェアとライブラリ

名前	説明
Apache、nginx、lighttpd など PHP が動作する Web サーバー	Web インターフェースを動作させるために必要な Web サーバー
PHP 5.4 以上	Web インターフェースを動作させるために必要な PHP 実行環境
mysql、postgresql、oracle、db2 接続用 PHP ライブラリ	利用するデータベースに応じた接続用の PHP ライブラリ
php-bcmath	データの計算処理に必要な PHP ライブラリ
php-gettext	翻訳のために必要な PHP ライブラリ
php-gd	グラフの描画のために必要な PHP ライブラリ
php-ldap	LDAP 認証のために必要な PHP ライブラリ
php-mbstring	日本語を含むマルチバイト対応のために必要な PHP ライブラリ
php-xml	XML インポート／エクスポート機能のために必要な PHP ライブラリ
日本語フォント	グラフ上の日本語表示のために必要

Webブラウザのシステム要件

　Webインターフェースを利用するためのWebブラウザは、次のソフトウェアで動作確認を行っています。

- **Internet Explorer 11**
- **Mozilla Firefox**
- **Google Chrome**
- **Safari**
- **Opera**

　HTML、PNGイメージ、Cookie、JavaScriptをサポートしていれば、ほかのWebブラウザでも動作します。Webインターフェース上で障害発生時にサウンドを再生する機能を利用する場合、Internet ExplorerはWindows Media Playerのプラグインを必要とします。

2.1.4
解説に利用するインストール環境

　解説を行うシステム環境を**図2.1-2**に示します。本章では、Zabbixの動作に必要なパッケージは基本的にCentOSに含まれているものを利用します。また、Zabbixが有する機能はすべて利用することを前提として、必要なライブラリなどの解説を行います。

●図2.1-2　インストールにあたって想定するシステム環境

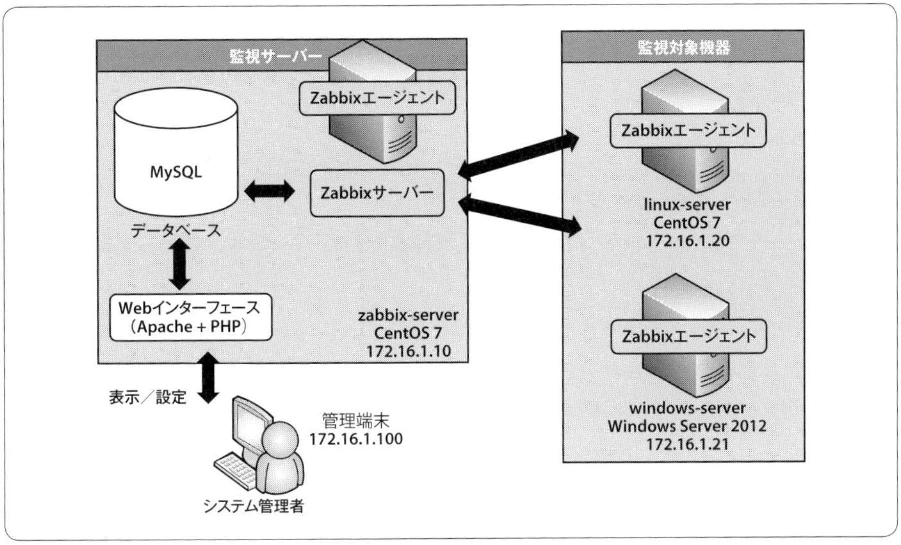

OS

　Zabbixサーバーを導入するOSには、企業のシステムで一般的に利用されているRed Hat Enterprise LinuxのクローンOSであり、無償で利用できるCentOSの最新バージョンであるCentOS 7を利用して解説を行います。Zabbixエージェントを導入する監視対象機器のOSは、CentOS 7/Windows Server 2012を利用して解説を行います。

　本書ではOSのインストールやディスク、ネットワークなどの設定については解説しません。すでにOSがインストール済みであることを前提に解説を行います。また、CentOSはファイアウォールのソフトウェアであるfirewalld（iptables）や、セキュリティモジュールであるSELinuxが動作している場合がありますが、これらの設定は無効になっているものとして解説を行います。

データベース

　Zabbixサーバーが使用するデータベースは、CentOS 7に標準で含まれているMariaDB 5.5を利用して解説を行います。

Webサーバー

　Webインターフェースを動作させるWebサーバーには、CentOS 7に標準で含まれてい

るApacheとPHPを利用して解説を行います。執筆時点で最新バージョンであるCentOS 7.5にはそれぞれ次のバージョンのパッケージが含まれています。

- **Apache 2.4**
- **PHP 5.4**

Zabbixサーバー／エージェント

　Zabbixサーバーとエージェントには、執筆時点で最新バージョンであるZabbix 4.0を利用して解説を行います。

　Zabbixのインストールには、一般的なアプリケーションのインストール方法であるパッケージシステムを利用した方法と、ソースコードからコンパイルを行ってインストールを行う方法があります。本書では導入や管理の容易さから、RPMパッケージシステムを利用したインストール方法を解説します。

　Zabbix社のWebサイトではソースファイルとRedHat Enterprise Linux、CentOS用RPMパッケージ、Debian、Ubuntu用Debパッケージ、各種OS用コンパイル済みエージェントバイナリが配布されています。

- **Zabbix社サイト**：https://www.zabbix.com/jp/download

2.2
Zabbixのインストール

　Zabbix社配布のパッケージを用いて、各サーバーにZabbixサーバーとZabbixエージェントをインストールする方法を解説します。

2.2.1
Zabbix社のyumリポジトリの登録方法

　CentOSではyumというパッケージ管理システムを利用することで、インターネット上に公開されているリポジトリから自動的にパッケージを検索／ダウンロードしてインストールできます。Zabbix社でもyumリポジトリを公開しており、Zabbix社のyumリポジトリを利用することでZabbixサーバーとZabbixエージェントや、Zabbixサーバーの動作に必要な関連パッケージをコマンド1つで簡単にインストールできます。

　yumにZabbix社のリポジトリを追加するためには、コンソールから次のコマンドを実行します。

```
# rpm -ivh http://repo.zabbix.com/zabbix/4.0/rhel/7/x86_64/zabbix-release-4.0-1.el7.noarch.rpm
```

　以上でZabbix社のリポジトリのZabbix 4.0系のバージョンをyumから利用できるようになりました。試しに次のコマンドを実行し、Zabbixのパッケージがリストに表示されれば正常にリポジトリが登録されています。

```
# yum search zabbix
Loaded plugins: fastestmirror
Loading mirror speeds from cached hostfile
...
zabbix-agent.x86_64 : Zabbix Agent
zabbix-get.x86_64 : Zabbix Get
zabbix-java-gateway.x86_64 : Zabbix java gateway
zabbix-proxy-mysql.x86_64 : Zabbix proxy for MySQL or MariaDB database
zabbix-proxy-pgsql.x86_64 : Zabbix proxy for PostgreSQL database
zabbix-proxy-sqlite3.x86_64 : Zabbix proxy for SQLite3 database
zabbix-release.noarch : Zabbix repository configuration
zabbix-sender.x86_64 : Zabbix Sender
zabbix-server-mysql.x86_64 : Zabbix server for MySQL or MariaDB database
```

```
zabbix-server-pgsql.x86_64 : Zabbix server for PostgreSQL database
zabbix-web.noarch : Zabbix web frontend common package
zabbix-web-mysql.noarch : Zabbix web frontend for MySQL
zabbix-web-pgsql.noarch : Zabbix web frontend for PostgreSQL
```

RPMパッケージをダウンロードしてインストールする場合

　上記のリポジトリ追加コマンドやyumコマンドは、サーバーがインターネットに接続できる環境にある必要があります。インターネットに接続できない環境の場合は、Zabbix社のサイトから必要なパッケージをダウンロードして個別にrpmコマンドでインストールを行ってください。RPMパッケージは次のURLから直接ダウンロードできます。

http://repo.zabbix.com/

　ダウンロードしたRPMパッケージをインストールする場合は、RPMパッケージのファイル名を指定して次のようにコマンドを実行します。

```
# rpm -ivh パッケージ名
```

　ZabbixサーバーのパッケージをRPMコマンドを使ってインストールする例を次に示します。ZabbixのRPMはいくつかのパッケージ間で依存関係を持っているため、それらのパッケージを一度に指定してインストールする必要があります。

```
# rpm -ivh zabbix-web-4.0.0-1.el7.noarch.rpm zabbix-web-mysql-4.0.0-1.el7.noarch.rpm
```

2.2.2
Zabbixサーバーのインストール

　Zabbixサーバーをインストールする手順を解説します。Zabbixサーバーの動作にはデータベースサーバーなどの関連するソフトウェアが必要となるため、先にそれらのソフトウェアのインストールやデータベースに必要な設定を行います。

データベースのインストール

　Zabbixサーバーの動作に必要なデータベースのインストールを行います(本書ではMariaDBを利用)。解説ではZabbix用のデータベース名／接続ユーザー／接続ユーザーのパスワードを**表2.2-1**のように設定します。各設定、特にパスワードはシステムごとに適切なものを利用してください。

●表2.2-1 解説に利用するデータベースの設定（環境に合わせて適切なものを設定）

項目	設定値
データベース名	zabbix
接続ユーザー	zabbix
パスワード	zabbixpassword

MariaDBデータベースサーバーは、mariadb-serverという名前のパッケージに含まれています。mariadb-serverパッケージがインストールされていない場合は、次のコマンドを実行してインストールを行います。

```
# yum install mariadb-server
```

MariaDBデータベースサーバーの設定ファイルである/etc/my.cnf.d/server.cnfをリスト2.2-1のように修正します。

●リスト2.2-1 /etc/my.cnf.d/server.cnfを修正

```
...
# this is only for the mysqld standalone daemon
[mysqld]
character-set-server=utf8
collation-server=utf8_bin
skip-character-set-client-handshake
innodb_file_per_table
innodb_buffer_pool_size=512M
innodb_log_file_size=16M
innodb_log_files_in_group=2
```

MariaDBデータベースサーバーは自動で文字エンコードを変換するしくみを有していますが、接続するクライアントの設定や状態によっては変換が適切に行われず文字化けを起こすことがあります。Zabbixが利用するデータベースの文字エンコードはUTF-8のみであるため、MariaDBデータベースのデフォルトの文字エンコードをUTF-8に設定することにより文字エンコード処理関連の問題を事前に回避しておきます。

また、MariaDBデータベースは利用するバックエンドデータベースをいくつかの種類から選択でき、主に利用されているものにはMyISAMとInnoDBがあります。Zabbixサーバーのデータベースとして利用する場合、規模にかかわらずパフォーマンスの観点からInnoDBを利用する必要があります。

なお、InnoDB関連の設定のうちinnodb_file_per_tableの設定だけは、一度データベースを作成したあとで変更する際にデータベース全体の再作成が必要となるため、MariaDBサーバーの初回起動の前に実施しておくことをお勧めします。

Zabbixサーバーが利用するデータベースは更新系のクエリが非常に多く発生するため、MariaDBの設定でI/O負荷を低減するためのチューニングを行っておくことで、1台のZabbixサーバーでより多くの監視を行うことができます。また、MariaDBデータベースのチューニングはサーバー単位でしか行えないため、Zabbixサーバー用のデータベースとして専用のMariaDBを構築することを推奨します。

準備が整ったら、**図2.2-1**のようにMariaDBの準備を行います。

●**図2.2-1　MariaDBの準備**

```
# systemctl start mariadb  ←MariaDBデータベースサーバーを起動
# mysql -uroot  ←MariaDBデータベースへログイン
MariaDB> CREATE DATABASE zabbix CHARACTER SET utf8 COLLATE utf8_bin;
↑Zabbix用のデータベースを作成
MariaDB> GRANT all privileges ON zabbix.* TO zabbix@localhost IDENTIFIED BY
'zabbixpassword';  ←接続ユーザーzabbixを作成し、パスワードを設定。接続ユーザーzabbixはzabbixデータベース
以下のテーブルに対して一般的なSQL実行権限を有するように設定している
MariaDB> exit  ←MariaDBデータベースからログアウト
# systemctl enable mariadb  ←OS起動時に自動的にMariaDBデータベースサーバーを起動するように設定
```

時刻同期クライアントのインストールと設定

Zabbixサーバーは OSの時刻を参照して定期的にステータス情報を入手し、時刻とともにデータを保存するため、OSの時刻が正確でないと収集したステータス情報も不正確なものになってしまいます。NTPを利用して Zabbixサーバーの OSの時刻が常に正確になるように適切な設定を行います。

時刻同期クライアントがインストールされていない場合は、次のコマンドを実行してインストールを行います。

```
# yum install chrony
```

時刻同期サーバーの設定ファイルである /etc/chrony.confを修正します。デフォルトの状態でも動作しますが、環境に合わせてネットワーク的に近いNTPサーバーを参照するように次のserverの行の設定を変更してください。

```
server NTPサーバーのアドレス1
server NTPサーバーのアドレス2
server NTPサーバーのアドレス3
```

Zabbixサーバーの RPMをインストール

　Zabbixサーバーをインストールします。ZabbixサーバーのRPMパッケージは使用するデータベースに応じて選択する必要があります（**表2.2-2**）。

●表2.2-2　Zabbixサーバーを構成するRPMパッケージ

データベース	RPMパッケージ
MySQL用	zabbix-server-mysql
PostgreSQL用	zabbix-server-pgsql

　データベースに応じたZabbixサーバーのパッケージをインストールします。

```
# yum install zabbix-server-mysql
```

　Zabbixサーバーの動作に必要なライブラリは、CentOSの標準のリポジトリ、およびZabbix社のリポジトリにすべてそろっており、Zabbixサーバーのパッケージインストール時に自動で依存関係を解決しインストールされるようになっています。

データベースへの初期データのインポート

　Zabbixサーバーが利用するデータベースに初期データをインポートします。データベースの初期データはzabbix-serverパッケージに含まれており、Zabbix 4.0.0を利用している場合は /usr/share/doc/zabbix-server-mysql-4.0.0以下に置かれています。**図2.2-2**のようにコマンドを実行してください。

●図2.2-2　MySQLデータベースに初期データをインポート

```
# cd /usr/share/doc/zabbix-server-mysql-4.0.0
# zcat create.sql.gz | mysql -uzabbix -p zabbix
Enter password:  ←データベースユーザーzabbixのパスワード（本書ではzabbixpassword）
```

Zabbixサーバーの設定と起動

　Zabbixサーバーが動作するために必要な設定を行います。Zabbixサーバーの設定ファイル /etc/zabbix/zabbix_server.confを次のように修正します。

```
DBName=zabbix
DBUser=zabbix
DBPassword=zabbixpassword
```

　次のコマンドでZabbixサーバーを起動します。

```
# systemctl start zabbix-server
```

次のコマンドを実行し、「active (running)」と表示されれば、Zabbixサーバーが正常に
起動していることを確認できます。

```
# systemctl status zabbix-server
zabbix-server.service - Zabbix Server
   Loaded: loaded (/usr/lib/systemd/system/zabbix-server.service; enabled; vendor
preset: disabled)
   Active: active (running) since Thu 2018-08-09 08:32:06 EDT; 5h 7min ago
 Main PID: 1028 (zabbix_server)
```

以上でZabbixサーバーのインストールは完了です。次のようにコマンドを実行すると、
Zabbixサーバーを起動／停止／再起動できます。

```
# systemctl start zabbix-server     ←起動
# systemctl stop zabbix-server      ←停止
# systemctl restart zabbix-server   ←再起動
```

最後に、OS起動時にZabbixサーバーが自動起動するように設定します。

```
# systemctl enable zabbix-server
```

2.2.3
Webインターフェースのインストール

ZabbixのWebインターフェースをインストールします。

ZabbixのWebインターフェースはPHPで作成されており、動作にはPHPを動作させ
ることができるWebサーバーが必要です。Apacheやnginxがよく利用されています。
CentOS 7標準のWebサーバーはApacheであることから、Zabbix社公式のRPMでは
Apacheを利用するようになっています。また、Apache上でPHPを動作させるためのモ
ジュールや、データベースに接続を行ったり、日本語を利用するためのPHPモジュール
（表2.1-4参照）、グラフやマップで日本語を表示するためのフォントファイルが必要です。
動作に必要なパッケージは、ZabbixのWebインターフェースのRPMパッケージをイン
ストールする際に自動的にインストールされるようになっています。

Webインターフェースの RPM をインストール

Webインターフェースのパッケージは、共通で必要なものと、各データベースごとに

必要なものに分かれています(**表2.2-3**)。

● **表2.2-3　Webインターフェースを構成するRPMパッケージ**

データベース	RPMパッケージ
共通	zabbix-web
MySQL用	zabbix-web-mysql
PostgreSQL用	zabbix-web-pgsql

　次のコマンドでMySQLデータベース用のWebインターフェースをインストールします。インストールの際、日本語環境で利用する場合はzabbix-web-japaneseパッケージを併せてインストールする必要があります。

```
# yum install zabbix-web zabbix-web-mysql zabbix-web-japanese
```

　ZabbixのWebインターフェースのパッケージにはApacheの設定ファイルが含まれており、自動的にZabbixのWebインターフェースにアクセスするための設定が行われるようになっていますが、PHPのタイムゾーン設定のみ手動で行う必要があります。/etc/httpd/conf.d/zabbix.confファイルに記載されているdate.timezone設定のコメントアウトを外し、次のように設定します。

```
php_value date.timezone Asia/Tokyo
```

　その後、次のコマンドでApacheを起動します。

```
# systemctl start httpd
# systemctl enable httpd
```

Webインターフェースのインストーラを実行

　ZabbixのWebインターフェースは、設定が存在しない状態でアクセスするとインストーラが起動するようになっています。管理端末からWebブラウザでhttp://172.16.1.10/zabbixを開くとインストーラが表示されるため、次の手順でインストールを進めてください。

- 「**Welcome**」画面
  [Next step]をクリックします。
- 「**Check of pre-requisites**」画面(図2.2-3)
  すべてOKになっていることを確認して[Next step]をクリックします。1つでもOKになっていない場合は該当するPHP設定を変更してください。

●図2.2-3　Check of pre-requisites画面

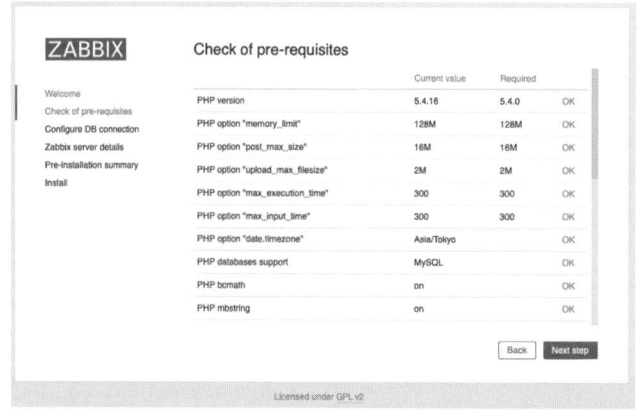

● 「Configure DB connection」画面（図2.2-4）

表2.2-1のMySQLの設定を入力し、[Next step]をクリックします。

●図2.2-4　Configure DB connection画面

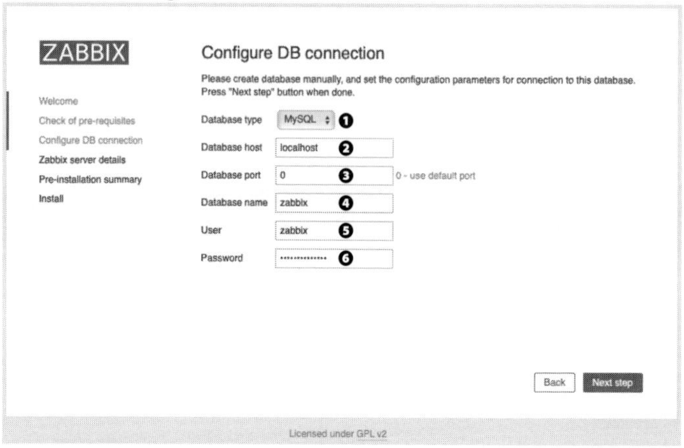

❶ データベースの種類を
選択

❷ データベースが動作し
ているホスト名または
IPアドレスを設定

❸ データベースが動作し
ているポート番号を設
定。0を設定するとデフ
ォルトのポート番号を
使用

❹ データベース名を設定

❺ データベース接続ユー
ザーを設定

❻ データベース接続ユー
ザーのパスワードを設
定

● 「Zabbix server details」画面（図2.2-5）

Webインターフェースから Zabbix サーバーの動作を確認するための設定を行います。Zabbix
サーバーのIPアドレスまたはDNS名とポート番号を入力して[Next step]をクリックします。

●図2.2-5　Zabbix server details画面

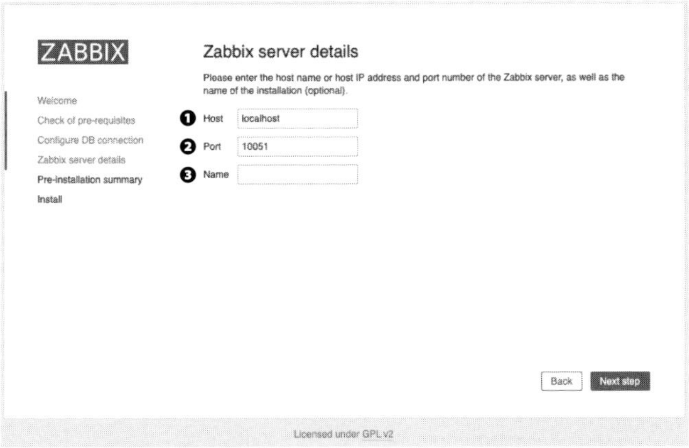

❶ ZabbixサーバーのIPアド
レスまたはDNS名
❷ Zabbixサーバーのポート
番号（デフォルトは10051）
❸ Webインターフェースの
右上に表示する文字列を設
定（任意）

- **「Pre-Installation Summary」画面**
確認のために入力した設定が表示されるので、問題がなければ[Next step]をクリックします。

- **「Install」画面**
設定ファイルのインストールを行います。「Configuration file : OK」の文字が表示されれば設定
ファイルのインストールは完了です。[Finish]をクリックしてインストーラを終了します。

図2.2-6のログイン画面が表示されれば、Webインターフェースのインストールは終
了です。

●図2.2-6　ログイン画面

2.2.4
Zabbixエージェントのインストール

Linux/Windowsについて、それぞれのサーバーにZabbixエージェントをインストールする方法を解説します。Zabbix社ではLinux/Windowsのコンパイル済みバイナリを配布しているため、これらのパッケージを利用することで簡単にインストールできます。

Linuxへのインストール

LinuxサーバーへのZabbixエージェントのインストールは、Zabbixサーバーと同様にZabbix社のyumリポジトリを利用します。LinuxサーバーにZabbix社のyumリポジトリを登録する手順は **2.2.1項**の「Zabbix社のyumリポジトリの登録方法」を参照してください。今回はZabbixサーバーと監視対象のlinux-serverの双方にZabbixエージェントをインストールします(図2.1-2参照)。

次のコマンドでZabbixエージェントのパッケージをインストールします。

```
# yum install zabbix-agent
```

次に、Zabbixエージェントの設定を行います。zabbix_agentdの設定ファイル /etc/zabbix/zabbix_agentd.confを次のように修正します。

```
ZabbixサーバーのIPアドレスまたはホスト名を設定。ここで指定したホストからの監視接続のみ許可する
Server=172.16.1.10
Zabbixエージェントをインストールしたホスト名を設定。Zabbixエージェントのアクティブチェック※を利用する場合に必須
Hostname=linux-server
ServerActive=172.16.1.10
```

※Zabbixサーバーとのデータ通信の種類。詳細は **4.3.5項**で解説

次のコマンドでZabbixエージェントを起動します。

```
# systemctl start zabbix-agent
```

次のコマンドを実行し、「active (running)」と表示されればZabbixエージェントが正常に起動していることを確認できます。

```
# systemctl status zabbix-agent
zabbix-agent.service - Zabbix Agent
   Loaded: loaded (/usr/lib/systemd/system/zabbix-agent.service; enabled; vendor
preset: disabled)
```

```
   Active: active (running) since Thu 2018-08-09 08:32:05 EDT; 5h 25min ago
  Main PID: 1002 (zabbix_agentd)
```

　以上でZabbixエージェントのインストールは完了です。次のようにコマンドを実行すると Zabbix エージェントを起動／停止／再起動できます。

```
# systemctl start zabbix-agent     ←起動
# systemctl stop zabbix-agent      ←停止
# systemctl restart zabbix-agent   ←再起動
```

　OS起動時にZabbixエージェントを自動起動するように設定します。

```
# systemctl enable zabbix-agent
```

Windowsへのインストール

　Windows用エージェントは、バイナリファイルをZabbix社のダウンロードページから取得できます。Zabbix社のサイトのダウンロードページから、「zabbix_agents_4.0.0.win.zip」ファイルをダウンロードし、展開します。binディレクトリ以下に32ビット用と64ビット用に分かれて以下のexeファイルが置かれています。

- zabbix_agentd.exe
- zabbix_get.exe
- zabbix_sender.exe

　これらのバイナリをWindowsの任意のフォルダに配置し、引数をつけてバイナリを実行することでZabbixエージェントをサービスとして登録できます。また、設定ファイルは同じくダウンロードしたファイルに含まれている zabbix_agentd.win.conf を利用します。

　以下、C:\Program Files\Zabbix Agentフォルダにバイナリと設定ファイルを置いた場合のインストール方法の例です。

❶インストールの下準備
先述の3つのexeファイルをC:\Program Files\Zabbix Agentフォルダにコピーし、zabbix_agentd.win.confを同じフォルダにzabbix_agentd.confとしてコピーします。

❷zabbix_agentd.confを修正

コピーしたzabbix_agentd.confをエディタで開き、次のように修正します。

```
Server=172.16.1.10
Hostname=windows-server
ServerActive=172.16.1.10
```

❸インストールの実行

コマンドプロンプトを開き、次のコマンドを実行します。

```
C:¥Program Files¥Zabbix Agent> zabbix_agentd.exe -c "C:¥Program Files¥Zabbix
Agent¥zabbix_agentd.conf" -i
```

　Zabbixエージェントをインストールすると、サービスに「Zabbix Agent」が追加され、起動した状態になっています。［スタートメニュー］→［管理ツール］→［サービス］をクリックして開くサービスの画面で確認できます（**図2.2-7**）。Zabbix Agentサービスの起動、停止はサービス名を右クリックして開くメニューから行えます。

●図2.2-7　サービス画面

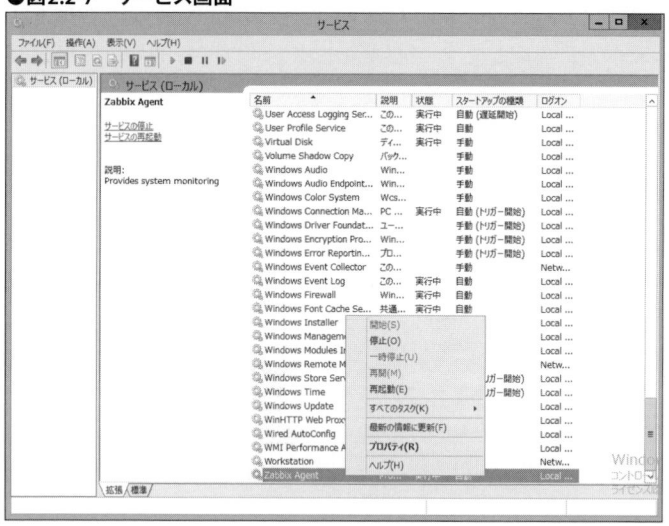

　Zabbixエージェントのアンインストールは、インストールのときと同様にコマンドプロンプトからzabbix_agentd.confに-dオプションをつけて実行してサービスから登録を削除し、その後不要になったexeファイルやconf、logファイルを削除します。

ZabbixエージェントをインストールしたOSの時刻同期

　Zabbix 3.4以前のバージョンでは、アクティブチェック利用時にZabbixエージェントからZabbixサーバーに送信される監視データの時刻情報は、ZabbixエージェントのOSの時刻とZabbixサーバーのOSの時刻の差分を利用して補正してから保存されていました。そのため、監視対象のOSの時刻にずれがあっても最終的な監視データの時刻にずれは発生しませんでした。しかしながら、監視データの時刻が補正されることで、監視データの収集時刻と実際に障害が発生した監視対象上のOSの時刻が異なることになるため、障害解析時に問題となることがありました。Zabbix 4.0以降では、この時刻補正の処理がなくなり、アクティブチェックによって送信された監視データは監視対象上のOSの時刻のまま保存されるようになりました。よって監視対象のOSの時刻についてもNTPなどを利用して正しい時刻にあわせることをお勧めします。

2.2.5
インストールされるバイナリと設定ファイル

　ここまでのインストール作業で実際に各OS上にインストールされるファイルの一覧を示します。各バイナリをコマンドラインから実行する場合のオプションの詳細は--helpオプションやmanコマンドを利用してください。

Zabbixサーバー

　Zabbixサーバーにインストールされる主なファイルは**表2.2-4**のとおりです。

●表2.2-4　Zabbixサーバーにインストールされる主なファイル

ファイル名	解説
/etc/zabbix/zabbix_server.conf	Zabbixサーバーの設定ファイル
/usr/sbin/zabbix_server	Zabbixサーバーのバイナリ
/var/log/zabbix/zabbix_server.log	Zabbixサーバーのログファイル

Webインターフェース

　Zabbix Webインターフェースにインストールされる主なファイルは**表2.2-5**のとおりです。

●表2.2-5　Webインターフェースにインストールされる主なファイル

ファイル名	解説
/etc/zabbix/web/zabbix.conf.php	Webインターフェースの設定ファイル
/etc/httpd/conf.d/zabbix.conf	Apache用の設定ファイル
/usr/share/zabbix以下	WebインターフェースのPHPファイル

Zabbixエージェント（Linux）

　Linux環境でZabbixエージェントにインストールされる主なファイルは**表2.2-6**のとおりです。

●表2.2-6　Zabbixエージェント（Linux）にインストールされる主なファイル

ファイル名	解説
/etc/zabbix/zabbix_agentd.conf	Zabbixエージェントの設定ファイル
/usr/sbin/zabbix_agentd	Zabbixエージェントのバイナリ
/var/log/zabbix/zabbix_agentd.log	Zabbixエージェント（zabbix_agentd）のログファイル

Zabbixエージェント（Windows）

　Windows環境でZabbixエージェントにインストールされる主なファイルは**表2.2-7**のとおりです。

●表2.2-7　Zabbixエージェント（Windows）にインストールされる主なファイル

ファイル名	解説
C:¥Program Files¥Zabbix Agent¥zabbix_agentd.conf	Zabbixエージェントの設定ファイル
C:¥Program Files¥Zabbix Agent¥zabbix_agentd.exe	Zabbixエージェントのバイナリファイル
C:¥Program Files¥Zabbix Agent¥zabbix_get.exe	Zabbixエージェントから監視データを取得するためのコマンドラインツール
C:¥Program Files¥Zabbix Agent¥zabbix_sender.exe	Zabbixサーバーに対して監視データを送付するためのコマンドラインツール
C:¥Program Files¥Zabbix Agent¥zabbix_agentd.log	Zabbixエージェントのログファイル

第**3**章
クイックスタートガイド

本章ではインストール直後の状態から**Zabbix**サーバーの管理画面である**Web**インターフェースにログインし、基本的な操作方法を紹介します。そのあと、あらかじめ用意されているサンプル設定を利用して、対象サーバーの監視設定と障害検知、障害通知までを行い、基本的な監視設定の方法と設定の流れを解説します。**Zabbix**のより詳細な監視機能の解説は第4章以降で行います。

3.1
Webインターフェースの操作

　Zabbixのインストールが完了すると、以降の監視設定はすべてWebインターフェースから実施します。ここでは、Webインターフェースの概要と、基本的な操作方法を解説します。解説には第2章の環境(図2.1-2)を利用します。

3.1.1
Webインターフェースへのログイン

　ZabbixのWebインターフェースにログインするには、管理端末のWebブラウザから http://172.16.1.10/zabbix にアクセスします。**図3.1-1**のようなログイン画面が表示されるため、次のようにデフォルトのアカウントを入力して[Sign in]をクリックします。

- アカウント名：**Admin**
- パスワード　：**zabbix**

●図3.1-1　Webインターフェースのログイン画面

　ブルートフォースアタックや辞書アタックを防ぐために、Webインターフェースに5回連続してログインに失敗すると一定期間アカウントがロックされます。

3.1.2
メニューの日本語化

Zabbixにログインすると、**図3.1-2**のような画面が表示されます。このように、Zabbixをインストールした直後はインターフェースが英語表示になっています。Zabbixはログインしているユーザーアカウントごとに表示言語を変更することが可能です。

●**図3.1-2　ログイン後の画面**

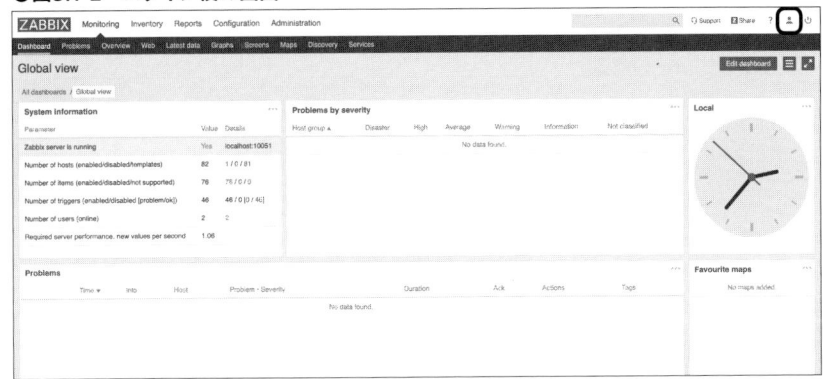

Webインターフェースの右上にある人のマークのアイコン（ <img> ）をクリックして表示されるアカウントの設定変更画面で「Language」の設定に［Japanese (ja_JP)］を選択し、［Update］ボタンをクリックすると表示を日本語に変更できます（**図3.1-3**）。

●**図3.1-3　メニューの日本語化**

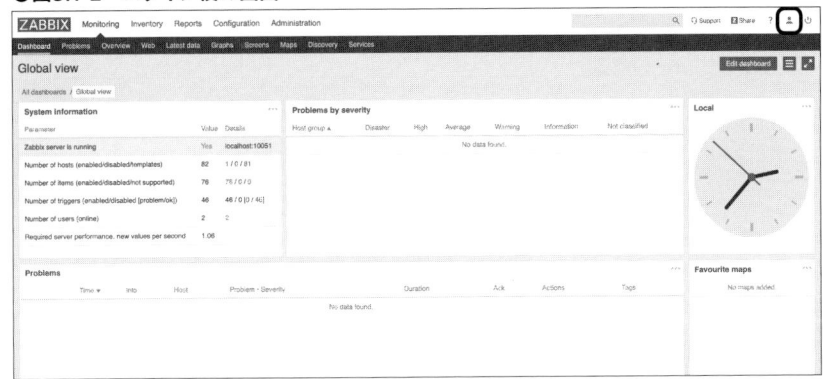

3.1.3
基本的な操作方法

　Zabbixの操作は上部の2列のメニューからカテゴリを切り替えて行います。1列目のメニューをクリックすると2列目のメニューが変わります。今後、Webインターフェースの操作の説明ではメニューの選択を[1列目カテゴリ]→[2列目カテゴリ]と示します。1列目のメニューは**表3.1-1**のカテゴリに分かれています。2列目のメニューの概要を**表3.1-2**に示します。

●**表3.1-1　1列目のメニューの概要**

項目	解説
監視データ	監視対象の状態や取得データなどの詳細を表示する
インベントリ	ホストに登録しているホストインベントリ(資産情報)を表示する
レポート	Zabbixサーバーの状態や過去の障害発生状況などのサマリを表示する
設定	監視対象、監視設定などの設定を行う
管理	一般設定やユーザー、認証などの設定を行う

●**表3.1-2　2列目のメニューの概要**

1列目メニュー	2列目メニュー	説明	解説する章
監視データ	ダッシュボード	Webインターフェース上のさまざまな情報を1つの画面上にまとめて表示できる	3.3.12、6.4
	障害	現在発生している障害の一覧や、過去に発生した障害の履歴を表示する。障害通知の状態の確認や、発生した障害に対するコメントの追加なども行うことができる	3.3.4、12.1
	概要	監視対象と監視項目のステータス、もしくは収集データを表形式で一覧表示できる。ホストグループで絞り込みを行うことも可能なため、システム全体の状態を俯瞰して見ることができる	3.3.3、3.3.4
	Web	Web監視のステータスやレスポンス時間などを表示する	4.7.3
	最新データ	監視対象ごと、監視項目ごとに収集したステータス情報の詳細を表示する。監視項目ごとのグラフや過去の収集データなども表示する	3.3.3
	グラフ	グラフを表示する	3.3.9、6.1
	スクリーン	グラフ、マップ、障害状況などを1画面に並べて定義する画面の表示と作成を行う	3.3.11、6.3
	マップ	ネットワークマップの表示と作成を行う。マップ上のアイコンやネットワークの線は障害状況に応じて動的に変化させることができる	3.3.10、6.2
	ディスカバリ	ネットワークディスカバリで自動的に探索した監視対象の状態を表示する	13.2
	サービス	ユーザが独自の定義で監視項目をグルーピングし、稼働率やSLAを計算するサービス機能のステータスを表示する	13.3
インベントリ	概要	インベントリの種別ごとに監視対象を一覧表示する	——
	ホスト	監視対象のサーバーや機器のインベントリを一覧表示する	12.1.5
レポート	システム情報	Zabbixサーバーの稼働状況や、各設定の登録数などを表示する	——
	稼働レポート	閾値を設けている監視項目の稼働率を表示する	12.10.2
	障害発生数上位100項目	各監視項目ごとに障害が頻繁に発生する上位100を表示する	12.10.2
	監査	Webインターフェースからログイン／ログアウトや設定変更を行った操作の履歴を表示する	12.9
	アクションログ	実行したアクション(障害通知や障害発生時のスクリプト実行など)の履歴を表示する	——
	通知レポート	過去に障害通知を行った統計を表示する	12.10.2

1列目メニュー	2列目メニュー	説明	解説する章
設定	ホストグループ	ホストをグループ化するホストグループの設定を行う	4.2
	テンプレート	監視テンプレートの設定を行う	8.1
	ホスト	監視対象(ホスト)、監視項目(アイテム)、閾値(トリガー)、グラフ、ローレベルディスカバリ、Web監視の設定を行う	4.1、4.3、4.7、5.1、6.1、7.1
	メンテナンス	監視対象のメンテナンス期間の設定を行う	12.3.2
	アクション	障害発生時のメール送信やスクリプト実行などの設定を行う	5.2
	イベント相関関係	トリガーのタグを利用して自動的に障害をクローズするルールを作成する	5.1.7
	ディスカバリ	指定したネットワークに対して監視対象を自動探索するネットワークディスカバリの設定を行う	13.2
	サービス	ユーザーが独自の定義で監視項目をグルーピングし、稼働率やSLAを計算するサービス機能の設定を行う	13.3
管理	一般設定	Webインターフェースの表示全般や、監視データの保存期間の設定などZabbix全体に関わる設定を行う	9.1
	プロキシ	Zabbixプロキシサーバーの設定を行う	13.4
	認証	Webインターフェースへのログイン認証の方式を設定する	9.4
	ユーザーグループ	ユーザーをグループ化して管理するユーザーグループの設定を行う	9.3.2
	ユーザー	Webインターフェースへのログインや障害通知に利用するユーザーアカウントを設定する	9.3.1
	メディアタイプ	障害通知の際に利用するメールサーバーやスクリプトの表示／設定を行う	9.2
	スクリプト	Webインターフェースからコマンドを実行するスクリプトの設定を行う	12.2
	キュー	Zabbixサーバーの監視データの収集の遅延状況を表示する	12.7.1

サブメニューの操作

　メニューを選択して表示される各画面では、メニュー下にサブメニューが表示されます(**図3.1-4**)。サブメニューに表示される内容は画面によって異なります。主なものを次に解説します。

●図3.1-4　サブメニュー

❶検索フォーム

　登録されているホストやテンプレートを検索フォームから名称で検索できます。

❷グループやホストのドロップダウンリスト

ドロップダウンリストからグループやホストを選択することで、表示を絞り込むことができます。

❸フィルター

フィルターをクリックすると入力ボックスが表示され、表示する項目を絞りこむことができます。

❹各種操作アイコン

サブメニューに表示されるアイコンをクリックすることで、対応した操作を行うことができます（**表3.1-3**）。

●表3.1-3　アイコンの意味

アイコン	解説
☰	ダッシュボードの各種設定操作メニューを開く（ダッシュボード画面でのみ表示）
⤢	全画面表示を行う
ⓘ	画面に表示される内容の説明を表示する
☆	ダッシュボードで表示できるお気に入りへ登録する

画面最上部のメニュー

画面右上にはヘルプやサポート、ログアウトなどのリンクが表示されます（**表3.1-4**）。

●表3.1-4　画面最上部のメニューの意味

項目	解説
🎧 サポート	Zabbix社のサポートサービスの案内ページへのリンク
Ⓩ Share	Zabbix Share※サイトへのリンク
?	Zabbixのドキュメントへのリンク
👤	現在ログインしているアカウントの設定を開く
⏻	ログアウトする

※Zabbixのテンプレートやスクリプトなどをダウンロードできるサイトです。詳細は11.6節で解説しています。

3.2
Zabbixの監視設定の全体像と流れ

Zabbixの監視設定はいくつかの機能と設定から構成されており、それぞれの機能が連携して動作します。Zabbixの監視設定の具体的な解説を行う前に、Zabbixの監視設定の全体像と設定の流れを解説します。

3.2.1
Zabbixの監視設定の全体像

Zabbixの設定の全体像を**図3.2-1**に示します。

●**図3.2-1　Zabbixの基本的な設定の全体像**

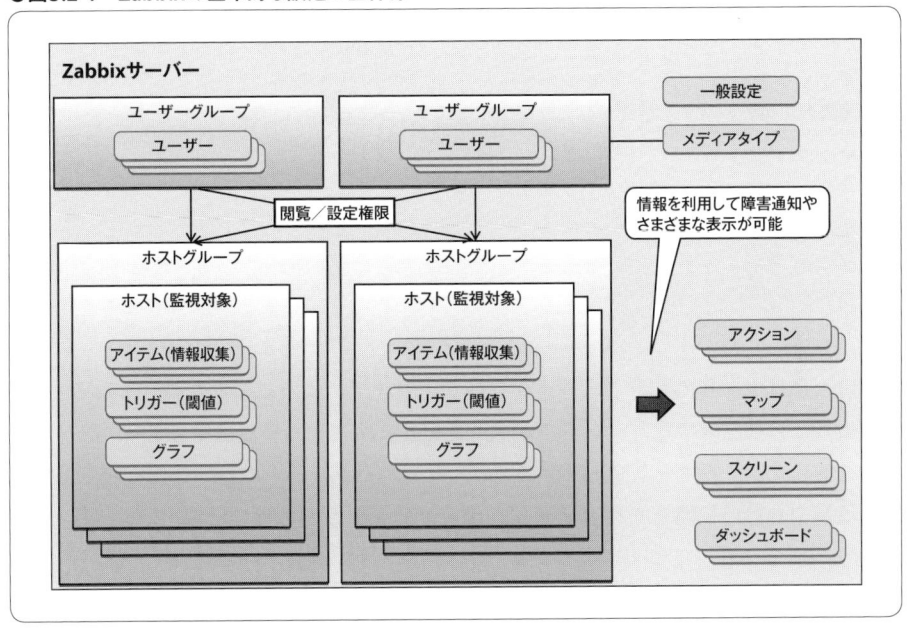

❶**一般設定**

Zabbixサーバー全体に影響する設定です。Zabbixの基本的な挙動や表示の設定などを行います。一般設定の詳細は**9.1節**で解説します。

❷メディアタイプ

メール通知用のメールサーバーなどを設定します。メディアタイプの設定はユーザー設定から利用します。メディアタイプの詳細は**9.2節**で解説します。

❸ユーザー

ZabbixにWebインターフェースのログイン名やパスワード、通知用のメールアドレスを設定します。ユーザーはユーザーグループに所属し、ユーザーグループ単位で後述のホストグループへのアクセス権を設定できます。ユーザーやユーザーグループの詳細は**9.3節**で解説します。

❹ホスト(監視対象)

監視対象の設定を行います。アイテム、トリガー、グラフはホストごとに設定します。ホストはホストグループでグループ化できます。

❺アイテム(監視項目)

監視対象からデータを収集し、Zabbixサーバーのデータベースに保存する情報収集の設定を行います。

❻トリガー(閾値)

アイテムで収集したデータに対して障害検知を行うための閾値の設定を行います。

❼グラフ

アイテムで収集したデータをもとにしたグラフの設定を行います。

❽アクション

障害発生時のシステム管理者への障害通知やスクリプトの実行の設定を行います。

❾マップ

ネットワークマップの設定を行います。

❿スクリーン

グラフ、マップやアイテム、トリガーなどをもとにさまざまなデータを組み合わせて画面を作成するスクリーン設定を行います。

Zabbixには上記以外にもさまざまな機能があります。より拡張的な機能となるため、監視項目を自動生成するローレベルディスカバリに関連する機能は**第7章**で、監視対象を自動的に登録するネットワークディスカバリやエージェントの自動登録機能、大規模監視環境や分散監視環境で利用できるZabbixプロキシなどの機能は**第13章**で解説を行います。

3.2.2
Zabbixの監視設定の流れ

　ホスト／アイテム／トリガー／アクション／グラフ／マップ／スクリーンは、機能別に大きく3つのカテゴリに分けられます（**図3.2-2**）。Zabbixは複数の機能を組み合わせて構成するようになっているため、必要な機能を使ってシステムに適した監視システムを作り上げることができ、汎用性とカスタマイズ性が高いことが特徴です。

●図3.2-2　Zabbixの監視設定の流れ

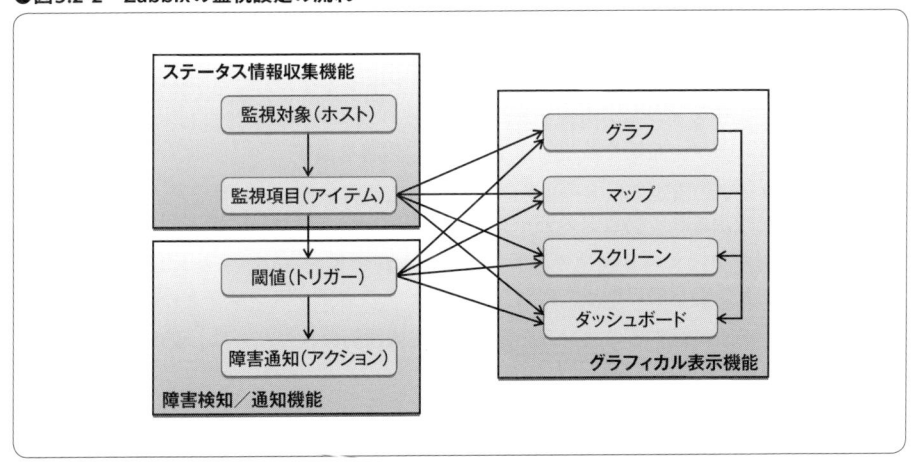

　各機能の概要を次に示します。

❶ステータス情報収集機能（ホスト／アイテム）

　監視対象をホスト設定で登録します。ホストに対してSNMPやZabbixエージェント、死活監視、ポート監視などさまざまな方法でステータス情報を行うアイテム設定を行い、収集した情報をデータベースに保存します。ステータス情報収集機能は**第4章**で解説します。

❷障害検知／通知機能（トリガー／アクション）

　アイテムで収集した情報に対して、閾値や含まれる文字列などの障害とみなす条件を指定するトリガーを設定します。閾値を上回った／下回った場合や指定した文字列が含まれていた場合に、メールを送信したりコマンドを実行したりする設定をアクション設定で行います。障害検知／通知機能は**第5章**で解説します。

❸グラフィカル表示機能（グラフ／マップ／スクリーン）

　ステータス情報収集機能で収集した情報を利用し、グラフ／マップ／スクリーンなどグラフィカルな表示を行います。グラフィカル機能にはトリガーの状態も含めることができ、ステータス情報と障害の情報を含めてさまざまな形で表示できます。グラフィカル表示機能は**第6章**で解説します。

3.2.3
ステータス情報収集、障害検知／通知の流れ

　Zabbixはいくつかの機能を組み合わせて障害検知／通知を実現しています。複数の機能を組み合わせることで柔軟な設定が行えます。障害検知／通知を行うために必要な設定の流れを解説します（図3.2-3）。

❶アイテム設定で各ホストからステータス情報を収集し、データベースに保存する。アイテム設定ではステータス情報を収集するのみであり、障害検知や閾値の設定は行わない

❷アイテムで収集したデータに対して、トリガーで障害検知のための閾値や条件を設定する。トリガーは条件が真から偽、偽から真になった場合に「イベント」を生成し記録する

❸トリガーでイベントが生成された際に、実行する内容をアクションで設定する。アクションでは送信するメールの内容や実行するスクリプトの内容を設定し、Zabbixに登録されているユーザー設定や監視対象サーバーに内容を渡す

❹メディアタイプの設定ではメールを送信する際に使用するメールサーバーや実行するスクリプトが設定されている。メディアタイプの設定はユーザー設定で利用される

❺ユーザー設定ではメール送信先のアドレスや実行するスクリプトなどが登録されており、アクションから受け取った内容をもとにメール送信やスクリプトの実行を行う

❻アクションから実行するコマンドを受け取った監視対象サーバーは、受け取ったコマンドを実行する（リモートコマンド）

●図3.2-3　情報収集、障害検知、障害通知の流れ

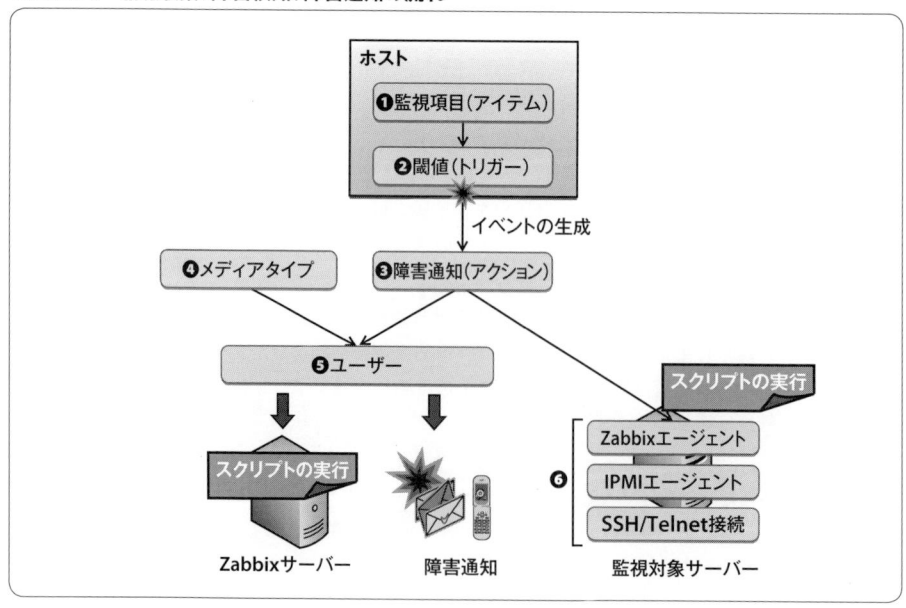

3.3
Zabbixの基本的な監視設定と監視データの表示

　Zabbixを利用した監視データの閲覧や設定の流れと、どのような監視を行えるかを見ていきます。サンプル設定を利用して、Zabbixサーバー自身にインストールされたZabbixエージェントを利用して監視を行い、障害通知メールを送信するための基本的な操作方法と設定方法を解説します。

　本章では**第2章**で解説したインストール環境を利用し、Zabbixサーバーが動作しているサーバーにはZabbixエージェントもインストールされていることとします。また、メールはシステム内にある既存のメールサーバー（mail.example.com）を利用して配送することとします。Webインターフェースの操作はデフォルトのユーザーであるAdminユーザーを利用して設定を行います。

3.3.1
インストール直後のZabbixサーバーの状態

　インストール直後のZabbixサーバーには、自身のサーバーにインストールされているZabbixエージェントを利用して監視を行うサンプル設定が用意されています。デフォルトで有効になっており、インストール後にZabbixサーバーとエージェントのプロセスを起動すれば監視が行われるようになっています。

　インストール直後に設定されている項目は**表3.3-1**のとおりです。

●**表3.3-1　インストール直後に設定されている項目**

項目	解説
ホスト	ホスト名「Zabbix server」としてローカルホストが監視対象として登録されている
アイテム	ホストにリンクされたテンプレートに含まれるアイテムが継承されている
トリガー	ホストにリンクされたテンプレートに含まれるトリガーが継承されている
グラフ	ホストにリンクされたテンプレートに含まれるグラフが継承されている
スクリーン	Zabbix serverのリソースのグラフを1つの画面に表示する
アクション	障害発生時にZabbix Administratorsグループに属するユーザーにメールを送信する
マップ	Zabbix serverホストが登録されたマップを表示する

3.3.2
登録されているZabbix serverホストの確認

　メニューから[設定]→[ホスト]をクリックすると、設定されているホストの一覧が表示されます。デフォルトで「Zabbix server」の設定が登録されており、自サーバーにインストールされているZabbixエージェントを利用して監視を行う設定が行われています。

　ホストはテンプレート「Template App Zabbix server」「Template OS Linux」とリンクされており、Template App Zabbix server、Template OS Linuxに含まれるアイテムとトリガーを継承して利用するように設定されています。テンプレートの詳細については**第8章**で解説を行います。エージェントと正しく通信ができていれば、[エージェントの状態]のZBXアイコンが緑に変化します。通信ができていない場合はZBXアイコンが赤色に変化するため、OSのファイアウォールやSELinuxなどの動作状況を確認してください（**図3.3-1**）。ホスト設定の詳細については**第4章**を参照してください。

●図3.3-1　ステータスが有効になっており、ZBXアイコンが緑に変わっている

3.3.3
アイテムの収集データを表示

　エージェントとの通信ができていれば、Zabbix serverホストに設定されているアイテムに基づいてステータス情報の収集が始まり、データベースに保存されます。

　ここではまずアイテムで収集されたデータにはどのようなものがあるかを確認してみましょう。アイテムの設定については**第4章**で詳細に解説します。

　なお、アイテムの初回の監視データの取得のタイミングはZabbixサーバー内部で自動的に決定されます。監視間隔が大きく設定されているアイテムは初回のデータ取得までに時間がかかることがあります。また、Template OS Linuxにはローレベルディスカバリの設定が含まれており、デフォルトで1時間に1度監視対象に存在するネットワークインターフェースとディスクのマウントポイントの一覧を取得してアイテムやトリガー設定を自動生成します。この取得タイミングもZabbixサーバー内部で自動的に決定されているため、ホストを有効にした直後はネットワークインターフェースのトラフィックやディスクの使用率などのアイテムが存在しない場合があります。

　Zabbix 4.0では、アイテムの設定画面やローレベルディスカバリの設定画面に[監視デ

ータを取得]ボタンが追加され、このボタンを押すことで明示的にアイテムやローレベルディスカバリの処理を動かすことができるようになりました。アイテムの設定画面の説明は**第4章**で、ローレベルディスカバリの説明は**第7章**で行います。

最新データ画面

取集されたデータは、メニューの[監視データ]→[最新データ]をクリックし、表示された画面の上部にあるフィルターで[ホスト]や[ホストグループ]に目的のホストやホストグループを指定することで表示できます(**図3.3-2**)。この画面では収集した最新のデータとその収集日時、グラフや履歴などを表示できます。収集されたデータはカテゴリ(アプリケーション設定)ごとに表示されます。各行の一番右端に、数値データの場合は「グラフ」、テキストやログデータの場合「ヒストリ」の文字が表示され、クリックすることでそれぞれグラフとデータの履歴を表示します。一覧画面で表示される[最新のチェック時刻]と[最新の値]は、直近の24時間以内のデータが表示されます。監視処理がエラーになっていたり、ログ監視で一定期間ログが出力されていなかったりする場合など、直近の24時間以内に監視データが存在しないときは、右にある[グラフ]や[ヒストリ]のリンクから過去の監視データを表示できます。

●図3.3-2 最新データ画面

❶ ホスト名 **❷** アイテム名 **❸** 収集した最新データの保存日時 **❹** 収集した最新データの値
❺ 収集した最新データと1つ前のデータとの差分(数値データの場合のみ表示)
❻ 数値データの場合は「グラフ」、テキストやログデータの場合「ヒストリ」の文字が表示され、クリックすることでそれぞれグラフとデータの履歴を表示

グラフ画面では次の操作で表示期間を変更できます。

- グラフの右上にある期間のリンクから指定
- グラフの上にある開始終了日時のフォームから指定
- グラフ上のプロットエリアをクリック＆ドラッグ

　同じ画面のサブメニューのドロップダウンリストから、［グラフ］［値］［最新500の値］を選択することで、それぞれ特定期間のグラフ（**図3.3-3**）、特定期間のヒストリ（データの履歴、**図3.3-4**）、最新500のデータ（**図3.3-5**）を切り替えて表示できます。

●**図3.3-3　グラフを表示した画面**

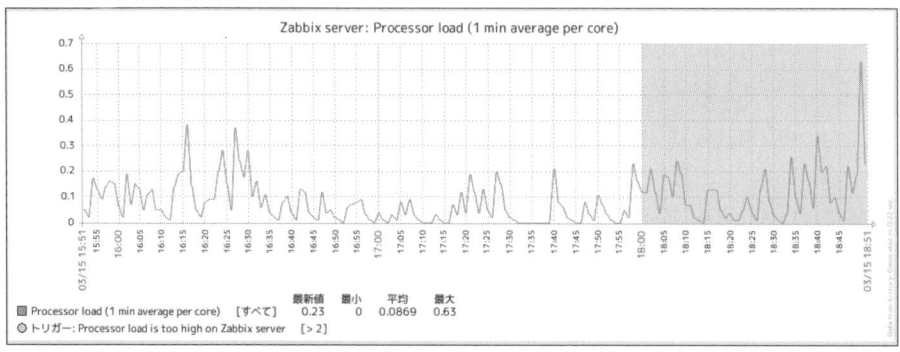

●**図3.3-4　ヒストリを表示した画面**

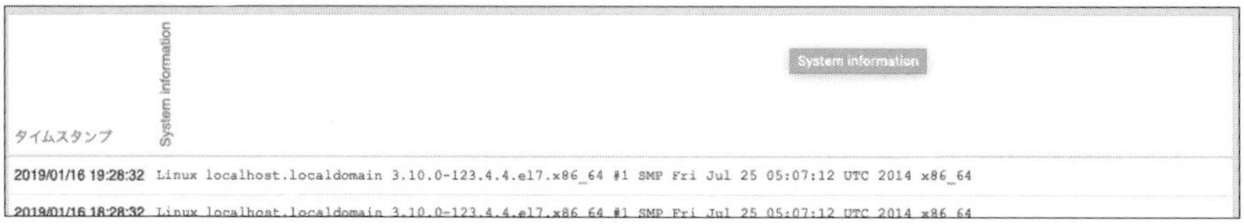

●**図3.3-5　アイテムの最新500のデータ画面**

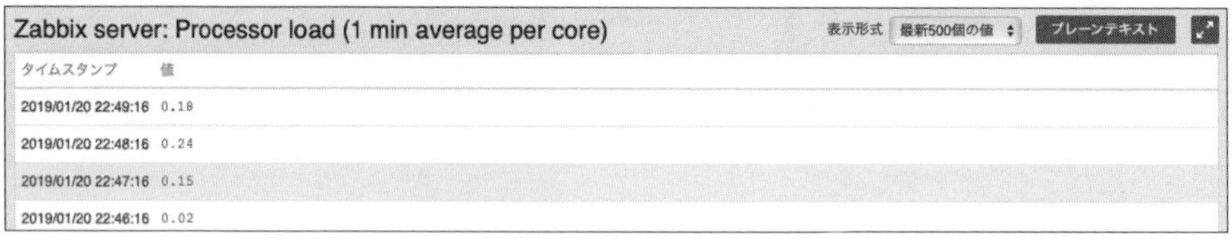

概要画面

最新データ画面では、ホストごとにアイテムで収集したデータをリスト表示できました。概要画面ではシステム全体の監視データを表形式で閲覧できます。メニューから［監視データ］→［概要］をクリックし、サブメニューの「タイプ」ドロップダウンリストから［データ］を選択することで表示できます（**図3.3-6**）。この画面では、最新データ画面と同様に直近の24時間の監視データのみ表示できます。監視処理がエラーになっていたり、ログ監視で一定期間ログが出力されていない場合など、直近の24時間以内に監視データが存在しないときは、各セルをクリックして表示されるポップアップから過去の監視データを参照して確認してください。

●図3.3-6　概要のデータ画面

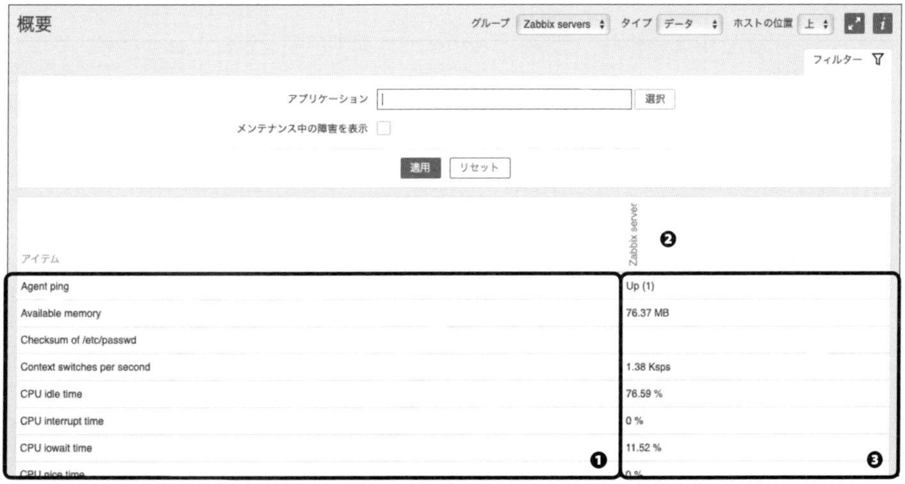

❶アイテムの名前　❷ホスト名　❸最新の収集データ

概要の画面では次の操作を行えます。

- 縦の列と横の列を入れ替える（右上の［ホストの位置］ドロップダウンリストから表示形式を選択）
- 表示をホストグループごとやすべてのホストに切り替える（右上の［グループ］ドロップダウンリストからホストグループを選択）
- 最新の1時間、1週間、1ヵ月のグラフ、最新の値の画面へのショートカットを開く（各データのセルをクリック）

3.3.4
障害の表示

　Zabbix serverホストには、障害検知のための条件設定であるトリガー設定も含まれています。現在発生している障害状況は、［監視データ］→［障害］画面から確認できます。デフォルトのテンプレートがリンクされているだけでは障害が発生しない場合も多いことから、画面の閲覧時には何も表示されていないかもしれません。

　テストとして恣意的に障害を発生させたい場合は、Zabbixサーバー上で動作しているZabbixエージェントを停止してみる方法が簡単です。デフォルトで利用されているTemplate OS Linuxテンプレートにはエージェントと5分以上通信を行えなかった場合に障害として検知するトリガーが設定されているため、Zabbixエージェントを停止して5分以上待つと障害が検知されます。

　トリガーによる障害の検知の設定については**5.1節**で詳細な解説を行うため、ここではまず設定されているトリガーによってどのように障害の状態が表示されるかを確認してみましょう。

障害画面

　現在の障害の発生状況は、メニューの［監視データ］→［障害］をクリックすることで表示できます（**図3.3-7**）。

●**図3.3-7　障害画面**

　　現在障害の状態になっているイベントの一覧が表示され、ホストやトリガー名のほか、各障害の発生日時や深刻度、継続時間などが表示されます。この画面では、障害確認のリンクからメッセージの入力や障害の手動クローズなど（**12.1節**）を行ったり、ホスト名をクリックして監視対象へスクリプトを実行できます（**12.2節**）。デフォルトでは、復旧したトリガーや手動クローズを行った障害は5分経過後に画面から消えます。この時間の設定は［管理］→［一般設定］メニューから変更が可能です（**9.1.10項**）。

　　障害画面では、上部フィルターの［表示］の選択を変えて［適用］を押すことで、障害の表示方法を以下のように変えることができます。

- 最近の障害：障害が継続しているものと、直近に復旧した障害を表示
- 障害：障害が継続しているもののみ表示
- ヒストリ：障害と復旧の履歴を表示。上部に表示期間を変更するメニューが表示され、指定した期間の履歴を確認可能

概要画面

　　障害画面では、現在継続中の障害の発生状況や履歴を一覧で確認できました。メニューから［監視データ］→［概要］をクリックして表示できる概要画面では、システム全体のトリガーの状態を表形式で表示できます（**図3.3-8**）。

●図3.3-8　概要画面

　　サブメニューの［タイプ］ドロップダウンで［データ］を選択した場合は、設定されてい

るアイテムが表形式で表示され、障害が発生している項目はトリガーの深刻度の色で表示されます。[トリガー]を選択した場合は、現在障害が発生しているトリガーが表形式で表示され、同様に障害の深刻度の色が表示されます。デフォルトでは直近の2分間に変化があった項目が点滅表示されるようになっており、この時間の設定は[管理]→[一般設定]メニューから変更が可能です(**9.1.10項**)。

　概要の画面では次の操作を行えます。

- 縦の列と横の列を入れ替える(サブメニューの[ホストの位置]ドロップダウンから選択)
- 表示をホストグループで絞り込む(サブメニューの[グループ]ドロップダウンから選択)
- [タイプ]の選択が[データ]の場合、各セルをクリックすることでヒストリデータのグラフへのショートカットリンクがポップアップ表示される
- [タイプ]の選択が[トリガー]の場合、各セルをクリックすることでヒストリデータのグラフや選択したトリガーの障害履歴、障害確認、説明表示や設定へのショートカットリンクがポップアップ表示される
- トリガーの深刻度の色のサマリを表示する(サブメニューにある[i]アイコンをマウスオーバー)

3.3.5
アクションの状態と設定

　アクションでは、イベントが生成された場合にメール通知やコマンドの実行などを行う条件の設定と、どのようなメールを送るか、コマンドを実行するかを設定します。インストール直後の状態では「Report problems to Zabbix administrators」というサンプル設定が行われ、無効の状態になっています。ここではサンプル設定を有効にし、障害発生時にメールを送信するように設定します。

　アクションの設定は、メニューから[設定]→[アクション]をクリックし、サブメニューの「イベントソース」ドロップダウンから[トリガー]を選択すると、現在設定されている障害通知のアクション設定の一覧が表示されます(**図3.3-9**)。

●図3.3-9　アクションの一覧画面

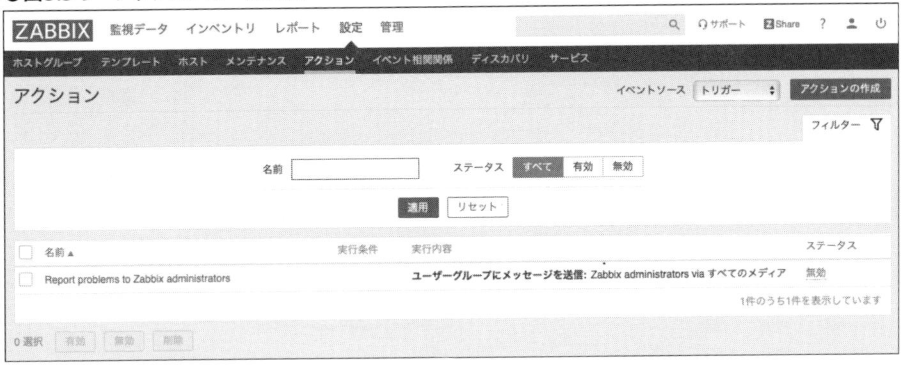

　一覧から「Report problems to Zabbix administrators」の行の[無効]をクリックすると表示が[有効]に変わり、イベント生成時の障害通知設定が有効になります。

　このアクションには、設定されているトリガーのいずれかの状態が変化し、イベントが生成された際にZabbix Administratorsグループに所属しているユーザー（デフォルトではAdminユーザー）に障害通知メールを送信する設定が行われています。ただし、この状態ではAdminユーザーにはメールアドレスが設定されていないため、障害が発生してもメールは送信されません。以降で解説するメディアタイプとユーザーのメディア設定を行うことでメールが送信されるようになります。

　アクションの詳細は**第5章**で解説します。

3.3.6
メディアタイプの設定

　メディアタイプは障害通知メール送信時のメールサーバーの設定などを行います。インストール直後の状態ではいくつかのメディアタイプのサンプル設定が行われています。

　メディアタイプの設定はメニューの[管理]→[メディアタイプ]をクリックして表示します（**図3.3-10**）。

●図3.3-10　メディアタイプの一覧画面

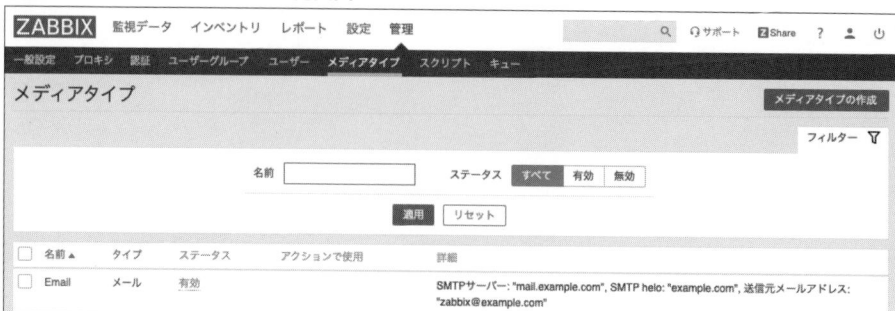

　本書ではシステム内にすでにメールサーバー(mail.example.com)が存在するものと仮定してメールサーバーの設定を解説します。Zabbix 3.0以降、メールサーバーの設定ではSMTP認証やSSL/TLSを必要とするメールサーバーを利用してメールの送信が行えるようになっています。メディアタイプの詳細については**9.2節**で解説します。

　メディアタイプの設定一覧から説明のカラムの[Email]をクリックして表示される設定画面(**図3.3-11**)で**表3.3-2**の設定を行い[更新]をクリックします。

●図3.3-11　メディアタイプの設定画面

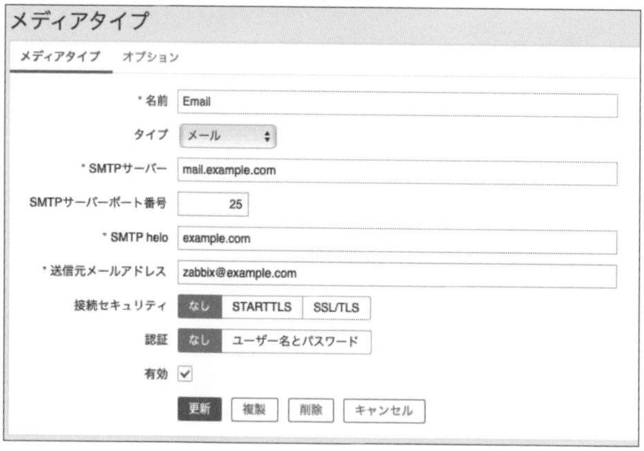

●表3.3-2 メディアタイプの設定

項目	設定値
名前	Email
タイプ	メール
SMTPサーバー	利用するメールサーバーのホスト名を設定
SMTPサーバーポート番号	利用するメールサーバーのポート番号を設定
SMTP helo	ZabbixサーバーのFQDNまたはIPアドレスを設定
送信元メールアドレス	メール送信時に利用するFromアドレスを設定
接続セキュリティ	STARTTLS、SSL/TLS接続を利用する場合は選択
認証	SMTP認証を利用する場合はユーザー名とパスワードを設定

3.3.7
ユーザーの設定

　ユーザーの設定はWebインターフェースにログインするアカウント設定だけでなく、障害発生時の通知用メールアドレスなどの設定も行います。インストール直後の状態ではAdminユーザーとguestユーザーのみ登録されています。ユーザー設定の詳細は**9.3節**で解説を行います。

　ユーザーの設定はメニューの[管理]→[ユーザー]をクリックし、サブメニューから[ユーザー]を選択することで表示できます(**図3.3-12**)。

●図3.3-12 ユーザーの一覧画面

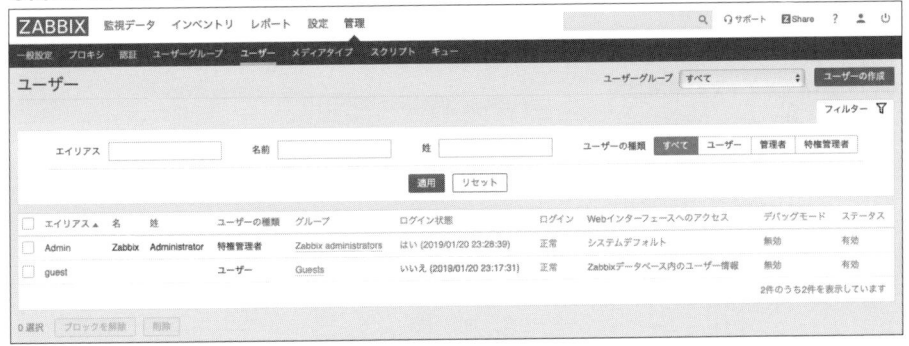

　アクションの設定では障害通知メールをAdminユーザーに行うように設定されているため、ここでは例としてAdminユーザーにadmin@example.comのアドレスを設定し、障害通知メールを送信する設定を行います。

　ユーザーの設定一覧画面でエイリアスのカラムにある[Admin]をクリックして表示される設定画面(**図3.3-13**)で次の手順で設定を行います。

- 上部のメディアタブをクリックしてメディアの項にある[追加]ボタンをクリックし、メディアの追加設定画面を表示(**図3.3-14**)
- メディアの追加設定画面で**表3.3-3**の設定を行い[追加]ボタンをクリック
- ユーザーの設定画面に戻るため、メディアタイプの項目に追加した設定が表示されていることを確認して[更新]ボタンをクリック

●図3.3-13　ユーザーの設定画面

●図3.3-14　メディアの追加画面

●表3.3-3 メディアの追加設定画面の設定

項目	設定値
タイプ	Email
送信先	admin@example.com
有効な時間帯	1-7,00:00-24:00
指定した深刻度のときに使用	すべてチェック
有効	チェック

3.3.8
障害の発生と障害通知メールの確認

　ここまでで、Zabbix serverに障害が発生した場合はAdminユーザーに設定したメールアドレスadmin@example.comにメールが送信される設定が完了しました。試しに障害を発生させ、どのようなメールが送信されるかを確認してみましょう。

障害の発生

　Zabbix serverホストにリンクされているTemplate OS Linuxには/etc/passwdファイルのチェックサムを監視するアイテム設定と、チェックサムの値が前回取得値と異なった場合に障害として検知するトリガー設定が含まれています。試しに新規ユーザーを追加して障害を発生させます。OSのコンソールから次のコマンドを実行します。

```
# useradd testuser
```

アイテムで収集したデータの確認

　Zabbixサーバーはアイテムで設定された監視間隔でステータス情報を収集し、データベースに保存します。[監視データ]→[最新データ]画面で収集されたデータをリアルタイムに確認できます（図3.3-15）。

●図3.3-15 収集したチェックサムの値

▼	Zabbix server	Security (2アイテム)			
☐		Checksum of /etc/passwd	2019/01/20 23:28:35	1440950697	グラフ
☐		Number of logged in users	2019/01/20 23:35:34	0	グラフ

　/etc/passwdのチェックサム監視は1時間間隔で行うように設定されているため、障害として検知されるまでには少し時間を要します。早く障害検知を行いたい場合は、メニューから[設定]→[ホスト]をクリックして表示されるホストの一覧から、Zabbix server

の行の［アイテム］をクリックしてアイテムの一覧を表示し、「Checksum of /etc/passwd」アイテムの左にあるチェックボックスにチェックを入れ、リスト一番下にある［監視データの取得］ボタンを押してください。

トリガーのステータスの変化と障害イベントの生成

監視データが収集／保存されたタイミングでトリガーが評価され、トリガーのステータスが障害状態へ変化し、障害イベントが生成されます。［監視データ］→［障害］画面で障害イベントが生成されていることを確認できます（**図3.3-16**）。

●**図3.3-16　障害発生時の障害画面**

時間 ▼	☐	深刻度	復旧時刻	ステータス	情報	ホスト	障害	継続期間	確認済	アクション	タグ
01:21:30	☐	警告		障害		Zabbix server	/etc/passwd has been changed on Zabbix server	7s	いいえ		
									1件のうち1件を表示しています		

アクションの実行

生成されたイベントの内容がアクションの実行条件の設定にマッチすると、アクションの実行内容に設定されている動作が行われます。アクションが実行されると障害画面の［アクション］のカラムに実行状態が表示されます。

実行されたアクションは一覧から該当する障害の［時間］をクリックすると詳細を表示でき、メッセージアクションの領域に送信されたメールの内容が表示されます（**図3.3-17**）。

●図3.3-17 アクションが表示されたイベント詳細画面

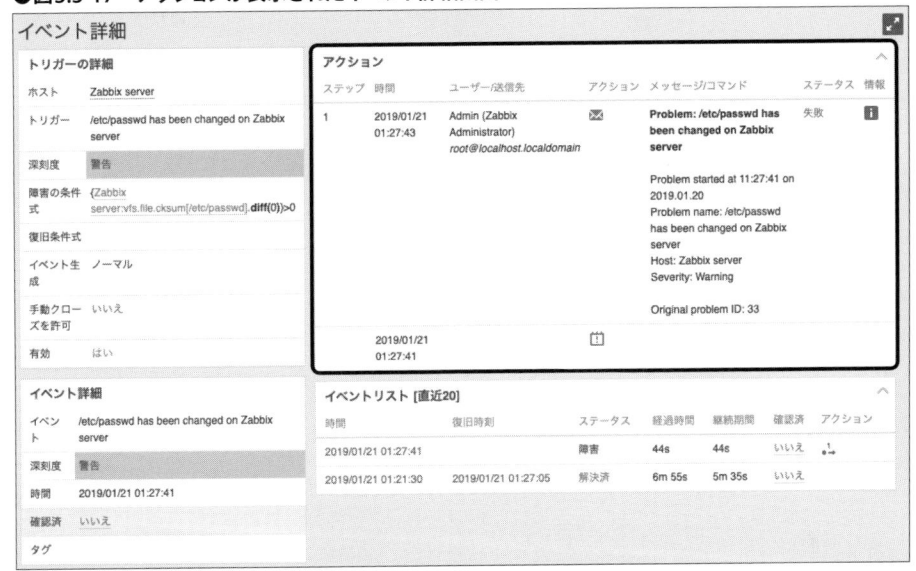

3.3.9
グラフの表示

　ホスト Zabbix server にはいくつかのグラフ設定が行われています。メニューから［監視データ］→［グラフ］をクリックし、サブメニューからホストとグラフ名を選択することで、設定されているグラフを表示できます。グラフ設定では複数のアイテムを1つのグラフに重ねて表示したり、折線グラフ以外にも積算グラフや円グラフを作成できます。グラフ設定の詳細は**6.1節**で解説を行いますので、ここではすでに設定されているグラフの表示方法について解説を行います。

　Zabbix server には**表3.3-4**のグラフが設定されています。たとえば、CPU Loads のグラフは図**3.3-18**のように表示されます。

●表3.3-4　Zabbix serverに設定されているグラフ

項目	解説
CPU Loads	ロードアベレージ値の1分平均／5分平均／15分平均の値を折線グラフで表示
CPU Utilization	CPU使用率のuser値／idle値／system値を積算グラフで表示
Disk usage	パーティションの使用率と空き率を積算グラフで表示
Network utilization	ネットワークインターフェースの送受信トラフィックを折線グラフで表示
CPU jumps	CPUのコンテキストスイッチと割り込み数を折線グラフで表示
Swap usage	スワップの空き容量を円グラフで表示

●図3.3-18　CPU Loadsグラフ画面

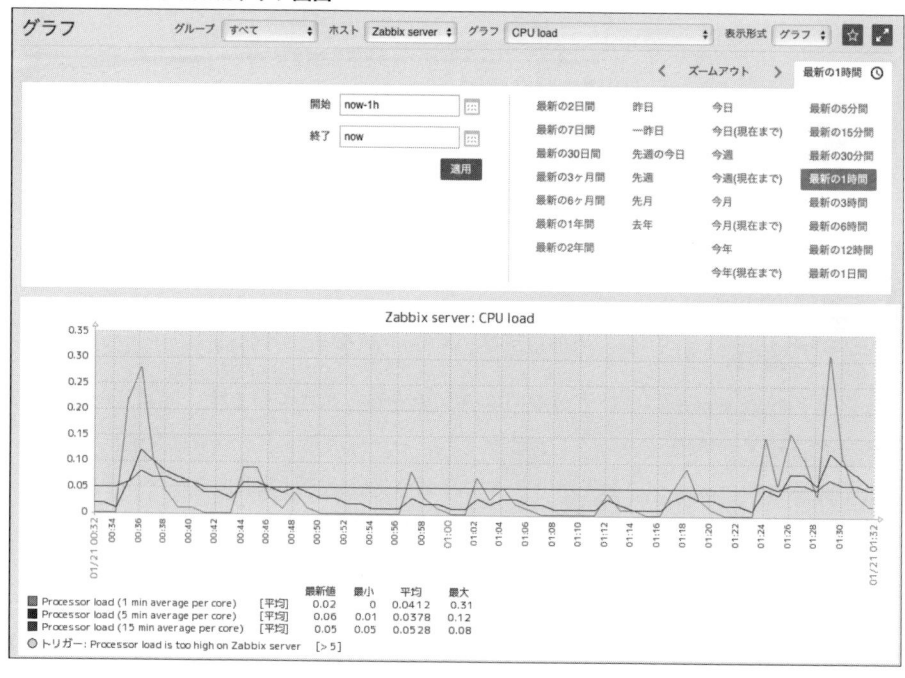

　グラフ画面では**3.3.3項**で解説したアイテムごとのグラフと同様、動的に期間を変更して表示できます。

3.3.10
マップの表示

　マップはシステムのネットワークマップを作成、表示できる機能です。デフォルトの状態で「Local network」の名前でマップ設定されており、Zabbix serverのホストがマップ

上に登録されています。メニューから［監視データ］→［マップ］をクリックし、リストから［Local network］を選択することで表示できます（**図3.3-19**）。

●**図3.3-19　マップ画面**

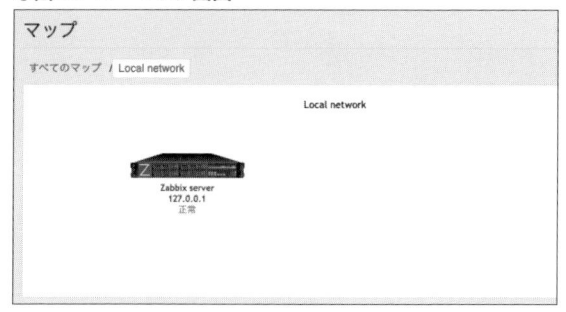

　マップ上にはZabbix serverのアイコンが表示され、アイコンの下には「6障害」のように現在Zabbix serverで発生している障害が表示されます。アイコンはそのホストに含まれるトリガーの状態を自動的に判別して表示させることができ、障害が1つの場合はその障害のトリガー名を、複数ある場合は障害の数を表示します。アイコンをクリックすると、クリックしたホストに対してスクリプトを実行したり（**12.2節**で解説）、クリックしたホストのインベントリ、最新データ、障害、グラフやホストスクリーンの各画面、アイコンに設定されたURLに移動するためのポップアップが開いたりします。

3.3.11
スクリーンの表示

　スクリーンは、グラフやマップなどさまざまなデータを配置して画面を作成できる機能です。ホストやアプリケーション単位でグラフを並べてリソース使用状況を一目でわかるように配置したり、マップと主要なグラフを並べてシステム全体の稼働状況をわかりやすく表示できます。

　インストール直後の状態では「Zabbix server」の名前でスクリーンが設定されており、マップとZabbix serverに設定されているグラフを表示するように設定されています。メニューから［監視データ］→［スクリーン］を選択し、リストから［Zabbix server］を選択することで表示できます（**図3.3-20**）。

●図3.3-20　Zabbix serverのスクリーン画面

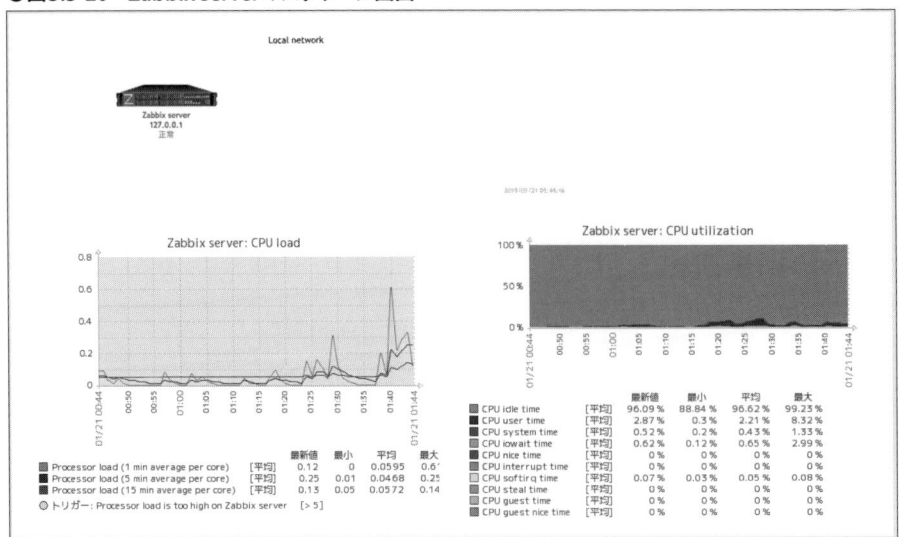

　スクリーン画面では3.3.3項のアイテムごとのグラフと同様、動的に期間を変更して表示できます。スクリーンの設定は**6.3節**で解説します。

3.3.12
ダッシュボードの利用

　ダッシュボードの画面はZabbix 3.4で大幅に作り変えられ、以前のバージョンでは表示内容が固定であったものが、ユーザー定義でウィジェットを配置して場所や大きさを変えてカスタマイズできるようになりました。また、複数枚のダッシュボードを作成して保存しておけるほか、作成したダッシュボードをほかのユーザーと共有することも可能です（**図3.3-21**）。

●図3.3-21 ダッシュボード画面

デフォルトのダッシュボードには、お気に入りのグラフ、スクリーン、マップや、障害が発生している状況のサマリ表示、Web監視やディスカバリのステータスなどが表示されています。ダッシュボードは右上の[ダッシュボードの変更]ボタンをクリックすると各ウィジェットの変更モードになります。この画面では、各ウィジェットにマウスオーバーするとサイズの変更のためのガイドが表示されたり、タイトル部分をクリックすることで移動を行ったりできます。ウィジェット右上の設定アイコンでウィジェットの設定を行ったり、ゴミ箱アイコンでウィジェットを削除したりでき、画面右上の[ウィジェットの追加]をクリックすると新規にウィジェットを追加できます。

左上の[すべてのダッシュボード]をクリックすると現在設定されているダッシュボードの一覧画面になり、右上の[ダッシュボードの作成]をクリックするとダッシュボードを新規作成できます。ダッシュボードの作成などの詳細は**6.4節**で解説します。

3.3.13
Webインターフェースのアラート表示

Zabbixの Web インターフェースには障害発生時に画面上にアラートを表示し、サウンド再生を行う機能があります。有効にすることで、Web インターフェースでどの画面を開いていても、障害発生時に画面の右上にポップアップで発生した障害の内容を表示し、

深刻度に応じたサウンドを再生できます。デフォルトでは無効になっており、Webインターフェースへログインするアカウントごとに設定が可能です。

　設定はメニューの右上の 👤 をクリックして表示される自分自身のアカウント設定の画面で、［アラート表示］タブをクリックします（**図3.3-22**）。［Webインターフェースのアラート表示］にチェックを入れ、アラートを表示させたい深刻度の左にあるチェックボックスにチェックを入れ、［更新］ボタンを押すと画面上へ障害をポップアップする機能が有効になります。［表示期間］の設定ではポップアップの表示時間を調整できます。

●図3.3-22　アラート表示設定

　ポップアップの表示とあわせてサウンドを再生する場合は、画面下にあるそれぞれの深刻度の左にあるチェックボックスにチェックを入れて有効にします。深刻度ごとにサウンドの再生を行うかを設定できます。

　ポップアップを有効にし、障害が発生すると**図3.3-23**のように画面上に表示されます。

●図3.3-23　Webアラートの表示

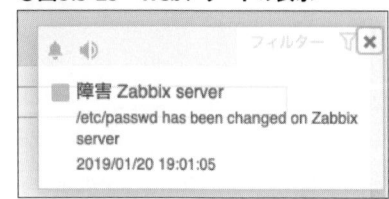

3.4
監視設定

　3.3節では、インストール直後の状態で行われている監視設定と、その設定により収集された監視データや検知した障害の確認方法を解説しました。実際のシステムの監視を行うためには、それぞれのシステムに適した監視を行えるように監視対象や監視項目の設定を追加する必要があります。個々の監視設定の詳細については、第4章以降で解説を行っています。ここでは基本的な監視設定の方法を解説します。

3.4.1
監視設定の流れ

　監視を行いたいサーバーやネットワーク機器を新規に登録するためには、次の流れで設定を行います。

❶監視したい対象をホスト設定に追加する

❷追加したホストにアイテム設定を作成する

❸障害検知を行いたい場合は、登録したアイテムに対してトリガー設定を作成する

❹複数のアイテムを1つのグラフ上に描画したい場合は、グラフ設定を追加する

❺障害通知を行いたい場合は、アクションの設定を行う

❻必要に応じて、マップ／スクリーン／ダッシュボードの設定を行う

　ホストとアイテムの設定の詳細は第4章、トリガーとアクションの設定の詳細は第5章、グラフ／マップ／スクリーン／ダッシュボードなどのグラフィカル表示機能は第6章で解説しています。そのほか、アイテム／トリガー／グラフの作成を自動化するローレベルディスカバリの解説を第7章、ホストに属するさまざまな設定をテンプレート化する機能の解説を第8章で行っています。

　Zabbixの監視設定画面は、ウィザード形式のようになっていません。ホストの設定を行う場合はメニューから[設定]→[ホスト]をクリックしてホスト設定の新規作成や設定変更を行い、アイテムの設定を行いたい場合は同じく[設定]→[ホスト]の登録済みホスト一覧から[アイテム]のリンクをクリックして行うといったように目的の設定画面を開いて実施する必要があります。

　Zabbixの監視設定を適切に行うためには、目的の設定はどのメニューから行えるのか、設定どうしはどのように関連しているのかを理解することが重要です。複雑かつ多数の設定を効率よく管理しやすいように行うためには、Zabbixが有している機能の全体を把握したうえで監視設定の設計を行うことも必要になってきます。監視設計の考え方については**第10章**で解説しています。

3.4.2
監視設定画面の操作

　ホスト／アイテム／トリガー／アクションなど監視設定はメニューの[設定]から行います。[設定]メニュー以下にはさまざまな設定項目がありますが、各設定画面の操作はほぼ共通です。ここではホストの設定画面を例に画面の操作を解説します。

　ホストの設定の追加や更新はメニューの[設定]→[ホスト]をクリックします(**図3.4-1**)。この画面では設定済みのホスト一覧が表示され、次の操作を行えます。

- 新規作成　　　　　　　：サブメニューの[ホストの作成]をクリック
- 設定変更　　　　　　　：リストから[名前]をクリック
- 設定のステータス変更：リストから[ステータス]をクリック
- 一括更新　　　　　　　：リストの左にあるチェックボックスにチェックを入れ、リストの最下部の[有効][無効][一括更新][削除]などのボタンをクリック

●図3.4-1　ホストの設定画面

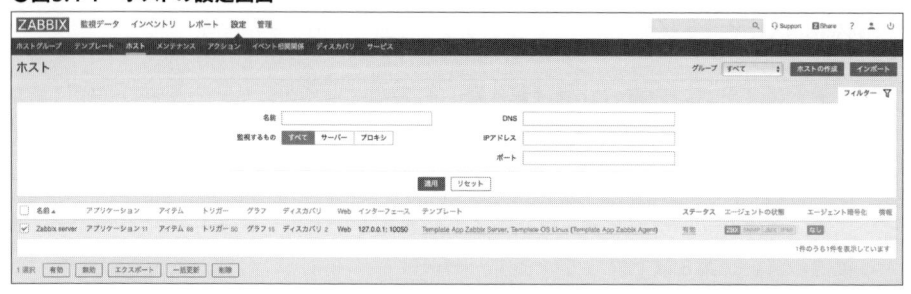

第4章 監視対象と監視項目の設定

本章では、Zabbix のステータス情報収集を行うための機能であるホスト／アイテム／Web 監視について解説を行います。Zabbix サーバーは監視対象サーバーや機器から、Zabbix エージェント、SNMP などのさまざまな方法を用いて定期的にステータス情報を収集し、データベースに保存します。以降の章で解説する障害検知／通知機能やグラフィカル表示機能はアイテム設定で収集したデータをもとに閾値判定を行うため、ステータス情報収集機能は Zabbix で監視を行ううえですべてのもととなる機能です。

4.1
ホストの設定

Zabbixでは監視対象のことをホストと呼びます。IPアドレスやネットワーク機器に付けたホスト名を指定してホストを登録し、監視対象を特定します。そのほかにも、ホストにはIPMIの設定やシステムで利用しているサーバーの設置場所／ハードウェア情報／動作しているアプリケーションの情報／管理担当者や故障の際の連絡先などのインベントリ情報を保存でき、障害発生時に活用できます。アイテムやトリガー、グラフの設定はホスト単位で行うため、ホストはZabbixの監視で最も基本的な設定です。

4.1.1
設定されているホストの一覧画面

登録されているホストは、メニューから［設定］→［ホスト］をクリックして表示します（**図4.1-1**）。サブメニューの［グループ］ドロップダウンリストからホストグループを選択することで、グループ単位の表示を行うこともできます。デフォルトでZabbixサーバー自身が「Zabbix server」として登録されています。

●図4.1-1　ホストの一覧画面

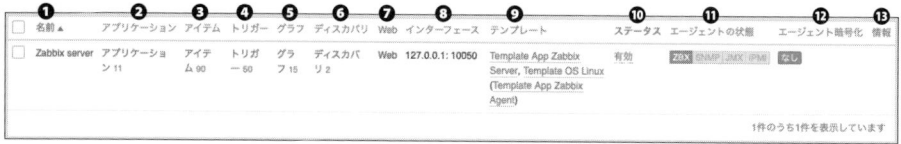

❶ ホストの設定名　❷ ホストに設定されているアプリケーション数　❸ ホストに設定されているアイテム数
❹ ホストに設定されているトリガー数　❺ ホストに設定されているグラフ数
❻ ホストに設定されているローレベルディスカバリ数　❼ ホストに設定されているWeb監視数
❽ ホストのIPアドレスとポート番号　❾ ホストにリンクされているテンプレート
❿ ホスト設定のステータス。［有効］で情報の収集を行い、［無効］で情報の収集を行わない
⓫ Zabbix、SNMP、IPMIエージェントのそれぞれの状態がアイコンで表示される。緑が正常な状態、赤が正常に接続できない場合の状態。アイコンが赤くなっているときにマウスオーバーするとエラーを表示できる
⓬ 監視対象にインストールされているエージェントとの通信を暗号化する設定になっているかが表示される
⓭ ローレベルディスカバリで作成されたホストが削除される予定にある場合、［!］マークが表示される

4.1.2
ホストの設定項目

　ホストの設定画面(**図4.1-2**)では、いくつかのタブで設定を行います。各タブで設定を行い、最下部にある[追加]または[更新]ボタンをクリックすることで設定を保存できます。

●**図4.1-2　ホストの設定画面**

ホストタブ

　ホストの名前やIPアドレスなど監視対象を特定するための基本的な設定を行います。

• **ホスト名**
　ホスト名を設定します。ホストのDNS名にかかわらず任意に設定できます。利用できる文字は半角の英数字、ドット、スペース、ハイフン、アンダースコアのみです。

• **表示名**
　画面に表示する際に、名前の代わりに利用される名称です。日本語を含む、マルチバイト文字列が利用できます。

- **グループ**

  所属するホストグループを設定、または新規作成します。ホストは複数のホストグループに所属できます。ホストグループの詳細は **4.2節** で解説します。

- **インターフェースの設定**

  Zabbixエージェント、SNMPエージェント、JMXエージェント、IPMIエージェントの各エージェントごとに、ポーリング監視に利用するIPアドレスもしくはDNS名、ポート番号を設定します。各インターフェースには複数のIPアドレス／DNS名を設定することもでき、複数設定した場合はアイテムの設定でどのインターフェースを利用するかを選択します。

- **説明**

  ホストの説明書きを記載できます。設定画面で確認できるほか、アクションの設定でマクロから参照できます。

- **プロキシによる監視**

  Zabbixプロキシサーバーを利用して監視を行う場合に利用するプロキシを選択します。[(プロキシなし)]を選択するとZabbixサーバーから監視を行います。Zabbixプロキシサーバーの詳細は **13.4節** を参照してください。

- **有効**

  監視ステータスの[有効][無効]を選択します。[無効]の状態ではホストに含まれるすべての監視や障害通知が行われません。メンテナンス作業を行う前に一時的にホストの監視を停止する場合に[無効]の状態にしておくことで、不要な障害検知や通知を行わないようにできます。メンテナンスについては **第12章** を参照してください。

テンプレートタブ

　ホストとテンプレートをリンクさせることで、テンプレートに含まれる監視設定を継承して利用できます。テンプレートの詳細については **第8章** で解説します。

IPMIタブ

　IPMIを利用してハードウェアのステータス監視やコマンドの実行を行う際に使用するIPMIの認証情報の設定を行います。アイテムでIPMIエージェントを設定した場合や、リモートコマンドでIPMIを利用した場合に、ここで設定した情報が利用されます。それぞれの設定の解説は **表4.1-1** に記載します。

●表4.1-1　IPMIを使用する際の設定

項目	解説
認証アルゴリズム	IPMI認証アルゴリズムを[標準][なし][MD2][MD5][Straight][OEM][RMCP+]から選択
特権レベル	IPMI特権レベルを[コールバック][ユーザー][オペレーター][Admin][OEM]から選択
ユーザー名	IPMIユーザー名を設定
パスワード	IPMIパスワードを設定

マクロタブ

　マクロとは、アイテムのキーやトリガー、アクションの設定で利用できる変数のことです。監視や通知を実行する際に設定値や収集データの値に置き換えられるため、柔軟な監視設定を行うことができます。Zabbixには次のマクロを利用できます。

- **Zabbixであらかじめ用意されている定型のマクロ**（一覧はAppendixを参照）
- **Zabbixシステム全体のユーザー定義マクロ**（一般設定で設定。9.1.6項の「マクロ」参照）
- **テンプレート単位のユーザー定義マクロ**
- **ホスト単位のユーザー定義マクロ**

　ホストの設定ではホスト単位のユーザー定義マクロを設定でき、ホスト単位のユーザー定義マクロはホスト、アイテム、トリガー、ローレベルディスカバリ、Web監視の設定に利用できます。アイテムの詳細は**4.3節**、トリガーの詳細は**5.1節**、ユーザー定義マクロの詳細は**8.3節**を参照してください。

　マクロでは左側にマクロ名を、右側に値を設定します（**Appendix**参照）。

ホストインベントリタブ

　ホストインベントリタブでは監視対象のハードウェアやソフトウェアなどホストのインベントリ情報を設定できます。

　設定したインベントリ情報はインベントリ画面（1列目メニューの[インベントリ]）から参照できるほか、障害通知メールやスクリプト実行の際にマクロを使って情報を利用できます。システムで利用しているサーバーの設置場所やハードウェア情報、動作しているアプリケーション情報、管理担当者や故障の際の連絡先なども登録できるため、障害発生時の調査や対応に役立ちます。

　インベントリの機能を利用する場合は、画面最上部にある切り替えボタンから「マニュアル」または「自動」を選択して設定します。「マニュアル」を選択した場合はすべての項目

が手動入力となり、「自動」を選択した場合は手動入力に加え、アイテムで収集したデータを利用して項目を自動入力するホストインベントリの自動設定機能を利用できます(詳細は**4.9節**を参照)。

暗号化タブ

　Zabbix 3.0以降のバージョンでは、Zabbixサーバー、Zabbixエージェント、Zabbixプロキシの各コンポーネント間の通信においてTLSによる暗号化と接続時の認証を行えます。Zabbixプロキシを利用したインターネット越しの分散監視を行う場合でも、ZabbixサーバーとZabbixプロキシ間の通信を暗号化し、安全に監視データを送付できます。

　具体的な暗号化通信の設定については**第13章**で詳細を解説します。

4.2
ホストグループの設定

　ホストグループはホストをグループ化できる機能です。ホストグループの機能を利用することで、グループ単位でホストを表示／管理できます。それ以外にも障害／復旧時のアクション設定の際にホストグループ単位で条件を設定したり、ユーザーのホストの表示／設定のアクセス権の割り当てを行うことができます（権限の設定は**9.3節**のユーザーグループを参照）。

　ホストは複数グループに所属できるため、OSの種類／システム単位／動作しているアプリケーション／ユーザーに割り当てる権限単位などでグループ設定することで、柔軟な設定を行えます。

　Zabbix 3.2以降、ホストグループを階層化できるようになりました。ホストグループ名にスラッシュ区切りを入れることで階層を指定できます。階層化することにより、表示時のフィルターの指定やユーザーのアクセス権の割り当てを柔軟に行うことができます。

4.2.1
設定されているホストグループの一覧画面

　登録されているホストグループの表示、および設定を行うには、メニューから［設定］→［ホストグループ］をクリックします（**図4.2-1**）。デフォルトでいくつかのホストグループが設定されています。

●図4.2-1　ホストグループの一覧画面

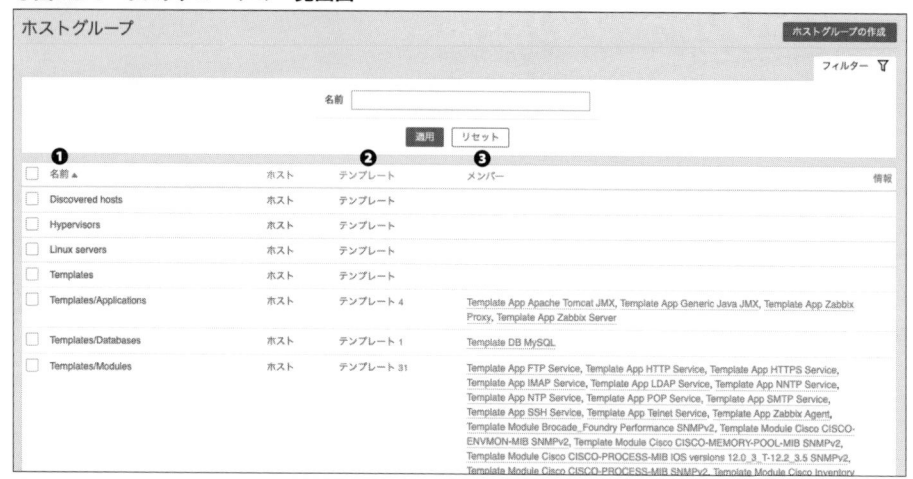

❶ ホストグループ名　❷ ホストグループに含まれるホストとテンプレートの数
❸ ホストグループに含まれるホストとテンプレートの一覧

4.2.2
ホストグループの設定項目

ホストグループ設定項目の詳細を次に示します（**図4.2-2**）。

- **グループ名**
  ホストグループの名前を設定します。ホストグループ名は重複できません。日本語を使用可能です。

●図4.2-2　ホストグループの設定画面

4.3
アイテムの設定

　Zabbixでは監視項目のことをアイテムと呼びます。アイテムはホストごとに設定し、1つのホストに対して複数設定できます。アイテムを設定することで、Zabbixサーバーが各監視対象（ホスト）からステータス情報の収集を開始し、データベースに保存します。アイテムごとに異なる監視間隔や収集データの保存期間などを設定できます。保存されたデータからリアルタイムに生データ（ヒストリ）を参照したり、グラフを生成することもできます。

　また、Zabbixエージェント、SNMPなどの監視方法もアイテムで設定を行います。アイテム単位で異なる監視方法を設定でき、1つのホストに対して異なる監視方法を混在させることも可能なので、特定のホストに対して通常のリソース監視はZabbixエージェントを利用し、個別のアプリケーションの監視はSNMPで行うなど柔軟な設定を行えます。

4.3.1
設定されているアイテムの一覧画面

　設定されているアイテムの一覧は、図4.1-1のホスト一覧画面から設定したいホストの[アイテム]をクリックすることで表示できます（**図4.3-1**）。

●図4.3-1　アイテムの一覧画面

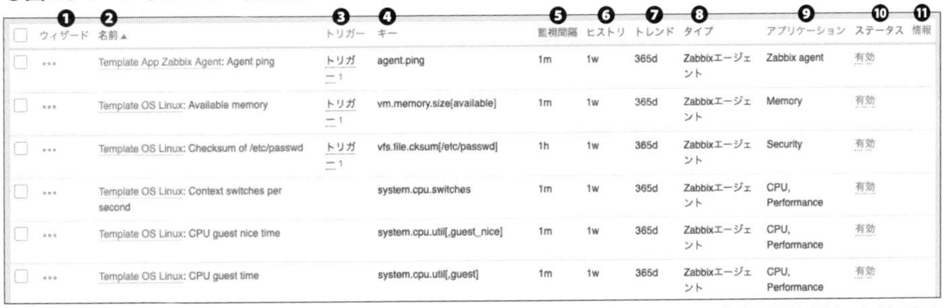

❶ クリックするとメニューが開き、依存アイテムの作成やログ監視の場合は専用のトリガー作成画面を開くことができる
❷ アイテムの設定名。テンプレートから継承された設定の場合はアイテム名の前にテンプレート名がグレー表示される
❸ アイテムに対して設定されているトリガーの数　❹ アイテムのキー設定　❺ アイテムの監視間隔
❻ ヒストリデータの保存期間　❼ トレンドデータの保存期間　❽ 監視方法
❾ アイテムが所属するアプリケーション　❿ 情報収集のステータスが表示される。[有効]は情報収集を行っていて、[無効]は情報収集を行っていない。[取得不可]はエラーの発生などで情報が収集できない状態
⓫ 情報収集が正常に行えない場合に[×]アイコンが表示され、マウスオーバーすることでエラー内容を表示

4.3.2
タイプ共通のアイテムの設定項目

アイテムの設定項目の詳細を次に示します（**図4.3-2**）。アイテムの設定は監視方法の設定であるタイプの設定を変えることで入力項目が変化するため、まずは共通して設定する項目を解説します。

●**図4.3-2　アイテムの設定画面**

・**名前**

任意のアイテム名を設定します。名前はほかの設定と重複することが可能で、日本語を使用することもできます。

・**タイプ**

監視方法を**表4.3-1**から選択します。選択したタイプに応じて、アイテムの設定項目も変化します。タイプ別のアイテム設定方法の詳細については後述します。

●表4.3-1 タイプで選択できる項目

項目	解説
Zabbixエージェント	Zabbixエージェントを用いた監視
Zabbixエージェント（アクティブ）	Zabbixエージェントのアクティブチェックを用いた監視
シンプルチェック	Zabbixサーバーからping、ポート監視を実行
SNMP v1/v2/v3エージェント	SNMPエージェントを用いた監視
Zabbixトラッパー	Zabbix Sender※を利用した監視
Zabbixインターナル	Zabbixサーバー内部のステータス情報を監視
Zabbixアグリゲート	複数のアイテムを集計した結果を監視
外部チェック	Zabbixサーバーに置かれたスクリプトやプログラムを実行した結果を監視
データベースモニタ	データベースにSQLを発行した結果を監視
IPMIエージェント	IPMIエージェントを用いた監視
SNMPトラップ	SNMPトラップの監視
SSHエージェント	SSHを用いたエージェントレス監視
Telnetエージェント	Telnetを用いたエージェントレス監視
JMXエージェント	JMXを用いたJavaVMの監視
計算	データベースに保存されているデータを用いて四則演算を行った結果の監視
HTTPエージェント	HTTPリクエストを行った結果を監視
依存アイテム	親アイテムを指定し、親アイテムの監視データ受信時に自身も同じ値を取得する

※コマンドラインから利用できる、監視データをZabbixサーバーに送信できるプログラム。詳細は**4.3.5項**で解説します。

- **キー**

  キーはZabbixが内部的にアイテムを特定するための設定であるほか、アイテムのタイプによっては特別な意味を持ちます。タイプに[Zabbixエージェント][Zabbixエージェント（アクティブ）][シンプルチェック][Zabbixインターナル][Zabbixアグリゲート]を選択した場合、キーは監視内容を決定するための設定となり、デフォルトで利用できるキーが用意されています[注1]。タイプに上記以外を選択した場合は、キーは任意に設定できます。この場合キーは監視内容を決定することはありませんが、トリガー設定でキーを利用してアイテムを特定するため、必ず設定を行う必要があります。キーは**リスト4.3-1**の表記で設定します。[ ]内はパラメータを設定でき、Zabbixエージェントなどのタイプではパラメータを設定することで収集する情報の種類を変えられます。また、パラメータにはマクロを利用できます（**Appendix参照**）。キー設定はホスト内では一意である必要があり、同一ホスト内でまったく同じキーのアイテムを複数設定することはできません[注2]。

注1 利用できるキーの一覧はAppendixに記載するほか、以降の4.3.5項「タイプ別のアイテム設定」で代表的な設定を解説します。
注2 同じ種類のキーを使用している場合でも、パラメータ設定が異なる場合は重複して設定できます。

●リスト4.3-1　キーの書式

```
キー[パラメータ1,パラメータ2,...]
```

- **ホストインターフェース**

  ホストで複数のインターフェースが設定されている場合に、どのインターフェースを利用して監視を行うかを選択します。

- **データ型**

  収集されるデータの値の型を**表4.3-2**から選択します。収集した値とデータ型の設定が合わない場合、正常に情報収集が行えないため注意が必要です。たとえば、CPU使用率は小数値、メモリ容量は整数値で取得されるため、それぞれのデータの型に合わせて設定する必要があります。

●表4.3-2　値の型の種類

項目	解説
整数	64ビット符号なし整数値(0～18、446、744、073、709、551、615)
浮動小数	整数部分16桁、小数部分4桁の浮動小数値
文字	255文字までの文字列
ログ	ログファイル。キーがlog/logrt/eventlogまたはSNMPトラップの場合に利用。65535バイトまでの文字列
テキスト	65535バイトまでの文字列

- **単位**

  収集したデータの単位を設定します。設定した単位は監視データの表示の際に利用されます。単位を設定した場合、1000が1Kとして、自動的にK/M/Gなどのプレフィックスを付与するように変換が行われて表示されます。自動変換は表示時のみ行われ、データベースには収集した元データが保存されています。**表4.3-3**の単位を設定した場合は特殊な計算が行われます。Zabbix 4.0以降では、単位の前に「!」を付けることで自動的にプレフィックスを付与する計算を行わないようにできます。

●表4.3-3　特殊な計算を行う表記

表記	解説
B	1024=1Kとして計算
Bps	1024=1Kとして計算
unixtime	収集データを1970年1月1日からの経過秒数として処理し、「yyyy/mm/dd hh:mm:ss」に変換
uptime	収集データを経過秒数として処理し、「hh:mm:ss」または「N days, hh:mm:dd」の形式で表示
s	収集データを経過秒数として処理し、「yyy mmm ddd hhh mmm sss ms」の形式で先頭から3つを表示
RPM、rpm	計算を行わない(4.0以降では単位の前に「!」を付けることを推奨)
%	計算を行わない(4.0以降では単位の前に「!」を付けることを推奨)
ms	計算を行わない(4.0以降では単位の前に「!」を付けることを推奨)

- **監視間隔**

  データを収集する間隔を設定します。時間の単位 s（秒）/m（分）/h（時）/d（日）/w（週）を指定して、30s（30秒）、5m（5分）といった形式で設定します。単位を指定しない場合は秒を指定したことになります。アイテムごとに異なる監視間隔を設定できます。監視間隔を短くすることでより詳細にデータを収集できグラフの精度も向上しますが、保存するデータ数も増加するため、データベースへの負荷も大きくなります。

- **監視間隔のカスタマイズ**

  特定の時間について[監視間隔]で設定した以外の間隔で監視を行う場合に設定します。平日の昼間は[監視間隔]で設定した間隔で情報収集を行い、夜間や週末はより広い間隔で監視を行うといった柔軟な情報収集の間隔を設定できます。また、Zabbix 3.0以降では定期監視機能を利用でき、特定の時間に監視処理を行わせることが可能です。監視間隔のカスタマイズ設定の詳細については**4.3.3項**で解説します。

- **ヒストリの保存期間、トレンドの保存期間**

  収集したデータを保存する期間を設定します。データの保存期間にはヒストリとトレンドの2種類があります。それぞれのデータには**表4.3-4**の違いがあります。ヒストリとトレンドはアイテムごとに異なる保存期間を設定でき、保存期間を超えたデータは自動的に削除されます。保存期間に0を指定すると、収集したデータは保存されません。数値型の監視データを保存する場合にサイズが大きくなりやすいヒストリデータを保存せずにトレンドデータだけを保存するようにしたり、依存アイテム（**4.3節**で解説）を利用する場合に親アイテムでは監視データを保存しないようにしたりといった設定ができます。

●**表4.3-4　ヒストリとトレンドの違い**

名前	解説
ヒストリ	収集したデータがそのまま保存されている期間。デフォルトは90日に設定されている。ヒストリを参照することで、過去にさかのぼって収集した生データを確認できる
トレンド	収集したデータのうち、数値データについてグラフ表示用に1時間の最小値／平均値／最大値／データの個数のみを保存する期間。デフォルトは365日に設定されている。データを圧縮することで使用するディスク容量を削減できる

- **値のマッピング**

  使用する値のマッピング設定を選択します。アイテムで収集したデータには正常／異常を、0/1の数値で表示するものがありますが、これらのデータは人が確認するうえでは正常か異常かがわかりづらくなります。値のマッピングを利用することで0/1データを、Up/Downなどわかりやすい表記にマッピングして表示できます。値のマッピングの設定は[一般設定]で行います。詳細は**9.1.7項**の「値のマッピング」を参照してください。

- **アプリケーションの作成とアプリケーション**

  アイテムの設定画面からアプリケーションを新規作成したり、設定済みのアプリケーションを選択できます。アプリケーションはアイテムをグループ化できる機能です。詳細は**4.6節**を参照してください。

- **ホストインベントリフィールドの自動設定**
  ホストのインベントリ設定が「自動」に設定されている場合に、このアイテムで収集したデータを利用してどのフィールドの項目に挿入するかを設定します。

- **説明**
  アイテムの説明を設定します。

- **有効**
  監視ステータスの[有効][無効]を選択します。[無効]の状態では監視処理自体を行いません。

アイテム名のマクロ　　　　Column

Zabbix 3.4 以前のバージョンでは、$1、$2 …$N を利用してアイテムのキー設定のN番目のパラメータを名前に表示する変数が利用できました。この機能はZabbix 4.0以降で非推奨になりました。ダッシュボードで利用できるようになった新しい形式のグラフではこの変数が展開されません。以前のバージョンからアップグレードした場合は、この変数を固定文字列に置き換えることをお勧めします。

4.3.3
監視間隔のカスタマイズ

アイテムの「監視間隔のカスタマイズ」設定では、[監視間隔]で設定した監視間隔を柔軟にカスタマイズできます。次の2つの機能が利用でき、各機能を複数設定することや組み合わせて利用することも可能です。

- **例外設定**
  指定した時間帯について、[監視間隔]で設定した監視間隔を上書きできます。特定の時間帯のみ監視処理を停止したり、特定の時間帯のみ監視を行ったりできるので、平日の昼間は[監視間隔]で設定した間隔でデータ収集を行い、夜間や休日はより広い間隔でデータ収集を行うといった設定ができます。

- **定期設定**
  指定した時間にデータ収集処理を実行できます。毎日朝9:00、毎週月曜日の18:00など、週／日／時間を設定できます。

次に、それぞれの設定方法の詳細を記載します。

例外設定

　例外設定では、「監視間隔」と「期間」を利用して設定を行います。期間の設定は次のフォーマットで記載します。カンマより前の「1-7」が月曜日から日曜日という曜日の指定、カンマより後ろが時間の指定です。

```
1-7,00:00-24:00
```

　例としてアイテムを次のように設定した場合、

- 監視間隔：5m
- 例外設定の監視間隔：1h
- 例外設定の期間：6-7,00:00-24:00

実際のデータ収集処理は次のようになります。

- 月曜日から金曜日までの間は、[監視間隔]に設定された5分間隔でデータを収集する
- 土曜日と日曜日は[例外設定]に従い、1時間間隔でデータを収集する

　例外設定の監視間隔には、0を設定することが可能です。また、例外設定または定期設定が存在する場合に限り、アイテム設定の[監視間隔]にも0を設定できます。いずれの監視間隔にも0を設定した場合は監視を行いません。

　例としてアイテムを次のように設定した場合、

- 監視間隔：0
- 例外設定の監視間隔：1h
- 例外設定の期間：6-7,00:00-24:00

実際のデータ収集処理は次のようになります。

- 月曜日から金曜日までの間はデータを収集しない
- 土曜日と日曜日のみ1時間間隔で監視を行う

定期設定

　定期設定では、あらかじめ決められたフォーマットで「監視間隔」を設定します。利用できるフォーマットの一覧を次に記載します。

- md：日を1〜31の範囲で指定する
- wd：曜日を1〜7の範囲で指定する（1：月曜日〜7：日曜日）
- h：時間を0〜23の範囲で指定する
- m：分を0〜59の範囲で指定する
- s：秒を0〜59の範囲で指定する
- /：繰り返しを指定する
- ;：複数の設定を指定する場合に区切りとして利用する
- ,：複数の時刻を指定する場合に区切りとして利用する

　定期設定を行った場合でも、通常の［監視間隔］で設定した間隔の監視も実行されることに注意してください。次にいくつか例を挙げて定期設定の動作を解説します。

■例1

　次のように設定した場合、通常の5分ごとの監視に加えて月曜日から金曜日まで午前9:00 ちょうどに監視が実行されます。

- 監視間隔：5m
- 定期設定の監視間隔：wd1-5h9

■例2

　次のように設定した場合、毎日9:00〜18:00の間で毎時0分ちょうどのタイミングで監視が実行されます。

- 監視間隔：0
- 定期設定の監視間隔：h9-18

　定期設定の監視間隔は、「/」で繰り返しを指定でき、たとえば「m」の指定を利用すると次のように10分ごと、30分ごとといった指定ができます。

- h9-18m/10：毎日9:00〜18:00の間に0分、10分、20分……のタイミングで監視を実行
- h9-18m/30：毎日9:00-18:00の間に0分、30分のタイミングで監視を実行

　「/」区切りがわかりづらい場合は、次のように指定することもできます。

- h9-18m0,10,20,30,40,50
- h0-18m0,30

■例3

次のように設定した場合、毎月1日の9:00に監視が行われます。

- 監視間隔：0
- 定期設定の監視間隔：md1h9

同様に、次のように指定すると毎週月曜日の9:00に監視が実行されます。

- wd1h9

毎週月曜日の9時と水曜日の10時に監視を実行したい場合は、次のように「;」を利用して設定します。

- wd1h9;wd3h10

監視間隔のカスタマイズの注意点

　監視間隔のカスタマイズを利用することで、指定した時間帯のみの監視や指定した特定の時刻の監視を実行できます。ただし、ネットワークの遅延や監視対象のレスポンスが遅いなどが原因で、監視対象からデータを取得するまでに時間がかかる場合があることに注意してください。指定された時刻にZabbixサーバーが監視処理のリクエストを行ったとしても、実際にデータを取得できるまでに数秒から30秒程度の遅延が発生する可能性があります。遅延の最大値は、zabbix_server.confのTimeoutパラメータに依存します。

　また、Zabbixサーバーが監視データを取得する処理は、pollerなどのポーリング処理を行うプロセスがプロセスごとに監視処理を逐次実行します。ポーリングを行うプロセスが不足している場合、同時に行える監視処理が不足し、監視データを取得する処理に遅延が発生し、結果として監視データの取得に遅延が発生する可能性があります。

　通常のアイテムの監視間隔や例外の監視間隔の設定については、Zabbixサーバーがポーリングの監視タイミングを内部的に調整し、特定の時間に監視データを取得する処理が集中しないようにしています。これにより、ポーリングを行うプロセスの負荷を平準化しています。定期実行を多用すると特定の時間帯に処理が集中する可能性があるため、

たとえば毎時0分、5分、10分とするなど負荷が集中するような定期実行の設定を行っているアイテムを多数作成することは避けたほうがよいでしょう。

4.3.4
保存前処理タブ

Zabbix 3.4以降のバージョンでは、アイテムの設定で監視データを取得した際、データベースに保存する前にさまざまなデータ加工の処理を行えます。収集したデータに対し、数値計算や文字列の加工、必要なデータの抜き出しなどの処理を行うことができ、受信した値から必要な監視データへと変換できます。

監視対象から受信した数値の単位が期待するものとは異なっていたり、受信した文字列に不要な文字列が付随していたり、スクリプトなどを利用して監視を行って監視データを取得する際に一度のスクリプト実行で複数のデータが取得されたりする場合に活用できます。

保存前処理ではさまざまな加工方法を利用でき、複数の処理を組み合わせて利用することもできます。アイテムの設定では複数の保存前処理を設定でき、かつ処理順序を指定することもできます。

アイテムの設定画面で[保存前処理]のタブを開くことで保存前処理の設定ができ、**表4.3-5**の処理が利用できます。

●表4.3-5　保存前処理

種類	機能	説明
テキスト	正規表現	正規表現を利用してマッチする文字列のみを抜き出す
	前後文字列削除	受信した値の先頭と末尾から指定した文字列を除去
	末尾文字列削除	受信した値の末尾から指定した文字列を除去
	先頭文字列削除	受信した値の先頭から指定した文字列を除去
構造化データ	XML XPath	受信したXMLデータから指定したパスの値のみ抜き出す
	JSONPath	受信したJSONデータから指定したパスの値のみ抜き出す
計算	乗数	受信した値に指定した数値を掛け算
変化	差分	受信した値と前回受信値との差分を計算
	1秒あたりの差分	受信した値と前回受信値との差分を受信間隔(秒)で割った値を計算
数値変換	論理値から10進数	true/falseなどの論理値を0/1へ変換
	8進数から10進数	8進数を10進数に変換
	16進数から10進数	16進数を10進数に変換

テキスト系の保存前処理

　文字列型で受信した監視データを加工する場合に利用できます。受信した値から特定部分を抜き出したり、不要な文字列が受信データの前後に存在する場合に削除したりしてからデータを保存できます。

　「正規表現」を利用する場合、抜き出す文字列にマッチする正規表現をパラメータに指定し、出力には\1、\2などマッチしたグループの位置を指定します。正規表現とマッチしたグループの指定を行う方法は、ログ監視の一部抜き出し機能と同様であり、**4.8.1項**の「outputパラメータを利用したログからの文字列抜き出し」も参考にできます。

　「前後文字列削除」「末尾文字列削除」「先頭文字列削除」を利用する場合は、除去したい文字列をパラメータに記載します。複数の文字を記載することもできます。複数の文字を設定した場合は、除去のための文字として1文字ずつ認識されます。

- **例1：「x」を設定した場合**
  受信文字列「zabbix」、保存される文字列「zabbi」
- **例2：「␣B」を設定した場合（「␣」は半角スペース）**
  受信文字列「128␣B␣」、保存される文字列「128」

　文字列除去を行った結果数字だけになる場合は、アイテムの「データ型」設定で数値型を選択できます。SNMPで値を取得した際に数値の末尾に単位が付与された状態で結果が得られる場合など、末尾の単位部分を除去するように保存前処理を設定し、データを数値として保存することでグラフを表示できます。

構造化データ系の保存前処理

　受信したデータがXMLやJSONデータの場合、XML XPathやJSONPathを利用することでデータから指定した値だけを抜き出して保存できます。Webサービスやクラウドサービス、アプリケーションのAPIを呼び出した場合は、結果がXMLやJSON形式のデータで得られることも多く、受信した値をパースして保存できます。

　また、後述するアイテムのタイプ「依存アイテム」と組み合わせて利用することで、親アイテムで受信したXMLやJSONデータを子アイテムでパースし、一度のデータの取得で複数のアイテムの値を取得できます。

　「XML XPath」は、ロケーションパスを利用して受信したXMLデータ内の特定の値を指定します。/document/item/valueのようにパス区切りの形式で指定します。

　「JSONPath」は、JSONPathフォーマットを利用して受信したJSONデータ内の特定の

値を指定します。$.document.item.value や $['document']['item']['value'] のような形式で指定します。

計算

「乗数」を利用することで、受信したデータに特定の数値を掛ける計算ができます。整数値または浮動小数値を利用でき、データベースには計算結果が保存されます。Zabbix 3.2 以前に、アイテムの設定に存在した「乗数」設定と同様です。

変化

受信データと1つ前の受信データを比較して、差分や1秒あたりの差分を計算できます。単純増加する値を継続的に監視する場合に、増加量の監視や秒あたりの差分を算出して保存することで、値やグラフ上での推移をよりわかりやすく確認できます。

たとえばネットワークトラフィックは、bps（bit per second）値が一般的に利用されるリソース値のため、受信した値を1秒あたりの差分で計算処理して bps 単位に変換します。

計算結果が前回の値よりも小さくなった場合、値は破棄されます。ネットワークトラフィックの監視でも監視対象機器の SNMP のカウンタ値が一周して0に戻った場合、前回の値と比較して計算結果が負の値になることがあります。その場合、カウンタが0に戻った直後の1回目のデータ収集の処理結果は破棄され、次回の収集値から引き続き計算が行われます。

「差分」を選択した場合、「今回取得値 − 前回取得値」を計算した結果の値を保存します。

「1秒あたりの差分」を選択した場合、「（今回取得値 − 前回取得値）／（今回取得時間 − 前回取得時間）」の計算結果を保存します。

数値変換

論理値（true/false など）や、8進数、16進数で値が取得された場合に、10進数への変換を行ってデータを保存できます。

「論理値から10進数」を選択した場合、**表4.3-6** に記載されている規則に従って0または1として値を保存します。真偽値を評価しやすいように 0/1 データとして保存する場合に活用できます。

●表4.3-6　論理値から10進数への数値変換

受信した値(大文字小文字は区別しない)	保存される値
true、t、yes、y、on、up、running、enabled、available、ok、master、0以外の数値	1
false、f、no、n、off、down、unused、disabled、unavailable、err、slave、0	0

　「8進数から10進数」「16進数から10進数」はそれぞれ、受信した値が8進数または16進数の場合に10進数への変換を行って保存できます。

4.3.5
タイプ別のアイテム設定

　アイテム設定では、選択したタイプ(表4.3-1)に応じてキーの設定方法や入力項目が異なります。ここではタイプごとの固有の設定を解説します。

Zabbixエージェント

　監視対象のサーバー上で動作しているZabbixエージェントを利用して、サーバー内部のリソースやアプリケーションのステータス情報を収集します。ステータスの収集はZabbixサーバーからポーリングで行われます。次に説明する「Zabbixエージェント(アクティブ)」も同様にZabbixエージェントを利用して監視データを収集しますが、データ収集の通信がZabbixサーバーから開始される点で異なっています。明示的にアクティブと区別するためにパッシブチェックと呼ばれることがあります(**図4.3-3**)。

●図4.3-3　Zabbixエージェントを利用した場合の監視の流れ

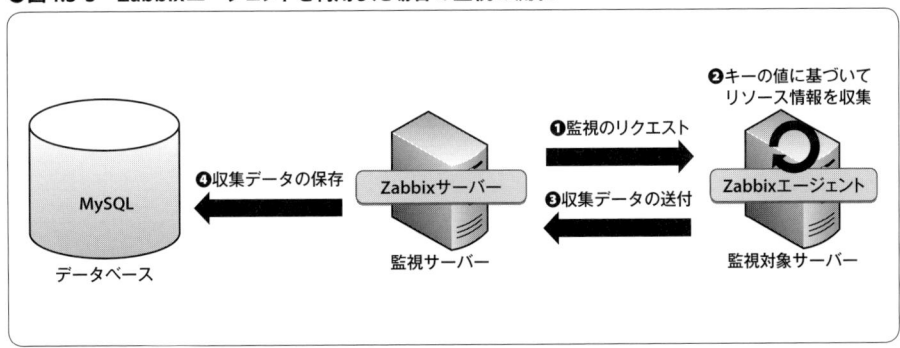

❶Zabbix サーバーは監視間隔で設定された間隔でZabbix エージェントにキーの設定を渡して問い合わせを行う

❷Zabbixエージェントは渡されたキーの値に基づいてリソース情報を収集する

❸リソース情報の値をZabbixサーバーに返す

❹Zabbixサーバーは受け取ったリソース情報の値をデータベースに保存する

　Zabbixエージェントを利用する場合の固有の設定項目は「キー」設定です。エージェントは「指定されたキーの値」に対して「収集するデータ」が決まっており、たとえばsystem.cpu.loadとキーに指定すればロードアベレージを取得する、というしくみになっています。デフォルトで利用できるキーはエージェントのバージョンやOSごとに差異があるため、キーの詳細とOSごとの対応状況の一覧は**Appendix**を参照してください。キーは独自で追加することもでき、ユーザーパラメータ（**4.4節**）やローダブルモジュール（**4.5節**）の機能を利用してエージェントの監視機能を拡張できます。

　次にZabbixエージェントを利用した代表的なキー設定（**表4.3-7**）と設定例（**表4.3-8〜表4.3-16**）を紹介します。

●表4.3-7　Zabbixエージェントを利用した代表的なキー設定

項目	設定値
CPU使用率の監視	system.cpu.util[*<cpu>*,*<type>*,*<mode>*]
メモリ使用率の監視	vm.memory.size[*<mode>*]
ディスク使用率の監視	vfs.fs.size[*fs*,*<mode>*]
ネットワーク使用率の監視	net.if.in[*if*,*<mode>*]
	net.if.out[*if*,*<mode>*]
プロセス起動数の監視	proc.num[*<name>*,*<user>*,*<mode>*,*<cmdline>*]
ポートの監視	net.tcp.service[*service*,*<ip>*,*<port>*]
ファイルのチェックサム監視	vfs.file.cksum[*file*]
Windowsサービスの稼働状況監視	service.info[*service*,*<param>*]
Windowsパフォーマンスモニタ値の監視	perf_counter[*counter_path*,*<interval>*]]

●表4.3-8　0番のCPUの1分平均のidle値を収集

項目	設定値
名前	CPU idle time ($3)
キー	system.cpu.util[0,idle,avg1]
データ型	数値(浮動小数)

●表4.3-9　メモリの空き容量を収集

項目	設定値
名前	Free memory
キー	vm.memory.size[free]
データ型	数値(整数)

●表4.3-10　/パーティションのディスク使用率を収集

項目	設定値
名前	Used disk space on / in %
キー	vfs.fs.size[/,pused]
データ型	数値(浮動小数)
単位	%

●表4.3-11　eth0ネットワークのIN側トラフィック（bps）を収集

項目	設定値
名前	Incoming traffic on interface eth0
キー	net.if.in[eth0,bytes]
データ型	数値(浮動小数)
単位	bps
保存前処理	乗数：8
	1秒あたりの差分

●表4.3-12　httpdプロセスの起動数を収集

項目	設定値
名前	Number of running processes httpd
キー	proc.num[httpd]
データ型	数値(整数)

●表4.3-13　smtpポートへの接続可否を収集

項目	設定値
名前	smtp port is open
キー	net.tcp.service[smtp]
データ型	数値(整数)

●表4.3-14　/etc/passwdファイルのチェックサムを収集

項目	設定値
名前	Checksum of /etc/passwd
キー	vfs.file.cksum[/etc/passwd]
データ型	数値(整数)

●表4.3-15　Windows Timeサービスの稼働状況を収集

項目	設定値
名前	Service state of Windows Time
キー	service.info[W32Time]
データ型	数値(整数)

●表4.3-16　Windowsのターミナルサービスのアクティブセッション数を取得

項目	設定値
名前	Active sessions of Terminal Service
キー	perf_counter[\Teminal Service\Active Sessions]
データ型	数値(整数)

Zabbixエージェント（アクティブ）

　Zabbixエージェント（アクティブ）はZabbixエージェントを利用した監視であることは前述の「Zabbixエージェント」と同様ですが、両者はZabbixサーバーとの通信の方向が異なっています。「Zabbixエージェント」の場合はZabbixサーバーからエージェントにリク

エストを行うポーリング方式であるのに対して、「Zabbixエージェント（アクティブ）」を利用した場合、Zabbixエージェントは能動的に自身で定期的に監視を行いZabbixサーバーに監視データを送信します（**図4.3-4**）。アクティブチェックと呼ばれることがあります。

●図4.3-4　Zabbixエージェント（アクティブ）を利用した場合の監視の流れ

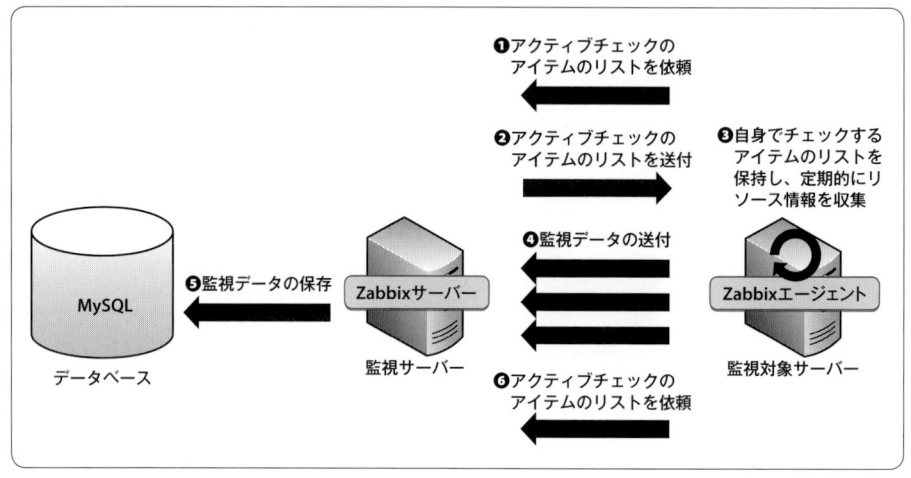

❶～❷Zabbixエージェントは起動時にZabbixサーバーにアクティブチェックのアイテムのリストの問い合わせを行い、ZabbixサーバーはZabbixエージェントにアイテムのリストを返す

❸～❹Zabbixエージェントは受け取ったアイテムの設定に基づいて定期的に自身でリソース情報の収集を行い、Zabbixサーバーに送付する

❺Zabbixサーバーは Zabbixエージェントから受け取ったデータをデータベースに保存する

❻Zabbixエージェントは設定ファイルに設定された**RefreshActiveChecks**の間隔で Zabbixサーバーにアクティブチェックのアイテムのリストを問い合わせる

❼以降、❷～❺を繰り返す

アクティブチェックを正しく動作させるためには、zabbix_agentd.confのHostnameに設定されているホスト名と、ZabbixサーバーのWebインターフェースから設定しているホスト設定のホスト名が大文字小文字も含めて一致している必要があります。

zabbix_agentd.confの**表4.3-17**のパラメータでアクティブチェックの動作を設定できます。

●表4.3-17　アクティブチェックの動作を設定

パラメータ	解説
Hostname=localhost	Zabbixエージェントが Zabbixサーバーに対してアクティブチェックのリストを取得したり、監視データ送信時にデータを保存する際に使用するホスト名を設定
RefreshActiveChecks=120	Zabbixエージェントはこのパラメータに設定された間隔で Zabbixサーバーからアクティブチェックの監視項目のリストを取得、更新を行う
ServerActive	アクティブチェックで通信する Zabbixサーバーを指定する。カンマ区切りで複数指定が可能。指定しなかった場合はアクティブチェックの処理を行わない

　Zabbixエージェント（アクティブ）を利用する場合の固有の設定項目は「キー」設定です。パッシブチェックで利用できるキーと同様のものが利用可能であり、加えてアクティブチェック固有のキーとしてログ監視やWindowsイベントログの監視を行うことができます。

　Zabbixエージェント（アクティブ）で利用できるキーはパッシブチェックと同一のため個別に解説は行いません。アクティブチェックでのみ実施できるログ監視については**4.8節**で詳細を解説します。

シンプルチェック

　シンプルチェックはZabbixサーバーからpingコマンドによる死活監視とポート監視を行えます。監視対象にZabbixエージェントやSNMPエージェントをインストールする必要がないため、最も手軽な監視方法です（図**4.3-5**）。

●図4.3-5　シンプルチェックを利用した場合の監視の流れ

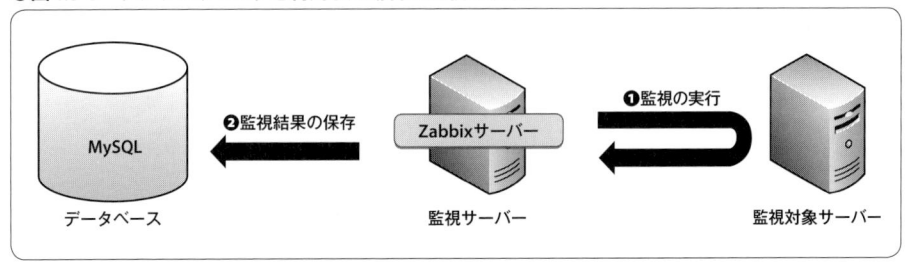

　pingコマンドによる死活監視を行うためには、Zabbixサーバーが動作するサーバー上にfpingコマンドがインストールされ、Zabbixサーバーの設定ファイルであるzabbix_server.confにfpingコマンドのパスが設定されている必要があります。

　シンプルチェックを利用する場合の固有の設定項目は「キー」設定です。シンプルチェ

ックで利用できる標準のキーは**Appendix**に一覧を記載します。キーはローダブルモジュール（**4.5節**）の機能を利用して独自に拡張できます。

シンプルチェックを利用した代表的なキー設定例を**表4.3-18**にまとめます。

●表4.3-18　シンプルチェックを利用した代表的な監視設定と設定例

項目	キー設定
pingによる応答を監視	icmpping
死活監視の応答速度を監視	icmppingsec
HTTPポートの応答を監視	net.tcp.service[http]
HTTPポートの応答速度を監視	net.tcp.service.perf[http]
NTPサーバーの監視	net.udp.service[ntp]

SNMPv1/v2/v3エージェント

SNMPエージェントを利用し、監視対象のMIB（*Management Information Base*）データを収集できます（**図4.3-6**）。SNMPv1/v2c/v3に対応し、監視はZabbixサーバーからポーリングで行われます。設定はOIDを直接指定するため、MIB-2からプライベートMIBまで幅広く対応できます。SNMPや各機器が持っているMIBとOIDの調査方法は**10.5節**で解説します。SNMPエージェントを利用するためには、Zabbixサーバーがインストールされているサーバーにnet-snmpライブラリがインストールされている必要があります。

●図4.3-6　SNMPv1/v2/v3エージェントを利用した場合の監視の流れ

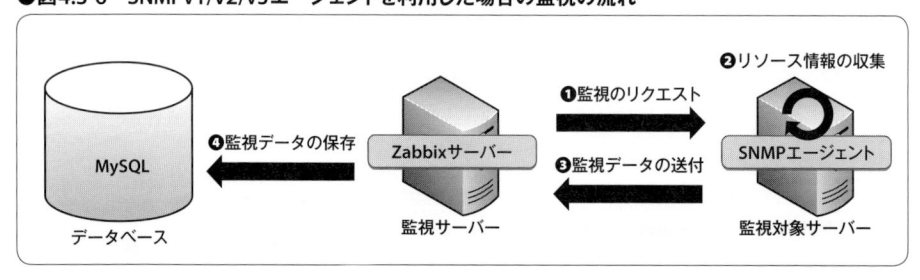

❶**Zabbix**サーバーは監視間隔で設定された間隔で**SNMP**エージェントに**OID**の設定を渡して問い合わせを行う

❷**SNMP**エージェントは渡された**OID**の値に基づいてリソース情報を収集する

❸❷で収集した値を**Zabbix**サーバーに返す

❹**Zabbix**サーバーは受け取った値をデータベースに保存する

SNMPv1/v2/v3を利用した場合の固有の監視設定は**表4.3-19**のとおりです。

●表4.3-19　SNMPv1/v2/v3の固有の監視設定

名前	解説
SNMP コミュニティ	SNMP コミュニティ名を設定する
SNMP OID	監視する SNMP OID の設定する
SNMPv3 セキュリティ名	SNMPv3 のセキュリティ名を設定する（SNMPv3 の場合のみ）
SNMPv3 セキュリティレベル	SNMPv3 のセキュリティレベルを NoAuthPriv、AuthNoPriv、AuthPriv から選択する（SNMPv3 の場合のみ）
SNMPv3 認証パスフレーズ	SNMPv3 の認証パスフレーズを設定する（SNMPv3 の場合のみ）
SNMPv3 プライベートパスフレーズ	SNMPv3 のプライベートパスフレーズを設定する（SNMPv3 の場合のみ）
SNMP ポート	設定した場合、ホストの SNMP インターフェースに設定されているポート番号を上書きする
キー	SNMP を利用する場合、キーには任意の文字列を設定する

■SNMP の一括取得

　Zabbix 2.2.4以降のSNMPv2/v3を利用した監視では、次の条件の場合に監視対象から1回の通信で最大128アイテムのデータを一括取得します。

- 同一ホストのアイテム
- 同一監視間隔
- 同一ホストインターフェース

　SNMPの場合、監視対象と多数の通信を繰り返し行うと監視対象の負荷になることがあります。特にSNMPv3では、認証や暗号化のしくみによって負荷が高くなりやすく、SNMPリクエストのレスポンスに時間がかかるとタイムアウトの原因にもなります。

　複数のデータを一括で取得することにより監視対象への負荷を低減できますが、監視対象となる機器のSNMPエージェントの実装によっては一括取得のしくみに対応していないこともあります。その場合、一括取得機能を有効にすると、SNMPのデータの取得が正しく行えなかったり、時々値の取得に失敗したりすることがあります。このような場合には、ホスト設定のSNMPインターフェース設定で[bulkリクエストを使用]のチェックを外すことで、アイテムごとにSNMPのデータ取得通信を行うように設定できます。

■一般的な MIB 値の変換機能

　SNMPエージェントの監視設定ではSNMP OIDの設定項目にOID値を設定することで

監視する値を特定します。ZabbixはいくつかのMIBについてMIBのシンボル名とオブジェクトIDを変換する機能を有しています。**表4.3-20**のMIBについてはアイテムのOIDにMIBシンボル名を設定することで、自動的にオブジェクトIDに変換して監視を行えます。

●表4.3-20　MIBシンボル名とオブジェクトIDの変換表

MIBシンボル名	オブジェクトID
ifIndex	1.3.6.1.2.1.2.2.1.1
ifDescr	1.3.6.1.2.1.2.2.1.2
ifType	1.3.6.1.2.1.2.2.1.3
ifMtu	1.3.6.1.2.1.2.2.1.4
ifSpeed	1.3.6.1.2.1.2.2.1.5
ifPhysAddress	1.3.6.1.2.1.2.2.1.6
ifAdminStatus	1.3.6.1.2.1.2.2.1.7
ifOperStatus	1.3.6.1.2.1.2.2.1.8
ifInOctets	1.3.6.1.2.1.2.2.1.10
ifInUcastPkts	1.3.6.1.2.1.2.2.1.11
ifInNUcastPkts	1.3.6.1.2.1.2.2.1.12
ifInDiscards	1.3.6.1.2.1.2.2.1.13
ifInErrors	1.3.6.1.2.1.2.2.1.14
ifInUnknownProtos	1.3.6.1.2.1.2.2.1.15
ifOutOctets	1.3.6.1.2.1.2.2.1.17
ifOutNUcastPkts	1.3.6.1.2.1.2.2.1.18
ifOutDiscards	1.3.6.1.2.1.2.2.1.19
ifOutErrors	1.3.6.1.2.1.2.2.1.20
ifOutQLen	1.3.6.1.2.1.2.2.1.21

■ダイナミックインデックスの使用

　SNMPのMIBにはネットワークインターフェースやプロセス名など、OIDと監視項目が一意に決まらないものがあります。たとえば、ネットワーク機器ではポート数が異なるために機器によって各ポートに対するOIDが変化したり、サーバーではプロセスIDが異なるために特定のプロセスのOIDが動的に変化します。

　Zabbixはそのような一意に決まらないOIDの監視を行うためのダイナミックインデックス機能を備えており、再起動やモジュールの差し替えによりOIDが動的に変わってしまうネットワーク機器の監視にも利用できます。

　ダイナミックインデックスを利用するためには、アイテムのタイプでSNMP v1/v2/v3エージェントを選択し、OIDに次の設定を行います。

```
データのベースOID["index","インデックスのベースOID","検索文字列"]
```

「データのベースOID」には取得したいデータのベースOID、「インデックスのベースOID」には検索文字列で検査するベースOID、「検索文字列」には検索する文字列を指定します。

ダイナミックインデックスを使用した場合、Zabbixサーバーは次のように動作します。

❶ Zabbixは「インデックスのベースOID」以下のOIDから「検索文字列」で検索を行い、監視するOIDの末尾の値を特定する

❷ 「データのベースOID」と先ほど検索した結果のOIDをつなぎ合わせたOIDの値を取得し、データベースに保存する

たとえば、Cisco Systems, Inc. 製スイッチのGigabitEthernet0/1のトラフィックを取得する場合、次のようにキーを設定します。

```
ifInOctets["index","ifDescr","GigabitEthernet0/1"]
```

また、サーバーのApacheのメモリ使用率を取得する場合、次のようにキーを設定します。

```
HOST-RESOURCES-MIB::hrSWRunPerfMem["index","HOST-RESOURCES-MIB::hrSWRunPath", "/usr/sbin/httpd"]
```

Zabbixトラッパー

zabbix_senderを用いて送信されたデータを受信する場合に使用します。zabbix_senderはZabbixサーバーのトラッパープロセスにデータを送信するプログラムで、Zabbixエージェントに付属してインストールされます。Linuxの場合は、zabbix-senderパッケージをインストールすることで利用できます。zabbix_senderを利用することで、手動で実行したりスクリプトに組み込んで監視データをZabbixサーバーに送信し、データベースに保存できます。

Zabbixトラッパーの動作を**図4.3-7**に示します。

❶〜❷ **zabbix_sender**コマンドにホスト名とキーを指定して実行し、データをZabbixサーバーに送付する

❸ **Zabbix**サーバーは受け取ったデータのホスト名、キーの値から保存するアイテム設定を判別し、データをデータベースに保存する

●図4.3-7　Zabbixトラッパーを利用した場合の監視の流れ

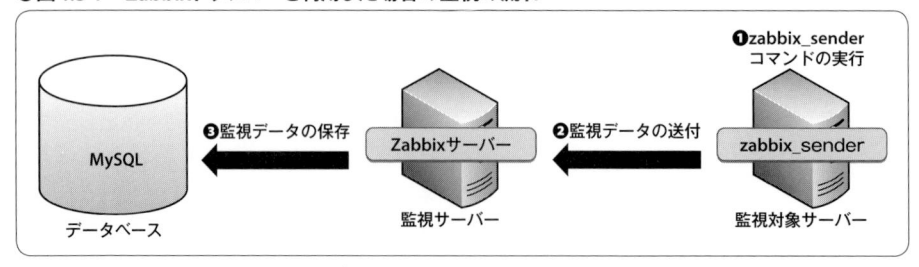

■zabbix_senderによるデータ受信

Zabbix Senderの書式は次のとおりです。

```
zabbix_sender [-Vhv] {[-zpsI] -ko | [-zpI] -T -i file -r} [-c file]
```

オプションの意味は**表4.3-21**を参照してください。

●表4.3-21　Zabbix Senderのオプション

オプション	解説
-c、--config *File*	zabbix_agentd.confファイルを指定する。設定ファイルからZabbixサーバーのホスト名／IPアドレスやポート番号を読み込む
-z、--zabbix-server *Server*	ZabbixサーバーのDNS名またはIPアドレスを指定
-p、--port *Serverport*	Zabbixサーバー上で動作しているトラッパープロセスのポート番号を指定する。デフォルトは10051番
-s、--host *Hostname*	ZabbixのWebインターフェースに指定したホスト名を指定する。ここで指定したホストの設定にデータが保存される。ホスト設定のIPアドレスやDNS名では正常に動作しない
-I、--source-address *ipaddress*	データを送信する際に使用するソースIPアドレスを指定
-k、--key *Key*	アイテムのキーを指定する。ここで指定したキーを持つアイテム設定にデータが保存される
-o、--value *Value*	送信する値を指定
-i、--input-file *input_file*	指定したファイルからオプションと送信する値を読み込む。ファイルの各行はスペースまたはタブ区切りで次のフォーマットで指定する。*Hostname Key Value*
-T、--with-timestamps	-iオプションを利用している場合にのみ指定でき、ファイルから読み取るデータに時刻を付与できる。ファイルの各行はスペースまたはタブ区切りで次のフォーマットで指定する。*Hostname Key unix_timestamp Value*
-r、--real-time	標準出力からデータを受け取り、リアルタイムにデータを送付
-v、--verbose	冗長モードで実行する。-vvオプションを使用するとより詳細を表示する
-h、--help	コマンドのヘルプを表示
-V、--version	バージョン情報を表示

次のようにコマンドを実行することで、Zabbixサーバーにデータを送信できます。

```
# zabbix_sender -z Server -s Hostname -k Key -o Value
```

上記のコマンドでは、*Server*で指定したIPアドレスを持つZabbixサーバーの、*Hostname*で指定したホスト名に設定されているZabbixトラッパーアイテムのキーが*Key*で指定したものであるアイテムに対して、*Value*で指定したデータを送信します。

また、次のように引数にzabbix_agentd.confを指定すると、zabbix_agentd.confに保存されているZabbixサーバーの設定やホスト名を利用してzabbix_senderを実行できます。

```
# zabbix_sender -c /etc/zabbix/zabbix_agentd.conf -k Key -o Value
```

Zabbixインターナル

Zabbixサーバー内部のステータス情報であるアイテムやトリガーの数、監視のキューの数などを監視できます（**図4.3-8**）。また、ZabbixサーバーやZabbixプロキシのプロセスのビジー率やメモリキャッシュの利用状況など、監視プロセスの内部のステータスを監視することも可能です。

●図4.3-8　Zabbixインターナルを利用する場合の監視の流れ

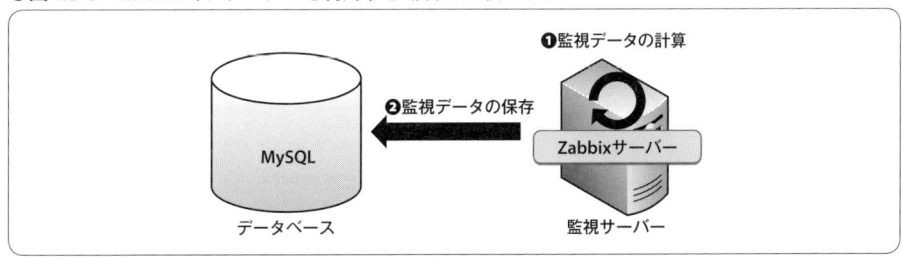

Zabbixインターナルを利用する場合の固有の設定項目はキーです。Zabbixインターナルで使用できるキーは決まっています（**Appendix**の一覧を参照）。

Zabbixインターナルを利用する場合の代表的なキー設定例を**表4.3-22**に示します。

●表4.3-22　Zabbixインターナルを利用する場合の設定例

名前	キー設定
Zabbixサーバーが処理している監視データの数の監視	zabbix[wcache,values]
監視データの収集が10分以上遅延しているアイテムの数の監視	zabbix[queue,10m]

Zabbixインターナルは、ZabbixサーバーやZabbixプロキシサーバーの稼働状況を把握するために重要なアイテムです。特に内部処理のパフォーマンスに問題がないかどうかを確認するために運用中は監視しておいたほうがよいキーがいくつかあり、デフォルトのTemplate App Zabbix serverやTemplate App Zabbix proxyテンプレートは重要なZabbixインターナルアイテムを含む形で用意されています。これらのテンプレートの詳細や、運用中のZabbixサーバー、Zabbixプロキシサーバーの監視方法は、それぞれ**12.7.3項**、**13.4.5項**で解説します。

Zabbixアグリゲート

同じホストグループに属するホストの同じキーを持つアイテムの収集データを集計し、平均値／最小値／最大値／合計値などを計算できます。複数のWebサーバーの平均CPU使用率や、複数データベースサーバーの空きディスク容量の合計などの監視を行うことができます。Zabbixアグリゲートによるデータの集計はZabbixのデータベースを参照することにより行われるため、監視対象との通信は発生しません（**図4.3-9**）。

●**図4.3-9　Zabbixアグリゲートを利用する場合の監視の流れ**

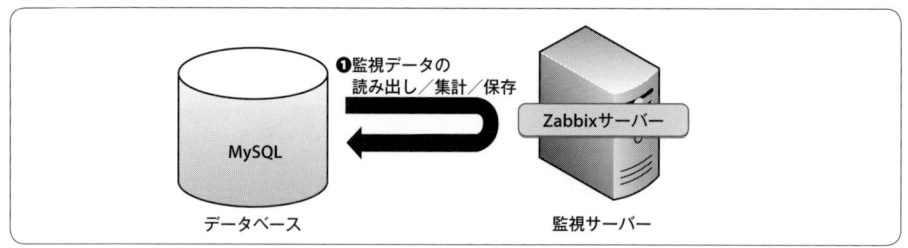

Zabbixアグリゲートを利用する場合の固有の設定項目は「キー」設定です。Zabbixアグリゲートで使用できるキーは決まっています（**Appendix**の一覧を参照）。

Zabbixアグリゲートを利用する場合の代表的なキー設定例を**表4.3-23**に示します。

●**表4.3-23　Zabbixアグリゲートを利用する場合の設定例**

名前	キー設定
Web Servers グループの CPU 使用率 (user値) の最新データの平均値を取得	`grpavg["Web Servers","system.cpu.util[user]","last","0"]`
ホストグループDB Serversに属するホストのアイテム vfs.fs.size[/opt/db, used]の最新データの合計値を取得	`grpsum["DB servers","vfs.fs.size[/opt/db,used]","last","0"]`

外部チェック

　Zabbixサーバー上に置かれたスクリプトを実行し、標準出力の値を監視データとしてデータベースに保存できます。外部チェックを利用することにより、Zabbixサーバーからさまざまな監視を行うことができます（**図4.3-10**）。

●図4.3-10　外部チェックを利用した場合の監視の流れ

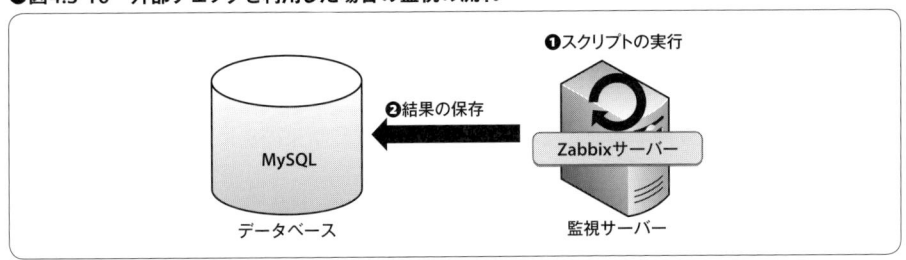

　外部チェックに利用するスクリプトを設置する場所は、zabbix_server.confの次のパラメータで設定します。

```
ExternalScripts=/usr/lib/zabbix/externalscripts
```

　外部チェックを利用する場合の固有の設定項目は「キー」設定です。次のようにスクリプト名とパラメータを指定します。

```
スクリプトファイル名[引数1,引数2,...]
```

　スクリプトにはパラメータで指定した引数がスペース区切りで渡されて実行されます。スクリプトの引数としてZabbixの監視設定を動的に渡したい場合、マクロを利用できます。たとえば、ホストのホスト名設定を引数に渡したい場合は{HOST.HOST}、監視対象のIPアドレスの場合は{HOST.CONN}マクロなどが利用できます。利用できるマクロは**Appendix**を参照してください。

　外部チェックを利用する場合の代表的な設定例を次に示します。

■外部チェックによるNTPサーバーの稼働監視

　ホストに設定されたNTPサーバーへ問い合わせを行い、正常に問い合わせが行えたかどうかの結果を監視する次のスクリプト（ntpcheck.sh）を /usr/lib/zabbix/externalscripts に置きます。

```
#!/bin/sh
/usr/sbin/ntpdate -q $1; echo $?
```

　このスクリプトは引数に与えられたntpサーバーに対してリクエストを行い、正常に
リクエストが終了すれば0、失敗すれば1を出力します。
　次に、外部チェックのアイテム設定でキーを次のように設定します。

```
ntpcheck.sh[ntp.example.jp]
```

　上記のアイテムを登録することで、スクリプトの実行結果の標準出力をデータベース
に保存できます。

データベースモニタ

　ZabbixサーバーからODBCを利用してデータベースサーバーにSQLクエリを発行し、
その結果を取得できます（**図4.3-11**）。ODBC（*Open DataBase Connectivity*）は、データベ
ースソフトウェアの種類に依存することなくSQLを利用してデータベースにアクセスで
きる規格です。Zabbixサーバーから直接データベースの内部にアクセスすることで、デ
ータベースの稼働確認や内部のステータス情報を収集できます。データベース監視を利
用するためには、ZabbixサーバーがインストールされているサーバーにunixODBCライ
ブラリがインストールされている必要があります。

●**図4.3-11　データベース監視を利用した場合の監視の流れ**

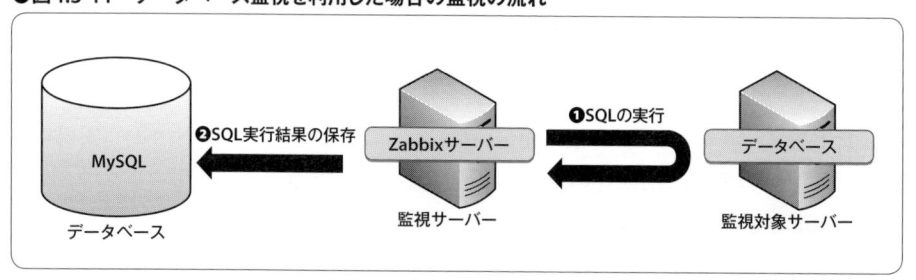

　データベース監視を利用する場合の固有の設定項目を**表4.3-24**に示します。

●表4.3-24　データベース監視を利用する場合の固有の設定項目

項目	解説
キー	db.odbc.select[*任意の文字列, odbc.ini に記載した DSN*]
ユーザー名	データベースの接続ユーザー名
パスワード	データベースへの接続パスワード
SQLクエリ	実行するSQLクエリ

　データベース監視はZabbixサーバーから実行されるため、監視対象のデータベースではZabbixサーバーが稼働するホストからの接続を許可する必要があります。また、セキュリティ上の観点から、監視対象のデータベースでは監視用に専用のユーザーを作成し、適切な権限を設定しておくのがよいでしょう。

　データベース監視を利用し、MySQLデータベースの監視を行う設定例を次に示します。

■ODBCの設定

　ZabbixサーバーはSQLの実行にunixODBCを利用するため、あらかじめOS上でODBCの設定を行っておく必要があります。ここではCentOS 7に標準で含まれているunixODBCを利用してMySQLデータベースの接続設定の手順を解説します。なお、CentOSで今回の設定を行うためには「unixODBC」「mysql-connector-odbc」パッケージがインストールされている必要があります。また、監視対象となるMySQLデータベースに、監視用のアカウントを作成しておく必要があり、今回はrootユーザーでアクセスを行うものとして解説を行います。

　Zabbixサーバー上で次の設定を行います。

　/etc/odbcinst.iniにはデフォルトで次の設定が含まれており、この設定をそのまま利用します。ここでは、ODBCがMySQLへの接続に利用するドライバの設定が行われています。

```
[MySQL]
Description     = ODBC for MySQL
#Driver         = /usr/lib/libmyodbc5.so
#Setup          = /usr/lib/libodbcmyS.so
Driver64        = /usr/lib64/libmyodbc5.so
Setup64         = /usr/lib64/libodbcmyS.so
FileUsage       = 1
```

　/etc/odbc.iniに次の行を追加します。[ ]で囲って設定した名前をDSNと呼び、アイテムのキーでその名称を利用します。

```
[mysql]
Description = MySQL Database
Driver = MySQL
Database = 接続するデータベース名
Server = 監視対象サーバーのホスト名またはIPアドレス
Port = 監視対象サーバーでMySQLが利用しているポート番号
```

　isqlコマンドを利用すると、ODBCの設定が正しく行われているかどうかを確認できます。/etc/odbc.iniで指定したDSN名を指定し、次のようにコマンドを実行してMySQLに接続できれば設定は正しく行えています。

```
# isql DSN名 接続ユーザー名 接続パスワード
+---------------------------------------+
| Connected!                            |
|                                       |
| sql-statement                         |
| help [tablename]                      |
| quit                                  |
|                                       |
+---------------------------------------+
SQL>
```

■データベース監視によるMySQLの稼働監視

　上記のODBC設定を利用してデータベース監視を行うアイテム設定を**表4.3-25**に示します。mysqlデータベースのuserテーブルから、testuserユーザーの登録数を監視できます。

●表4.3-25　データベース監視を行うアイテム設定

項目	設定値
キー	db.odbc.select[check_exist_testuser,mysql]
ユーザー名	データベース接続のユーザー名
パスワード	データベース接続のパスワード
SQLクエリ	select count(user) from users where user = 'testuser';

IPMIエージェント

　ZabbixサーバーからIPMIを利用してハードウェアのステータス情報を収集できます（**図4.3-12**）。❶のアイテムで設定されたIPMIセンサーの設定を渡して問い合わせを行います。

●図4.3-12 IPMIエージェントを利用した場合の監視の流れ

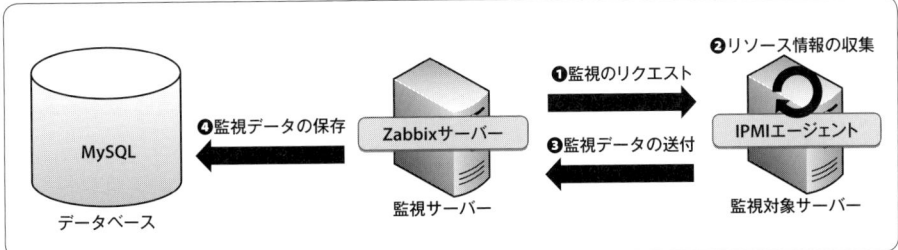

IPMIは、特定のハードウェア／OS／ソフトウェアなどに依存することなく、サーバーハードウェアのステータス情報を収集できる規格です。IPMIを利用することでサーバーの温度や電源、ファンの状態などのステータスを取得できます。IPMIを利用して収集できる項目はハードウェアによって異なります。

IPMIエージェントを利用する場合の固有の設定項目を**表4.3-26**に示します。

●表4.3-26　IPMIエージェントを利用する場合の固有の設定項目

項目	解説
IPMIセンサー	ipmitoolコマンドなどで調査したセンサーの名前を設定
キー	IPMIエージェントを利用する場合任意に設定

■IPMIによるサーバーのハードウェア監視

IPMIを使用して監視対象のサーバーのCPUの温度を監視するためには**表4.3-27**の設定を行います。IPMIセンサーに設定する文字列はハードウェアの種別によって異なるため、事前にipmitoolやipmi_uiコマンドなどで調査しておく必要があります(調査方法は後述のコラム「IPMI」を参照)。

●表4.3-27　IPMIを使用した監視設定

項目	設定値
IPMIセンサー	CPU Diode
キー	ipmi.cpu.diode

IPMI Column

　IPMI（*Intelligent Platform Management Interface*）とは、ハードウェアのステータス情報の監視やリモート制御を行うための仕様です。標準的なインターフェースが策定されていることで、OSやベンダーにかかわらず共通の手法でハードウェアの監視や制御を行うことができます。

　IPMIを利用したハードウェア監視を行うためにはOSにIPMIエージェントがインストールされているか、IPMIに対応した専用のハードウェア管理インターフェースが搭載されている必要があります。OSの状態に依存せずインターフェースの名称はベンダーにより異なる場合がありますが、近年のサーバーにはリモートマネジメントコントローラとして標準で専用の管理インターフェースが搭載されていたり、オプション製品として用意されています。

　IPMIエージェントやIPMI対応インターフェースを利用することで、標準的にCPU／バス／ファン／メモリ／電圧などのハードウェア情報の監視が行えるほか、ベンダーによってはより詳細なハードウェアの監視を行うことができるものもあります。また、IPMIに対してコマンドを実行することで、ネットワーク経由でハードウェアの電源のON/OFF、リブートなどを行うことができます。IPMI対応の専用インターフェースを備えているサーバーの場合、OSの状態に依存せずネットワークを介してリモートから電源の管理を行うことができます。

　IPMI対応のソフトウェアを利用することでIPMIエージェントに対してアクセスすることが可能であり、Red Hat Enterprise LinuxやCentOSには標準でOpenIPMIが含まれています。**図a**のようにコマンドを実行することで自身のサーバーのハードウェアステータス情報を一覧表示できます。

　OpenIPMIを利用してリモートのIPMIエージェントからハードウェア情報を取得するためには次のようにコマンドを実行します。

```
# ipmitool -I lan -H ホスト名／IPアドレス -U ユーザー名 -P パスワード IPMIコマンド
```

　なお、IPMI対応の専用インターフェースを搭載しているサーバーの場合、BIOS画面でIPMI関連の設定を行うことができます。この場合、IPMIインターフェースに専用のIPアドレスやユーザー、パスワードなどの設定を行うことでリモートからIPMIエージェントに対してアクセスできるようになります。

●図a　ipmitoolコマンドの実行（抜粋）

```
# ipmitool sdr
POST Error      | Not Readable    | ns
Memory ECC      | Not Readable    | ns
ACPI State      | 0x01            | ok
PCI Reset       | 0x00            | ok
CPU Fan         | 2035.00 RPM     | ok
Rear Fan        | 2052.55 RPM     | ok
CPU Diode       | 30.50 degrees C | ok
Front Ambient   | 17.50 degrees C | ok
System 12V      | 11.87 Volts     | ok
System 5V       | 5.12 Volts      | ok
System AUX 5V   | 4.98 Volts      | ok
System 3.3V     | 3.36 Volts      | ok
...
```

SNMPトラップ

　ネットワーク機器などで障害が発生した場合、SNMPトラップを送信することで障害を検知できます。常時監視しておくようなトラフィックやポートのステータスはSNMPエージェントのアイテムを利用したポーリングによる監視が適していますが、ハードウェア障害など不定期に発生する障害についてはSNMPトラップを利用することで監視システムや監視対象への負荷を低減できます。

　SNMPトラップの監視を行う場合の構成を**図4.3-13**に示します。Zabbixサーバー自体はSNMPトラップを受信するしくみを持っていないため、いくつかのソフトウェアを組み合わせる必要があります。Zabbixサーバーはzabbix_server.confのSNMPTrapperFileに記載されているテキストファイル（図ではsnmptrap.log）を解析してSNMPトラップを処理します。テキストファイルにSNMPトラップの内容を出力させるためには、net-snmpに付属しているsnmptrapd（SNMPトラップ受信デーモン）を利用してSNMPトラップを受信し、ハンドラからプログラムを実行してSNMPトラップを整形してテキストログとして出力する必要があります。

●図4.3-13　SNMPトラップの監視

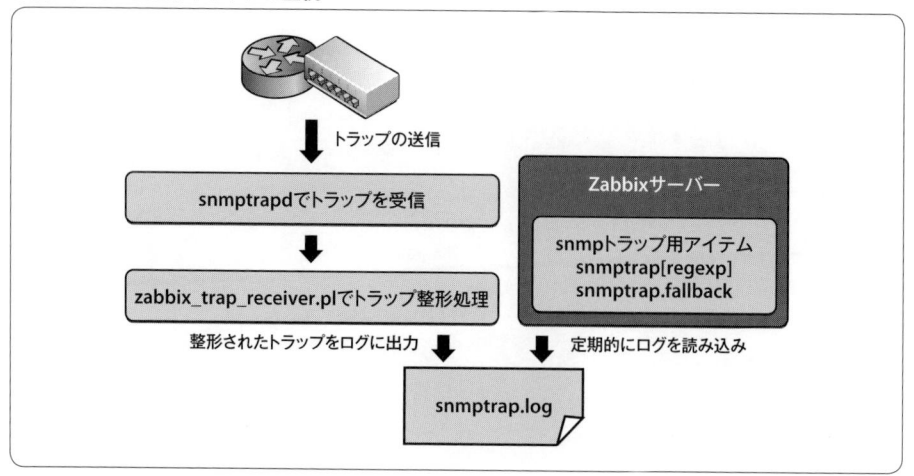

　ハンドラから呼び出すトラップ整形ツールとして、Zabbixのソースファイルにはzabbix_trap_receiver.plが付属しています。また、オープンソースで開発されているSNMPトラップのフォーマットツールであるsnmpttも利用できます。ツール自体はどのプログラムを利用しても問題なく、シェルスクリプトなどで自作することもできます。

　いずれのトラップ整形ツールを利用した場合でも、zabbix_server.confのSNMPTrapperFileに記載したファイルに対して次のフォーマットで出力を行えば、Zabbixサーバーはそのデータを読み込んで監視データとして処理します。必要となるのは「ZBXTRAP」の文字とその直後のIPアドレスまたはホスト名の部分です。

> トラップデータ ... ZBXTRAP *IP*アドレスまたは*DNS*名 ... トラップデータ

Zabbixサーバーはこのデータから次のように情報を解析します。

- **ZBXTRAP**の文字のすぐ後ろにあるホスト名または**IP**アドレスを読み取り、その**IP**アドレスまたはホスト名が設定されているインターフェースを持つホストがあるかを解析
- そのインターフェースを利用している「**SNMP**トラップ」タイプのアイテムがあるかを確認
- 存在していれば、アイテムのキー設定にもとづいて文字列マッチの解析を行い、アイテムにデータを保存

　ここではZabbixのソースに付属するzabbix_trap_receiver.plを利用し、snmptrapdの設

定とZabbixサーバーでトラップを監視するための設定を解説します。

SNMPトラップ整形ツール Column

　SNMPトラップの整形ツールにはさまざまなものがありますが、プログラムや設定の複雑さなどがそれぞれ異なります。利用にあたっては運用で管理しやすいものを選定するのがよいでしょう。Zabbixのドキュメントにはsnmpttを利用する場合の設定方法が主に記載されており、本書も第2版まではsnmpttを利用した解説を行っていました。snmpttは多機能であるだけに設定が煩雑な部分があり、本書ではよりシンプルに設定できるzabbix_trap_receiver.plを利用した設定方法の解説に変更しています。

　ほかにも、Zabbix Enterpriseサポートを利用している場合には、zabbix-trapfmtツールが配布されます。プロセスを起動するだけでZabbix用のSNMPトラップの読み込みに対応した変換が行われるなど簡単に利用でき、MIBの変換が不要で、日本語を含むSNMPトラップのエンコード変換機能も搭載しています。

■zabbix_trap_receiver.plのインストール

　zabbix_trap_receiver.plのプログラムはZabbixのソースコードに含まれています。Zabbix社のサイトのダウンロードページからzabbix-4.0.0.tar.gzのソースコードをダウンロードして展開すると、misc/snmptrap/zabbix_trap_receiver.plプログラムがあります。

```
# tar zxf zabbix-4.0.0.tar.gz
# cd zabbix-4.0.0/misc/snmptrap
# ls
snmptrap.sh  zabbix_trap_receiver.pl
```

　インストールは、このファイルをZabbixサーバーが動作しているOS上の任意の場所に配置するだけです。ここでは例として、ファイルを/usr/local/bin/zabbix_trap_receiver.plに置いた場合を記載します。

```
# cp zabbix_trap_receiver.pl /usr/local/bin
```

　解析した結果を出力するログファイルのパスがプログラム中に記載されているので、このファイルのパスを変更します。ここでは例として、専用のディレクトリ/var/log/snmptrapを作成し、その下にsnmptrap.logのファイル名で出力するように設定します。

また同様に、ログにトラップデータを出力する際の日時のフォーマットも読みやすいように変更しておきます。

```
$SNMPTrapperFile = '/var/log/snmptrap/snmptrap.log';
$DateTimeFormat = '%Y/%m/%d %H:%M:%S';
```

　次のコマンドで、snmptrapd.logを出力するディレクトリをあらかじめ作成しておきます。

```
# mkdir /var/log/snmptrap
```

■snmptrapdの設定

　CentOSでは、snmptrapdがnet-snmpパッケージに含まれています。net-snmpをインストールするためには、次のコマンドを実行します。併せて、確認のためにSNMPトラップを手動で送るためのツールが含まれるnet-snmp-utilsパッケージと、zabbix_trap_receiver.plを動作させるために必要なperl連携のためのnet-snmp-perlパッケージもインストールしておきます。

```
# yum install net-snmp net-snmp-perl
```

　snmptrapdの設定は、デーモン起動時に渡すパラメータの設定である/etc/sysconfig/snmptrapdファイルと、snmptrapd自体の設定ファイルである/etc/snmp/snmptrapd.confの両方の修正が必要です。

　/etc/snmp/snmptrapd.confには次のように設定します。この設定は、受信したコミュニティ名にかかわらず処理し、受信したトラップすべてを「perl do」の行に記載しているプログラムに渡します。

```
disableAuthorization yes
perl do "/usr/local/bin/zabbix_trap_receiver.pl"
```

　また、/etc/sysconfig/snmptrapdファイルを次のように修正し、snmptrapdの起動時のパラメータを設定します。この設定では、MIBファイルによるOIDの変換と、受信したトラップの送信元ホストのDNS名前解決を行わないようにしています。

```
OPTIONS="-On -n -Lsd -p /var/run/snmptrapd.pid"
```

次のコマンドを実行してsnmptrapdを起動します。

```
# systemctl start snmptrapd
```

■SNMPトラップの受信確認

snmptrapdとzabbix_trap_receiver.plの設定が完了したら、SNMPトラップを送信して期待どおりのフォーマットでログが出力されるかを確認しておきましょう。net-snmp-utilsパッケージに含まれるsnmptrapコマンドを利用して次のように実行すると、SNMPトラップを送信できます。

```
# snmptrap -v2c -c public localhost '' .1.3.6.1.4.1.8072.9999 .1.3.6.1.4.1.8072.9999.1
s "Test Message"
```

ここまでの設定に問題がなければ、/var/log/snmptrap/snmptrap.logに次のように出力されます。zabbix_trap_receiver.plは受信したトラップの内容をすべて出力するようになっており、トラップあたり複数行を出力します。

```
2018/11/05 11:54:17 ZBXTRAP 127.0.0.1
PDU INFO:
  notificationtype       TRAP
  version                1
  receivedfrom           UDP: [127.0.0.1]:41891->[127.0.0.1]:162
  errorstatus            0
  messageid              0
  community              public
  transactionid          3
  errorindex             0
  requestid              1149446428
VARBINDS:
  .1.3.6.1.2.1.1.3.0     type=67 value=Timeticks: (64953997) 7 days,
12:25:39.97
  .1.3.6.1.6.3.1.1.4.1.0     type=6  value=OID: .1.3.6.1.4.1.8072.9999
  .1.3.6.1.4.1.8072.9999.1   type=4  value=STRING: "Test Message"
```

■Zabbixサーバーの設定

SNMPトラップの情報が出力されるログファイルを読み込むためにZabbixサーバーの設定を行います。Zabbixサーバーの設定ファイル/etc/zabbix/zabbix_server.confを次のように修正します。

```
SNMPTrapperFile=/var/log/snmptrap/snmptrap.log
StartSNMPTrapper=1
```

設定が完了したらZabbixサーバーを再起動します。

```
# systemctl restart zabbix-server
```

■SNMPトラップ監視のホストとアイテム設定

　ここまでの設定でZabbixサーバーは、定期的に/var/log/snmptrap/snmptrap.logファイルを読み、追記されたトラップの情報を新規トラップとして処理するようになっています。ホストの設定とアイテムの設定を行うことで、読み込んだトラップをヒストリデータとして保存するようになります。

　新規トラップデータをヒストリデータに保存するためには、Webインターフェースから次の2つの設定を行う必要があります。

- **SNMPインターフェースの設定を持ったホストを作成する**
- **SNMPトラップ用のアイテムを作成する**

　Zabbixサーバーは新規に読み込んだSNMPトラップの情報のうちZBXTRAPの後ろにあるIPアドレスまたはホスト名の情報をもとに、そのトラップをどのホストに振り分けるかを判定します。その際にホストのSNMPインターフェースの設定を利用します。

　トラップ情報とIPアドレスまたはホスト名が一致するSNMPインターフェースが存在した場合は、そのホストに設定されている「SNMPトラップ」タイプのアイテムを参照し、アイテムのキーに設定されている内容に一致するかどうかを判定します。条件に合うアイテムが存在する場合はそのアイテムにトラップデータを保存し、存在しなければそのトラップデータを破棄します。

　アイテムのキーには次の2つを利用できます。

- **snmptrap[regexp]**
  regexpに設定されている正規表現がSNMPトラップの文字列に一致する場合はこのアイテムのヒストリデータとして保存します。1つのホスト内に正規表現が一致するアイテムが複数存在した場合は、それらのアイテムすべてに保存します。

- **snmptrap.fallback**
  ホスト内に設定されているsnmptrap[regexp]のいずれの設定にも一致しなかった場合、このアイテムのヒストリデータとして保存します。

ホストに複数のSNMPインターフェースが設定されている場合、Zabbixサーバーは SNMPトラップのZBXTRAPの後ろにあるIPアドレスまたはホスト名と一致するホスト インターフェースを利用しているアイテムについてのみ判定処理を行います。したがっ て、SNMPトラップアイテムの「ホストインターフェース」設定でどのインターフェース が選択されているかも重要になるため、注意が必要です。

また、SNMPトラップの情報の振り分けを行う際に、トラップのIPアドレスまたはホ スト名がいずれのホストインターフェースにも一致しなかった場合には、zabbix_server. logに「unmatched trap received from "IPアドレスまたはホスト名":トラップデータ」とい うログを出力します。このログを出力するかどうかは、Webインターフェースの[管理] →[一般設定]の[その他]にある「マッチしないSNMPトラップをログに記録」の設定で変 更できます。

例として、192.168.XX.XXのネットワーク機器から送信されるSNMPトラップを監視す る設定を解説します。

■ホストの設定

ホストのSNMPインターフェースに次の設定を行います。

- **IPアドレス：192.168.XX.XX**
- **接続方法：IPアドレス**

■アイテムの設定

linkDownの文字列が存在するSNMPトラップを監視するためには、次のようにアイテ ムを作成します。アイテムの「ログ時間の形式」設定を行っておくことで、SNMPトラッ プの情報の先頭にある日時をヒストリデータの[ローカル時間]のカラムに表示できます。 この設定を行わない場合、最新データの画面に表示される時刻はZabbixサーバーがSNMP トラップの情報を処理した時間だけです。ログ時間の形式を設定しておくことで、SNMP トラップの情報に記載されているトラップ送信時刻も併せて表示できるようになります。

- **タイプ：SNMPトラップ**
- **キー：snmptrap[linkDown]**
- **データ型：ログ**
- **ログ時間の形式：yyyy/MM/dd hh:mm:ss**

　併せて次のアイテムも作成しておくと、同じ監視対象のネットワーク機器から送信された linkDown を含まないトラップもアイテムのヒストリデータとして保存でき、想定していないトラップが送信されてきた場合にも障害を検知したり、Zabbix の Web インターフェースから情報を確認したりできるようになります。

- タイプ：SNMP トラップ
- キー：snmptrap.fallback
- データ型：ログ
- ログ時間の形式：yyyy/MM/dd hh:mm:ss

SSHエージェント

　SSH エージェントは Zabbix サーバーから SSH を利用して監視対象にログインしてコマンドを実行し、標準出力を監視データとして取得できます（**図4.3-14**）。❶で SSH を利用して監視対象サーバーにログインし、❷でコマンドを実行してリソース情報を収集します。

●図4.3-14　SSHエージェントを利用した場合の監視の流れ

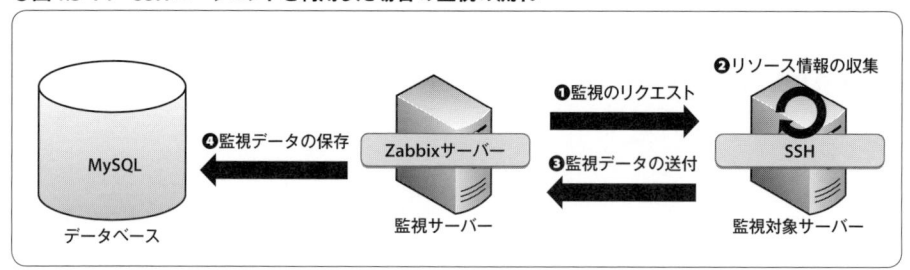

　監視対象の OS に Zabbix エージェントをインストールすることなく、内部のステータス情報やアプリケーションの詳細を監視できます。

　公開鍵認証を利用して SSH エージェントを利用する場合、zabbix_server.conf の SSHKeyLocation に公開鍵と秘密鍵を置いているディレクトリパスを設定する必要があります。

　SSH エージェントを利用する場合の固有の監視設定を**表4.3-28**に示します。

●表4.3-28 SSHエージェントを利用する場合の固有の監視設定

項目	解説
キー	ssh.run[任意の文字列,<IPアドレス>,<ポート>,<エンコード>]
認証方式	認証方式を[パスワード][公開鍵]から選択
ユーザー名	ログインに使用するユーザー名を設定
パスワード	認証方式がパスワードの場合に、SSHログインに使用するパスワードを設定
公開鍵ファイル	認証方式が公開鍵の場合に使用する公開鍵ファイルを設定
秘密鍵ファイル	認証方式が公開鍵の場合に使用する秘密鍵ファイルを設定
パスフレーズ	認証方式が公開鍵の場合に使用する秘密鍵のパスフレーズを設定
実行するスクリプト	監視対象サーバーにログインして実行するスクリプトを設定

■SSHエージェントを使用したエージェントレス監視例

SSHエージェントを使用して、特定のネットワークディスクがマウントされているかどうかを監視します。/homeに172.16.1.10の/nfs_homeがNFSマウントされていることを想定します。監視対象サーバーのSSHサービスでは公開鍵認証のみ許可されており、監視専用のユーザーmonitorを利用してログインを行います。また、公開鍵と秘密鍵を置くディレクトリを/etc/zabbix/sshkeysとします。zabbix_server.confに次の設定を行います。

```
SSHKeyLocation=/etc/zabbix/sshkeys
```

アイテムの設定を**表4.3-29**のように行います。

●表4.3-29 SSHエージェントを使用したエージェントレス監視設定

項目	設定値
キー	ssh.run[nfsmount]
認証方式	公開鍵
ユーザー名	monitor
公開鍵ファイル	authorized_keys
秘密鍵ファイル	id_rsa
パスフレーズ	秘密鍵のパスフレーズ
実行するスクリプト	/bin/df|grep "172.16.1.10:/nfs_home"|wc -l

以上で設定は完了です。上記の設定では正常にマウントされている場合は1を返します。

TELNETエージェント

Zabbixサーバーからtelnetを利用して監視対象にログインしてコマンドを実行し、標準出力を監視データとして取得できます(**図4.3-15**)。

●図4.3-15　TELNETエージェントを利用した場合の監視の流れ

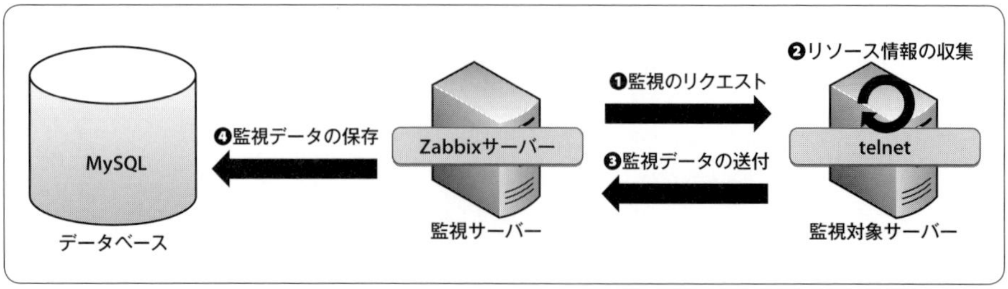

監視対象のOSにZabbixエージェントをインストールすることなく内部のステータス情報やアプリケーションの詳細を監視できます。

TELNETエージェントを利用する場合の固有の監視設定を**表4.3-30**に示します。

●表4.3-30　TELNETエージェントを利用する場合の固有の監視設定

項目	設定値
キー	telnet.run[任意の文字列,<IPアドレス>,<ポート>,<エンコード>]
ユーザー名	ログインに使用するユーザー名を設定
パスワード	telnetログインに使用するパスワードを設定
実行するスクリプト	監視対象サーバーにログインして実行するスクリプトを設定

JMXエージェント

TomcatなどのJavaアプリケーションはすべてJava VM（*Java Virtual Machine*、Java仮想マシン）上で動作します。JavaはVMがプラットフォームの差異を吸収するため、同じコードが異なるプラットフォーム上で動作するなどソースの汎用性が高いことが特徴です。しかしながら、JavaアプリケーションはJava VMレイヤで抽象化されてしまっているため、OSから見るとすべてjavaプロセスが起動しているようにしか見えず、通常のZabbixエージェントを利用した場合は、javaプロセスの起動数とOSから見たメモリ使用率の監視程度しか行えません。JavaはVM自体がメモリ管理機能なども有しているため、Java VM自体の稼働状況やリソース使用状況を詳細に監視しておくことは非常に重要です。

■Zabbixを利用したJavaアプリケーションの監視

最新のJava VMには、Java上で動作するアプリケーションの管理や監視を行うためのインターフェースであるJMX（*Java Management Extensions*）が用意されており、このインターフェースを通してJava VM自体の内部ステータスの管理／監視を行えるようになっ

ています。JMXはアプリケーションを管理するためのしくみやインターフェースの仕様であるため、実際に監視を行うためには対応するアプリケーションが必要です。

Zabbix 2.0からJavaアプリケーションの内部ステータスを監視するための専用のプログラムである、Zabbix Java Gatewayが利用できます。Zabbix Java Gatewayを利用することで、監視対象のJava VMからJMXの監視データを収集できます。

Zabbix Java GatewayはZabbixサーバーとJMXインターフェースの橋渡しを行うためのプログラムで、Javaで書かれた専用のアプリケーションです。単独でデーモンとして動作し、ネットワークを介してJMXからデータを収集するしくみになっています。各Java VM上ではリモートからのJMXリクエストを受け付ける設定を行うだけでよく、導入も容易に行うことができます（**図4.3-16**）。

●図4.3-16　Javaアプリケーションの監視

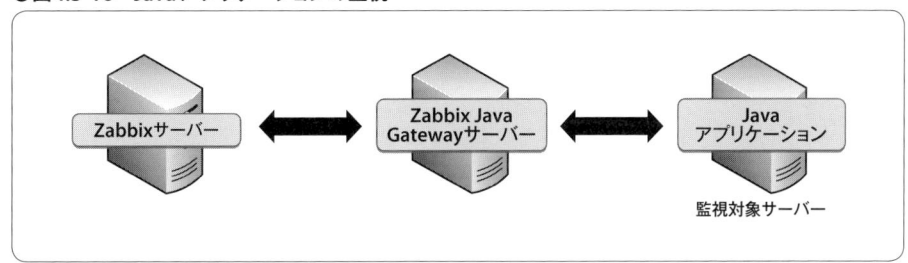

■Zabbix Java Gatewayのインストールと設定

Zabbix Java GatewayはZabbix社のオフィシャルリポジトリからRPMもしくはdeb形式でインストールできます。インターネットに接続できる環境であれば、以下のコマンドを実行するだけでインストールは完了します。インストールを行う先はZabbixサーバーと同じサーバーでも、異なるサーバーでも問題ありません。

```
# yum install zabbix-java-gateway
```

インストールが完了したら、次のコマンドでZabbix Java Gatewayを起動します。

```
# systemctl start zabbix-java-gateway
```

Zabbix Java Gatewayの設定ファイルは/etc/zabbix/zabbix_java_gateway.confです。デフォルトではZabbixサーバーと同じサーバー上で動作させるための設定が行われていますので、必要に応じて設定を変更してください。

次に、Zabbix サーバーから Zabbix Java Gateway に接続する設定を行います。Zabbix サーバーの設定ファイル /etc/zabbix/zabbix_server.conf を次のように修正します。

```
JavaGateway=Zabbix Java GatewayがインストールされているサーバーのIPアドレスまたはホスト名
JavaGatewayPort=10052
StartJavaPollers=1
```

設定が完了したら Zabbix サーバーを再起動します。

```
# systemctl restart zabbix-server
```

以上で Zabbix Java Gateway のインストールと Zabbix サーバーの設定は完了です。上記の設定を行うことで、Zabbix サーバーと Zabbix Java Gateway 間の接続が行えるようになっています。

■監視対象の Java VM の設定

Java VM はデフォルトで JMX を利用できるように設定されていますが、デフォルトのままだとローカルからのみアクセスできるようになっています。リモートからの接続を許可するためには、Java VM の起動オプションに jmxremote パラメータを設定する必要があります。

例として、Red Hat Enterprise Linux や CentOS に含まれる Tomcat の起動オプションを変更する場合は /etc/sysconfig/tomcat を以下のように変更します。

```
JAVA_OPTS="$JAVA_OPTS -Dcom.sun.management.jmxremote -Dcom.sun.management.jmxremote.
port=12345 -Dcom.sun.management.jmxremote.ssl=false -Dcom.sun.management.jmxremote.
authenticate=false"
```

上記のオプションでは SSL と認証の設定を無効にしていますが、実際の運用環境でセキュリティを高めるためには -Dcom.sun.management.jmxremote.ssl=true を設定することで SSL 暗号化を有効にでき、-Dcom.sun.management.jmxremote.authenticate=true を設定してユーザー名とパスワードを設定できます。JMX の詳細なパラメータは Java のドキュメントを参照してください。また、Java アプリケーションの動作している OS 上でコマンドラインから hostname -i を実行して 127.0.0.1 が結果として表示される場合、リモートからの接続がエラーになることがあります。/etc/hosts ファイルを変更して 127.0.0.1 のアドレスが返らないように設定するか、前述の Java アプリケーション起動時のオプションで次のようにホスト名を指定することで接続できるようになります。IP アドレスの部分には、Zabbix や jconsole プログラムで接続先として指定されている IP アドレスを設

定します。

```
-Djava.rmi.server.hostname=IPアドレス
```

設定が完了したらTomcatを再起動します。

```
# systemd restart tomcat
```

以上で監視対象のJava VMの設定は完了です。上記の設定を行うことでZabbix Java Gatewayと監視対象のJava VM間の接続が行えるようになっています。

■Zabbixの監視設定

最後にZabbixのWebインターフェースから監視設定を行います。必要となるのは以下の2つの設定です。

- ホストにJMXエージェントのインターフェースを設定する
- JMXエージェントのアイテムを設定する

まずはホストにJMXインターフェースを登録します。メニューから[設定]→[ホスト]をクリックし、監視対象のホスト名をクリックします。次にホストの設定画面の[ホスト]タブにあるインターフェースの設定領域で[JMXインターフェース]の[追加]リンクをクリックし、監視対象のJava VMが動作しているサーバーのIPアドレス、JMXの起動パラメータで設定したポート番号を設定して[保存]ボタンをクリックします(**図4.3-17**)。

●**図4.3-17 ホストへのJMXインターフェースの設定**

次にアイテムの設定を行います。アイテムの設定では以下のようにタイプに［JMXエージェント］を選択することでJava VMからJMXを利用した監視を行うことができます。

- **タイプ：JMXエージェント**
- **キー：jmx[オブジェクト名,<属性名>]**

キーに指定するオブジェクト名と属性名の調査方法は次のセクションで解説を行います。Zabbixには標準で「Template App Generic Java JMX」「Template App Apache Tomcat JMX」のテンプレートが登録されています。Java VMの監視やTomcatの監視にはこれらのテンプレートが利用でき、また設定方法の参考にもなります。

Zabbix 3.4以降では、JMXのアイテム設定で「JMXエンドポイント」の設定を行うことができます。この設定では、監視対象のJavaアプリケーションが利用しているJMXのエンドポイントを指定する必要があります。基本的にはデフォルトの設定のままで動作しますが、監視対象のJavaアプリケーションが異なるエンドポイントを利用している場合はこの設定を変更する必要があります。

■JMXで監視できる項目の調査

JMXを利用して監視可能な項目の一覧は、jconsoleアプリケーションやjmxtermコマンドラインツールなどを利用して調査できます。ここではjconsoleを利用して調査方法を解説します。jconsoleはJDKに含まれており、インストールしたディレクトリのbinディレクトリ（JDK_HOME/bin）に配置されています。

jconsoleを起動し、「Remote Process」を選択して調査する対象のホスト名またはIPアドレスとポート番号を「ホスト名またはIPアドレス：ポート番号」と入力し［Connect］をクリックします（**図4.3-18**）。

●図4.3-18　jconsole起動画面

接続が成功すると Java VM のステータスのサマリ画面が開きます（**図4.3-19**）。
[Mbeans]タブをクリックすると、JMXで監視できる項目がツリー表示されます（**図4.3-20**）。

●**図4.3-19　jconsoleサマリ画面**

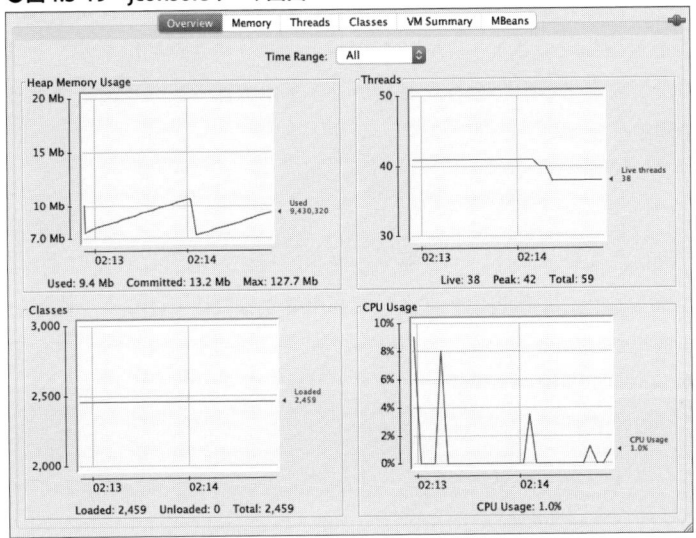

●**図4.3-20　Mbeans画面**

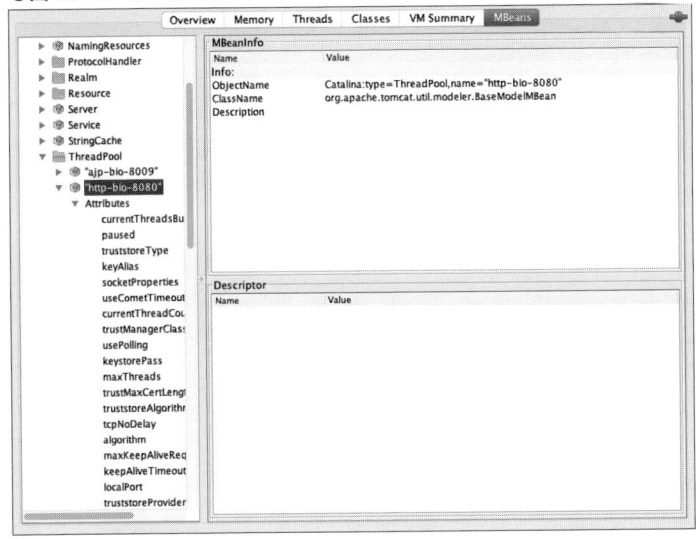

　ツリーの中から監視したい項目を選択すると、右側のウィンドウに各項目の情報が表示されます。Zabbixのアイテムのキーには右側のウィンドウに表示される「ObjectName」と左側のツリーのAttributeのサブ項目の名前を使い、アイテムのキーのオブジェクト名と属性名を設定します。Zabbix 3.4以降では、JMXの監視にもローレベルディスカバリを利用できるようになり、監視対象のJMXのオブジェクトを指定して自動的に属性の一覧を取得し、アイテムを自動生成できます。ローレベルディスカバリを利用することでアイテムを手動で1つずつ設定する手間を省くことができます。ローレベルディスカバリについては**第7章**で解説します。

HTTPエージェント

　httpまたはhttpsでWebアクセスを行い、監視データを取得する場合に利用します。Webページのコンテンツを取得して監視データとして利用できるだけではなく、保存前処理の機能を利用して取得したWebページのコンテンツから一部のデータを抜き出して利用したり、アプリケーションやWebサービス、クラウドサービスが提供するWebベースのAPIにアクセスし、取得したJSONやXML形式のデータを保存前処理でパースしてデータの一部を利用したりするなどの監視を行えます。

　HTTPエージェントの動作を**図4.3-21**に示します。

●図4.3-21　HTTPエージェントの動作

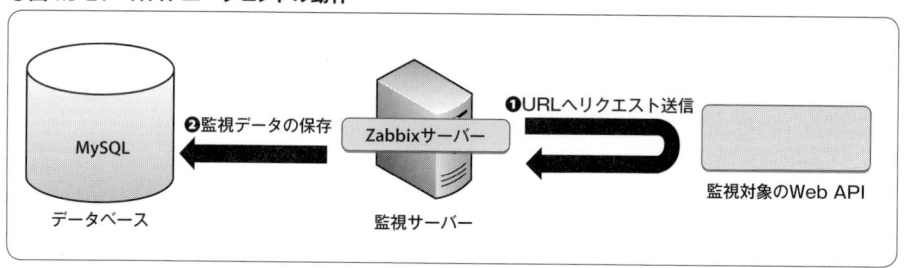

　HTTPエージェントを利用した場合の固有の監視設定は**表4.3-31**のとおりです。

●表4.3-31　HTTPエージェントを利用する場合の固有の監視設定

項目	設定値	
URL	リクエストを送信するURLを設定。URLの後ろにデータが付属する場合は、右側の[URL解析]ボタンを押すとデータ部分を解析してクエリフィールドに名前と値の組み合わせが設定される	
クエリフィールド	httpのリクエストの際にURLの後ろに加えて送信する名前と値の組み合わせを設定。たとえばhttp://web-site-url?param=valueのような形式のURLにアクセスする場合、URLにはhttp://web-site-urlを設定し、クエリフィールドは名前にparam、値にvalueを設定する	
リクエストメソッド	httpのリクエストに利用するデータの送信方法をGET、POST、PUT、HEADから選択	
タイムアウト	リクエストのタイムアウトを設定	
リクエストボディのタイプ	送信するデータの形式をRAWデータ、JSONデータ、XMLデータから選択。マクロを利用することもできる	
	RAWデータ	リクエストボディに設定された内容をそのまま送信。値はエスケープやURLエンコードなしで送信する
	JSONデータ	リクエストボディにJSONデータを設定する場合に利用。文字列はダブルクォートで囲う必要があり、自動的にURLエンコードが行われる。ヘッダ設定にContent-Typeを指定しない場合は、デフォルトで「Content-Type:application/json」をヘッダに付与する
	XMLデータ	リクエストボディにXMLデータを設定する場合に利用。文字列は自動的にURLエンコードが行われる。ヘッダ設定にContent-Typeを指定しない場合は、デフォルトで「Content-Type:application/xml」をヘッダに付与する
リクエストボディ	送信するデータを記載	
ヘッダ	リクエストの際に利用するhttpヘッダを設定	
要求ステータスコード	リクエストの結果を成功とみなすときのhttpのレスポンスコードを設定。カンマ区切りで複数設定でき、「200-299」のように「-」を利用した範囲指定もできる	
リダイレクトをたどる	リクエストの結果としてリダイレクトのレスポンスが返ってきた場合は再度リダイレクト先にアクセスして結果を取得	
HTTP認証、ユーザー名、パスワード	Basic認証やNTLM認証が必要なWebページの場合は認証方法を選択し、ユーザー名とパスワードを設定	
SSLピア検証	httpsの監視の場合に証明書の期限や認証局証明書のチェックを行う	
SSLホスト検証	httpsの監視の場合に証明書のホスト名と指定したURLのホスト名が一致しているかをチェックする	
SSL証明書ファイル、SSL秘密鍵ファイル、SSL秘密鍵パスワード	SSL証明書認証が必要なWebページの場合はそれぞれのファイル名を設定。証明書や秘密鍵ファイルは、zabbix_server.confのSSLCertLocationやSSLKeyLocationパラメータに設定したパスの下に置く	

依存アイテム

　Zabbix 3.4以降のバージョンでは、アイテムのタイプに「依存アイテム」が追加されています。ほかの通常のアイテムを親アイテムとして指定すると、依存アイテムは親アイテムが監視データを収集したタイミングで自身も同じ監視データを保存します。

　4.3.4項で解説する保存前処理の機能と併せて次のように利用できます。

- ほかのアイテムで監視データを収集する設定を行い、そのアイテムでは複数の監視データのリストやJSONデータ、XMLデータなど構造化された監視データを受信する
- 依存アイテムでは、そのアイテムを親アイテムとして指定し、受信した複数のデータが含まれる監視結果から保存前処理を利用して1つのデータを抜き出して保存する

　親アイテムに対して複数の依存アイテムを設定することで、親アイテムでは多数のデータが含まれる監視データを一度に取得し、依存アイテムではそのデータを処理して保存することで効率よく監視処理を行ってデータを保存できます。

　特にアプリケーションの内部ステータスの監視やクラウドサービスの監視など、API経由でJSONやXMLデータが返される監視結果を処理する用途に適しています。

　依存アイテムを利用する場合の固有の監視設定を**表4.3-32**に示します。

●**表4.3-32　依存アイテムを利用する場合の固有の監視設定**

項目	設定値
キー	任意の文字列を設定
マスターアイテム	すでに設定済みのほかのアイテムを親アイテムとして指定

　依存アイテムの具体的な利用方法は**第11章**で解説を行っています。

　また、依存アイテムを利用する場合、親アイテムで取得した監視データ自体が重要ではなくなります。よって、親アイテムのヒストリデータについては、保存期間に1日など短い時間を設定したり、0を設定して収集したデータを保存しないようにしたりすることで、不要な監視データを保存せず、データベースの肥大化を防ぐことができます。

4.4
ユーザーパラメータを使用した独自監視項目の追加

　ユーザーパラメータとは、Zabbixエージェントの監視機能を拡張して独自の監視項目を追加する機能です。Zabbixエージェントからユーザーが定義したコマンドやスクリプトを実行し、結果の標準出力をZabbixサーバーに返すことができるため、Zabbixエージェントには標準で用意されていない独自の監視を行えます。

　ユーザーパラメータを利用することで、独自のアプリケーション監視やハードウェア監視、既存の監視スクリプトの活用、ほかの監視ソフトウェアのプラグインの組み込みなど、さまざまな監視に応用できます。

　ユーザーパラメータを利用した監視の流れを**図4.4-1**に示します。❷で受け取ったキーを解析し、ユーザーパラメータを特定し、設定されたコマンドを実行します。

●**図4.4-1　ユーザーパラメータを利用した監視の流れ**

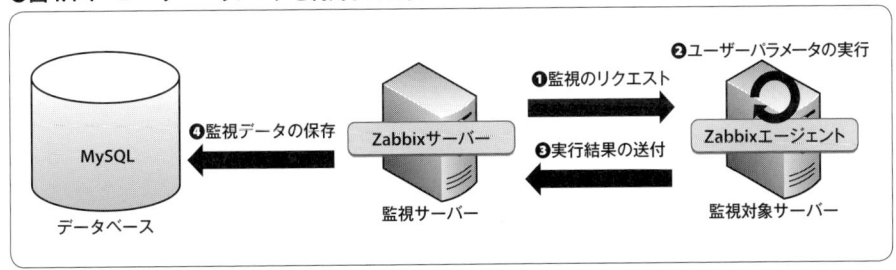

　上記の図ではパッシブチェックを使用した場合の流れを解説しましたが、Zabbixエージェントのアクティブチェックを使用した場合でもユーザーパラメータを使用できます。

　ここでは、ユーザーパラメータの一般的な設定例を解説します。

4.4.1
ユーザーパラメータの設定

　ユーザーパラメータの設定は、Zabbixエージェントに実行するコマンドとキーの設定を行い、Webインターフェースのアイテム設定にユーザーパラメータのキーを設定します。

Zabbixエージェントの設定

　ユーザーパラメータで実行するスクリプトはzabbix_agentd.confのUserParameterで設定を行います。

```
UserParameter=キー,コマンド
```

　設定できるキーとコマンドの意味を**表4.4-1**に示します。

●**表4.4-1　設定できるキーとコマンドの意味**

項目	解説
キー	Webインターフェースで設定するアイテムのキーを設定
コマンド	実行するコマンドを設定

　次のように [*] を付けると、Webインターフェースのアイテムのキー設定からユーザーパラメータに引数を渡してコマンドを実行できます。

```
UserParameter=キー[*],コマンド
```

　この場合、Webインターフェースのアイテムのキーに設定されたオプションは、それぞれ$1〜$10を利用することでコマンド中に展開できます。

　ユーザーパラメータの設定を反映させるためにはZabbixエージェントの再起動が必要です。

アイテムの設定

　ユーザーパラメータで設定した独自の監視項目を利用するためには、アイテムを**表4.4-2**のように設定します。

●**表4.4-2　ユーザーパラメータを利用するためのアイテムの設定**

項目	設定値
タイプ	[Zabbixエージェント]または[Zabbixエージェント(アクティブ)]
キー	zabbix_agentd.confのUserParameterで設定したキー

　UserParameterで [*] を設定している場合は、キー設定を*key[a,b,c...]* と設定することにより、*a,b,c*の値がそれぞれ実行されるスクリプトに$1〜$10として渡されます。

4.4.2
ユーザーパラメータの設定例

次にいくつかの例を挙げてユーザーパラメータの設定を解説します。

簡単なユーザーパラメータの設定例

次のようにzabbix_agentd.confを設定します。

```
UserParameter=echo,echo 1
```

次のようにアイテム設定を行います。

- キー ：echo
- データ型 ：整数

上記の設定では、アイテムechoは常に1を返します。

いくつかのコマンドを組み合わせたユーザーパラメータの設定例

次のようにzabbix_agentd.confを設定します。

```
UserParameter=tempfile.count,ls -lA /tmp|wc -l
```

次のようにアイテム設定を行います。

- キー ：tempfile.count
- データ型 ：整数

上記の設定では、/tmp以下のファイルとディレクトリの数を返します。

引数付きのユーザーパラメータの設定例

次のようにzabbix_agentd.confを設定します。

```
UserParameter=file.count[*],ls -lA $1|wc -l
```

次のようにアイテム設定を行います。

- キー ：file.count[/var/tmp]
- データ型 ：整数

　上記の設定では、/var/tmpディレクトリ以下のファイルとディレクトリの数を返します。アイテムのキーのオプションにディレクトリを設定できるため、1つのユーザーパラメータでさまざまなディレクトリを設定できます。

　ユーザーパラメータを利用する場合、実行されるスクリプトはZabbixエージェントのプロセスから実行され、実行の権限や環境変数にはZabbixエージェントプロセスのものが利用されることに注意してください。たとえば、Linuxのエージェントの場合、Zabbixエージェントプロセスは OS の zabbix ユーザーアカウントの権限で起動しています。root アカウントでシェルのコマンドプロンプトから実行できるスクリプトであっても、zabbix アカウントでは実行できずにスクリプトがエラーになったり、スクリプトで使用しているコマンドの PATH 環境変数の問題によって実行できずにエラーになったりすることがあります。必要に応じて、sudo を利用して zabbix アカウントにコマンド実行の権限を設定したり、/etc/sysconfig/zabbix-agent ファイルを作成して PATH 変数を設定することで環境変数の設定を行ったりしてください。

4.5
ロー ダブルモジュール

4.5.1
ローダブルモジュールを利用した監視機能の拡張

Zabbix 2.2以降では、Zabbixサーバー、プロキシ、エージェントの監視機能の拡張にローダブルモジュールを利用できます。

ここまでに解説したユーザーパラメータによるエージェントの拡張機能や、外部チェックによる監視機能の拡張の場合、実行のためにはシェルスクリプトを利用することになり、監視処理の実行のたびにプロセスのforkとシェルの実行が必要です。プロセスのfork処理は比較的重い処理であり、スクリプトの実行回数が非常に多くなるような環境の場合はコンテキストスイッチの増加を招き、パフォーマンスよく監視を行うことができない問題が発生します。

ローダブルモジュールを利用すると、Zabbixサーバー、プロキシ、エージェントの各プロセスは起動時に.so形式のファイルを読み込み、標準の監視機能と同様にZabbixの監視プロセスが処理を行うため、パフォーマンスよく監視処理を行うことができます。ローダブルモジュールはCで開発する必要があるため作成の難易度は高いですが、独自に追加する監視機能のパフォーマンスが重要な場合には利用を検討するとよいでしょう。

Zabbixのソースコードにはローダブルモジュールのサンプルコードが付属しているため、サンプルコードを用いて基本的な作成方法と利用方法を解説します。ZabbixのソースコードはZabbix社のサイトのダウンロードページからダウンロードできます。Zabbix 4.0.0のソースコードをダウンロードした場合を例とします。

ダウンロードしたソースファイルを次のように展開し、ローダブルモジュールのサンプルコードがあるディレクトリに移動します。

```
$ tar zxvf zabbix-4.0.0.tar.gz
$ cd zabbix-4.0.0/src/modules/dummy
```

dummyディレクトリにはdummy.cファイルが存在し、このソースコードには次の3つのアイテムキーの定義が含まれています。

- **dummy.ping**　　　　　　　：常に1を返す
- **dummy.echo**[パラメータ]：指定されたパラメータの文字列をそのまま返す
- **dummy.random**[パラメータ1, パラメータ2]
　　　　　　　　　　　　　　：パラメータ1と2に指定された範囲のランダムな数字を返す

ソースコード内にはローダブルモジュールの開発に必要な関数や定義が記載されており、この3つのアイテムキーは次のようにZBX_METRIC定数で指定されています。

```
static ZBX_METRIC keys[] =
/*      KEY                     FLAG            FUNCTION        TEST PARAMETERS */
{
        {"dummy.ping",          0,              dummy_ping,     NULL},
        {"dummy.echo",          CF_HAVEPARAMS,  dummy_echo,     "a message"},
        {"dummy.random",        CF_HAVEPARAMS,  dummy_random,   "1,1000"},
        {NULL}
};
```

それぞれのキーは、実行されるとFUNCTIONに記載されている関数が実行されるようになっています。たとえばdummy_echo関数は次のようになっています。関数内では、get_rparam()関数でアイテムキーの1つ目のパラメータを取得し、取得したパラメータの内容をSET_STR_RESULT()関数でそのまま出力しています。

```
static int      dummy_echo(AGENT_REQUEST *request, AGENT_RESULT *result)
{
        char    *param;

        if (1 != request->nparam)
        {
                /* set optional error message */
                SET_MSG_RESULT(result, strdup("Invalid number of parameters."));
                return SYSINFO_RET_FAIL;
        }

        param = get_rparam(request, 0);

        SET_STR_RESULT(result, strdup(param));

        return SYSINFO_RET_OK;
}
```

必要な処理を行う関数をサンプルコードに追加し、新しいキーと実行する関数の指定

を追記することで、独自のローダブルモジュールを開発できます。シンプルな処理であれば開発の難易度はそれほど高くありません。

　ローダブルモジュールのコンパイルは、dummyディレクトリ内でmakeコマンドを実行します。dummy.cのコンパイルが行われて成功すると、dummy.soファイルが同じディレクトリに作成されます。コンパイルのためにはmakeコマンドとgccが必要です。

```
$ cd /path/to/zabbix-4.0.0
$ ./configure
$ cd src/modules/dummy
$ make
```

　作成されたdummy.soファイルを利用するためには、Zabbixサーバー、プロキシ、エージェントの設定ファイルのLoadModulePathパラメータに設定されたディレクトリにdummy.soファイルを置き、LoadModuleパラメータにdummy.soを指定します。Zabbixのプロセスを再起動するとローダブルモジュールのアイテムキーが利用できるようになります。

> **例**
> ```
> LoadModulePath=/usr/lib/zabbix/modules
> LoadModule=dummy.so
> ```

　どのプログラムに組み込んだかでキーが利用できるアイテムのタイプが異なり、アイテムの設定では次のタイプ選択を行う必要があります。

- **Zabbix エージェントに組み込んだ場合**：タイプは**Zabbix エージェント**または**Zabbix エージェント(アクティブ)**
- **Zabbix サーバー**または**Zabbix プロキシに組み込んだ場合**：シンプルチェック

4.5.2
ローダブルモジュールを利用したヒストリデータの活用

　Zabbix 3.2以降では、ローダブルモジュールの機能を拡張し、Zabbixサーバーが収集した監視データを取り出すことができるようになりました。この機能を活用することにより、Zabbixで収集した監視データをリアルタイムに独自に処理することが可能です。

　ローダブルモジュール内には、前述のdummy.cの中に次のようなサンプルの関数が書かれており、アイテムのデータ型ごとに処理を追加できます。

```
static void    dummy_history_float_cb(const ZBX_HISTORY_FLOAT *history, int history_
num)
{
      int    i;

      for (i = 0; i < history_num; i++)
      {
            /* do something with history[i].itemid, history[i].clock, history[i].
ns, history[i].value, ... */
      }
}

...

ZBX_HISTORY_WRITE_CBS    zbx_module_history_write_cbs(void)
{
      static ZBX_HISTORY_WRITE_CBS    dummy_callbacks =
      {
            dummy_history_float_cb,
            dummy_history_integer_cb,
            dummy_history_string_cb,
            dummy_history_text_cb,
            dummy_history_log_cb,
      };

      return dummy_callbacks;
}
```

　これらの監視データを活用するローダブルモジュールを作成する場合、パフォーマンスに注意する必要があります。このローダブルモジュールの処理は、収集した監視データを history syncer プロセスが history cache から取り出し、トリガー評価を行い、データベースに保存するという処理の間に実行されます。そのためローダブルモジュールの処理のパフォーマンスが低い場合、Zabbix サーバーはデータベースに監視データを保存する処理に時間がかかり、監視データのスムーズな保存処理が妨げられる可能性があります。結果として Zabbix サーバー自体の監視パフォーマンスが低下することがあります。

4.6
アプリケーションの設定

アプリケーションとは、アイテムをグループ化する機能です。アプリケーションを設定することで、収集データの表示時にアプリケーション単位でグループ化を行ったり、アプリケーションごとのアイテム有効／無効化、アプリケーション名による監視項目の検索を行ったり、アクションの設定時にアプリケーション単位で条件を指定したりできるなど、さまざまに活用できます。

アプリケーションの設定はホストごとに行います。メニューから[設定]→[ホスト]をクリックし、表示されたホストのリストの行から[アプリケーション]をクリックすると現在設定されているアプリケーションの一覧を表示できます(**図4.6-1**)。「アプリケーション」の項目にアプリケーション名が表示されています。

●図4.6-1　アプリケーションの一覧画面

4.6.1
アプリケーションの設定項目

アプリケーションの設定画面の項目は**図4.6-2**のとおりです。アプリケーションの設定画面では、アプリケーション名を設定するのみです。設定したアプリケーションはアイテムの設定で利用できます。

●**図4.6-2　アプリケーション設定画面**

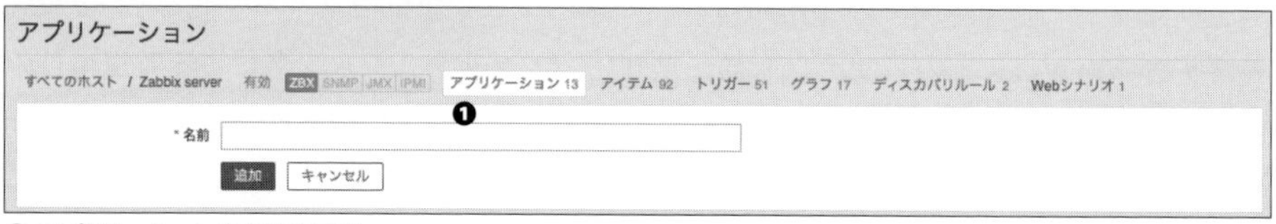

❶ アプリケーション名を設定する

4.7
Web監視

　Web監視はZabbixサーバーからHTTPやHTTPSアクセスを行って、Webページが正常に表示できるかどうかの監視を行う機能です。Web監視は指定したURLからWebページをダウンロードし、ダウンロード速度／レスポンス時間／ステータスコード／ページ中に特定の文字列が含まれているかを監視できます。また、シナリオ内でCookieデータを保持でき、POSTデータの送信も行えるため、ユーザーのログインが正常にできるかなどの監視を行うこともできます。

　Web監視は「シナリオ」という単位で設定を行い、1つのシナリオには複数のステップを設定できます。ステップごとに1つのURLの監視を設定することが可能で、複数の連続したWeb操作が成功するかの監視を行えます（**図4.7-1**）。シナリオに設定されたステップを順番に実行し、すべてのステップが成功した場合にシナリオは成功となります。いずれか1つでもステップが失敗した場合には、シナリオが失敗の状態となって以降のステップは実行されません。

●**図4.7-1　Web監視の概要**

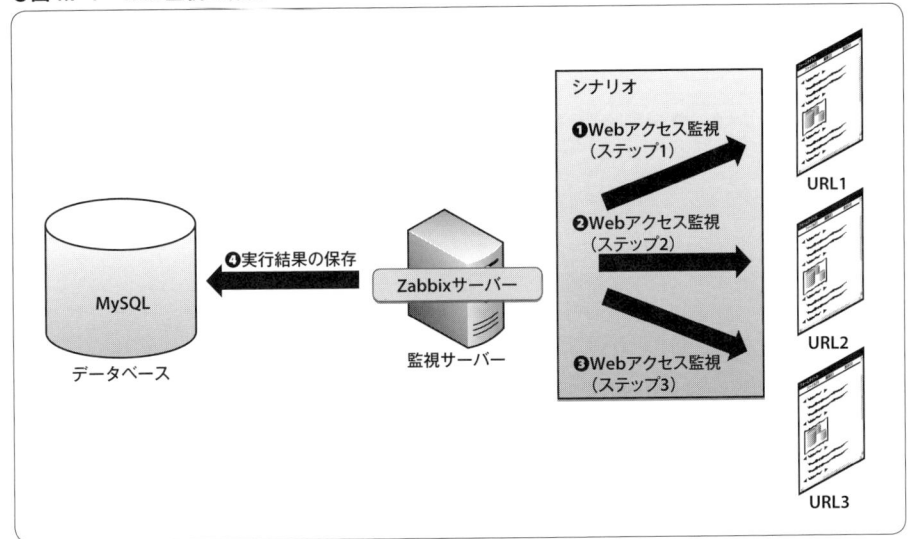

　Zabbixの Web監視は、指定された WebページのHTMLをダウンロードして内容を解析しています。JavaScriptや Flash の実行は行わず、ページ中の画像などのファイルのダウンロードも行いません。Webページに含まれる文字列の判定や、ダウンロード速度、レスポンス時間の確認を行う際には、ブラウザで同じページを開いた場合とは異なることに注意してください。

　Web監視の設定を行うと、Webページの監視を行って結果を監視データとして保存します。結果によって障害を検知し、障害通知を行いたい場合には、**5.1節**で解説するトリガーの設定を行う必要があります。

4.7.1
設定されているWeb監視の一覧画面

　設定されている Web監視を表示するには、メニューから[設定]→[ホスト]をクリックし、ホストの行の[Web]をクリックします(**図4.7-2**)。

●図4.7-2　Web監視の設定一覧画面

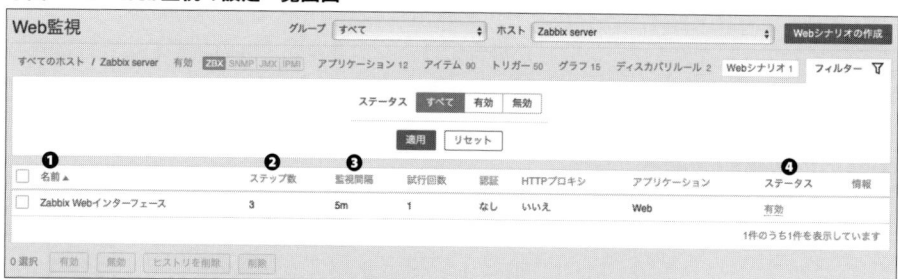

❶Web監視のシナリオ名　❷シナリオに含まれるステップ数　❸Web監視の監視間隔
❹シナリオのステータスが表示される。[有効]で監視を行い、[無効]で監視を行わない

4.7.2
Web監視の設定項目

Web監視の設定項目の詳細を次に示します（**図4.7-3**）。

●**図4.7-3　Web監視の設定画面（シナリオタブ）**

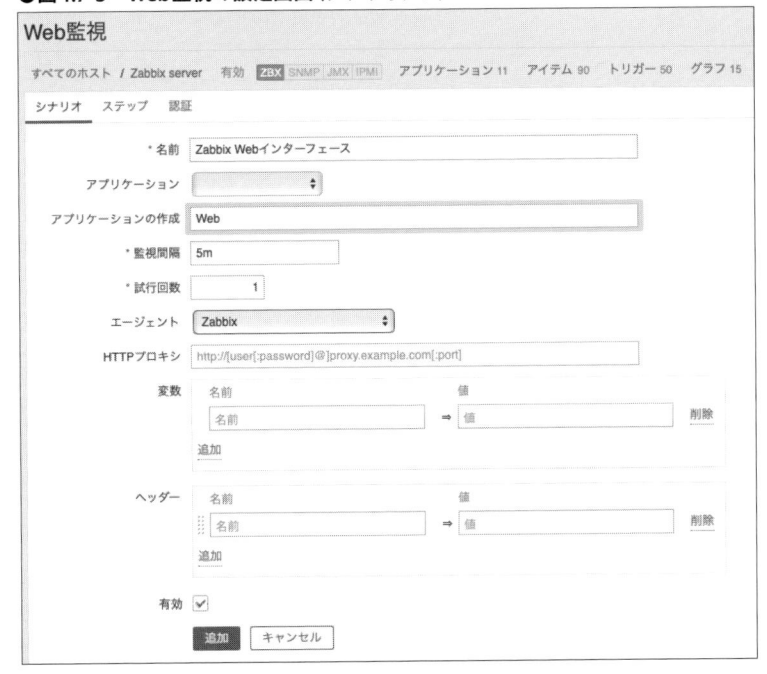

シナリオタブの設定項目

- **名前**
  シナリオ名を設定します。

- **アプリケーションとアプリケーションの作成**
  Web監視の設定を行うと、内部的にいくつかのアイテム設定が作成されます（詳細は後述）。作成されたアイテムに対するアプリケーション設定を行います。

- **監視間隔**
  シナリオを実行する間隔を設定します。

- **試行回数**
  Webページの取得に失敗した場合に、何度まで取得を実行するかを設定します。1を設定した場合は初回の取得で失敗した場合でもリトライしません。リトライは、対象のWebサーバーに

アクセスできない、URLのホスト名の名前解決ができないといった場合に実行されます。監視対象のWebページが404や500エラーであったとしても、Zabbixの処置としては404や500のエラーが表示されたHTMLページが取得できたことになるので、リトライは行われません。

- **エージェント**

  Webページにアクセスする際に利用するユーザーエージェント文字列の指定を行います。一般的によく利用されるブラウザのユーザーエージェント文字列を選択できるほか、[その他]を選択すると[ユーザーエージェント文字列]設定フォームが表示され、任意の文字列を設定できます。ユーザーエージェント文字列とは、Webページを表示する際にブラウザが自身の種類やバージョンをWebサーバーに伝えるために送信するものです。Webページによっては、ブラウザから送信されてきたユーザーエージェント文字列からPC用のページやモバイル用のコンテンツなどへの振り分けを行えるほか、Webサーバーのログにも出力でき、アクセス解析などに利用されます。

  この設定は、デフォルトでは「Zabbix」となっています。ユーザーエージェントを特定のブラウザに設定した場合、Webサーバー側ではZabbixの監視か実際のブラウザからのアクセスかが判断しづらくなり、アクセス解析の結果にも影響が出る可能性があります。Zabbixの監視処理を特定のブラウザのように振る舞わせる必要がない場合はデフォルトのままの設定を行っておけば、監視処理によるアクセスかどうかを容易に判断できます。

- **HTTPプロキシ**

  Webページにアクセスする際に利用するHTTPプロキシを設定します。

- **変数**

  ステップの設定で利用できる変数を名前と値の組み合わせで設定します。

- **ヘッダ**

  Webページにリクエストを行う際にHTTPヘッダに付与するヘッダ名と値を設定します。

- **有効**

  監視設定を有効にするかどうかをチェックします。チェックされていない場合は監視を行いません。

ステップタブの設定項目

　1つのシナリオには複数ステップを設定できます。[追加]をクリックしてステップを追加します(**図4.7-4**)。

●図4.7-4　Web監視の設定画面（ステップタブ）

■シナリオのステップの設定項目

　ステップの設定項目（**図4.7-5**）の詳細を次に示します。

●図4.7-5　ステップの設定画面

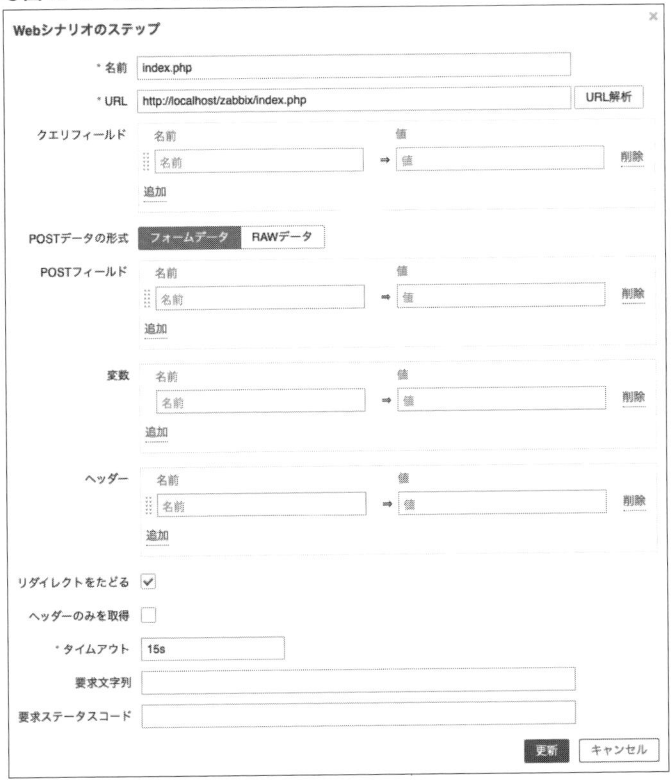

- **名前**

  ステップの設定名です。

- **URL**

  監視する URL を設定します。

- **クエリフィールド**

  Web ページにアクセスする際に GET パラメータを送信する場合の GET パラメータの名前と値の組み合わせを設定します。値は自動的に URL エンコードされます。

- **POST データの形式、POST フィールド、POST データ（RAW）**

  Web ページにアクセスする際に POST データに指定する POST データの設定方法を選択します。

  - **フォームデータ**：POST データを名前と値の組み合わせで指定。値は自動的に URL エンコードされる

  - **RAW データ**：POST データを直接指定できる。送信したい POST データを key=value 形式で 1 行に記載し、複数の POST データを設定する場合は「&」でつなげて記載する。値は自動的に URL エンコードされない

- **変数**

  シナリオの変数設定と同様、名前と値の組み合わせで変数を設定できます。ステップで設定した変数は以降のステップで利用できます。特殊な利用方法として、正規表現による抜き出しの機能を利用し、取得した Web ページから一部文字列を抜き出して変数に代入できます。値に regex:正規表現の記載方法を利用すると、取得した Web ページからの抜き出しができます。例として、「regex:hostid is ([0-9]+)」と指定した場合、Web ページ中に「hostid is 1234546」とあったときには変数に「1234546」が設定されます。正規表現や、正規表現を利用した一部文字列の抜き出しについては、**4.8.3 項**にも参考になる情報を記載しています。

- **ヘッダ**

  Web ページにリクエストを行う際に HTTP ヘッダに付与するヘッダ名と値を設定します。

- **リダイレクトをたどる**

  Web ページにアクセスした際にリダイレクトされた場合に、リダイレクト先にアクセスするかどうかを設定します。

- **ヘッダのみを取得**

  チェックを付けた場合、HTTP のボディを取得せず、HTTP ヘッダのみを取得します。

- **タイムアウト**

  タイムアウト時間を設定します。

- **要求文字列**

  取得した Web ページに特定の文字列が含まれているかどうかを監視する場合の、判定文字列を設定します。設定しない場合はチェックを行いません。日本語文字列を指定した場合、UTF-8として文字列判定を行います。監視している Web ページが UTF-8 エンコードの場合は日本語文字列の判定でも動作しますが、それ以外のエンコードが利用されている場合は正しく判定が行われません。

- **要求ステータスコード**
  Webページにアクセスした際のステータスコードを監視する場合に、期待するステータスコードを設定します。複数ある場合は`200,201,210-299`のようにカンマ区切り、またはハイフンで連続した値を設定します。設定しない場合はチェックを行いません。

認証タブの設定項目

認証タブでは、ページの表示に認証が必要な場合の設定を行います。

- **HTTP認証、ユーザー、パスワード**
  監視するWebページにBasic認証やNTLM認証が設定されている場合に、ドロップダウンから認証方法を選択してユーザー名とパスワードを設定します。

- **SSLピア検証、SSLホスト検証**
  監視するWebページがhttpsの場合に、SSL証明書の検証を行う場合はチェックします。SSLピア検証はSSL証明書自体の妥当性（認証局証明書による妥当性チェックや証明書の期限の確認）を行い、SSLホスト検証はSSL証明書のCNとアクセスしているURL内のホストが一致しているかどうかを検証します。

- **SSL証明書ファイル、SSL秘密鍵ファイル、SSL秘密鍵パスフレーズ**
  監視するWebページがSSLクライアント証明書による認証を要求する場合に、あらかじめ保存しておいたSSLクライアント証明書と秘密鍵、秘密鍵のパスワードを設定します。SSLクライアント証明書と秘密鍵のファイルはzabbix_server.confのSSLCertLocationやSSLKeyLocationパラメータ設定のディレクトリ以下に置き、この設定フォームではファイル名のみを指定します。

4.7.3
Web監視データの表示

Web監視で収集した情報は、メニューの［監視データ］→［Web］からシナリオごとにステータスと最新の監視時刻、ステータスの一覧を表示できます（**図4.7-6**）。

●**図4.7-6　シナリオ一覧画面**

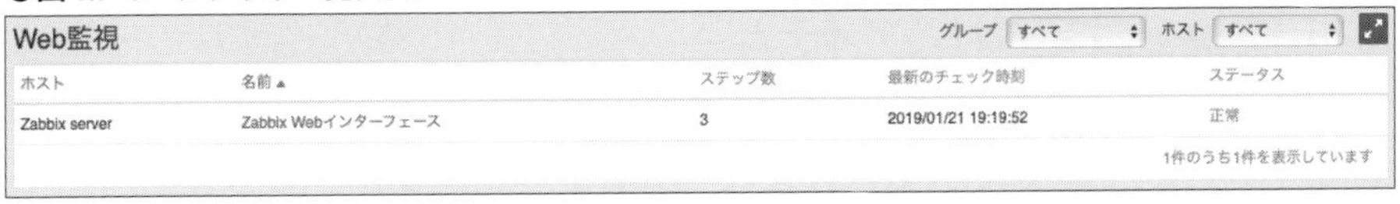

Web監視			グループ すべて ＋	ホスト すべて ＋	
ホスト	名前 ▲	ステップ数	最新のチェック時刻	ステータス	
Zabbix server	Zabbix Webインターフェース	3	2019/01/21 19:19:52	正常	
				1件のうち1件を表示しています	

各シナリオの行の名前をクリックすると、ステップごとの監視結果／ダウンロード速度／レスポンス時間のグラフを閲覧できます。Web監視の画面では、ダウンロードの速

度とレスポンス時間のグラフが表示されます(**図4.7-7**)。

●**図4.7-7　シナリオ詳細画面**

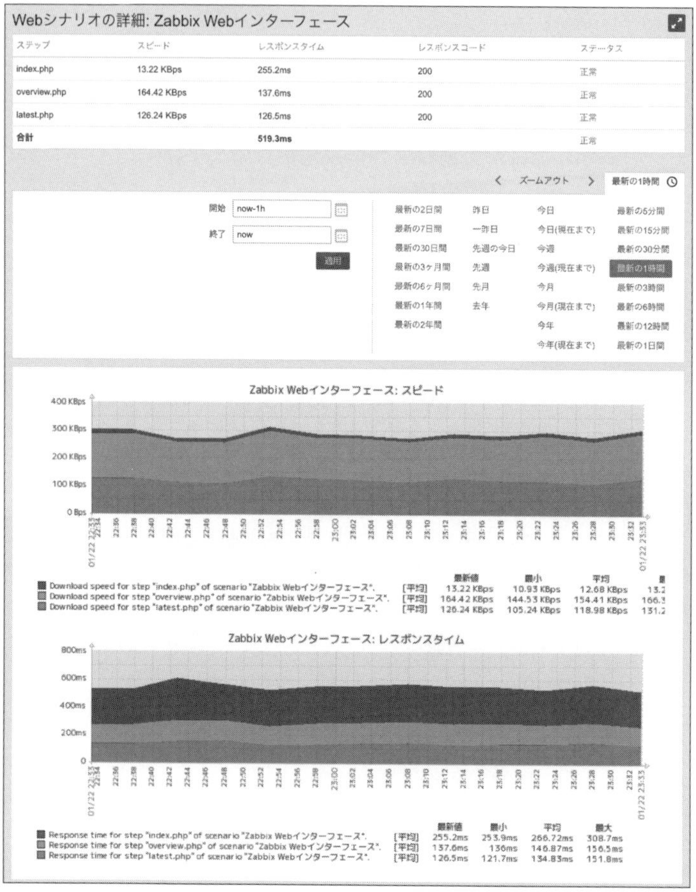

4.7.4
Web監視で設定されるアイテム

　Web監視の設定を行うと、設定元のホストにWeb監視用のアイテム設定が追加されます。設定されたアイテムは、[監視データ]→[最新データ]画面から作成されたアイテムごとの監視データを確認できます。Web監視によって設定されるアイテムを**表4.7-1**に示します。

●表4.7-1　Web監視によって設定されるアイテム

監視内容	項目	設定値
シナリオ全体の ダウンロード速度	名前	Download speed for scenario 'シナリオ名'
	キー	web.test.in[シナリオ名,,bps]
ステップの ダウンロード速度	名前	Download speed for step 'ステップ名' of scenario 'シナリオ名'
	キー	web.test.in[シナリオ名,ステップ名,bps]
シナリオが失敗した場合に 失敗したステップ番号を返す	名前	Failed step of scenario 'シナリオ名'
	キー	web.test.fail[シナリオ名]
ステップの レスポンスコード	名前	Response code for step 'ステップ名' of scenario 'シナリオ名'
	キー	web.test.rspcode[シナリオ名,ステップ名]
ステップの レスポンス時間	名前	Response time for step 'ステップ名' of scenario 'シナリオ名'
	キー	web.test.time[シナリオ名,ステップ名,resp]
シナリオが最後に失敗した ときのエラーメッセージ	名前	Last error message of scenario 'シナリオ名'
	キー	web.test.error[シナリオ名]

　これらのWeb監視固有の設定は、アイテム設定画面から設定の変更や削除を行うことはできません。Web監視の設定を変更する場合は必ずホスト一覧から[Web]のリンクをクリックした専用の設定画面から行う必要があります。

4.7.5
Web監視の障害検知

　Web監視の設定を行っただけの状態では、ステップごとのWebページのダウンロード速度、レスポンス、ステータスコードとシナリオ全体の成功／失敗の結果を監視データとして収集し、グラフなどで閲覧することはできますが、障害発生時にイベントを生成して通知を行うことまではできません。Webシナリオが失敗した場合やステップで特定の状態が発生した場合に障害通知を行うためには、別途トリガーの設定を行う必要があります。

　4.7.4項で解説したとおり、Web監視の設定を行うと内部ではステップとシナリオごとにアイテムが作成されます。これらのアイテムは、[監視データ]→[最新データ]画面で収集データが表示されますが、[設定]→[ホスト]のアイテム設定画面では一覧に表示されません。トリガーの設定を行う場合は、この内部的に生成されたアイテムを利用できます。[設定]→[ホスト]の[トリガー]リンクからトリガー新規作成の画面を開き、条件式のフォームの右側にある[追加]ボタンを押して表示されるアイテム選択の一覧では、Web監視のアイテムを選択できます。

　シナリオが失敗した場合に障害を検知する例では、次のようにトリガーを設定します。

web.test.fail キーのデータは、0であればシナリオ全体が成功で、失敗した場合は失敗したステップ番号が取得されます。よってトリガー条件式としては、最新値が0より大きいまたは0ではない場合に障害とするように設定を行います。

```
{ホスト名:web.test.fail[シナリオ名].last()}}>0
```

また、特定のステップでWebページのレスポンス時間が一定以上となったときに障害として検知する場合は、次のようにトリガー条件式を設定します。web.test.timeはミリ秒単位で監視データを取得するため、この例ではページの表示に5秒以上かかった場合に障害として検知します。

```
{ホスト名:web.test.time[シナリオ名,ステップ名,resp].last()}}>=5000
```

4.7.6
Web監視のPOSTデータの調査方法

　Zabbixの Web 監視では、POST データを送信することでログインフォームに情報を送信してログイン後の画面を監視するなど、動的な Web アプリケーションの監視を行えます。

　Zabbix が POST データを送信するしくみは、HTTP のリクエストに情報を付加して送信することで動作しているため、Web ブラウザから閲覧できるフォームの名前などとは異なる情報が送信されていることがあります。また、POST データとして送信する情報の名前と値の組み合わせは、Web アプリケーション側で実装されているものであるため、送信すべき情報は Web アプリケーションごとに異なります。ログインを実行したり、特定のフォームの入力値を送信したりして結果を監視したい場合は、監視対象の Web アプリケーションが内部的にどのようなデータを受け取ることで動作しているのかを調査する必要があります。

　実際に Web アプリケーションに送信する必要がある POST データを確認するには、監視を行いたい Web アプリケーションに Web ブラウザでアクセスし、フォームに入力を行って送信した際の内部の HTTP の通信を確認する方法が一番確実です。Google Chrome や Firefox といった最新のブラウザには開発向けのツールが内蔵されており、この機能を有効にすることで HTTP の通信の内容を確認できます。

　たとえば、Firefox で開発ツールの機能を有効にした状態で Zabbix の Web インターフェースにアクセスし、ログイン処理を行うと、次のように POST データを見ることができます（**図 4.7-8**）。Zabbix へのログイン時には、/zabbix/index.php に対して次の4つの

変数名と値の組み合わせを送信していることがわかります。ZabbixのWebインターフェースのログイン画面は、これらの値を受け取ってログイン処理を行っています。

- autologin: 1
- enter: Sign+in
- name: Admin
- password: zabbix

●図4.7-8　Firefoxの開発ツール

　実際には4つの値すべてが必須ではなく、name、password、enterの3つの値が送信されていればZabbix側ではログイン処理を実行できます。このテストにはcurlコマンドを利用できます。ZabbixサーバーやZabbixプロキシの内部でもcurlライブラリを利用してWeb監視の処理を行っており、curlコマンドはZabbixサーバーのWeb監視の動作テストに利用できます。

```
$ curl -L -X POST -d 'name=Admin&password=zabbix&enter=Sign+in' http://Zabbixサーバーの
IPアドレス/zabbix/index.php
```

　このコマンドを実行すると、取得したWebページのHTMLデータが画面に表示されるため、Zabbixサーバーが内部でどのようなデータを取得しているのかもその内容から確認できます。シナリオ内のステップに設定しているWebページごとにPOSTデータの送信が必要な場合は、それぞれのWebページを表示する際に送信しているPOSTデータをこの方法で確認し、Web監視の設定を行う必要があります。

4.8
ログ監視とイベントログ監視

　Zabbixエージェントを利用することで、テキストログとWindowsイベントログの監視を行えます。Zabbixエージェントは出力されたログの内容を読み込み、ログデータをZabbixサーバーに送付します。ログデータを受信したZabbixサーバーでは、保存したログの内容を表示したり、文字列を指定してログに特定の内容が出力された場合に障害を検知したりできます。

　ログ監視は、これまでに解説した通常のアイテムと同様に設定を行えます。ログ監視は、アイテムのタイプが「Zabbixエージェント（アクティブ）」の場合にのみ利用でき、ほかの監視機能とは内部的な挙動も異なるため、ログ監視のみ節を分けて解説します。

　ログ監視は次の形式のログファイルに対応しています。

- テキストファイルに追記される形式のログファイル
- Windowsイベントログ

　それぞれのアイテムやトリガーの設定方法について以降に記載します。

4.8.1
テキストログの監視設定

テキストログのアイテム設定

　テキストログの監視には、logまたはlogrtキーを利用します。2つのキーの動作の違いは次のとおりです。

- **logキー**
  監視対象のログファイルを固定で指定し、追記されたログを読み込みます。ローテーションされたことを検知した場合はログファイルを先頭から読み直します。

- **logrtキー**
  監視対象のログファイルを正規表現で指定します。指定された正規表現に一致するファイルをリストし、最新のファイルに追記されたログを読み込みます。ログファイルがローテションさ

れたことを検知した場合は、直前に読んでいたファイルを末尾まで読んでから最新のファイル
を先頭から読みます。

　Zabbixエージェントは、指定されたテキストログファイルに追記されたログを読み込み、1行1ヒストリデータという形式でZabbixサーバーに送付します。logrtキーを利用した場合は、ローテーションするログファイルに追随して追記分を読むことができます。Zabbix 4.0以降のエージェントは次のローテーション形式に対応しています。Zabbix 3.4以前のエージェントはmove形式のみ対応します。追記型ではないログファイルの場合や、対応していないローテーション方式のログファイルを監視した場合、ログの追記メッセージを正しく判断できなかったり、ローテーションを正しく検知できずにファイルの読み直しが発生したりする場合があるため注意してください。

- **move形式のログローテーション**
  現在のログファイル名を変更(move)し、最新のログファイルを新規作成する形式のローテーションです。
- **copytruncate形式のログローテーション**
  現在のログファイルをコピーし、最新のログファイルを0バイトに切り詰める形式のローテーションです。

アイテムの設定では、次のようにログファイルを指定して設定します。

- log[*file*,*<regexp>*,*<encoding>*,*<maxlines>*,*<mode>*,*<output>*,*<maxdelay>*]
- logrt[*file_regexp*,*<regexp>*,*<encoding>*,*<maxlines>*,*<mode>*,*<output>*,*<maxdelay>*,*<options>*]

例として、/var/log/messagesファイルを監視するアイテムの設定を次に記載します。

- **タイプ**　　：Zabbixエージェント(アクティブ)
- **キー**　　　：logrt[/var/log/^messages\.?[0-9]?$]
- **監視間隔**　：5m
- **データ型**　：ログ

/var/log/messagesファイルがmessages、messages.1、messages.2のようにローテーションを行う場合、logrtキーを利用して正規表現による指定でログファイルのパスを設定します。ログ監視では、タイプにアクティブチェックを選択し、データ型に「ログ」を

設定する必要があります。ログの場合、監視間隔はエージェントがログの追記の確認を行う間隔であり、前回の監視から追記があればその差分を読んでZabbixサーバーにログデータを送付します。

　また、監視するログファイルは、Zabbixエージェントが読むことのできるパーミッションである必要があります。Linuxの場合、ZabbixエージェントはデフォルトでOSのzabbixユーザー権限で動作するようになっています。/var/log/messagesファイルはデフォルトで所有者と所有グループがrootになっており、パーミッションが644の場合はファイルのパーミッションを変更することなくログ監視が行えます。zabbixアカウントで読むことができないログファイルの監視を行う場合、対応としては次の方法があります。

- **ログファイルのパーミッションや所有者、所有グループを変更する**
- **OSのzabbixユーザーアカウントをログファイルが読めるグループに追加する**
- **Zabbixエージェントの起動ユーザーをログファイルが読めるユーザーに変更する（zabbix_agentd.confのUserパラメータを変更）**
- **Zabbixエージェントをrootユーザーで起動する（zabbix_agentd.confのAllowRootパラメータに1を指定）**

　Zabbixエージェントをrootで起動した場合、**5.2節**で解説しているリモートコマンドや、**12.2節**で解説しているWebインターフェースからのコマンド実行機能と組み合わせると、Zabbixサーバー上からroot権限でコマンドが実行できるようになるため、セキュリティの観点で注意が必要です。

　logやlogrtキーの2つ目のregexpパラメータには文字列を指定でき、エージェントは読んだログファイルのうちこの文字列に一致する文字列が含まれている行だけをZabbixサーバーに送付します。正規表現を利用でき、たとえば次のようにアイテムのキーを設定すると、/var/log/messagesファイルからERRORまたはerrorの文字列が含まれる行だけをZabbixサーバーに送付します。Zabbixサーバーに送付するログを障害検知に利用するものだけに制限することで、Zabbixサーバーの処理するデータ数を抑えてパフォーマンスを安定させたり、データベースの肥大化を防いだりできます。

```
logrt["/var/log/^messages\.?[0-9]?$]","ERROR|error"]
```

テキストログのトリガー設定

　ログ監視のトリガー条件設定では、文字列や正規表現を指定し、ログ中に特定の文字列が含まれているかによって障害判定を行います。トリガーの条件式で利用できる関数は次のとおりです。

- **str**
  固定文字列を利用して文字列の一致条件を指定できます。一致する文字列が含まれていた場合は1、含まれていない場合は0を返します。

- **regexp、iregexp**
  正規表現を利用して文字列の一致条件を指定できます。正規表現のパターンにマッチする文字列が含まれていた場合は1、含まれていない場合は0を返します。

- **count**
  正規表現を指定して特定の期間やデータ数内に一致するログが何件あるかを返します。

　ログ監視のトリガーは、アイテムでログのデータを1データ受け取るごとに評価を行い、データごとに障害か正常かを判定します。連続でログデータを受信した場合は、トリガーのステータスが正常と障害を繰り返すことになるため、[障害イベントの生成モード]の設定が障害検知時の動作に影響します。どのように障害イベントを生成させたいかによって選択してください。

- **単一**
  トリガーのステータスが正常から障害に変化するログデータを受信したときのみ障害イベントを生成します。連続で障害となるログデータを受け取った場合、最初の1つのみ障害イベントを生成します。

- **複数**
  トリガーの評価結果が障害となるログデータを受信するたびに障害イベントを生成します。連続で障害となるログデータを受信した場合、そのデータごとに障害イベントを生成します。

■**基本的なトリガーの設定例**

　たとえば/var/log/messagesのログ監視の障害検知を行う場合、ログ監視のアイテムのキーとトリガーを次のように設定すると、Zabbixサーバーはログファイル中のすべての行を受信し、ERRORまたはerrorの文字列が含まれる行を受信した際に障害イベントを生成します。障害イベントの生成モードに単一を使用した場合は、連続してERRORやerrorを含む行を受信したとき、最初の1行についてのみ障害イベントを生成します。

- **アイテムのキー**
  logrt["/var/log/^messages\.?[0-9]?$"]
- **トリガーの設定**
  - 条件式：{hostname:logrt["/var/log/^messages\.?[0-9]?$"].regexp(ERROR|error)}
  - 正常イベントの生成：条件式
  - 障害イベント生成モード：単一

■復旧条件式を利用した正常判定

　前述の条件式設定を行った場合、ログ中にERRORやerrorの文字列が含まれるときにはトリガーが障害になります。ERRORやerrorの文字列が含まれない行を受信した場合は、トリガーの条件式の判定結果が偽になるため評価結果が正常になり、過去に発生していた障害は復旧します。

　正常に戻ったことを特定できる文字列がログ中に明確に出力される場合は、次のように復旧条件式を設定することで明示的に特定の文字列が出力されたときのみトリガーを正常に戻し、イベントを復旧させることができます。この設定例では、RECOVEREDまたはrecoveredの文字列がログに出力された場合に正常に戻します。

- **トリガーの設定**
  - 条件式：{hostname:logrt["/var/log/^messages\.?[0-9]?$"].regexp(ERROR|error)}
  - 正常イベントの生成：復旧条件式
  - 復旧条件式：{hostname:logrt["/var/log/^messages\.?[0-9]?$"].regexp(RECOVERED|recovered)}
  - 障害イベント生成モード：単一

■タグを利用した特定のアプリケーションの判定

　/var/log/messagesにはさまざまなアプリケーションやシステムのログが混在して出力されます。ここまでのトリガーの設定例では、どのアプリケーションやプログラムによるログ出力なのかを考慮せず、ERRORやRECOVEREDの出力があれば障害と正常の判定を行わせていました。

　トリガーは正常に戻ると過去に同じトリガーから生成された障害イベントをすべてクローズします。そのためここまでの設定では、ログ内にRECOVEREDやrecoveredなどの文字列が出力されると、過去に発生していたほかのアプリケーションによるエラーログの障害まで復旧してしまいます。

　この問題に対処するには2つの方法があります。

- 1つのアイテムに対して複数のトリガーを設定し、それぞれのトリガーで別の障害文字列判定を行う
- 1つのアイテムに1つのトリガーを設定し、トリガーのタグを利用する

　1つのアイテムに対して複数のトリガーを設定する方法では、設定の数が増えるために管理が煩雑になったり、1つのログデータ受信時に複数のトリガーを評価する必要があるためトリガー設定数が多くなる場合はパフォーマンスの問題が生じたりすることがあります。

　Zabbix 3.2以降では、トリガーのタグ機能を利用し、タグ設定で正規表現を利用することで、受信したログ文字列から文字列を抜き出し、動的にタグを設定することが可能です。この機能を利用することで障害発生時に動的にタグを設定でき、過去の同じアプリケーションの障害のみをクローズできます。

　次に示すのは、systemdで管理されているサービスの起動／停止を判定させ、stoppedの文字列で障害、startedの文字列で正常に戻すトリガーの設定例です。タグ設定では、{ITEM.VALUE}のregsub機能を使い、受信した文字列から"systemd: Started/Stopped サービス名"のサービス名の部分を抜き出してタグの値に利用するように設定しています。また、正常時のイベントクローズの処理をタグが一致したものだけに設定することで、さまざまなサービスの起動／停止のログが混在して出力される場合でも、イベントはアプリケーションごとに障害判定と正常判定が行われます。

　この障害検知を行う場合、連続して異なるアプリケーションがStoppedのログを出力する可能性があるため、障害イベントの生成モードは[複数]を指定する必要があります。

- トリガーの設定
    - 条件式：{hostname:logrt["/var/log/^messages\.?[0-9]?$"].str(Stopped)}
    - 正常イベントの生成：復旧条件式
    - 復旧条件式：{hostname:logrt["/var/log/^messages\.?[0-9]?$"].str(Started)}
    - 障害イベント生成モード：複数
    - 正常時のイベントクローズ：タグの値が一致したすべての障害
    - クローズに利用するタグ名：Service
    - タグ：Service / {{ITEM.VALUE}.regsub("^.+ systemd: (Started|Stopped) (.+)\.$",\2)}

　なお、このようにログからサービスの起動／停止の監視を行う場合は、systemd以外のログを受信する必要はありません。そのため、次のようにアイテムを設定し、log/logrtキーの2つ目のregexpパラメータを利用してsystemdに関連するログのみをZabbixサー

バーに送付することで、Zabbixサーバーの負荷とデータベースの肥大化を抑止できます。

```
logrt["/var/log/^messages\.?[0-9]?$",Systemd]
```

outputパラメータを利用したログからの文字列抜き出し

　Zabbix 2.4以降では、outputパラメータを利用した正規表現によるログからの文字列の抜き出しに対応しています。1行が非常に長いログであっても、障害として判断する部分だけを抜き出してZabbixサーバーに送付することで、Webインターフェース上にわかりやすくエラーの内容を表示できます。またZabbix 3.0では、outputパラメータを利用して抜き出したデータが数値であった場合に、アイテムの設定でタイプに「数値(整数)」または「数値(浮動小数)」を選択できるようになり、ログに含まれる数値部分のみを抜き出してグラフ化したり、数値比較を行って障害検知したりできるようになりました。

　outputパラメータはlog、logrtキーの2つ目のregexpパラメータの正規表現の指定と併せて利用します。次のように設定することで、ログの文字列からregexpパラメータ内の()にマッチする部分を抜き出すことができます。この例の場合、ERROR-12345のようなエラー番号のみを抜き出してZabbixサーバーに送付します。

```
logrt["/var/log/^messages\.?[0-9]?$","(ERROR-[0-9]{5})",,,,\1]
```

　文字列の抜き出しは2つ以上を同時に行うことができます。regexpパラメータに2つ以上の()を指定し、outputパラメータに\1、\2の記載を行うことで、何番目の()に一致した文字列を抜き出すかを指定できます。さらにoutputパラメータには文字も設定でき、ログ文字列の内容を異なる内容に書き換えることができます。

> **実際に出力されたログ文字列**
> ```
> Sep 20 10:21:53 localhost Application webapp 23456 visitors, sessions 76543
> ```
> **アイテムのキー設定**
> ```
> log[/opt/webapp/webapp.log,"webapp ([0-9]+) visitors, sessions ([0-9]+)$",,,,"System A: visitors \1, sessions \2"]
> ```
> **Zabbixサーバーに送付される文字列**
> ```
> System A: visitors 23456, sessions 76543
> ```

　Zabbix 3.0以降では、次のようにデータ型に数値型を指定することで、このログ監視におけるvisitorsの数値だけを抜き出し、グラフ化できます。

- **タイプ：Zabbix エージェント(アクティブ)**

- キー：log[/opt/webapp/webapp.log,"webapp [0-9]+ visitors,",,,,\1]
- データ型：数値(整数)

4.8.2
Windowsイベントログの監視

Windowsのイベントログの監視はeventlogキーを利用します。Zabbixエージェントは指定されたイベントログに追記されたログを読み込み、1イベントログを1ヒストリデータとする形式でZabbixサーバーに送付します。テキストログとは異なり、Windowsのイベントログは、メッセージ本文だけでなくイベントソース、深刻度、イベントIDも併せて送付します。これらの情報をもとにZabbixエージェント側ではフィルターを行ったり、Zabbixサーバー側では情報の表示やトリガーによる障害検知の条件として利用したりできます。

```
eventlog[name,<regexp>,<severity>,<source>,<eventid>,<maxlines>,<mode>]
```

Windowsのイベントログはwindows独自の形式で保存されているため、eventlogキーのnameパラメータにはイベントログ名を指定します。イベントログ名には日本語名ではなく英語名を利用する必要があります。イベントログの英語名の確認は、Windowsのイベントビューアー(コントロールパネルの管理ツールのイベントビューアーを開く)の左のツリーから監視したいイベントログを右クリックしてプロパティ画面を開くと、[フルネーム]の項目に表示されます。

次のように設定することで、Windowsログのアプリケーションイベントログを監視できます。アプリケーションとサービスのログや、インストールしたアプリケーションのイベントログについても、同様の方法でイベントログの英語名を設定することで監視できます。

```
eventlog[Application]
```

Windowsのイベントビューアーでイベントログを開くと、メッセージの本文テキスト以外にもさまざまな情報が表示されます。Zabbixエージェントは、本文以外の情報も取得でき、次の情報がWebインターフェースの最新データ画面で確認できます。

- タイムスタンプ：Zabbixエージェントがイベントログを読んだ時刻
- ローカル時間　：Windowsイベントログの「ログの日付」

- ソース 　　　　：Windowsイベントログの「ソース」
- 深刻度 　　　　：Windowsイベントログの「レベル」
- イベントID 　　：Windowsイベントログの「イベントID」
- 値 　　　　　　：Windowsイベントログのメッセージ本文

eventlogキーは、テキストログの監視と同様に2つ目のregexpパラメータを利用することでメッセージのフィルターを行えます。regexpパラメータによりフィルターされる対象はイベントログのメッセージ本文です。そのほかに、severity、source、eventidパラメータを利用することで、それぞれ深刻度、イベントソース、イベントIDによるフィルターを行えます。これらフィルターを行うすべてのパラメータで正規表現が利用できます。

次のようにフィルター設定を行うことで、Applicationログに出力されたイベントIDが7036のイベントログのみを監視するアイテムキーを設定できます。

```
eventlog[Application,,,7036]
```

イベントID7036と7046のみを監視したい場合は、正規表現を利用して次のように設定できます。

```
eventlog[Application,,,7036|7042]
```

Windowsイベントログのトリガー設定

イベントログのトリガー設定では、テキストログの監視と同様に、str、regexp、iregexp、countのトリガー関数をメッセージ本文に利用できます。メッセージ本文だけを利用して障害検知を行いたい場合の設定例はテキストログの項目を参考にしてください。

イベントログでは、メッセージ本文以外にも次のトリガー関数を利用できます。これらのトリガー関数を利用することで、イベントログ特有のイベントID、イベントソース、イベントログの深刻度の情報を利用して障害を検知できます。

- **logeventid**：イベントIDを数値または正規表現で指定し、一致する場合は1を、一致しない場合は0を返す
- **logseverity**：イベントログの深刻度を文字列または正規表現で指定し、一致する場合は1を、一致しない場合は0を返す
- **logsource** ：イベントソースに対応する数値を返す。()内のパラメータの指定はない

4.8.3
正規表現の利用

一般的な正規表現

Zabbixのログ監視では、正規表現を利用した文字列の指定を行うことが多くあります。正規表現は文字列の一致条件を柔軟に記載できる記述方法であり、活用することでさまざまな条件を1つの設定で行えます。正規表現自体はZabbix固有の機能ではないため詳細までは解説しませんが、簡単な記載方法や特に注意すべき点などを解説します。

Zabbixでは、Zabbix 3.2以前ならPOSIX拡張正規表現、Zabbix 3.4以降ならPCRE正規表現（Perl互換の正規表現）が利用できます。Zabbix 3.4以降では、利用できる正規表現のメタキャラクタの種類が増え、より柔軟な正規表現の指定を行うことができます。

Zabbixで利用できる正規表現　　　　　　　　Column

Zabbix 3.2以前のバージョンでは、C言語で開発を行っているZabbixサーバー、Zabbixプロキシ、ZabbixエージェントでPOSIX拡張正規表現が利用でき、PHPで開発を行っているWebインターフェースでPHP組み込みのPCRE正規表現が利用できる状態でした。そのため、Webインターフェースの［管理］→［一般設定］→［正規表現］の設定で利用できるテスト機能ではPCRE正規表現が利用できてしまい、このテストで期待する結果になった場合でも実際の監視処理では動作しないという問題が起こることがありました。

Zabbix 3.4以降では、Zabbixサーバー、Zabbixプロキシ、ZabbixエージェントでもPCRE正規表現が利用できるようになり、Webインターフェースの正規表現のテスト機能における結果と実際の動作が一致するようになりました。PCRE正規表現はPOSIX正規表現の上位互換のため、以前のバージョンからアップグレードを行った場合でも、基本的にこれまで行っていた正規表現は動作します。ただし、POSIX正規表現は最長マッチ（マッチする文字列が複数存在する場合、最も文字列が長い結果を利用する方式）であるのに対して、PCRE正規表現は最短マッチ（左から検索し、マッチする文字列が見つかった場合はその時点で処理を終了する方式）であることに注意してください。

　正規表現でよく利用されるメタキャラクタを次に記載します。このメタキャラクタに相当する文字を文字として認識させたい場合は、直前に「\」（バックスラッシュ）を記載することでエスケープできます。

- ^ 　　：文字列の先頭にマッチする
- $ 　　：文字列の末尾にマッチする
- . 　　：任意の1文字にマッチする
- [] 　　：カッコ内に含まれるいずれかの1文字にマッチする。「-」を指定することで文字列の範囲を指定できる。[a-z][A-Z][0-9]など
- * 　　：直前の1文字の0回以上の繰り返し
- ? 　　：直前の文字が0個か1個あることを指定する
- + 　　：直前の文字の1回以上の繰り返し
- {m} 　：直前の文字のm回の繰り返し

　そのほかにも多数のメタキャラクタがあり、特にPCRE正規表現では先読みや後読みを利用することで除外したい条件を指定でき、部分否定を指定できます。POSIXの拡張正規表現のみでは「一致しない」ことを設定することが困難でしたが、Zabbix 3.4以降の正規表現では指定が可能です。ただし、正規表現のみで否定条件を利用しようとすると難しい設定になってしまうため、より複雑な「一致しない」条件を利用したい場合は次節で説明するZabbixの「ユーザー定義の正規表現」機能を利用したほうが容易に設定できます。

　ここまでの解説でも何度か正規表現の設定を利用しています。テキストログの監視の例として挙げている /var/log/messages のログローテーションするログファイルでは次のようにファイル名を指定しました。

```
logrt["/var/log/^messages\.?[0-9]?$"]
```

　ここに出てくる「^messages\.?[0-9]?$」という正規表現は次のようにファイル名を指定しています。

- "^messages"：ファイル名の先頭が「messages」の文字列から始まる
- "\.?"：「.」の文字が0文字か1文字存在する
- "[0-9]?"：0から9のいずれかの数字が0文字か1文字存在する
- "$"：ファイル名の末尾

　この正規表現の指定は、次のようなファイル名に一致します。

- messages
- messages.1
- messages.2

次のようなファイル名には一致しません。

- .messages
- messages.3.gz
- messages.10
- messages.backup
- messages-20180921

logrtを利用したログファイルの監視では、ローテーションする1種類のログファイルで、ローテーションされた1つ前までのファイルのデータが読めるように対象ファイルを正規表現で設定する必要があります。圧縮されたログや、手動でバックアップとしてコピーされたファイル、誤って似た名称で作成されたファイル、誤ってエディタで開いたために一時的に作成されたテンポラリファイルなどの名称に一致すると、Zabbixエージェントが新規ファイルと判定して先頭からの読み直しが発生する可能性があります。正規表現を利用する場合は期待する文字列に一致することの確認と併せて、期待しない文字列に一致してしまわないかの確認も重要です。

正規表現の「*」　　　　　　　　　　Column

　正規表現の「*」をシェルのワイルドカードと誤って利用する例がよく見受けられます。シェルの「*」は任意の文字の0回以上の繰り返しを意味するのに対して、正規表現では「直前の1文字」の0回以上の繰り返しであることが異なります。

　たとえば前述の /var/log/messages ファイルの指定を正規表現で行う場合、「/var/log/messages*」と指定してしまうと次のファイル名に一致することになり、期待しないファイルも読み込んでしまう可能性があります。

- /var/log/messages
- /var/log/messagesss

- /var/log/.messages

正規表現の動作確認を行うためには、Webインターフェースにあるユーザー定義の正規表現設定のテスト機能が役立ちます。ログ監視などで複雑な正規表現を設定する場合は活用してみましょう。また、logrtのアイテムキーの正規表現にそれほど複雑な定義を利用することはあまりなく、POSIX拡張正規表現が対応しているメタキャラクタを利用することがほとんどです。その場合は、LinuxのコマンドラインからgrepコマンドのEオプションを利用することで、POSIX拡張正規表現の対応を確認できます。前述の/var/log/messagesのファイルの正規表現が期待する結果になっているかどうかは、/var/log/ディレクトリで次のようにコマンドを実行し、期待するファイルだけがリストされるかどうかで確認できます。

```
$ ls | grep -E "^messages\.?[0-9]?$"
```

ユーザー定義の正規表現設定

ログ監視におけるアイテムキーの2つ目のregexpパラメータや、トリガーのregexp、iregexpの関数では、複雑な文字列の一致条件を指定する場合が出てきます。特に、複数の文字列のいずれかに一致する条件が長くなったり、正規表現では設定しづらい否定条件を利用したりする場合は、設定が煩雑になります。

ユーザー定義の正規表現設定では、複雑な文字列の一致条件をユーザー定義の設定として保存しておき、アイテムのキーやトリガーの関数内で利用できます。一般的な「正規表現」と混同しやすいため、本書ではこの設定を「ユーザー定義の正規表現」と記載します。

ユーザー定義の正規表現の設定に関する詳細は、**9.1.5項**で解説しています。実際にログ監視のアイテムやトリガーで利用する場合は、正規表現が利用できる箇所で次のようにユーザー定義の正規表現の設定名の前に「@」を付けて指定します。

ログアイテムのキーのフィルター条件で利用する場合
```
log[/var/log/messages,@errormsg]
```
トリガーの障害検知文字列の条件で利用する場合
```
{localhost:log[/var/log/messages].regexp(@out_of_memory)}
```

4.8.4
ログ監視の注意点

Zabbixのログ監視では、エージェントで読み込んだログやイベントログデータのうち、アイテムのキーのパラメータでフィルターしたもの以外はすべてZabbixサーバーに送付されます。フィルターを実施していなかったり、フィルターを設定していても一致するログデータが多い場合、ログファイルに多数のデータが出力されると、Zabbixサーバーは受け取ったログをすべて処理してデータベースに保存する必要があるため、次のような問題が発生することがあります。

- 保存するログの量が多くなり、データベースのサイズが大きくなる
- ログデータを多数処理する必要があるため、Zabbixサーバーやデータベースの負荷が高くなる

あらかじめ収集するログのデータ量を検討しておかないと、想定よりもデータベースのサイズが大きくなり、ディスクの空き容量が不足する可能性が出てきます。また、アプリケーションやシステムで障害が発生した際には、一時的に想定よりも多くのログが発生することがあり、監視データ量が通常時とは異なる可能性があることを考慮しておく必要があります。

ログ監視ではどのような文字列を障害とみなすか精査することが難しい場合もありますが、次の点に注意して監視設定を行うことで前述の問題を避けることができます。

- あらかじめ障害となる文字列がわかっている場合は、アイテムのパラメータでフィルターし、障害となるログデータだけをZabbixサーバーに送付するようにする
- ログ監視のアイテムではデータの保存期間の設定を短くしておき、データベースのサイズが大きくなりすぎないようにする

ログ監視とnodataトリガー関数　　　Column

　Zabbixのログ監視は、ログデータを新規に受け取った際に1行ごとにトリガー評価を行います。ログ出力された最後の行が障害となる文字列で、かつその後ログメッセージが出力されなかった場合、トリガーは障害のステータスのままになります。Zabbixの画面上からは障害がステータスのまま残るため、これまではnodataトリガー関数を利用して次のように一定期間ログの出力がなければ正常に戻すという手法も使われていました。

```
{hostname:log[/path/to/logfile].regexp(error)}=1 & {hostname:log[/path/to/
logfile].nodata(300)}=0
```

　nodataを利用した場合、内部では30秒ごとにトリガーが評価されます。そのためこのトリガーを多用すると内部で評価される処理が多くなり、timerプロセスの負荷が上がったり、内部で30秒に一度評価される動きを理解していないと設定者が想定しない動きになる場合があります。

　Zabbix 3.2以降では障害の手動クローズが行えるようになったため、ログ監視に障害が発生した場合は画面から確認を行ってクローズ処理することでトリガーを正常に戻すことができるようになりました。また、タグの機能が追加されたこと、トリガーの条件式として復旧条件式が独立して設定できるようになったことから、以前のバージョンよりもログ監視の障害の対応方法として利用できる方法が増えています。

4.9
ホストインベントリの自動設定

　ホストに設定できる資産管理情報であるインベントリ設定は、アイテムで収集した値を利用して自動入力を行えます。この機能を活用することで、アイテムの監視処理によって収集できる情報をインベントリの情報として活用でき、手動で設定する手間を省くことができます。

　ホストインベントリの自動入力機能を利用するためには、次の設定が必要です。

❶ホスト設定のインベントリタブの設定で「自動」が選択されていること

❷そのホストに設定されているアイテムの「ホストインベントリフィールドの自動設定」で自動入力するホストインベントリの項目が設定されていること

　この2つの設定を行うと、❷で設定しているアイテムで収集されたデータが、選択したホストインベントリの項目に設定されます。

　Zabbixエージェントでホストインベントリの入力に利用できるキーには次のものがあります。

- system.hostname　　：OSのホスト名
- system.uname　　　：OSのホスト名やOSのバージョン、カーネルのバージョンなど
- system.hw.chassis　：ハードウェアの情報
- system.hw.cpu　　　：CPUの情報
- system.hw.devices　：PCIやUSBのデバイスの情報
- system.hw.macaddr：ネットワークインターフェースのMACアドレス
- system.sw.arch　　　：OSのアーキテクチャの情報
- system.sw.os　　　　：OSの情報
- system.sw.packages：インストールされているパッケージの一覧

　ネットワーク機器の場合も、次のようなOIDを指定することでハードウェアやファームウェアの情報を取得できます。これらの情報もホストインベントリに自動登録できます。

- 1.3.6.1.2.1.1.1.0（SNMPv2-MIB::sysDescr.0）　：システムの詳細情報
- 1.3.6.1.2.1.1.4.0（SNMPv2-MIB::sysContact.0）　：デバイスの連絡先情報
- 1.3.6.1.2.1.1.5.0（SNMPv2-MIB::sysName.0）　：ホスト名
- 1.3.6.1.2.1.1.6.0（SNMPv2-MIB::sysLocation.0）：ハードウェアのロケーション情報

インベントリに保存されている情報は、メニューの［インベントリ］から閲覧できるほか、{INVENTORY.OS}や{INVENTORY.LOCATION}などのマクロを利用することで障害通知メールに内容を記載できます。うまく利用すれば、より障害通知メールの内容を充実させ、障害対応の迅速化などに役立てることができます。

　なお、ホストインベントリの各項目に設定できる文字列は、64文字（タイプやOSなど）、255文字（OS（詳細）やハードウェア、ソフトウェアなど）、65535バイト（ハードウェア（詳細）やソフトウェア（詳細）など）のいずれかです。項目により保存できる文字列の長さが異なるため、自動登録の機能を利用する場合は指定する項目に注意してください。

第 **5** 章
障害検知と
障害通知の設定

本章ではアイテムで収集した情報をもとに、閾値を設定して障害検知を行うための機能であるトリガーとアクションについて解説を行います。トリガーを設定することで、アイテム設定により収集した情報に対して閾値を設けて障害を検知できます。そして、アクションを設定することで、障害を検知した際にシステム管理者にメールにより障害通知をしたり、任意のスクリプトを実行できます。これらの機能により、システム内で発生した障害の可視化や迅速な障害対応を行えるようになります。

5.1
トリガーの設定

Zabbixでは、障害／復旧の検知の設定をトリガーと呼びます。アイテムの設定に対してトリガーを設定することで、データを収集したタイミングでリアルタイムに障害／復旧の検知を行うことができます。トリガーの設定はアイテムの項目に対して関数、比較演算子、論理演算子を用いて条件式を設定し、正常／障害のステータスを表示します。1つのアイテムに対して複数のトリガーを設定することや、1つのトリガー設定で複数のアイテムを利用して条件設定ができるため、複雑な障害／復旧判定を行えます。

5.1.1
設定されているトリガーの一覧画面

設定されているトリガーの表示は、メニューから[設定]→[ホスト]をクリックし、ホストのリストの[トリガー]をクリックすることで表示できます（**図5.1-1**）。

●図5.1-1　トリガーの一覧画面（抜粋）

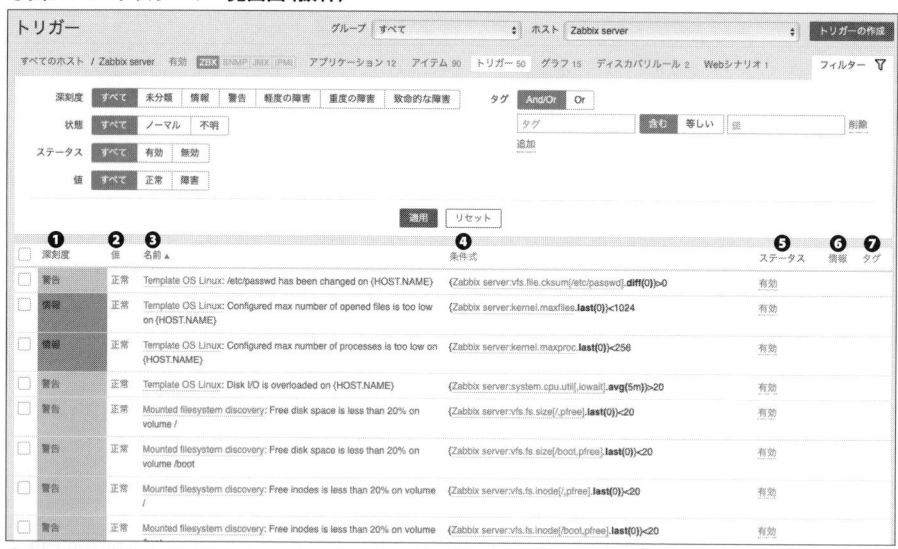

❶トリガーの深刻度が深刻度に応じた色で表示される　❷トリガーの現在の障害状態
❸トリガー名　❹トリガーの条件式　❺トリガーのステータス
❻エラーが発生した場合に[x]アイコンが表示され、マウスオーバーすることで内容を表示できる　❼タグの設定

トリガーの設定はホスト単位で行います。サブメニューの[ホストグループ]や[ホスト]のドロップダウンリストから設定を行うホストを選択できます。

5.1.2
トリガーの設定

トリガーの設定項目の詳細を次に示します(**図5.1-2**)。

●**図5.1-2　トリガーの設定画面**

トリガータブ

トリガータブでは、トリガーの全般的な設定と、障害や正常のステータスを判断するための条件式や深刻度の設定などを行います。

・**名前**

トリガー名を設定します。トリガー名にはマクロを利用できます。利用できるマクロの一覧は**Appendix**を参照してください。

- **深刻度**

  トリガーには、「未分類」から「致命的な障害」の6段階で深刻度を指定できます。深刻度は、名称だけでなく色分けもされているため、障害発生時に状況をわかりやすく確認できます。また、Webインターフェースのアラート表示機能（**3.3.13項**）を利用する場合の警告音に異なるものを利用したり、障害通知では深刻度を利用して通知を実行する条件を設定したりできます。

- **条件式**

  障害イベントを生成する条件式を設定します。トリガーの条件式は、ホスト／アイテム／関数／演算子を利用して**リスト5.1-1**の形式で設定します（設定例は**5.1.3項**で解説）。関数と演算子は利用できるものが決まっています（利用できる関数と演算子の一覧は**Appendix**を参照）。また、［追加］をクリックすることで、現在設定されているアイテムから選択式でトリガーを設定できます。そのほかにも、条件式設定の下にある［条件式ビルダー］をクリックすることで、条件式をツリー状に表示したり（**図5.1-3**）、条件式のテストを行うことができます（**図5.1-4**）。

●**リスト5.1-1　条件式の書式**

> *{ホスト名：アイテムのキー.関数} 演算子 数値*

●**図5.1-3　入力方式を切り替えたトリガー画面**

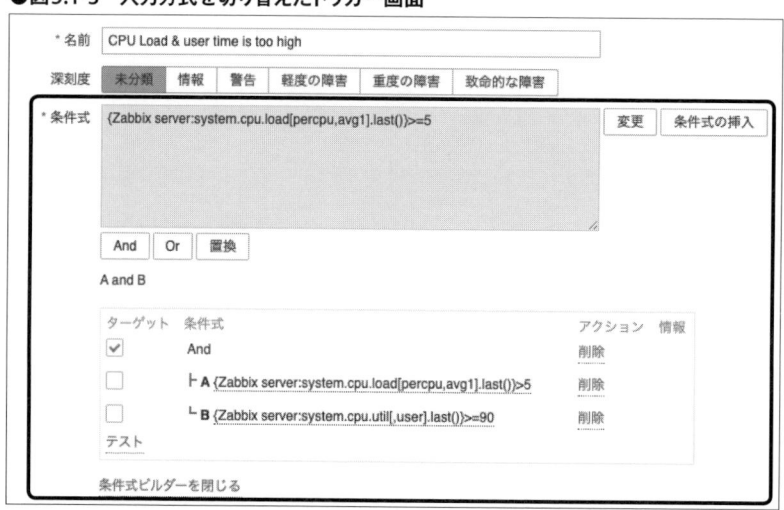

●図5.1-4　トリガーのテスト

• 正常イベントの生成

障害を検知したあと、正常状態に復旧する方法を選択します（**表5.1-1**）。

●表5.1-1　正常イベントの生成の選択項目

項目	説明
条件式	「条件式」の設定項目で利用した条件式の評価結果が偽の状態になった場合に正常状態と判定する。リソース監視や死活監視などで障害条件と正常条件が同じ場合に利用できる
復旧条件式	選択すると「復旧条件式」の設定項目が表示され、復旧するための条件式を指定できる。CPU使用率などのリソース監視で、90％以上となった場合に障害とし、そのあとに70％を下回った場合に正常とするなど、障害検知とは異なる閾値で復旧させたい場合に利用できる。ログ監視やSNMPトラップ監視などでも、特定の文字列が出力された場合に正常に戻す設定ができる
なし	選択した場合、トリガーは自動的に正常には戻らない。「手動クローズを許可」設定を有効にしてWebインターフェースから手動で障害をクローズするか、タグを使ったイベント相関関係機能を利用して正常ステータスに戻す必要がある

• 復旧条件式

「正常イベントの生成」設定に「復旧条件式」を指定した場合に、正常状態となる条件式を設定します。設定の記述方法は「条件式」と同じです。

• 障害イベント生成モード

連続して障害が発生した場合のイベント生成方法を選択します（**表5.1-2**）。

●表5.1-2　［イベント生成］の選択項目

項目	説明
単一	トリガーが正常状態から障害状態に移行した場合のみイベントを生成する
複数	監視データを受信して条件式を評価した結果、判定が真になる場合は、必ず障害イベントを生成する。ログやSNMPトラップの監視で連続して受信したデータそれぞれの判定結果ごとに障害イベントを生成できる。内部的な動作から、複数を選択した場合は「条件式」設定に時刻系関数（nodata、date、dayofmonth、dayofweek、time、now）を利用しないことを推奨

- **正常時のイベントクローズ**

  トリガーが正常状態に復旧した場合に、過去に同一トリガーから発生した障害イベントのうちクローズする対象を選択します（**表5.1-3**）。

●**表5.1-3　正常時のイベントクローズの選択項目**

項目	説明
すべての障害	過去に同一トリガーから発生したすべての障害イベントをクローズする
タグの値が一致したすべての障害	過去に同一トリガーから発生した障害イベントのうち、タグの値が一致するもののみをクローズする。この設定を利用する場合、「クローズに利用するタグ名」設定にタグの名前を設定し、タグの設定を行う必要がある。タグの利用についての詳細は**4.8節**を参照

- **タグ**

  生成したイベントに付与するタグを設定します。タグは「タグ名」のみ、または「タグ名」と「タグの値」の組み合わせで複数設定できます。

  タグを設定した場合、障害発生時に閲覧画面でタグを確認できるほか、正常状態に復旧した際に過去に発生したイベントをクローズするための条件としてタグを利用できます。

  タグ名とタグの値にはマクロを利用できます。**Appendix**に記載しているあらかじめ用意されたマクロのほか、ユーザー定義マクロ、ローレベルディスカバリのマクロも利用できます。さらに{ITEM.VALUE}や{ITEM.LASTVALUE}マクロにregsub関数を利用し、{ITEM.VALUE}.regsub([0-9]+,\1)のように設定することで、収集したデータ値文字列から一部を抜き出して動的に設定することも可能です。例としてログ監視でタグを利用する方法を**4.8.1項**で解説しています。

- **手動クローズを許可**

  発生した障害に対して障害対応コメントを入力する際に、手動によるイベントのクローズ処理を許可するかどうかを設定します。

- **URL**

  障害発生時に設定したURLのリンクを表示します。障害対応のために利用するWebページがある場合は、設定しておくことで障害の対応に役立てることができます。また、マクロを利用することで障害通知のメールに埋め込むこともでき、通知メールを受け取った際に参照するURLを設定しておく場所としても利用できます。

- **説明**

  トリガーの説明を書く場所として利用できるほか、障害発生時に設定した文字列を参照することもできます。マクロを利用して障害通知のメール本文に埋め込むこともできるため、障害を検知したトリガーによって障害通知の文章の一部を動的に変化させたい場合にも利用できます。

- **有効**

  トリガーを有効にするかどうかを設定します。

依存関係タブ

依存関係タブでは、ほかのトリガーを指定して依存関係を設定できます（**図5.1-5**）。この画面では、現在設定されている依存先のトリガーの一覧が表示され、［追加］リンクをクリックすると新規に依存先トリガーを選択して追加できます。1つのトリガーには複数の依存先のトリガーを設定でき、依存先のトリガーのステータスが障害となっている場合には自身のトリガーの評価は行わず、障害を検知しません。

●図5.1-5 トリガーの依存関係の設定

トリガー	依存関係		
依存関係	名前		アクション
	Zabbix server: Free disk space is less than 20% on volume /		削除
	追加		

[追加] [キャンセル]

依存関係を設定することで、ネットワーク機器が故障した場合でもその先に接続されている監視対象との通信の断絶による障害検知を行わず、問題が発生した根本的な原因をより正確に特定しやすくなります（**図5.1-6**）。

●図5.1-6 トリガーの依存関係の設定例

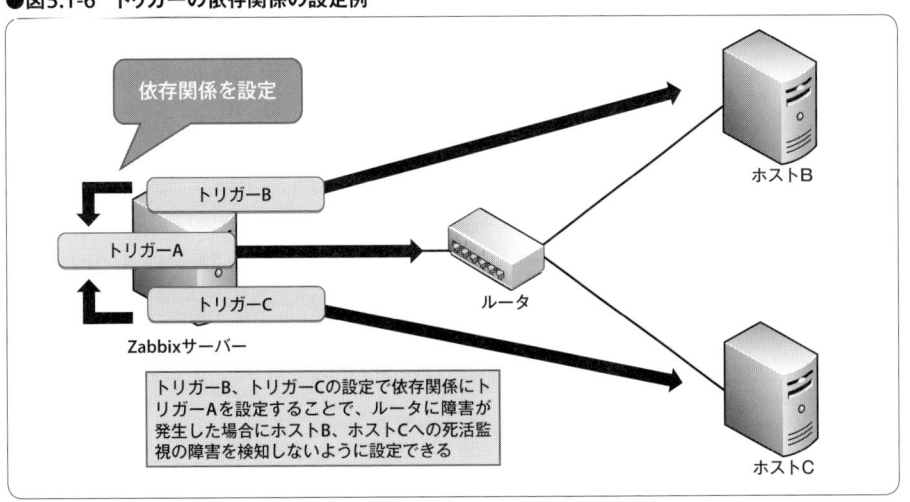

依存関係を設定

トリガーB
トリガーA
トリガーC
Zabbixサーバー
ルータ
ホストB
ホストC

トリガーB、トリガーCの設定で依存関係にトリガーAを設定することで、ルータに障害が発生した場合にホストB、ホストCへの死活監視の障害を検知しないように設定できる

また、CPU使用率が70%以上で警告、80%以上で軽度の障害、90%以上で重度の障害

というように、同一のアイテムを利用して閾値と深刻度の異なるトリガーを設定する場合に、閾値の低いトリガーの依存先に閾値の高いトリガーを設定することで、CPU使用率が90%以上となった際に閾値の低いトリガーによる障害検知を抑制することもできます。

5.1.3
トリガー条件式の設定例

代表的な関数と演算子を利用したトリガー条件式の設定例をいくつか解説します。

死活監視の応答がなければ障害として検知する

次のトリガー設定でhost1へのpingの応答がなければ障害として検知できます。

```
{host1:icmpping.last()}=0
```

ホスト名host1に設定されている、キー設定がicmppingのアイテムのデータから、関数last()によって最新のデータを参照します。アイテムicmppingはホストに対してpingによる応答確認を実行し、応答があれば1、それ以外であれば0を返すため、参照した値が0であれば障害として検知します。

ポートの応答がなければ障害として検知する

次のトリガー設定でhost1のhttpポートへのTCPコネクションの応答がなければ障害として検知できます。

```
{host1:net.tcp.service[http].last()}=0
```

ホスト名host1に設定されている、キー設定がnet.tcp.service[http]のアイテムのデータから、関数last()によって最新のデータを参照します。アイテム net.tcp.service[http]はホストに対してHTTPポートへのTCPコネクションの応答確認を実行し、応答があれば1、それ以外であれば0を返すため、参照した値が0であれば障害として検知します。

プロセスが稼働していなければ障害として検知する

次のトリガー設定でhost1でsyslogdプロセスが動作していなければ障害として検知できます。

```
{host1:proc.num[syslogd].last()}=0
```

　ホスト名host1に設定されている、キー設定がproc.num[syslogd]のアイテムデータから、関数last()によって最新のデータを参照します。アイテムproc.num[syslogd]は起動しているsyslogdプロセスの数を返すため、0であれば障害として検知します。

ファイルが更新された場合に障害として検知する

　次のトリガー設定でhost1の/etc/passwdファイルが更新されれば障害として検知できます。

```
{host1:vfs.file.cksum[/etc/passwd].diff()}=1
```

　ホスト名host1に設定されている、キー設定がvfs.file.cksum[/etc/passwd]のアイテムデータから、関数diff()によって最新データとその1つ前のデータを比較します。同じ値であれば0を、それ以外であれば1を返すため、1であれば障害として検知します。

Windowsサービスが稼働していなければ障害として検知する

　次のトリガー設定でWindowsのWindows Timeサービスが稼働していなければ障害として検知できます。

```
{host1:service.info[W32Time].last()}>0
```

　ホスト名host1に設定されている、キー設定がservice.info[W32Time]のアイテムデータから、関数last()によって最新のデータを参照します。アイテムservice.info[W32Time]はWindows Timeサービスが稼働していれば0を、それ以外の状態であれば1以上を返すため、0より大きければ障害として検知します。

直近1時間以内に4回以上ロードアベレージが10を超えた場合に障害として検知する

　次のトリガー設定でhost1のロードアベレージの1分平均値が直近1時間以内に4回以上10を超えた場合に障害として検知できます。

```
{host1:system.cpu.load[,avg1].count(1h,10,gt)}>=4
```

　ホスト名host1に設定されている、キー設定がsystem.cpu.load[,avg1]のアイテムデータから、関数count(1h,10,gt)によって直近1時間に受信したデータのうち10より大きい値がいくつあるかを数えます。アイテムsystem.cpu.load[,avg1]はロードアベレー

ジの1分平均値を、関数count()はマッチしたデータの数を返すため、直近1時間以内に
ロードアベレージ値が10を超えた回数が4回以上の場合に障害として検知します。

過去30分間のCPU使用率の平均が高い場合に障害として検知する

次のトリガー設定でhost1の直近30分のCPU使用率の平均値が90%以上の場合に障害
として検知します。

```
{host1:system.cpu.util[idle,avg1].avg(30m)}<10
```

ホスト名host1に設定されている、キー設定がsystem.cpu.util[idle,avg1]のアイテ
ムデータから、関数avg(30m)により直近30分に受信したデータの平均を算出します。ア
イテムsystem.cpu.util[idle,avg1]はCPU Idle値の1分平均を返し、avg()関数は算出
した平均値を返すため、直近30分のCPU Idle値の平均値が10未満だった場合、つまり
はCPU使用率が90%以上だった場合に障害として検知します。

二重化されているSMTPサーバーの双方が停止したら障害として検知する

次のトリガーで二重化されているSMTPサーバーの双方が動作していない場合に障害
として検知できます。

```
({host1:net.tcp.service[smtp].last()}=0)and({host2:net.tcp.service[smtp].last()}=0)
```

ホスト名host1とhost2に設定されている、キー設定がnet.tcp.service[smtp]のアイ
テムデータから、関数last()によって最新のデータを参照します。アイテムnet.tcp.
service[smtp]はSMTPポートへのTCPコネクションの応答確認を実行し、応答があれ
ば1を、それ以外であれば0を返すため、参照した値が0であれば障害として検知します。
2つの条件式をandでつなぐことにより、and条件として設定できるため、host1とhost2
の両方でSMTPポートへの接続が行えなければ障害として検知します。

5.1.4
トリガーの状態の変化とイベントの生成

トリガーの条件式はアイテムがステータス情報を収集するごとに評価され、トリガー
のステータスが変化します。トリガーのステータスには**表5.1-4**の2種類があります。

●表5.1-4　トリガーのステータス

ステータス	条件
障害	条件式が真の場合
正常	条件式が偽の場合（「正常イベントの生成」が「条件式」）、または障害の条件式が偽で復旧条件式が真の場合（「正常イベントの生成」が「復旧条件式」）

　トリガーの設定で「障害イベント生成モード」を「単一」に設定している場合、ステータスが次のように変化した場合に障害イベントや復旧イベントを生成し、データベースに保存します。

- **障害イベントの生成**
  - 正常→障害
- **復旧イベントの生成**
  - 障害→正常

　イベントは、障害や復旧が発生したことを表し、イベントの生成が行われるタイミングで次節で解説するアクションが評価され、障害や復旧の通知が行われます。

　トリガーの設定で「障害イベント生成モード」を「複数」に設定している場合、前述の動作に加え、監視データを受信した際にそのデータを評価して障害であった場合には障害イベントを生成します。主にログ監視やSNMPトラップ監視などで利用するモードであり、利用方法の詳細は**4.8節**でも解説しています。

　生成されたイベントは、メニューの［監視データ］→［障害］画面に表示されます。詳細は**第3章**を参照してください。イベントの名前は、Zabbix 4.0以降で改善が行われています。以前のバージョンでは、画面に表示する際にトリガーの名前をリアルタイムに取得していたため、障害発生後にトリガー名を変更するとイベント名も変更されました。4.0以降では、イベント生成時にトリガー名の文字列を保存するようになり、正確に障害発生時の名前を保持できるようになりました。また、トリガー名に{ITEM.VALUE}などのマクロを利用している場合でも展開後の名称が保存されるため、画面表示のパフォーマンスが向上しています。

5.1.5
トリガーの判定動作とValueCacheのしくみ

　トリガーの条件式や復旧条件式は、次のタイミングで評価されます。

- 条件式に利用しているアイテムが新規に監視データを受信したとき
- 時刻系関数(nodata、date、dayofmonth、dayofweek、time、now)を利用している場合は内部的に30秒ごと

条件式に複数のアイテムやトリガー関数の記載がある場合、このタイミングで条件式全体が評価されます。単純な条件式であれば、ほとんどの場合はアイテムのデータ受信時に評価されると考えて設定を行えば問題ありませんが、過去データを使用して判定処理するトリガー関数を利用している場合や、条件式にand/orを利用して複数のアイテムやトリガー関数を利用している場合は、内部的な処理動作を理解して設定する必要が出てきます。

たとえば、トリガー関数にavg関数を利用している場合、次の動作をします。1時間の平均値を算出する起点となる時間は、最新のアイテムのデータ取得時間であり、そこからさかのぼって収集済みの監視データを利用して計算を行います。

- **トリガー関数の設定例**
  {linux:system.cpu.load.avg(1h)}>10

- **実際の動作**
  linuxホストに設定されたsystem.cpu.loadのキーを持つアイテムが新規にデータを受信した場合に、直近の過去1時間以内に収集済みのデータの平均値を算出して10より大きければ障害と判定します。

条件式に複数のアイテムを利用している場合、次の動作をします。いずれかのアイテムで監視データを受信したタイミングでトリガー条件式全体が評価されます。

- **トリガー関数の設定例**
  {linux:system.cpu.load.last()}>5 and {linux:system.cpu.util[,user].last()}>80

- **実際の動作**
  linuxホストに設定されているsystem.cpu.loadとsystem.cpu.util[.user]のキーを持つアイテムのいずれかで監視データを取得した時点でトリガー条件式全体を評価します。その時点におけるそれぞれのアイテムの最新のデータを利用します。

条件式に複数のアイテムやトリガー条件式を利用している場合、トリガー評価時点からの過去データの取得範囲は利用しているトリガー関数ごとに決まります。

- **トリガー関数の設定例**
  {linux:system.cpu.load.avg(1h)}>5 and {linux:system.cpu.util[,user].last()}>80

- **実際の動作**

  linux ホストに設定されている system.cpu.load と system.cpu.util[.user] のキーを持つアイテムの
  いずれかで監視データを取得した時点でトリガー条件式全体が評価されます。その時点におけ
  る直近1時間の system.cpu.load の平均値と system.cpu.util[,user] の最新値が利用されます。

複数のアイテムやトリガー条件式を利用し、さらにトリガー条件式に時刻系関数を利
用している場合、時刻系関数は内部的に30秒に一度の間隔で評価が行われていることを
考慮する必要があります。

- **トリガー関数の設定例**

  {linux:system.cpu.load.avg(1h)}>5 and {linux:agent.ping.nodata(10m)}=1

- **実際の動作**

  linux ホストに設定されている system.cpu.load と agent.ping のキーを持つアイテムのいずれか
  で監視データを取得した時点と、nodata( ) が含まれるため内部的に30秒に一度の間隔で評価が
  行われます。評価時点でトリガー条件式全体が評価され、その時点における直近1時間の system.
  cpu.load の平均値と agent.ping の監視データが直近10分以内に存在するかどうかの判定結果が
  利用されます。

トリガー評価の際には、すでに収集済みの過去データを利用することが多くあります。
トリガー条件式内に avg、max、min、count などの過去データを利用するトリガー関数
を利用している場合のほか、複数のアイテムを利用しているときに評価のタイミングに
よって収集済みの直近の過去データを利用する場合、時刻系関数を利用している場合も
同様に過去データへの参照が発生します。

Zabbix 2.0以前のバージョンでは、トリガー評価時点での過去データへの参照にデー
タベース内の保存済み監視データを直接利用していました。大規模環境でトリガーの設
定数が多い場合にはデータベースへの負荷も大きくなることから、Zabbix 2.2以降では
トリガー評価のために利用する過去の監視データを一定期間キャッシュしておく
ValueCache という領域をメモリ上に確保するしくみが搭載されています。

トリガーの評価に必要な過去の監視データが ValueCache に存在していれば、トリガー
評価のためにデータベースからデータを取得する必要がなくなり、トリガー評価処理の
負荷を大幅に軽減できます。パフォーマンスに関しては**12.7節**でより詳細に解説します。

5.1.6
予測トリガー関数

Zabbix 3.0では、障害を予測検知するトリガー関数の機能が追加されました。指定し

た将来の特定の時点の値を過去の収集データから予測し、実際に障害が発生する前に検知できます。

予測検知のために次のトリガー関数を利用できます。

- **forecast**：将来の特定の時点の値を予測する
- **timeleft**：特定の値に到達するまでどの程度残り時間があるかを予測する

ディスクの空き容量の予測を例に挙げると、forecast関数を利用した場合は「12時間後に空き容量が10％を下回る場合に障害を検知する」ことができ、timeleft関数では「空き容量が10％を下回るまで残り12時間になった場合に障害を検知する」ことができます。閾値や予測する将来の時間はそれぞれパラメータで指定できます。また予測関数は、すでに収集済みの監視データから将来を予測するしくみになっており、利用する過去データの期間や、どの統計関数を利用して将来を予測するかも、パラメータで指定します。そのため、実際の利用ではこれらのパラメータをどのように指定するかによって予測の精度が大きく変わってきます。

次にそれぞれのトリガー関数のパラメータについて示します（**表5.1-5**、**表5.1-6**）。

```
forecast(sec|#num,<timeshift>,time,<fit>,<mode>)
```

●**表5.1-5　forecast関数のパラメータ**

パラメータ	説明
sec|#num	予測値の算出に利用する過去データの期間またはデータの個数を指定
timeshift	予測値の算出に利用する値を過去にずらす場合、その期間を指定
time	予測したい将来の時間を現在からの経過秒数で指定
fit	使用する統計関数を指定
mode	予測値の算出結果として求める値の種類をvalue（デフォルト）、max、min、delta、avgから指定

```
timeleft(sec|#num,<timeshift>,threshold,<fit>)
```

●**表5.1-6　timeleft関数のパラメータ**

パラメータ	説明
sec|#num	予測の算出に利用する過去データの期間またはデータの個数を指定
timeshift	予測の算出に利用する値を過去にずらす場合、その期間を指定
threshold	予測したい値を指定
fit	使用する統計関数を指定

統計関数（fitパラメータ）の指定には、次のものが利用できます。

- linear ：線形近似（デフォルト）
- polynomialN：多項式近似
- exponential ：指数近似
- logarithmic ：対数近似
- power ：累乗近似

たとえば、直近10日間の収集済みデータを利用して12時間後のディスクの空き容量を予測して10%を下回る際に障害とする場合は、次のトリガー条件式を利用します。

```
{host:vfs.fs.size[/,pfree].forecast(10d,,12h)}<10
```

直近10日間の収集済みデータを利用してディスクの空き容量が10%を下回るまでの残り時間を予測し、12時間を切った際に障害とする場合は、次のトリガー条件式を利用します。

```
{host:vfs.fs.size[/,pfree].timeleft(10d,,10)}<12h
```

これらのトリガー条件式では、fitパラメータの指定を行っていないため、デフォルトのlinear（線形近似）が利用されます。ディスクの使用率は大幅に増減することなく、ある一定の割合で増減することが想定されるため、この統計関数を利用しています。

値の増減がより激しいCPU使用率やネットワークトラフィック、Webのアクセス数などを対象にする場合は、ほかの統計関数の利用も検討することになりますが、適切な統計関数と過去データの利用期間はシステムによって異なってくるため、利用にあたっては実際の監視データを利用してテストを繰り返す必要があります。

統計関数のトリガーは、計算アイテムでも利用でき、予測した結果の値をグラフに描画して現在値と比較することもできます。統計関数を利用する際には、あらかじめ計算アイテムを利用して結果が期待するものになっているかどうかを確認したうえでトリガーに設定することをお勧めします。

5.1.7
イベントの相関関係

Zabbix 3.2以降では、トリガーのタグを利用して障害を自動的にクローズできます。個々のトリガーの設定では指定したタグを持つ過去の障害をクローズする設定が行えま

すが(**5.1.2項**)、これは同じトリガー設定から発生した障害にのみ有効です。イベントの相関関係の設定では、トリガーをまたいだ自動クローズ処理を設定できます。

　またイベントの相関関係では、過去の障害のクローズだけでなく、新規に発生した障害のクローズも行えます。適切に活用することで、重複している障害を自動的にクローズし、注力すべき障害のみを残してわかりやすく障害の発生状況を確認できるようになります。たとえば、次のような利用があります。

- ポート監視、プロセス監視、ログ監視など複数のトリガーを設定して同じアプリケーションの監視を行っている場合、いずれかのトリガーで障害が発生した際にほかのトリガーによる障害を自動的にクローズしたり、いずれかのトリガーが正常に戻った際にほかのトリガーも自動的にクローズしたりできる
- ログ監視で同じメッセージが大量に出力される場合に、初回のログに基づく障害のみを残し、以降のログによる障害は自動クローズする

　イベントの相関関係の設定は、メニューの[設定]→[イベントの相関関係]画面で行います。この画面では、作成済みの設定の一覧が表示され、サブメニューの[相関関係の作成]ボタンをクリックして新規に設定を作成できます。設定項目の詳細を次に示します。

相関関係タブ

　指定した内容を実行する条件を設定します。新規に障害が発生した場合にこの条件が評価され、一致する場合はあとに解説する「実行内容」の設定が実行されます(**図5.1-7**)。

●図5.1-7　イベントの相関関係の設定

- **名前**
  相関関係の名称を設定します。

- **実行条件と新規条件**
  新規条件から条件とタグを設定して[追加]リンクをクリックして「実行条件」に追加します。「実行条件」には設定されている条件が表示されます。

- **説明**
  説明書きを設定します。

実行条件に追加できる条件とタグは次のものがあります。

- **古いイベントのタグ**
- **新しいイベントのタグ**
- **新しいイベントのホストグループ**
- **イベントタグのペア**
- **古いイベントのタグの値**
- **新しいイベントのタグ値**

実行内容

相関関係タブで設定した条件が一致する障害イベントが発生した場合に実行する内容を設定します。Zabbix 4.0の時点で実行できる内容は次の2つのみです。

- **古いイベントのクローズ**
  条件に一致した過去のイベントに対してクローズ処理を行います。

- **新しいイベントのクローズ**
  条件に一致した場合、発生した新規の障害をクローズします。

5.2
アクションの設定

　Zabbixでは、障害発生時や復旧時に実行する動作の設定をアクションと呼びます。ア
クションを設定することで、トリガーのステータスが変化しイベントが生成されたとき
に、リアルタイムに特定の動作を実行できます。

　適切なアクションを設定することにより、システム管理者へのリアルタイムな障害通知や、
障害の自動復旧などを行うことができ、システムのダウンタイムを最小限に抑えられます。

　アクションは、ホスト／アイテム／トリガー単位に設定するのではなく、Zabbixシス
テムの全体から実行条件としてホストグループ／ホスト／トリガーの深刻度／時刻など
を組み合わせて設定を行うため、多数の監視項目がある場合でも効率よく設定を行うこ
とができます。

　実行するアクションはシステム管理者へのメール送信だけでなく、Jabberプロトコル
によるチャットメッセージの送信や、Zabbixサーバー／Zabbixエージェントにスクリプ
トを実行させることもできます。送信するメールの件名や本文もWebインターフェース
から個別に設定できるため、個々の障害内容に応じて実行する内容や送信するメールの
内容を変えるなど柔軟に設定できます。

　また、アクションではエスカレーションを利用することで、繰り返し通知や障害の継
続時間に応じた実行内容の動的な変更を行うことができます（**図5.2-1**）。

●図5.2-1　エスカレーションの動作

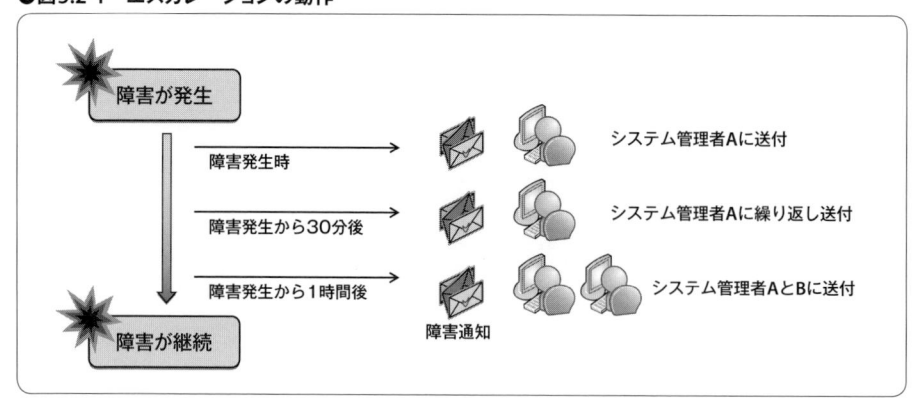

5.2.1
設定されているアクションの一覧画面

　設定されているアクションの表示は、メニューから[設定]→[アクション]をクリックし、サブメニューのイベントソースドロップダウンリストから[トリガー]を選択します（図5.2-2）。

●図5.2-2　アクションの一覧画面

❶ アクションの設定名　❷ アクションを実行する条件　❸ アクションで実行する内容
❹ アクションのステータス

5.2.2
アクションの設定

　アクションの設定画面では、上部の4つのタブを利用して設定を行います。

- アクション　　　：障害通知を行う条件を設定する
- 実行内容　　　　：障害通知の内容を設定する
- 復旧時の実行内容：復旧通知の内容を設定する

・更新時の実行内容：障害対応コメントの入力時や深刻度の変更時の通知内容を設定する

　各タブの設定を行い、下部の[保存]ボタンをクリックして設定を保存します。各タブ
の設定項目の詳細を次に示します。

アクションタブ

　アクションタブでは、アクションの設定名と障害通知を行う条件を設定します（**図5.2-3**）。アクションを実行する条件は、ホストやホストグループ、トリガーなど複数の条件を組み合わせて設定できます。トリガーが障害と判定されてイベントが生成されたときに条件と一致するかが評価され、一致した場合は「実行内容」タブに設定されている内容が実行されます。

●図5.2-3　アクションの設定画面

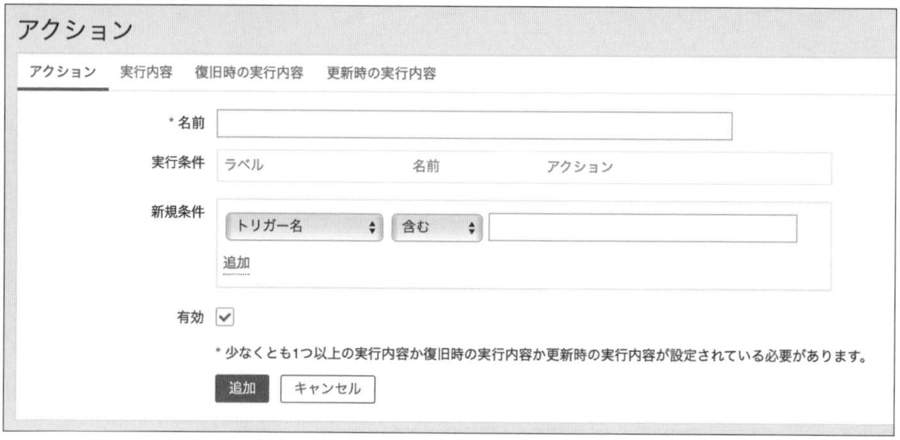

アクション

アクション	実行内容	復旧時の実行内容	更新時の実行内容

* 名前	
実行条件	ラベル　　　　　　　名前　　　　　　アクション
新規条件	トリガー名 ▼　　含む ▼
	追加
有効	✔
	* 少なくとも1つ以上の実行内容か復旧時の実行内容か更新時の実行内容が設定されている必要があります。
	追加　　キャンセル

　各設定項目の詳細は次のとおりです。

・**名前**
　アクションの設定名です。

・**実行条件**
　アクションの実行条件を設定します。条件の追加は、[新規条件]の領域で追加する条件を選択して必要な項目を入力し、[追加]ボタンを押して行います。実行条件は**表5.2-1**の項目を組み合わせて指定できます。
　複数の条件を指定した場合、「計算のタイプ」設定が表示され、**表5.2-2**に記載の方法のうちどれを使って各条件を評価するかを設定できます。

- **有効**

  アクション設定の有効／無効を設定します。

●表5.2-1　実行条件に利用できる項目

項目	説明
アプリケーション	アイテムで設定したアプリケーションを指定して条件を設定
タグ	障害のタグ名を指定して条件を設定
タグの値	障害のタグの値を指定して条件を設定
テンプレート	使用しているテンプレートを指定して条件を設定
トリガー	トリガーを指定して条件を設定
トリガーの深刻度	トリガーの深刻度を指定して条件を設定
トリガー名	トリガー名に特定の文字列が含まれているかどうかを指定して条件を設定
ホスト	ホストを指定して条件を設定
ホストグループ	ホストグループを指定して条件を設定
メンテナンス期間中	ホストがメンテナンス期間中か期間外かの条件を設定
期間	曜日、時間を指定して条件を設定。時間の指定のフォーマットは例外の監視間隔やワーキングタイムの設定と同様

●表5.2-2　計算のタイプで利用できる項目

項目	説明
And/Or	すべての条件を自動的にAndまたはOrで組み合わせる。同じ項目名の条件が複数ある場合(例：ホスト＝Aとホスト＝B)はOr条件、それ以外はAnd条件になる
And	すべての条件をAndで組み合わせる
Or	すべての条件をOrで組み合わせる
カスタム条件式	And/Orを自由に組み合わせて設定できる。選択肢の右側が入力可能なフォームになり、「A and (B or C)」の形式で組み合わせを記載する

アクション実行条件に設定できたトリガーのステータス条件　Column

　Zabbix 3.2以降では、復旧通知の実行内容を細かく設定できるようになりました。その機能強化と併せて、以前のバージョンではアクションの実行の条件に利用できた「トリガーのステータス(障害／正常)」の条件がなくなり、実行条件には「トリガーのステータス＝障害」の条件が暗黙的に含まれるようになりました。

実行内容タブ

　実行内容タブでは、[アクション]タブで指定した条件にマッチする障害イベントが生成された場合に実行する内容を設定します。設定を追加するためには、[実行内容]の領

域にある[新規]リンクをクリックし、表示される[実行内容の詳細]の設定を行って[追加]リンクをクリックします（**図5.2-4**）。複数の設定を登録でき、1つのアクション設定で送信先ごとに内容の異なるメールを送付したり、メール通知とスクリプト実行の双方を行ったりできます。

●**図5.2-4　実行内容の詳細領域**

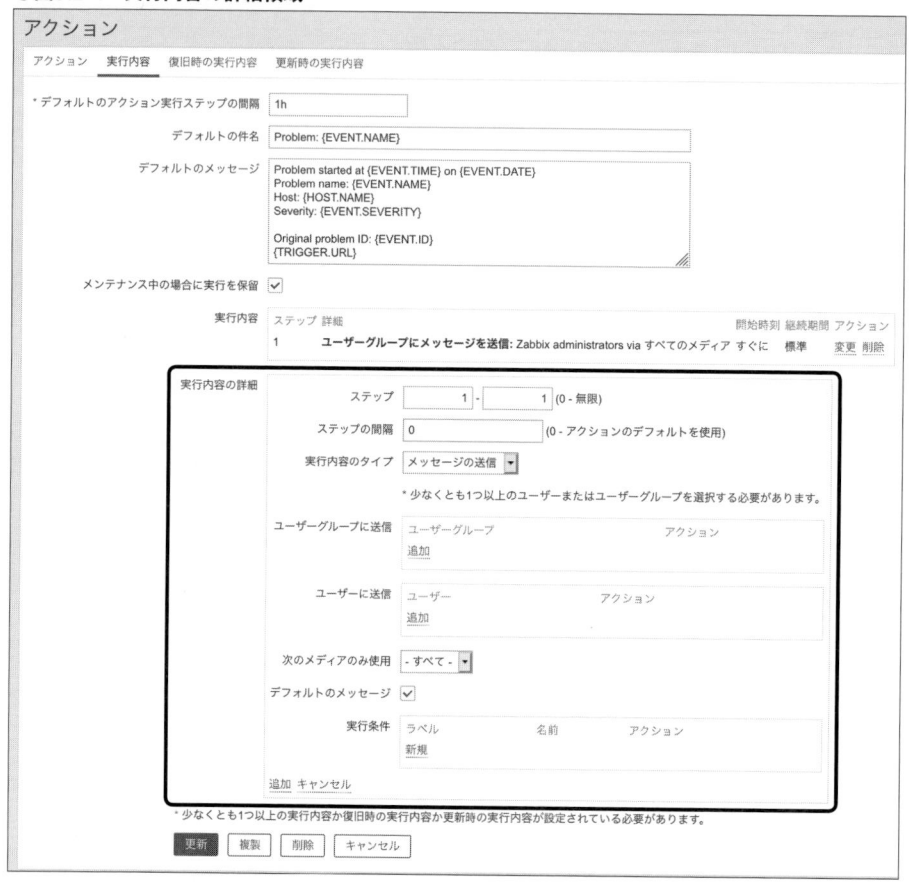

アクションの実行には大きく分けて「メッセージの送信」と「リモートコマンド」があり、[実行内容のタイプ]設定を切り替えることでどちらの方法を利用するかが決まります。それぞれで設定する内容が異なるため、それぞれに固有の設定項目は個別に設定方法を解説します。

実行内容タブで「メッセージの送信」「リモートコマンド」に共通する設定項目それぞれ

の詳細は次のとおりです。

- **デフォルトのアクション実行ステップの間隔**
  アクションのエスカレーション機能を利用する場合に関連する項目です。内部的にエスカレーションのステップを1つ進めるための間隔を設定します。エスカレーションの機能については**5.2.3項**で詳細を解説します。

- **デフォルトの件名とデフォルトのメッセージ**
  デフォルトで利用する障害通知の件名とメッセージ本文を設定します。メール送信を行う場合は、そのままメールの件名と本文になります。マクロを利用でき、デフォルトの状態でも{HOST. NAME}や{TRIGGER.NAME}、{ITEM.NAME}などが利用されています。これらは、アクション実行時に実行するきっかけとなったイベントの情報から実際の設定値に展開されて実行されます。利用できるマクロの一覧は**Appendix**を参照してください。

- **メンテナンス中の場合に実行を保留**
  障害発生元のホストがメンテナンス中の場合は、アクションの実行を保留します。チェックを付けた場合、アクションの実行条件にマッチするイベントが発生しても、ホストがメンテナンス中ならアクションを実行しません。メンテナンス終了時に障害が継続していた場合はアクションを実行します。

- **実行内容の詳細の「ステップ」と「ステップの間隔」**
  アクションのエスカレーション機能を利用する場合に関連する項目です。ステップを設定することで、障害発生から一定期間が経過したときにアクションを実行するように設定できます。エスカレーションの機能については**5.2.3項**で詳細を解説します。

- **実行内容の詳細の「実行内容のタイプ」**
  実行内容のタイプを次のいずれかから選択します。メッセージの送信とリモートコマンドの違いは**3.2節**でも解説しています。
    - メッセージの送信：障害通知メールの送信やアラートスクリプト（Zabbixサーバー上のスクリプト）の実行を行う
    - リモートコマンド：Zabbixエージェントにコマンドを実行させたり、SSH/Telnetで監視対象にログインしてのコマンド実行やIPMIコマンドの実行を行ったりする

- **実行内容の詳細の「実行条件」**
  イベントが障害確認済みの状態によってアクションを実行するかどうかを設定できます。特にエスカレーションを利用している場合に、アクションの実行元になったイベントに障害対応コメントが入っているときは通知を送信しないように設定できます。

メンテナンス中のアクション実行 Column

　メンテナンス中のアクションの実行動作は、Zabbix 3.2以降で変更になりました。3.0以前のバージョンでは実行条件で「メンテナンス期間 期間外」を設定した場合、メンテナンス期間中に発生した障害がメンテナンス終了時も継続しているとき、メンテナンス終了時点で新しくイベントを再生成してアクションを実行します。メンテナンス終了時にイベントを再生成してしまうことで、不要にイベントが増えてしまうだけでなく、本来どのような障害であったかの追跡がしにくくなります。

　このことから、3.2以降ではメンテナンス終了時の障害イベントの再生成の挙動自体がなくなり、アクションの設定でメンテナンス中のアクションを遅延させることができるようになりました。

■[メッセージの送信]を選択した場合の設定項目

　「実行内容のタイプ」に「メッセージの送信」を選択した場合、Zabbixに登録されているユーザーアカウントに対して通知の実行を行うことができます。ユーザーアカウントに設定されているメディア（送信先の設定）とメディアタイプに設定されている送信方法を使い、最終的にメッセージが送信されます。

　メディアタイプでは通知の方法として、メールサーバーを指定したメール通知、Jabberプロトコルを利用したチャットメッセージ送信、Zabbixサーバー上のスクリプト実行を指定でき、ユーザーには送信先とどのメディアタイプを利用するかを指定するしくみになっています。

　ユーザーアカウントを指定するしくみであるため、最終的に通知が実行されるかはユーザーアカウントの権限設定の影響を受けます。アクションを実行するきっかけになったイベントの発生元ホストに対して「表示のみ」または「表示／設定」の権限を持つユーザーに対してのみ最終的に通知が実行されます。

- **ユーザーグループに送信、ユーザーに送信**
  メッセージの送信先をユーザーグループまたはユーザーから選択します。ユーザーグループを選択した場合は、所属するユーザー全員に送信されます。

- **次のメディアのみ使用**
  「すべて」以外を選択した場合、ユーザーに設定されている通知先のうち、特定のメディアタイプを利用している通知先のみを使用します。

- **デフォルトのメッセージ**
  チェックを付けた場合は、「デフォルトの件名」「デフォルトのメッセージ」の設定内容を通知に利用します。チェックを外した場合は、「件名」「メッセージ」の設定項目が表示され、デフォルトの送信内容を上書きできます。

■[リモートコマンド]を選択した場合の設定項目

リモートコマンドを選択した場合には、Zabbixサーバー、Zabbixプロキシサーバー、監視対象において次の方法で任意のコマンドを実行できます。

- **Zabbixエージェントにコマンドを実行させる**
- **Zabbixサーバーにコマンドを実行させる**
- **IPMIコマンドを実行する**
- **SSH/Telnetを利用してログインを行い、コマンドを実行する**
- **グローバルスクリプトを実行する**

プロキシ経由のリモートコマンド　　　　Column

　Zabbix 3.4からは、Zabbixプロキシを経由したリモートコマンドの実行に対応しました。以前のバージョンでは、Zabbixサーバーから直接接続できるZabbixエージェントで実行することしかできませんでした。Zabbixプロキシ経由の実行に対応したことで、リモート拠点などに設置されているサーバー上でのコマンドによる自動復旧などもできるようになりました。

障害発生時に障害発生元の監視対象上で任意のコマンドを実行できるため、障害を自動復旧したり、障害発生時に必要な情報を収集したりするなど、運用の自動化に活用できます（**図5.2-5**）。

●図5.2-5　リモートコマンド選択時の設定画面

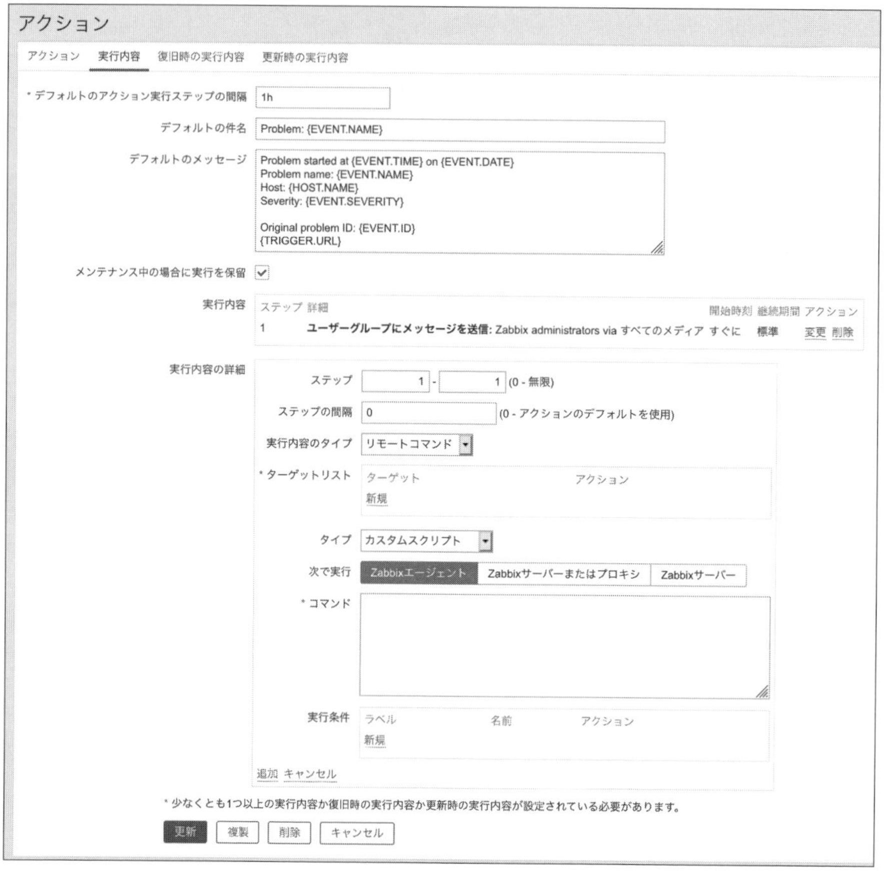

- **ターゲットリスト**

  次の3つからコマンドを実行する対象を選択します。ターゲットには複数の対象を設定できます。
  - 現在のホスト　　：イベントを生成するもとになったホスト
  - ホスト　　　　　：任意のホストを選択
  - ホストグループ：任意のホストグループを選択。コマンドは選択したホストグループに所属する

- **タイプ**

  コマンドを実行する方法を選択します。
  - IPMI　　　　　　　　　：IPMIデバイスに対してコマンドを実行する。コマンドの設定はリスト5.2-1に例を示す。IPMIで利用する認証設定などは、ホスト設定の[IPMI]タブの内容が利用される
  - カスタムスクリプト　：Zabbixエージェント、Zabbixプロキシ、Zabbixサーバープロセ

```
スがコマンドを実行する
```

- SSH、Telnet ：SSHやTelnetを利用して監視対象にログインし、コマンドを実行する。ログインに利用するユーザー名やパスワードは、アクションの実行内容ごとに設定する。SSHの場合は、公開鍵を利用した認証も利用できる
- グローバルスクリプト：Webインターフェースからのコマンド実行機能であるグローバルスクリプトの設定を利用したコマンド実行が行える。グローバルスクリプトは**12.2節**で解説する

●リスト5.2-1 コマンド設定の例

```
power on
power off
power reset
```

- **次で実行**
  「タイプ」で「カスタムスクリプト」を選択した場合の設定です。実行する場所を選択します。
  - Zabbixエージェント ：Zabbixエージェントでコマンドを実行する
  - Zabbixサーバーまたはプロキシ：実行する対象のホストがZabbixサーバー直接の監視か、Zabbixプロキシ経由の監視かにより、ZabbixサーバーまたはZabbixプロキシサーバーで実行する
  - Zabbixサーバー ：Zabbixサーバーでコマンドを実行する
- **認証方式、ユーザー名、パスワード、ポート、公開鍵ファイル、秘密鍵ファイル、キーのパスフレーズ**
  「タイプ」で「SSH」「Telnet」を選択した場合の設定です。接続のための認証方式やユーザー名、パスワード、SSH公開鍵などを設定します。

- **コマンド**
  実行するコマンドを設定します。タイプがIPMIの場合はIPMIコマンドを、グローバルスクリプトの場合はグローバルスクリプトの設定を選択し、それ以外の場合はOS上で実行するコマンドをそのまま記載します。

Zabbixエージェント、サーバー、プロキシでコマンド実行する場合の注意点　Column

　Zabbixエージェントでリモートコマンドを実行するためには、あらかじめzabbix_agentd.confに次のパラメータを設定しておく必要があります。この設定は、セキュリティの観点からデフォルトでは無効になっています。

```
EnableRemoteCommands=1
```

　また、エージェントには、リモートコマンドに関連してLogRemoteCommandsパラメータも存在します。実行したリモートコマンドの詳細をzabbix_agentd.logに記録するかどうかの設定です（デフォルトで無効）。これも必要に応じて変更しておくとよいでしょう。Zabbixプロキシにも同様の設定パラメータがあります。

　Zabbixエージェント、Zabbixサーバー、Zabbixプロキシでコマンドを実行させる場合、これらのZabbixプロセスはデフォルトでOSのzabbixユーザー権限で動作していることに注意してください。実行したコマンドもユーザーアカウントzabbixで実行したことになるため、rootアカウントでのみ実行できるようなコマンドの場合は権限エラーとなり実行できません。

　zabbix_server.conf、zabbix_proxy.conf、zabbix_agentd.confのそれぞれには、AllowRootパラメータ（デフォルトで無効）やUserパラメータ（デフォルトでzabbix）があり、root権限でプロセスを起動したり、起動ユーザーを変更したりできます。root権限で起動した場合、リモートコマンドと組み合わせるとZabbixサーバーからあらゆるコマンドが実行できてしまうため、運用上のセキュリティに注意が必要です。より安全な方法としては、sudoを利用することで、Zabbixエージェントをroot権限で起動せず、個別のコマンドに対してのみrootでの実行を許可できます。

復旧時の実行内容タブと更新時の実行内容タブ

　復旧時の実行内容と更新時の実行内容タブではそれぞれ、障害が復旧した場合の通知と、障害確認やメッセージの入力などを行った場合の通知を設定します。設定は必須ではありません。障害通知が送信されたときに、それに対する復旧通知や更新通知が必要な場合に設定します（**図5.2-6**）。

●図5.2-6　復旧時の実行内容タブ

- 復旧時の実行内容タブ：障害が復旧した場合に通知する内容を設定する
- 更新時の実行内容タブ：障害の確認やメッセージの入力、深刻度の変更を行った場合に通知する内容を設定する

　設定する内容は、[実行内容]タブとほぼ同一です。「メッセージの送信」と「リモートコマンド」を利用でき、実行したい内容を同様に設定できます。そのため、ここではそれぞれの設定内容について解説しません。これらのタブが[実行内容]タブと異なっているのは、「実行内容のタイプ」に「障害通知送信済みのユーザーすべてにメッセージを送信」が利用できる点です。

　「障害通知送信済みのユーザーすべてにメッセージを送信」を選択した場合、送信できるのはメッセージのみで、リモートコマンドは利用できません。また、メッセージの送信先も指定できず、メッセージはこれまでに障害通知を利用したユーザー全員に送信されます。

5.2.3
エスカレーションを利用したアクションの設定例

　基本的なアクションの設定例は**第3章**のクイックスタートガイドで解説を行っているため、ここではエスカレーション機能を利用したアクションの設定を解説します。Zabbixサーバー側でコマンドを実行するアラートスクリプト、ZabbixエージェントやIPMIでコマンドを実行

するリモートコマンドの設定例については**11.3節**で具体的に設定例を挙げて解説します。

　エスカレーションを利用することで、障害発生時にはリアルタイムにシステム管理者にメッセージの送信を行い、1時間以上復旧しない場合はグループ全体にメールを送信するなど障害の継続時間に応じて実行する内容を変化させることができます。

　例として、**表5.2-3**の条件をもとにアクションの設定を行います。基本的には**3.3節**と同様ですが、エスカレーションの機能を有効にして障害が継続した場合のアクションを設定します。障害発生からの時間に応じて、メールの送信する人や内容が変化するようにします（**リスト5.2-2**、**リスト5.2-3**）。

●表5.2-3　例として解説する条件

項目	解説
設定名	Linux Servers の障害／復旧通知
メッセージ送信の条件	ホストグループ Linux Servers に所属するホストの障害発生時／復旧時
エスカレーションの条件	障害発生時に Admin ユーザーにメール送信し、障害が1時間経過した場合は Zabbix administrators グループにメールを送信。グループに送付するメールには件名に [WARNING] の文字列を加え、障害が継続していることをわかりやすく表示する

●リスト5.2-2　メッセージ(1):Adminユーザーに送付するメッセージ

```
件名：障害が発生したトリガー名：トリガーのステータス
本文：
障害発生日時
障害が発生したトリガー名：トリガーのステータス
障害が発生したときの収集データ
```

●リスト5.2-3　メッセージ(2): Zabbix administratorsユーザーグループに送付するメッセージ

```
件名：[WARNING] 障害が発生したトリガー名：トリガーのステータス
本文：
障害発生日時
障害が発生したトリガー名：トリガーのステータス
障害が発生したときの収集データ
```

　Zabbixでは、アクションが実行されると内部でステップがカウントされます。エスカレーションを利用するかどうかにかかわらず、イベントが生成されて条件に一致するアクション設定が存在した場合には、アクションが実行されてステップに1が自動的に設定されます。その後、アクションの実行のもとになったトリガーが正常に戻って復旧の

イベントが生成されるか、手動でクローズされるまでは、[実行内容]タブの「デフォルトのアクション実行ステップの間隔」に設定されている時間が経過するたびにステップが1ずつカウントアップされます。

アクションの[実行内容]タブでは、メッセージの送信やリモートコマンドの設定ごとに「ステップ」を設定できます。ここで指定されたステップに到達したとき、設定された内容が実行されるようになっています。ステップはデフォルトで「1-1」に設定されており、これは「初回のアクション動作のときのみ実行する」ことを意味します。複数の実行内容を設定し、ステップの数字をずらすことで、障害が継続している間ステップごとに異なることを実行できます。

このステップのカウント動作は内部的に escalator プロセスが自動的に行っており、Web インターフェースからは現在のステップのカウント状況を確認する方法がありません。そのため内部動作を理解していないとわかりづらいかもしれませんが、ステップのカウントは自動的に行われ、アクションの実行内容ではステップ番号を指定して障害通知を設定すればよいと理解しておけば、設定はそれほど難しくありません。

また、エスカレーションを利用して複数の通知を行った場合、復旧通知や更新時の通知は、「実行内容のタイプ」設定に「障害通知送信済みのユーザーすべてにメッセージを送信」を選択すると、それまでに障害通知を送信したユーザー全員に送信できます。

アクションタブ

アクションタブではアクションを実行する条件としてホストグループの設定を行います（**表5.2-4**）。

●**表5.2-4 アクションの設定例**

項目	設定値
名前	Linux servers の障害／復旧通知
実行条件	ホストグループ 等しい Linux servers

実行内容タブ

アクションの実行内容タブでは、「デフォルトのアクション実行ステップの間隔」を1h に設定し、Admin ユーザーへの通知用と Zabbix administrators ユーザーグループへの通知用に2つの設定を行います。Admin ユーザーに送信するメッセージは、デフォルトの件名と本文を使用します（**表5.2-5**）。Zabbix administrators グループに送信するメッセージは、「デフォルトのメッセージ」のチェックを外し、個別に設定を行います。

●表5.2-5　実行内容の設定例

項目	設定値	
デフォルトのアクション実行ステップの間隔	1h	
デフォルトの件名	デフォルトのまま	
デフォルトのメッセージ	デフォルトのまま	
実行内容(1)	ステップ	1-1
	ステップの間隔	0
	実行内容のタイプ	メッセージの送信
	ユーザーに送信	Admin
	次のメディアのみ使用	すべて
	デフォルトのメッセージ	チェックする
	実行条件	設定しない
実行内容(2)	ステップ	2-2
	ステップの間隔	0
	実行内容のタイプ	メッセージの送信
	ユーザーグループに送信	Zabbix administrators
	次のメディアのみ使用	設定しない
	デフォルトのメッセージ	チェックしない
	件名	Zabbix administrators に送信するメールの件名を設定
	メッセージ	Zabbix administrators に送信するメールの本文を設定
	実行条件	設定しない

　エスカレーションを利用する場合、実行内容タブの「アクションの実行条件」設定で「障害確認のステータス 等しい 未確認」の条件を設定しておくと、障害発生後に障害確認機能を利用して手動でエスカレーションによるメールの送信を停止できます。障害確認機能の詳細は**12.1.2項**で解説しています。

5.2.4
内部イベントによるアクション

　Zabbixは内部イベントというしくみを有しており、アイテム、トリガー、ローレベルディスカバリルールの状態が次のようになった場合に、内部的に専用のイベントを生成しています。内部イベントが生成される動作はデフォルトで有効であり、生成されたイベントはWebインターフェースから確認できません。

- アイテムが取得不可の状態になったり、取得不可の状態から正常に戻った場合
- トリガーが不明の状態になったり、不明の状態から正常に戻った場合
- ローレベルディスカバリルールが取得不可の状態になったり、取得不可の状態から正常に戻った場合

アイテムやローレベルディスカバリルールは、監視対象に接続できる状態でキーの設定を誤った場合や、スクリプト実行による監視を行っている際にスクリプト自体がエラーとなった場合などに取得不可の状態になります。監視対象と通信できない場合は、ホスト自体が通信不可の状態になり、アイテムの状態はエラーにならないことに注意してください。

トリガーは、条件式で利用しているアイテムの状態が取得不可になったり、トリガーの条件式の評価自体がエラーになった場合に不明状態になります。

これらの各設定が実際の監視を行う処理でエラーの状態になった場合、Zabbixサーバーは内部イベントを生成し、データベースに保存します。その際にアクションで内部イベントに関する設定を有効にしている場合は指定した管理者に通知できます。

内部イベントによる通知の設定は、メニューから[設定]→[アクション]をクリックして開く画面で、サブメニューの[イベントソース]ドロップダウンリストから[内部イベント]を選択します。デフォルトで次の3つのアクションが設定されており、無効の状態になっています。

- **Report not supported items**
  ：アイテムが取得不可になったことを通知する設定
- **Report not supported low level discovery rules**
  ：ローレベルディスカバリが取得不可になったことを通知する設定
- **Report unknown triggers**
  ：トリガーが不明の状態になったことを通知する設定

内部イベントによるアクション設定では、メディアタイプを利用した通知のみが可能です。利用できる実行条件もこの3種類しかないため、必要に応じてデフォルトで登録されているアクションの通知先設定を変更し、設定を有効にして利用するのがよいでしょう。

第6章
グラフィカル表示の設定

本章では、登録したホスト設定やアイテムで収集した情報、トリガーで設定した障害検知設定をもとに、Webインターフェース上に情報をグラフィカル表示するグラフ／マップ／スクリーン／ダッシュボード機能を解説します。Webインターフェースから操作することにより、動的に表示したい期間や表示方法を変化させることができます。適切なグラフィカル表示設定を行っておくことで、システムのリソース使用状況の傾向や、障害発生時のシステムの稼働状況の可視化をより的確に行えるようになります。

6.1

グラフの設定

　Zabbixでは、複数の監視項目のデータを1つのグラフに重ね合わせて表示できます（**図6.1-1**）。**第3章**で解説したとおり、Zabbixでは特に設定を行わなくてもアイテムごとのグラフを生成できますが、CPU使用率のsystem値、user値、idle値などの項目や、Webサーバーへのコネクション数とCPU使用率、ネットワーク使用率などを1つのグラフに表示することにより、より詳細にシステムリソースの使用状況を把握できるようになります。

●図6.1-1　グラフ

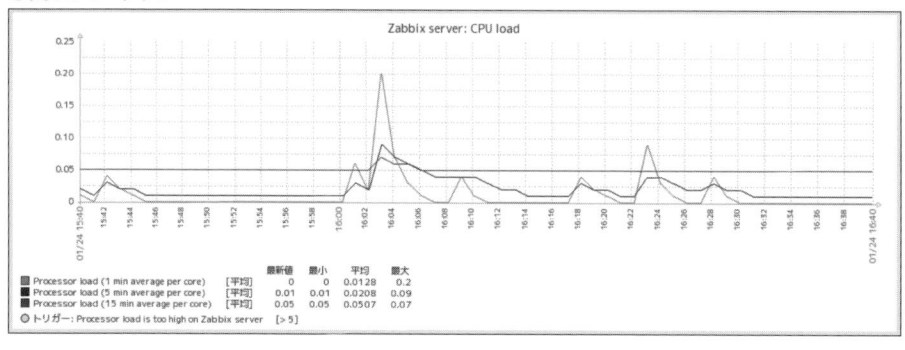

　グラフに使用されるデータは、ヒストリデータが存在する期間はヒストリデータを使用し、ヒストリデータの保存期間を超えた期間を表示する場合はトレンドデータを使用します。ヒストリとトレンドの保存期間設定はアイテムごとに設定できます（**4.3節**のアイテムの設定を参照）。

6.1.1
設定されているグラフの一覧

　設定されているグラフの一覧は、メニューから［設定］→［ホスト］をクリックし、ホスト一覧で［グラフ］のカラムをクリックすることで表示できます（**図6.1-2**）。グラフの設定はホスト単位で行います。

●図6.1-2　グラフ設定の一覧画面

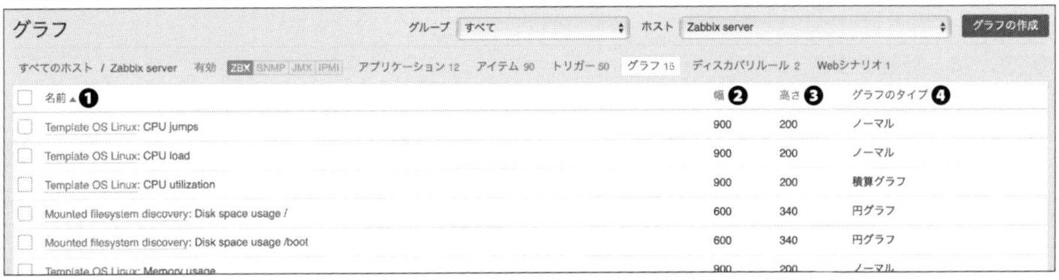

❶ グラフ名　❷ グラフの幅（ピクセル）　❸ グラフの高さ（ピクセル）　❹ グラフの表示タイプ

6.1.2
グラフの設定

　グラフの設定画面では、グラフの基本設定とグラフ上に表示するアイテムの設定を行います（**図6.1-3**）。グラフの設定項目の詳細を次に示します。グラフの設定は［グラフのタイプ］の選択によって設定する項目が変わるため、ここではグラフのタイプ別に設定を解説します。

●図6.1-3　グラフの設定画面

折線グラフと積算グラフ

　グラフのタイプに［ノーマル］や［積算グラフ］を選択すると、折線グラフや積算グラフを作成できます（**図6.1-4**、**図6.1-5**）。CPUロードアベレージ値やメモリ使用量などさま

ざまなアイテムを1つのグラフ上に表示できます。

●図6.1-4　折線グラフ

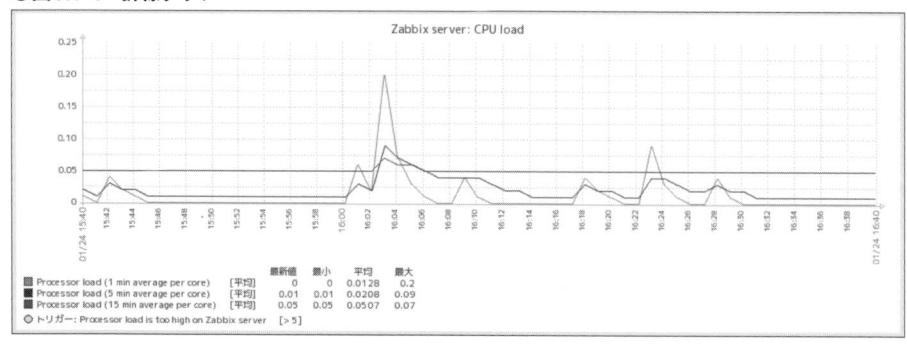

●図6.1-5　積算グラフ

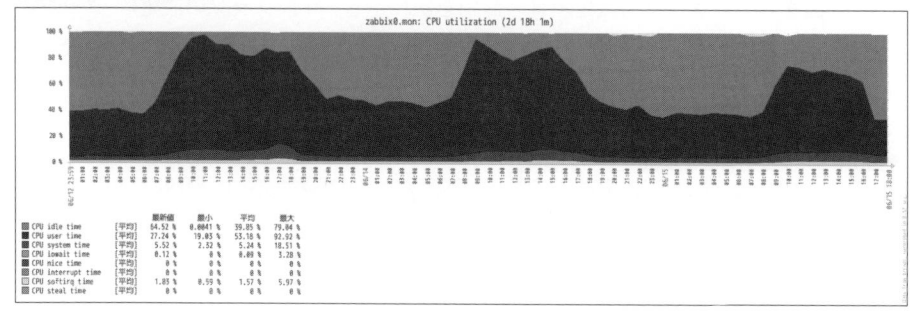

折線グラフの設定項目を次に解説します。

- **名前**

  グラフの名前を設定します。設定名やグラフのタイトルとして使用されます。

- **幅と高さ**

  グラフの幅と高さをピクセルで設定します。

- **グラフのタイプ**

  折線グラフの場合は[ノーマル]を選択し、積算グラフの場合は[積算グラフ]を選択します。

- **凡例を表示**

  チェックを入れるとグラフの下にアイテムや数値の凡例を表示します。

- **ワーキングタイムの表示**

  チェックを入れると[設定]→[一般設定]で設定したワーキングタイム外の時間をグレーで表示します（**第9章**の図9.1-14参照）。

- **トリガーを表示**
  チェックを入れると、グラフに表示したアイテムにトリガーが設定されている場合、閾値のラインを表示します（**図6.1-6**）。

●**図6.1-6 閾値のラインが表示されたグラフ**

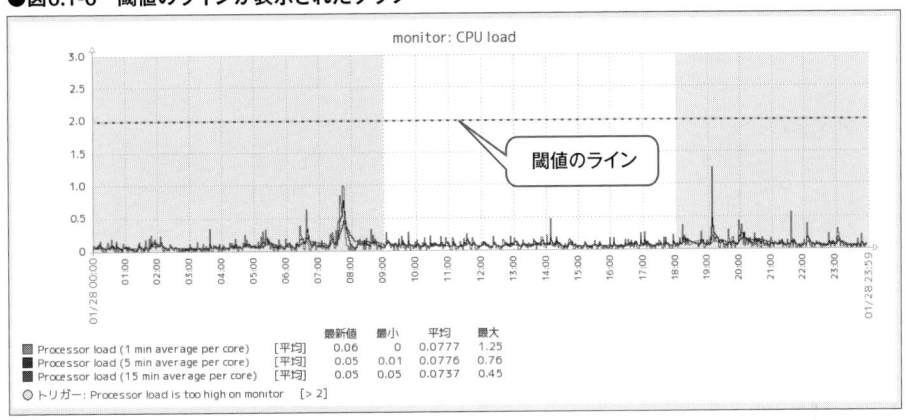

- **パーセンタイルライン（左）と（右）**
  チェックを入れると数値を入力するボックスが表示され、グラフ上に設定したパーセンタイルのラインを表示します（**図6.1-7**）。パーセンタイルは、グラフ表示に利用されたデータの指定したパーセントの位置にある値を意味します。（左）（右）は左右どちらのY軸を使用するかの違いです。折線グラフの場合のみ設定できます。

●**図6.1-7 パーセンタイルラインが引かれたグラフ**

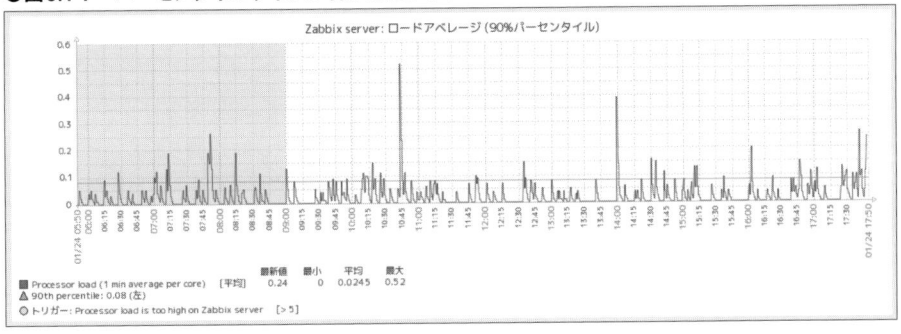

- **Y軸の最小値と最大値**
  グラフ上に表示するY軸の最小値と最大値を設定できます。設定は**表6.1-1**の3種類から選択します。

●表6.1-1　Y軸の最小値と最大値の選択項目

項目	解説
計算	グラフ上の値に応じてY軸の表示幅が自動的に変化
固定	数値指定でY軸の幅を固定
アイテム	指定したアイテムの収集値を利用してY軸の表示を固定。ネットワークインターフェースのリンク速度を収集するアイテムのデータをグラフのY軸の最大値に設定するなど、Y軸の最大値と最小値を自動的に設定できる

- **アイテム**

  グラフ上に表示するアイテムを選択し、線種や色の設定を行います。[追加]ボタンを押すと存在するアイテムのリストが表示されるため、追加したいアイテムの左にあるチェックを入れてから[選択]ボタンをクリックします。アイテムは複数選択して同時に追加でき、追加後に色や線種などを変更できます。

■グラフに追加したアイテムの詳細設定

グラフに追加したアイテムのリスト領域では、次の設定を行うことができます（**図6.1-8**）。

●図6.1-8　グラフに追加するアイテム設定画面

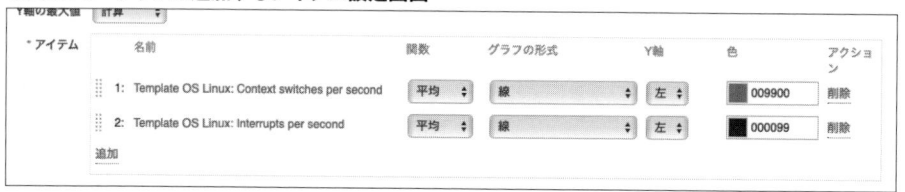

- **関数**

  グラフの表示にトレンドデータが使用された場合に、トレンドデータに保存されている1時間の最大値／最小値／平均値のうちどのデータを利用するかを選択します（**表6.1-2**）。ヒストリデータが利用された場合はこの設定は利用されず、ヒストリデータがそのまま表示されます。

- **グラフの形式**

  折線グラフの表示形式を**表6.1-3**から選択します。

●表6.1-2　関数で選択できる項目

項目	解説
すべて	最大値、最小値、平均値のすべてを表示
最小	最小値のみ表示
平均	平均値のみ表示
最大	最大値のみ表示

●表6.1-3　折線グラフの表示形式

項目	解説
線	通常の線で表示
面	線より下の領域を塗りつぶして表示
太線	太線で表示
点線	点線で表示
破線	破線で表示
グラデーション	線より下の領域を透過グラデーションで表示

- **Y軸**

  使用するY軸を[左][右]から選択します。1つのグラフに複数のアイテムを表示した場合に、単位の違いなどに応じて左右のY軸を使い分けることができます。

- **色**

  グラフの色を選択します。色はテキストボックスに16進数の形式で設定するか、色で表示されているアイコンをクリックすることで112色から選択できます。

　アイテムのリストでは、各アイテムの左にある ⁚⁚ をドラッグして移動することで順序を入れ替えることができます。グラフを表示する際にはリストの上から順に奥から描画されるようになっているため、必要に応じて見やすい表示になるように順序を調整してください。

円グラフと分解円グラフ

　グラフのタイプに[円グラフ]または[分解円グラフ]を選択すると、**図6.1-9**、**図6.1-10**のような円グラフを作成できます。複数のアイテムの合計値が固定値になる場合に利用することで、各項目の割合をわかりやすく表示できます。円グラフと分解円グラフの設定項目は同じであるため、一緒に設定項目を解説します（**図6.1-11**）。

●図6.1-9　円グラフ

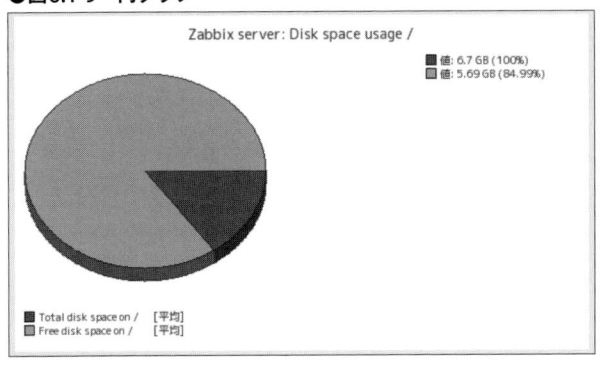

●図6.1-10　分解円グラフ

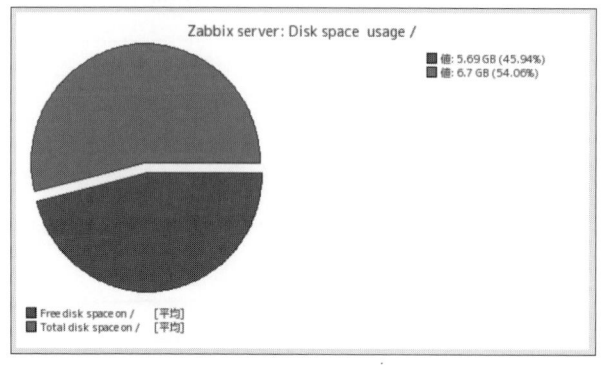

●図6.1-11　円グラフの設定画面

- **名前**

  グラフの名前を設定します。設定名やグラフのタイトルとして使用されます。

- **幅と高さ**

  グラフを表示する際の幅と高さをピクセルで設定します。

- **グラフのタイプ**

  [円グラフ]または[分解円グラフ]を選択します。

- **凡例を表示**

  チェックを入れると円グラフや分解円グラフに凡例を表示します。

- **3D表示**

  チェックを入れると円グラフを3D表示にできます(図6.1-9)。

- **アイテム**

アイテムの設定項目ではグラフ上に表示するアイテムを選択し、線種や色の設定を行います。[追加]ボタンを押すと存在するアイテムのリストが表示されるため、追加したいアイテムの左にあるチェックを入れてから[選択]ボタンをクリックします。アイテムは複数選択して同時に追加でき、追加後に色や線種などを変更できます。

■グラフに追加したアイテムの詳細設定

グラフに追加したアイテムのリスト領域では、次の設定を行うことができます。

- **タイプ**

選択したアイテムのデータの表示方法を**表6.1-4**から選択します。

●**表6.1-4　アイテムのタイプで選択できる項目**

項目	解説
標準	アイテムのデータを円グラフ上に表示する
グラフの合計値	アイテムのデータを円グラフ全体の合計値として使用する

- **関数**

トレンドデータに保存されている1時間の[最大値][最小値][平均値]、ヒストリデータの[最新値]のうち、どのデータを利用するかを選択します。

- **色**

グラフの色を選択します。色はテキストボックスに16進数の形式で設定するか、色で表示されているアイコンをクリックすることで112色から選択できます。

6.2
マップの設定

　Zabbixでは、ネットワークマップを作成／表示できます。ネットワークマップでは、ホスト／ホストグループ／トリガーをアイコンとして登録し、障害の有無に応じてアイコンを動的に変化させることができます。また、アイコン間をネットワークの線で結び、任意のトリガーを関連付けることで障害の有無に応じて線の色や種類を動的に変化させることができます。マップを利用することにより、システム全体の状況をグラフィカルに表示できます（**図6.2-1**）。

●図6.2-1　マップ画面

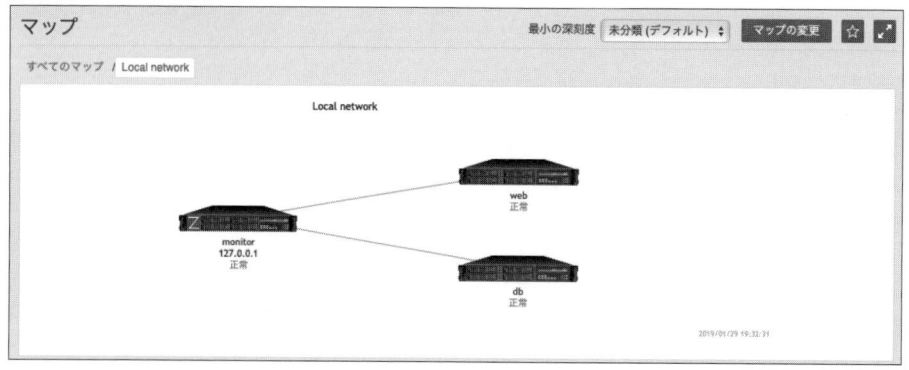

　Zabbix 3.0以降、マップは設定も表示も［監視データ］メニューから行えるようになり、設定メニューへのアクセス権がないユーザーでも作成できるようになりました。作成したマップはユーザーアカウント別に保存され、ほかのユーザーと共有したい場合は共有設定を利用できます。共有の設定方法は**6.5節**で解説します。

6.2.1
設定されているマップの一覧

　設定されているマップの一覧はメニューから［監視データ］→［マップ］をクリックしてマップ画面を表示し、左上の［すべてのマップ］リンクをクリックすると表示できます（**図6.2-2**）。

●図6.2-2　マップ設定の一覧画面

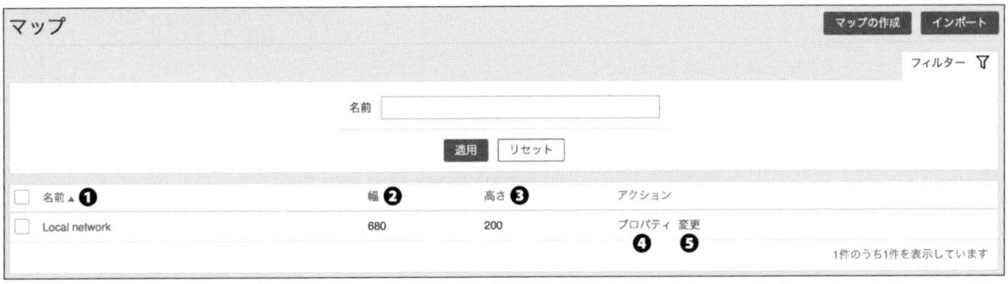

❶マップの設定名　❷マップの幅（ピクセル）　❸マップの高さ（ピクセル）　❹マップのプロパティ設定画面を開く
❺マップの詳細設定画面を開く

6.2.2
マップの設定

　マップの設定には、マップの基本的な設定を行う「マップのプロパティ設定」画面と、マップ上に配置するアイコンやコネクタの設定を行う「マップの詳細設定」画面の2つがあります。マップを新規作成するためには、サブメニューの「マップの作成」をクリックし、「マップのプロパティ設定」を行って保存してから、「マップの詳細設定」を行います。

マップのプロパティ設定

　マップのプロパティ設定画面では、マップの大きさや背景画像など基本的な設定を行います（**図6.2-3**）。マップのプロパティ設定の設定項目の詳細を次に示します。

●図6.2-3　マップのプロパティ設定画面

- **所有者**
  このマップの所有ユーザーアカウントを設定します。デフォルトは現在ログインしているユーザーアカウントが入ります。

- **名前**
  マップの名前を設定します。設定名として使用されるほか、マップのタイトルとしても使用されます。

- **幅と高さ**
  マップの幅と高さをピクセルで設定します。

- **背景のイメージ**
  マップの背景に使用する画像を選択します。使用する画像は[設定]→[一般設定]をクリックし、サブメニューの[イメージ]設定で登録した画像から選択します（イメージの詳細は**9.1.3項**を参照）。

- **アイコンの自動マッピング**
  アイコンの種類を自動で選択設定する場合に、利用するマッピング設定を選択します。右に表示される「アイコンの自動マッピングを表示」リンクをクリックするとマッピング設定画面に移動できます。利用方法は**6.2.4項**でも解説しています。

- **アイコンのハイライト**
  チェックした場合は、アイコンに設定したホストやトリガーに障害が発生した際に、アイコンの背景にトリガーの深刻度に対応した色を表示します。

- **トリガーの状態が変化した要素をマーク**
  チェックした場合はトリガーのステータス変化が直近に発生した場合に、アイコンの周囲に赤いマークを表示します。

- **障害数の表示**
  アイコンに障害を表示する方法の設定を選択します（**表6.2-1**）。

●**表6.2-1　障害数の表示に選択できる項目**

項目	解説
障害が1件のときにトリガー名を表示	障害が1件のときはトリガー名、2件以上のときは障害件数を表示
障害の数のみ	常に障害の件数のみを表示
障害の数と最も深刻度の高いトリガー名を表示	障害の数と、最も深刻度の高い障害のトリガー名を表示

- **拡張ラベル**
  チェックした場合、アイコンに関連付ける設定の種別ごとにラベルの種類を細かく設定できるようになります。

- **アイコンのラベルのタイプ**
  アイコンの近くに表示する説明であるラベルに表示する内容を設定します。ラベルには**表6.2-2**の表示を行うことができます。［なし］以外を指定した場合は、併せて正常／障害／不明のステータスも表示されます。

●**表6.2-2　アイコンラベルのタイプに選択できる項目**

項目	解説
ラベル	個々のアイコンごとに表示する文字列を設定できる
IPアドレス	アイコンに利用しているホストのIPアドレスを表示する。アイコンのタイプがホストグループやトリガーの場合はラベルが表示される
アイコン名	アイコンに利用しているホスト／ホストグループ／トリガーの名前を表示する
ステータスのみ	正常／障害／不明のステータスのみ表示する
なし	何も表示しない

- **アイコンのラベルの位置**
  マップ上のアイコンに表示するラベルのデフォルト位置を［上］［下］［左］［右］から選択します。個々のアイコン設定時に設定を上書きできます。

- **障害の表示**
  アイコンの下に表示する障害のステータスの表示方法を**表6.2-3**の3つから選択します。

●表6.2-3　障害の表示に選択できる項目

項目	解説
すべて	現在発生している障害の数を表示
障害数と未確認数を表示	現在発生している障害の数と、障害対応コメント未入力の障害数の両方を表示
未確認のみ	障害対応コメントが未入力の障害数を表示

- **最小の深刻度**
  マップを表示するときに利用するトリガー深刻度のデフォルトのフィルター設定を選択します。
  この設定はデフォルトの設定であり、マップ表示の際にはフィルターから表示する深刻度を選
  択できます。

- **メンテナンス中の障害を表示**
  メンテナンス状態になっているホストの障害を表示するかを設定します。

- **URL**
  アイコンをクリックしたときに表示されるポップアップに追加するURLリンクを設定します。

マップの詳細設定

　マップの詳細設定画面では、マップに配置するアイコンやネットワークの線の設定を
行います（**図6.2-4**）。マップの各表示要素は、アイコン配置し、各アイコンをコネクタで
結んでネットワークの線を書くという手順で設定を行います。マップの詳細設定は、最
後に右上の[更新]ボタンを押すことで保存されます。アイコンを配置したり、ネットワー
クの線を描いたりしたあとに、[更新]ボタンを押さずにほかの画面へ移動したり、ブ
ラウザを閉じたりしてしまうとそれまでの設定が失われてしまうため注意してください。
マップの設定画面では次の操作を行えます。

- アイコンを追加／削除(サブメニューの[アイコン：追加/削除]のリンクをクリック)

- 図形を追加(サブメニューの[図形：追加/削除]のリンクをクリック)

- アイコンの位置を変更(マップ上のアイコンをドラッグ＆ドロップ)

- ネットワークの線を追加／削除([Shift] を押しながらマップ上の2つのアイコンを選択
  し、サブメニューの[リンク：追加/削除]をクリック)

- アイコンの設定ウィンドウを開く(マップ上のアイコンをクリック)

●図6.2-4　マップの詳細設定画面（いくつか設定を行った画面）

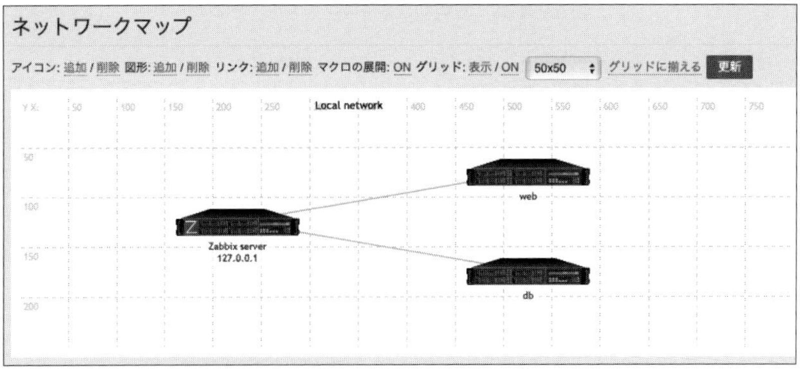

アイコンの設定画面の詳細を次に示します。

■アイコンの設定
アイコンの設定画面では、次の設定を行うことができます（**図6.2-5**）。

●図6.2-5　アイコンの設定画面

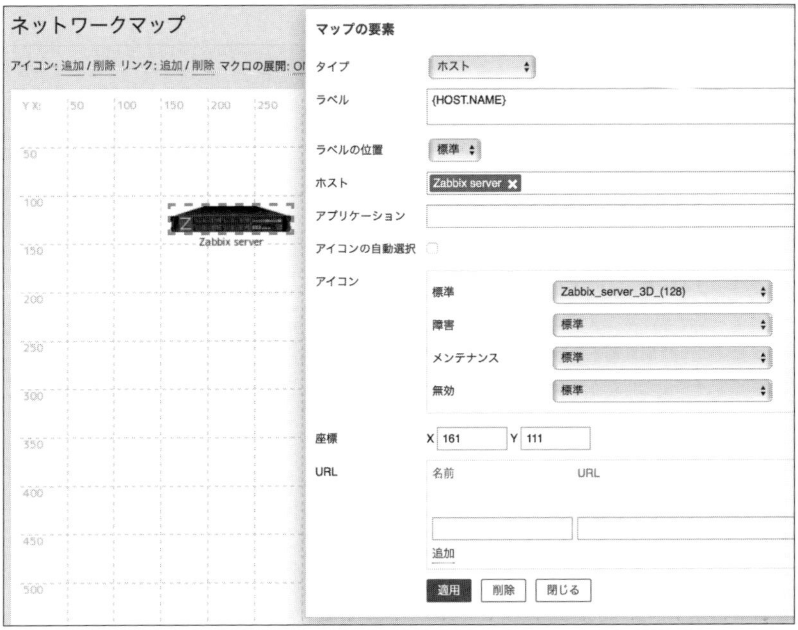

- **タイプ**

  アイコンに関連付ける設定を**表6.2-4**から選択します。

●**表6.2-4　アイコンに関連付ける設定**

項目	解説
ホスト	ホストに設定されたトリガーのステータスによってアイコンを変化させることができる
マップ	ほかのマップへのリンクを設定できる。マップを選択した場合、アイコンには選択した先のマップ上に設定されているアイコンの障害発生数の合計が表示され、アイコンをクリックした際に［サブマップ］リンクが表示される。サブマップ側では上部に［上位レベルのマップ］リンクが表示され、アイコンのタイプにマップを指定した場合は疑似的にマップを階層化できる
トリガー	トリガーのステータスによってアイコンを変化させることができる
ホストグループ	表示設定に［ホストグループ］を選択した場合は、指定したホストグループに属するホストのステータスによって障害数を表示したり、アイコンを変化させたりする。表示設定に［ホストグループ内のホスト］を選択した場合は、指定したホストグループに属するホストのアイコンを自動的に並べて配置できる。アイコンの自動描画機能は**6.2.3項**で解説する
イメージ	関連付けを行わず、画像のみを配置する

- **ラベル**

  マップの基本設定で、［アイコンラベルのタイプ］で［ラベル］を選択した場合はアイコンの近くに表示される説明として利用されます。ラベルにはマクロを利用できます。利用できるマクロの一覧は**Appendix**を参照してください。

- **ラベルの位置**

  マップ上のアイコンに表示する説明の位置を［標準］［上］［下］［左］［右］から選択します。［標準］を選択すると、マップの基本設定で行った［ラベルのデフォルト位置］の設定が利用されます。

- **ホスト、ホストグループ、トリガー、マップ**

  タイプの設定項目で選択した設定によって、ホスト、ホストグループ、トリガー、マップの入力項目が表示されます。それぞれアイコンに関連付けるホスト、ホストグループ、トリガー、マップを選択します。

- **アプリケーション**

  表示する障害の深刻度数をアイテムのアプリケーション設定でフィルターしたい場合は選択します。

- **アイコンの自動選択**

  ［管理］→［一般設定］の「アイコンのマッピング」設定のルールに基づき、ホストのインベントリ設定の内容によってアイコンを自動選択する場合にチェックします。この設定は、マップの基本設定で「アイコンの自動マッピング」設定を行っている場合のみ有効にできます。アイコンの自動描画機能については**6.2.3項**で解説します。

- **アイコン**

  マップに配置するアイコンの画像を選択します。標準(正常状態)、障害、メンテナンス、無効

のそれぞれの状態について個別にアイコン画像を設定することが可能です。アイコン画像のリストから[標準]を選択した場合、標準の項目で選択したアイコンが利用されます。[アイコンの自動選択]にチェックを入れた場合、アイコンは手動選択できなくなります。

- **X座標、Y座標**
  アイコンが配置されているマップ上の座標が表示されます。座標に数値を指定して設定することもできます。

- **URL**
  アイコンをクリックした際に表示されるポップアップに追加するURLリンクを設定します。

- **リンク**
  アイコンに接続されているネットワークの線の設定を行います。リンクの設定項目は、アイコンの間にリンクを描画した場合のみ表示されます。

■リンクの詳細設定

リンク領域の「変更」をクリックすることで設定画面が開き、次の設定を行うことができます（**図6.2-6**）。

●図6.2-6　コネクタの詳細設定画面

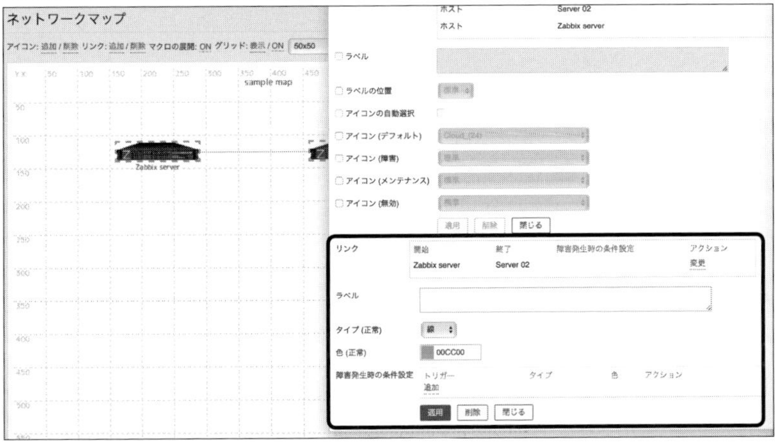

- **ラベル**
  リンクの線の上に表示する文字列を設定します。マクロを利用できます（利用できるマクロの一覧は **Appendix**参照）。

- **タイプ（正常）、色（正常）**
  通常（正常）時の線種と色を設定します。

- **障害発生時の条件設定**
  障害が発生した際にリンクを変化させる場合に、障害を判定するトリガーと表示する線の種別と色を設定します。1つのリンクに対して複数の設定を行うことができるため、たとえばネットワークのリンクダウン時は破線の赤、トラフィックの増大時は太線の黄色など、障害の内容に応じて複数の変化のパターンを設定できます。[追加]ボタンをクリックすることで設定画面を開くことができます（**図6.2-7**）。

●図6.2-7　障害発生時の条件設定画面

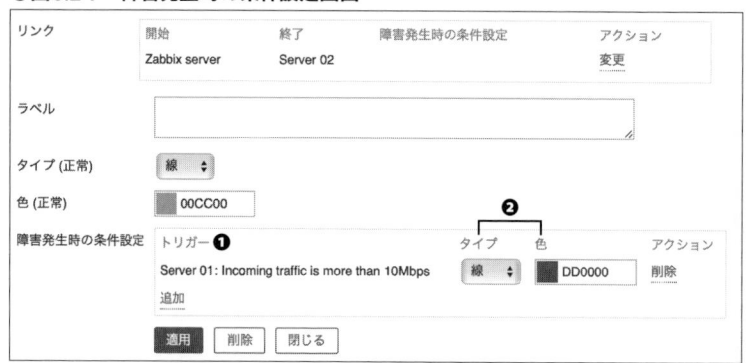

❶ ネットワークの線の障害を判定するトリガーを設定する
❷ トリガーが障害のステータスに設定されている場合に使用する線の種類と色を選択する

6.2.3
アイコンの自動描画

　アイコンのタイプ選択で「ホストグループ」を利用した場合、ホストグループ内のホストを指定した領域に自動的に並べて配置できます。この機能を利用することで、マップのアイコンの配置を自動化でき、設定の手間を削減できます。

　また、ホストグループにホストを追加するだけでマップ上にも自動的にアイコンを配置できるため、セグメント単位のホストグループ管理とマップ作成を行うことでマップの作成を半自動化することが可能です。さらに、**13.2節**で解説するネットワークディスカバリと組み合わせて利用することで、ホストの登録自体も自動化してセグメントごとのマップ自動描画を実現できます。

　マップの自動描画機能を利用するためには、マップ上に配置したアイコンに以下の設定を行います。

- **タイプ：ホストグループ**
- **表示：ホストグループ内のホスト**

- エリアタイプ：アイコンを配置する領域を選択
- ラベル：自動的に配置するホストに利用するアイコンを選択。{HOST.NAME}などのマクロを利用することでアイコンに利用されるホストの設定値を表示できる
- ホストグループ：描画したいホストグループを選択
- アイコン：自動的に配置するホストに利用するアイコンを選択

　上記の設定を行うと、マップ上にアイコンを自動描画する範囲がグレーで表示されます（**図6.2-8**）。この状態で［監視データ］→［マップ］画面からマップを閲覧すると、マップ上に指定したホストグループのアイコンが自動的に配置されています（**図6.2-9**）。

●図6.2-8　アイコン自動描画の範囲

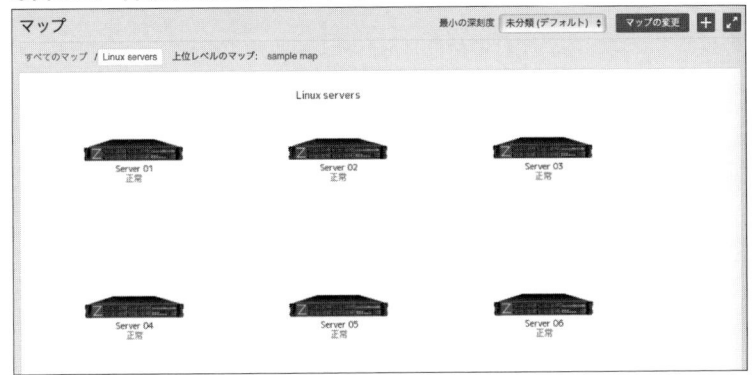

●図6.2-9　自動的に配置されたアイコン

6.2.4
アイコンの自動選択

　アイコンの自動描画機能を利用した場合、配置されるアイコンがすべて同じものになってしまいます。アイコンの自動選択機能を利用することで、ホストのインベントリ設定を利用してアイコンを自動的に選択でき、より正確なマップを描くことができるようになります。

　アイコンの自動選択の機能を利用するためには、次の3つの設定を行う必要があります。

アイコンのマッピング設定

　［管理］→［一般設定］画面で右上のドロップダウンから「アイコンのマッピング」を選択した画面で、ホストのインベントリとアイコンの種類を関連付けることができます。アイコンのマッピング作成画面ではホストのインベントリの設定項目を選択し、含まれる文字列によって利用するアイコンを選択します（**図6.2-10**）。

●図6.2-10　アイコンのマッピングの設定

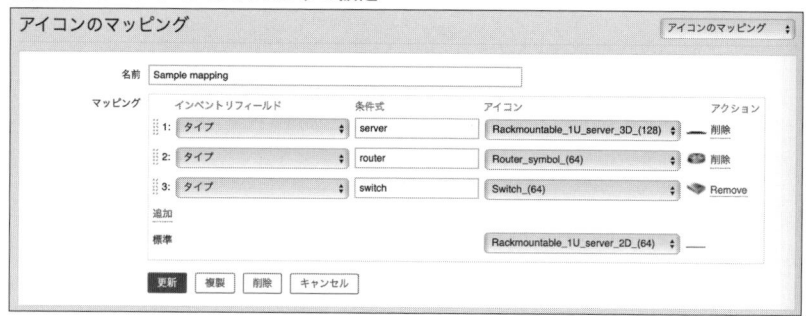

　リスト一番下の標準アイコンはいずれの条件にも合致しなかった場合に選択されるデフォルトのアイコンです。

マップの基本設定

　［監視データ］→［マップ］のマップの一覧画面から「プロパティ」リンクをクリックして開くマップのプロパティ設定画面の「アイコンの自動マッピング」の項目で、上記で作成したマッピング設定を選択します（**図6.2-11**）。

●図6.2-11　自動マッピングの設定

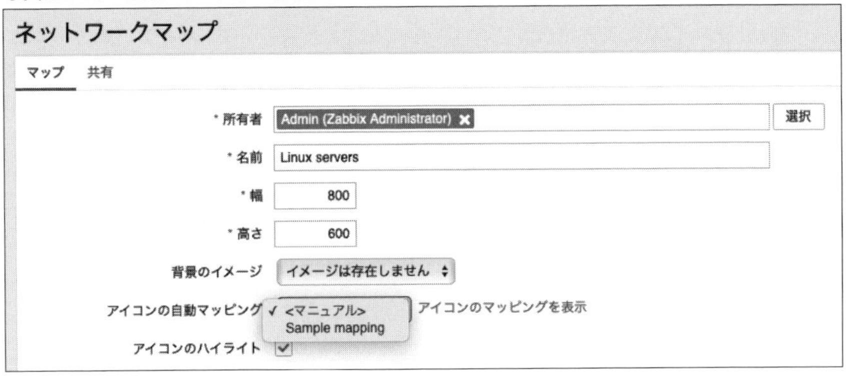

マップの詳細設定

　マップの一覧画面でマップの名前をクリックして開くマップの詳細設定画面では、アイコンを選択して開くポップアップ内の「アイコン」設定で「アイコンの自動選択」にチェックを入れます。

　アイコンの自動描画を利用しない場合でもアイコンの自動選択は利用可能です。ホストのインベントリの自動入力機能と併せて利用することで、アイコンの選択をより自動化することが可能です。

6.2.5
マップのインポートとエクスポート

　マップの設定はXML形式のファイルでインポート／エクスポートを行うことができます。設定をエクスポートするためには次の操作を行います。

- [監視データ]→[マップ]のマップ設定一覧画面でエクスポートしたいマップの左のチェックボックスにチェックを入れる
- 一覧下の[エクスポート]ボタンをクリック

　上記の操作で、選択したマップ設定がXML形式のファイルでダウンロードされます。
　マップをインポートする場合は、マップ設定の一覧画面のサブメニューの［インポート］ボタンをクリックします。ファイルをアップロードする画面が開くため、インポートしたいXMLファイルを選択してアップロードします。インポート時のオプションの詳細は**8.4節**で解説します。

　マップの設定をインポートするためには、XMLファイル内に存在するアイコンやリンクの設定に利用されているホストやホストグループ、トリガー、マップなどがあらかじめ登録されている必要があります。存在しない設定が含まれるXMLファイルをインポートするとエラーとなるので注意してください。

6.3
スクリーンの設定

　スクリーンはマップ／グラフ／イベント履歴／トリガーのステータスなどを1つの画面に複数並べて表示する機能です（**図6.3-1**）。スクリーンにはホストやホストグループに関係なく情報を配置できるので、関連するグラフなどを並べて配置してシステムの稼働状況をより容易に把握できるようになります。また、グラフは期間を指定して表示を動的に変更できるので、週間や月間の運用レポートの作成にも役立てることができます。

●**図6.3-1　スクリーン画面**

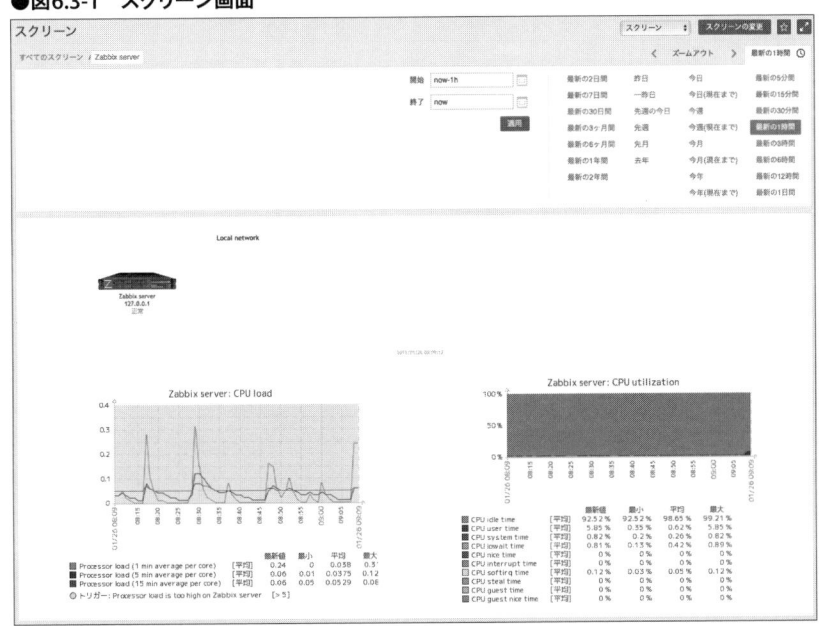

　Zabbix 3.0以降、スクリーンは設定も表示も［監視データ］メニューから行えるようになり、設定メニューへのアクセス権がないユーザーでも作成できるようになりました。作成したスクリーンはユーザーアカウント別に保存され、ほかのユーザーと共有したい場合は共有設定を利用できます。

6.3.1
設定されているスクリーンの一覧画面

　設定されているスクリーンの一覧画面は、メニューの[監視データ]→[スクリーン]を
クリックしてスクリーン画面を表示し、左上の[すべてのスクリーン]リンクをクリック
して表示できます(**図6.3-2**)。

●図6.3-2　スクリーンの一覧画面

❶ スクリーンの設定名　❷ スクリーンのセルの数　❸ マップのプロパティ設定画面を開く
❹ マップの詳細設定画面を開く

6.3.2
スクリーンの設定

　スクリーンは縦横のマス目(以降ではセルと記載)の中にどのような情報を配置するか
を選択して設定するようになっており、スクリーンの基本的な設定を行う「スクリーンの
プロパティ設定」画面と、スクリーン上に配置するグラフなどの設定を行う「スクリーン
の詳細設定」画面の2つがあります。スクリーンを新規作成するためには、サブメニュー
の「スクリーンの作成」をクリックし、「スクリーンのプロパティ設定」を行って保存して
から、「スクリーンの詳細設定」を行います。

スクリーンのプロパティ設定

　スクリーンのプロパティ設定では、スクリーンの名前とセルの大きさを設定します(**図
6.3-3**)。基本設定で設定した行と列のサイズは、詳細設定画面でも柔軟に変更できます。

- **所有者**
  このスクリーンの所有ユーザーアカウントを設定します。デフォルトでは現在ログインしてい
  るユーザーアカウントが入ります。

- **名前**
  スクリーンの名前を設定します。

- **行と列**
  スクリーン画面で配置するセルの行と列の数を設定します。

●**図6.3-3　スクリーンの基本設定画面**

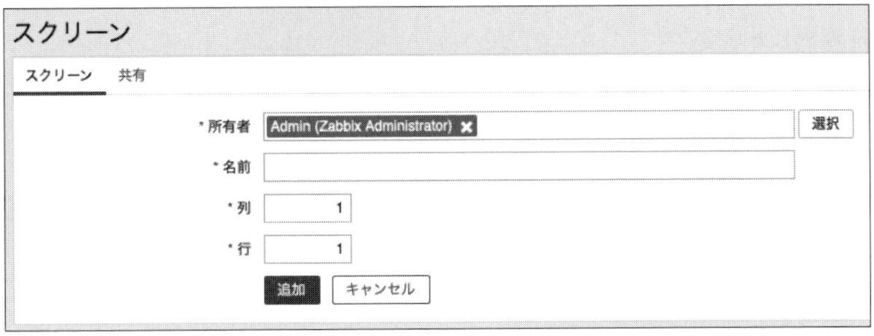

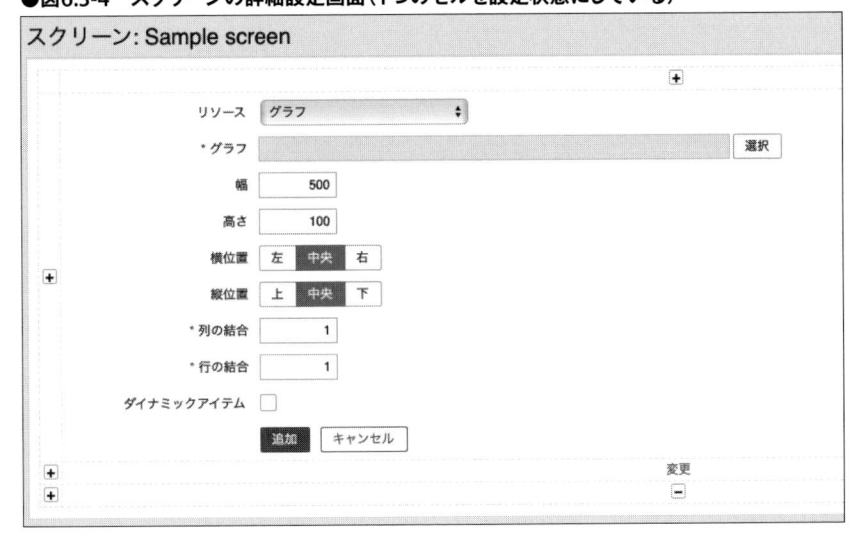

スクリーンの詳細設定

　スクリーンの詳細設定画面ではスクリーンに配置する情報の設定を行います（**図6.3-4**）。各セルに対して表示する情報を配置します。次の操作を行うことができます。

- セルに配置する情報の設定画面が開く（各セル内の［変更］リンクをクリック）
- セルの行や列を増減（セルの周りにある［+］［-］ボタンをクリック）
- セルの位置を移動（各セルをドラッグ＆ドロップ）

●**図6.3-4　スクリーンの詳細設定画面（1つのセルを設定状態にしている）**

　スクリーンのセルをクリックした際に開く設定画面の設定項目の詳細を次に示します。セルに配置する情報の設定画面では、[リソース]の項目で選択した種類に応じて設定項目が変化します。

- **[グラフ]を選択した場合**
  グラフ設定で作成した複数アイテムの重ね合わせグラフを表示します（**図6.3-5**）。設定項目は[グラフ]で、表示するグラフをグラフ設定の一覧から選択します。

●**図6.3-5　グラフ**

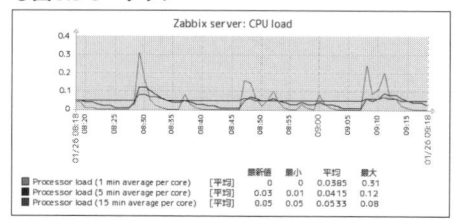

- **[グラフのプロトタイプ]を選択した場合**
  指定したローレベルディスカバリのグラフのプロトタイプ設定で自動生成されたグラフを自動的に並べて表示します。複数のインターフェースを持つサーバーやネットワーク機器を監視する場合に、ローレベルディスカバリを利用して自動作成されたすべてのグラフを1枚のスクリーンに自動的に並べて表示するといった利用が可能です。

- **[シンプルグラフ]を選択した場合**
  アイテムごとのグラフを表示します（**図6.3-6**）。設定項目は[アイテム]で、表示するグラフをアイテムの一覧から選択します。

●**図6.3-6　シンプルグラフ**

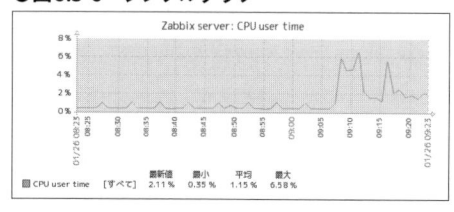

- **[シンプルグラフのプロトタイプ]を選択した場合**
  指定したローレベルディスカバリのアイテムのプロトタイプ設定で自動生成されたアイテムごとのグラフを自動的に並べて表示します。複数のディスクパーティションのマウントポイントを持つサーバーを監視する場合に、ローレベルディスカバリを利用して自動作成されたすべてのディスクの使用率のアイテムのグラフを1枚のスクリーンに自動的に並べて表示するといった利用が可能です。

- **[プレーンテキスト]を選択した場合**
  アイテムで収集したヒストリデータを表示します。設定項目は**表6.3-1**のとおりです。

●**表6.3-1 プレーンテキストの設定項目**

項目	解説
アイテム	表示するアイテムを検索または一覧から選択
表示する行数	表示するデータの行数を設定
HTMLとしてテキストを表示	チェックを入れるとHTMLでデータを表示

- **[マップ]を選択した場合**
  マップを表示します。設定項目は[マップ]で、表示するマップを一覧から選択します。

- **[スクリーン]を選択した場合**
  スクリーン中にほかのスクリーンを表示します。設定項目は[スクリーン]で、表示するスクリーンを一覧から選択します。

- **[システム情報]を選択した場合**
  Zabbixサーバーの起動状態や、ホスト、アイテム、トリガーの設定数などを表示します(**図6.3-7**)。メニューから[レポート]→[システム情報]をクリックして表示される画面と同じ情報です。

●**図6.3-7 システム情報**

システム情報		
パラメータ	値	詳細
Zabbixサーバーの起動	はい	localhost:10051
ホスト数 (有効/無効/テンプレート)	82	1 / 0 / 81
アイテム数 (有効/無効/取得不可)	102	96 / 0 / 6
トリガー数 (有効/無効 [障害/正常])	50	50 / 0 [0 / 50]
ユーザー数 (オンライン)	2	2
1秒あたりの監視項目数(Zabbixサーバーの要求パフォーマンス)	1.3	

更新時刻: 09:33:56

- **[ホスト情報]を選択した場合**
  ホストグループごとのホストの稼働状況を表示します(**図6.3-8**)。設定項目は**表6.3-2**のとおりです。

●**図6.3-8 ホスト情報 (横表示)**

ホスト情報			グループ: Linux servers
7 利用可能	0 利用不可	1 不明	**8 合計**

更新時刻: 13:18:42

●表6.3-2　ホスト情報の設定項目

項目	解説
グループ	表示するホストグループを選択する
スタイル	表示方法を［横表示］［縦表示］から選択する

- ［トリガーの情報］を選択した場合
  ホストグループごとのトリガー情報のサマリを表示します（**図6.3-9**）。トリガー情報の設定項目は表6.3-2と同様です。

●図6.3-9　トリガー情報（横表示）

トリガーの情報						ホスト：Linux servers
135 正常	0 未分類	0 情報	0 警告	1 軽度の障害	0 重度の障害	0 致命的な障害
						更新時刻：13:19:43

- ［トリガーの概要］を選択した場合
  ホストグループごとに、ホストとトリガーのステータス一覧を表示します。メニューから［監視データ］→［概要］を選択し、サブメニューでタイプに［トリガー］を選択して表示される画面と同じ情報です。設定項目は**表6.3-3**のとおりです。

●表6.3-3　トリガーの概要の設定項目

項目	解説
グループ	表示するホストグループを選択する
ホストの位置	ホストの表示位置を［上］［左］から選択する

- ［データの概要］を選択した場合
  ホストグループごとにホストと最新のアイテムデータの一覧を表示します。メニューから［監視データ］→［概要］を選択し、サブメニューでタイプに［データ］を選択して表示される画面と同じ情報です。設定項目は表6.3-3と同様です。

- ［時刻］を選択した場合
  時刻をアナログ時計で表示します（**図6.3-10**）。設定項目は［時間の形式］で、［ローカル時間］（画面を表示しているPCの時刻を表示）、［サーバー時間］（Zabbixサーバーが動作しているサーバーの時刻を表示）、［ホスト時間］（指定したホストに設定されているsyste.localtime[local]アイテムで取得している時刻を表示）から選択します。

●図6.3-10　時刻

- **[URL]を選択した場合**
  URLを指定してWebページを画面に表示します。ほかの監視ソフトウェアの管理画面などを表示して複数の監視ソフトウェアの画面を1つにまとめることができます。設定項目は[URL]で、表示するURLを設定します。

- **[アクションログ]を選択した場合**
  メニューから[レポート]→[アクションログ]を開いた画面に表示される送信したアクションの履歴と同じ情報を表示します。設定項目は[表示する行数]で、表示する行数を設定します。

- **[イベントの履歴]を選択した場合**
  メニューから[監視データ]→[障害]を開き、フィルターの[表示]の項目から[ヒストリ]を選択したときに表示されるイベントの履歴と同じ情報を表示します。設定項目は[表示する行数]です。

- **[深刻度ごとの障害数]を選択した場合**
  ホストグループごとにトリガーの障害の深刻度別に何件の障害が発生しているかを表示します。

- **[ホストの障害]を選択した場合**
  ホストごとに障害発生状況を表示します。

- **[ホストグループの障害]を選択した場合**
  ホストグループごとに障害発生状況を表示します。

6.3.3
ダイナミックスクリーンの利用

　スクリーンの詳細設定(図6.3-4)で[ダイナミックアイテム]にチェックを入れると、スクリーンの表示時にサブメニューに[ホストグループ]と[ホスト]のドロップダウンが表示されるようになり、ドロップダウンから目的のホストを選択することで同じ構成のスクリーンをほかのホストでも表示できるようになります(**図6.3-11**)。たとえばホストご

とにCPU使用率／メモリ使用率／ディスク使用率／ネットワーク使用率を1つのスクリーン内に表示するような場合でも、1つのスクリーン設定を行うだけでよいため設定を効率化できます。テンプレートにはグラフを含めることができ、同じテンプレートを適用しているホストには同一名称のグラフが存在することになるため、テンプレートの作成方法を併せて考慮しておくことが重要です（テンプレートについては**第8章**で解説）。1つでもダイナミックアイテムを使用する設定になっているセルがあると、そのスクリーン設定はダイナミックスクリーンとして扱われます。

●図6.3-11　ダイナミックスクリーンの概要

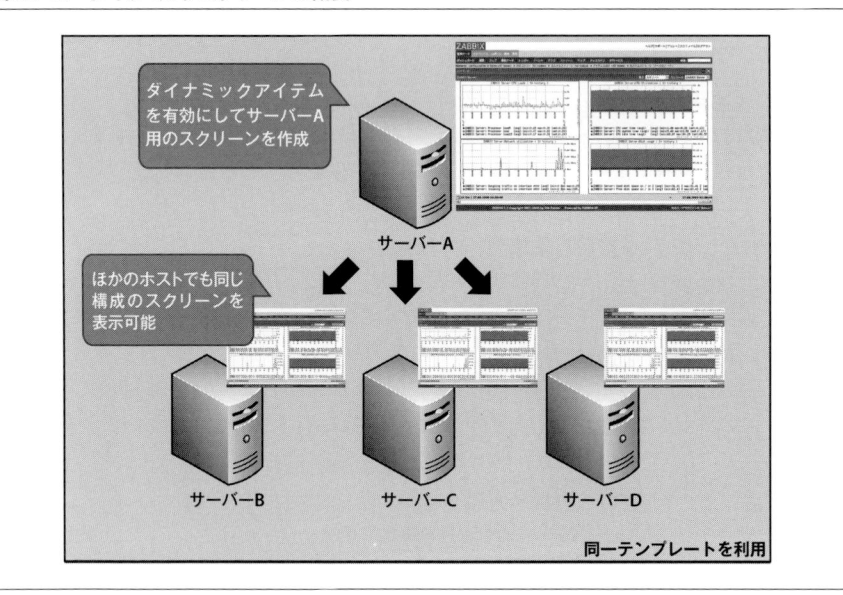

6.3.4
スクリーンのインポートとエクスポート

スクリーンの設定はXML形式のファイルでインポート／エクスポートを行うことができます。設定をエクスポートするためには以下の操作を行います。

- [設定]→[スクリーン]のスクリーン設定一覧画面で、エクスポートしたいスクリーンの左のチェックボックスにチェックを入れる
- 一覧下の[エクスポート]をクリック

　上記の操作で、選択したスクリーン設定がXML形式のファイルでダウンロードされます。
　スクリーンをインポートする場合はスクリーン設定の一覧画面の右上にある［インポート］ボタンをクリックします。ファイルをアップロードする画面が開くため、インポートしたいXMLファイルを選択してアップロードします。インポート時のオプションの詳細は**8.4節**で解説します。
　スクリーンの設定をインポートするためには、XMLファイルに記載されている設定に利用されているアイテムやグラフ、マップなどがあらかじめ登録されている必要があります。存在しない設定が含まれるXMLファイルをインポートするとエラーとなるため注意してください。

6.3.5
スライドショーの利用

　スライドショーとは、複数のスクリーンを指定した間隔で自動的に切り替えて表示できる機能です。常にZabbixの画面を表示させておき、必要な情報を自動で切り替えて表示する場合に活用できます。Zabbix 3.0以降では、スライドショーの設定も表示も［監視データ］メニューから行えるようになり、設定メニューへのアクセス権がないユーザーでも作成できるようになりました。作成したスライドショーはユーザーアカウント別に保存され、ほかのユーザーと共有したい場合は共有設定を利用できます。

設定されているスライドショーの一覧画面

　［監視データ］→［スクリーン］をクリックし、サブメニューのドロップダウンリストから［スライドショー］を選択してスライドショー画面を表示し、左上の［すべてのスライドショー］リンクをクリックして表示できます（**図6.3-12**）。

●図6.3-12　スライドショーの一覧画面

❶ スライドショーの設定名　❷ スライドショーを切り替えるデフォルトの間隔（秒）
❸ スライドショーに設定されているスクリーンの数

スライドショーの設定

スライドショーの設定項目の詳細を次に示します（**図6.3-13**）。

●**図6.3-13　スライドショーの設定画面**

- **名前**
  スライドショー名を設定します。

- **デフォルトのリフレッシュ間隔**
  画面を切り替えるデフォルトの間隔を設定します。切り替える間隔はスライドごとに上書き設定が可能です。

- **スライド**
  [追加]リンクをクリックすると、設定済みのスクリーン一覧が表示され、スライドショーで表示するスクリーンを選択できます。

6.3.6
ホストスクリーンの利用

　ここまでに解説したスクリーンはシステム全体で設定するスクリーン機能です。システムに設定されているさまざまなデータや設定を利用してユーザー定義の画面を作成できました。

　Zabbixにはほかにもホストごとに設定が可能なホストスクリーン機能があり、障害発生時などにホストのリソース情報などを一覧して確認できます。ホストスクリーンはテンプレートにのみ設定することが可能であり、以下のデータを利用できます。

- **URL**

- グラフ
- グラフのプロトタイプ
- シンプルグラフ
- シンプルグラフのプロトタイプ
- プレーンテキスト
- **時刻**

テンプレートの設定については**第8章**で解説を行うため、ここではホストスクリーンの設定について解説を行います。

ホストスクリーンの作成はメニューから［設定］→［テンプレート］をクリックして開く画面で、設定を行いたいテンプレートの「スクリーン」のリンクをクリックして行います（**図6.3-14**）。

●**図6.3-14　テンプレートの一覧画面**

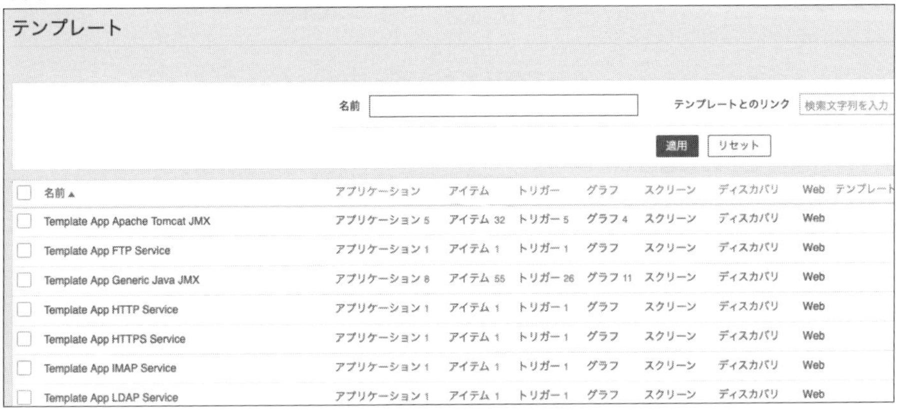

テンプレート								
名前						テンプレートとのリンク	検索文字列を入力	
					適用	リセット		
□ 名前 ▲	アプリケーション	アイテム	トリガー	グラフ	スクリーン	ディスカバリ	Web	テンプレート
□ Template App Apache Tomcat JMX	アプリケーション 5	アイテム 32	トリガー 5	グラフ 4	スクリーン	ディスカバリ	Web	
□ Template App FTP Service	アプリケーション 1	アイテム 1	トリガー 1	グラフ	スクリーン	ディスカバリ	Web	
□ Template App Generic Java JMX	アプリケーション 8	アイテム 55	トリガー 26	グラフ 11	スクリーン	ディスカバリ	Web	
□ Template App HTTP Service	アプリケーション 1	アイテム 1	トリガー 1	グラフ	スクリーン	ディスカバリ	Web	
□ Template App HTTPS Service	アプリケーション 1	アイテム 1	トリガー 1	グラフ	スクリーン	ディスカバリ	Web	
□ Template App IMAP Service	アプリケーション 1	アイテム 1	トリガー 1	グラフ	スクリーン	ディスカバリ	Web	
□ Template App LDAP Service	アプリケーション 1	アイテム 1	トリガー 1	グラフ	スクリーン	ディスカバリ	Web	

ホストスクリーンの作成は通常のスクリーンと同様、サブメニューの「スクリーンの作成」をクリックし、表示する行と列の数を設定して行います。通常のスクリーンとは異なり、同じテンプレートに含まれるグラフやアイテムのみが選択できるようになっています（**図6.3-15**）。

●図6.3-15　ホストスクリーンの設定画面

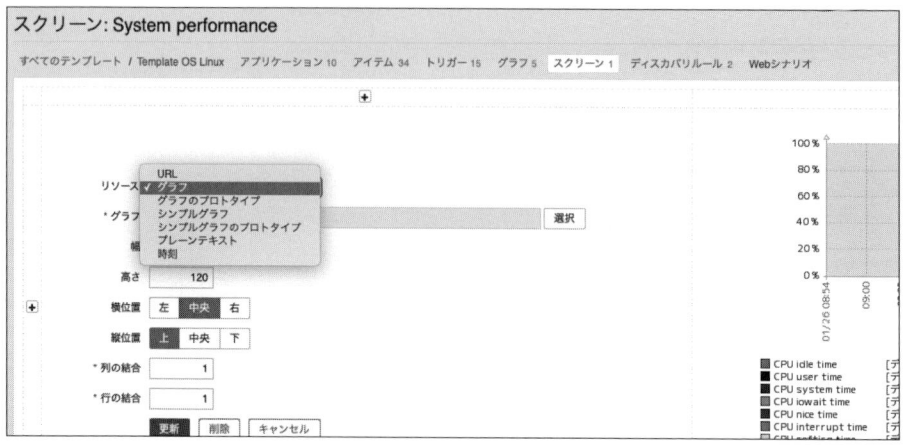

　ホストスクリーンが含まれるテンプレートをリンクすると、以下の場所からホストスクリーンを参照できるようになります。

- マップのアイコンをクリックして表示されるポップアップ
- ダッシュボードのホスト名のリンクをクリックして表示されるポップアップ
- 障害画面でホスト名のリンクをクリックして表示されるポップアップ
- 1列目メニューの右にある検索ボックスで検索した結果のホスト領域にある「スクリーン」リンクをクリック

　ホストスクリーンは、主に障害、ダッシュボード画面で障害が発生した際に詳細を確認する用途で利用できます。障害発生時に監視対象のリソース使用状況や、アプリケーションごとのパフォーマンスの詳細が確認できるように作成を行っておくとよいでしょう。

6.4
ダッシュボード

　ダッシュボードは、障害の発生状況のサマリやマップ、グラフ、最新の障害の履歴などを1つの画面に複数並べて表示する機能です(**図6.4-1**)。ダッシュボードではさまざまな情報をホストやホストグループに関係なく配置できるため、システム全体の障害状況のサマリを表示したり、複数の関連するグラフを1つの画面に表示したりすることで稼働状況をより容易に把握できるようになります。

●**図6.4-1　ダッシュボードの画面**

　Zabbix 3.4ではダッシュボードの機能が刷新され、ダッシュボード内の情報を自由に選択して配置できるようになり、Zabbix 3.2以前のダッシュボードから大幅に機能拡張が行われました。

　ダッシュボード内のそれぞれの情報をウィジェットと呼びます。Zabbix 3.4では、スクリーンで利用可能な情報のほか、新たにマップナビゲーションが追加され、Zabbix 4.0では新しいタイプのグラフウィジェットも追加されています。また、ダッシュボード設定を複数作成できるようになり、作成したダッシュボードはほかのユーザーと共有できます。

6.4.1
設定されているダッシュボードの一覧画面

　設定されているダッシュボードの一覧画面は、メニューの[監視データ]→[ダッシュボード]をクリックしてダッシュボード画面を表示し、左上の[すべてのダッシュボード]をクリックして表示できます（**図6.4-2**）。

●図6.4-2　ダッシュボードの一覧画面

　ダッシュボードの一覧画面では次の操作を行うことができます。

- **各ダッシュボードを表示**（各ダッシュボードの[名前]をクリック）
- **ダッシュボードの新規作成**（サブメニューの[ダッシュボードの作成]をクリック）

　また、個々のダッシュボードを表示した画面では次の操作を行えます。

- **ダッシュボードに表示するウィジェットの追加／削除／変更**（サブメニューの[ダッシュボードの変更]をクリック）
- **ダッシュボードの共有／新規作成／複製／削除**（サブメニューの 目 アイコンをクリックして表示されるドロップダウンから選択）
- **全画面表示**（サブメニューの ■ をクリック。Zabbix のドキュメントなどではキオスクモードと呼ぶ）

6.4.2
ダッシュボードの設定

　ダッシュボードの各画面で[ダッシュボードの変更]をクリックしたときや、新規作成した直後の画面では、右上に[ウィジェットの追加]ボタンが表示されます。また、各ウィジェットの右上に設定と削除のアイコンが表示されます。ウィジェットにマウスオーバーするとサイズの変更のガイドが表示されてサイズを変更できるほか、ドラッグアンドドロップで移動できます（**図6.4-3**）。これらのボタンやアイコンからウィジェットの追加／削除／設定や配置とサイズの調整を行い、最後に右上の[変更を保存]ボタンを押すと変更を保存できます。

●**図6.4-3　ウィジェットの配置とサイズ調整**

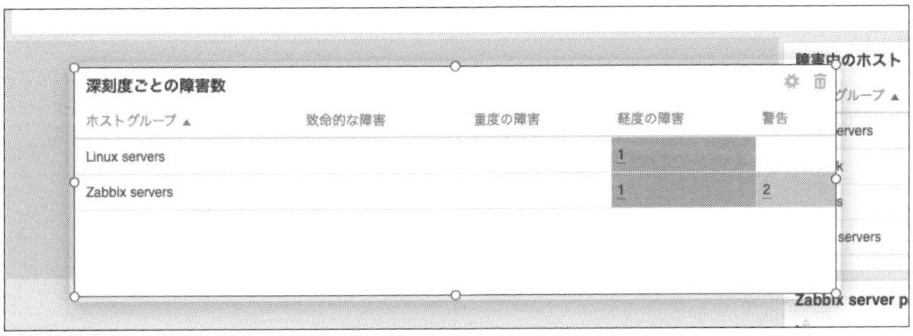

　利用できるウィジェットには次のものがあります。これらのウィジェットから利用したいものを選択し、それぞれのウィジェットごとに詳細設定を行うことができます。ほとんどのウィジェットは、**6.3節**で解説したスクリーンで利用できる情報と同様です。Web監視、ディスカバリのステータス、新しい形式のグラフ（**図6.4-4**、グラフウィジェット）、マップナビゲーション（**図6.4-5**）はダッシュボードでのみ利用できる新しい機能です。

- **URL**
  URLを指定してWebページをウィジェット内に表示できます。ほかの監視ソフトウェアの画面や、監視対象のステータス表示の画面などを埋め込んで表示できます。

- **Web監視**
  Web監視のステータスをサマリで表示します。ホストやホストグループの指定、除外するホストグループの設定も可能です。

- **お気に入りのグラフ、お気に入りのスクリーン、お気入りのマップ**
  お気に入りとして登録したグラフ／マップ／スクリーンをリストで表示します。よくアクセスするグラフ／マップ／スクリーンへのショートカットとして利用できます。

- **アクションログ**
  ［レポート］→［アクションログ］メニューと同様の情報を表示します。

- **グラフ**
  Zabbix 4.0で追加された新しい形式のグラフを作成できます。

- **グラフ（クラシック）**
  各ホストのグラフ設定で作成したカスタムグラフを選択して表示したり、アイテムから選択して1つのグラフ上に1つのアイテムを表示するシンプルグラフを表示したりできます。

- **システム情報**
  ［レポート］→［システム情報］メニューと同様の情報を表示します。

- **ディスカバリのステータス**
  ［監視データ］→［ディスカバリ］メニューと同様の情報を表示します。

- **データの概要**
  ［監視データ］→［概要］画面でサブメニューのタイプ選択から［データ］を選択したときと同様の情報を表示します。

- **トリガーの概要**
  ［監視データ］→［概要］画面でサブメニューのタイプ選択から［トリガー］を選択したときと同様の情報を表示します。

- **プレーンテキスト**
  アイテムで収集したヒストリデータをプレーンテキスト形式で表示します。

- **マップ**
  設定されているマップを選択して表示します。

- **マップナビゲーション**
  設定されているマップをツリー状のリストにして障害発生数を表示できます。同じダッシュボード上にマップのウィジェットが存在する場合、マップナビゲーションに表示されているマップ名をクリックすることで、マップウィジェットに表示されるマップを選択したものに切り替えることができます。

- **時刻**
  アナログ時計で時刻を表示します。

- **深刻度ごとの障害数**
  ホストグループごとに、障害となっているトリガーの数を深刻度別に表示します。

- **障害**
  ［監視データ］→［障害］メニューと同様の情報を表示します。

- **障害中のホスト**
  ホストグループごとに、障害が発生しているホストと発生していないホストの数を表示します。

●図6.4-4　グラフウィジェットの画面

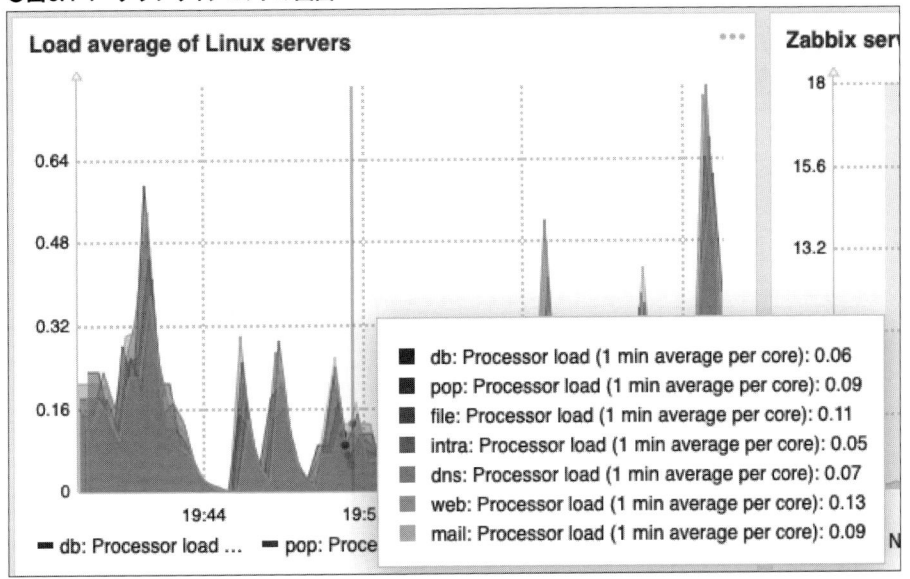

●図6.4-5　マップナビゲーションの画面

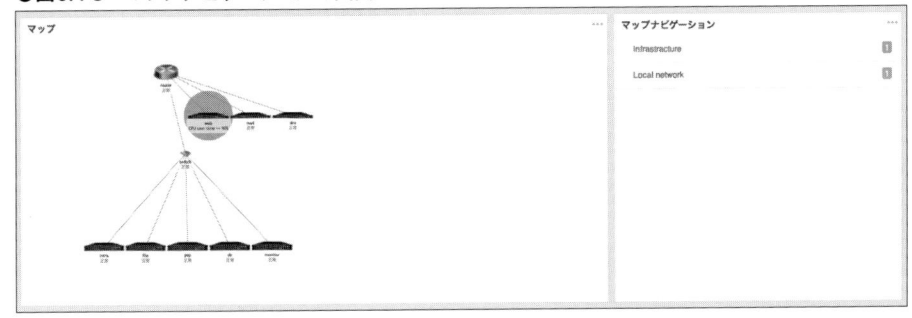

6.5

ダッシュボード／マップ／スクリーン／スライドショーの共有

　Zabbix 3.0以降、マップ／スクリーン／スライドショーの設定は［監視データ］メニューに移動し、どのユーザー権限でも自分用の設定を作成できるようになりました。Zabbix 3.4で刷新されたダッシュボードも同様に、すべてのユーザーが自分用のダッシュボード設定を作成できます。設定メニューにアクセスできない権限のユーザーも自身が利用するダッシュボードやスクリーンを作成できます。

　それぞれデフォルトでは、作成したユーザー自身と特権管理者のみが閲覧できる設定になっています。追加で共有設定を行うことにより、ほかのユーザーも閲覧できるようにできます。作成したマップやスクリーンをチーム内で共有して状況を確認するといった利用が可能です。

　ダッシュボードの場合は、画面右上の ☰ アイコンから［共有］をクリックすると、共有設定画面が表示されます。マップ、スクリーン、スライドショーでは、それぞれの設定の一覧画面で［プロパティ］リンクをクリックし、表示される設定画面で［共有］タブを開きます（**図6.5-1**）。共有設定の方法は、ダッシュボード、マップ、スクリーン、スライドショーで共通です。

●図6.5-1　共有設定画面

　共有設定画面では次の設定を行えます。

- **タイプ**
  [公開]を選択すると、すべてのユーザーが閲覧可能になります。[非公開]の場合は、共有する
  ユーザーグループやユーザーのみに公開します。

- **共有するユーザーグループ、共有するユーザー**
  タイプが非公開の場合に、閲覧を許可するユーザーグループやユーザーを選択します。

　共有設定を行った場合でも、ユーザーグループ設定でホストグループに設定されている権限が考慮されます(**9.3節**を参照)。スクリーンやマップを共有したとしても、閲覧権限を持たないホストの情報が利用されていた場合は、そのスクリーンやマップ自体が閲覧できません。

　共有設定を行ったにもかかわらず共有先のユーザーが閲覧できない場合は、利用している情報の中に閲覧できないホストの設定が含まれていないかを確認してみてください。

第7章

ローレベルディスカバリと
VMware仮想環境の監視

本章ではホスト、アイテム、トリガー、グラフの設定を自動的に生成できるローレベルディスカバリの機能と、ローレベルディスカバリの機能を活用した**VMware**仮想環境監視機能について解説を行います。ローレベルディスカバリを活用することにより物理環境から仮想環境まで監視設定の自動化を実現できます。また、ディスクパーティションやネットワークインターフェースなど、ホストごとに異なる監視設定をテンプレートで共通化し、監視設定の管理と監視システムの運用コストを削減できます。

7.1

ローレベルディスカバリの利用

　ローレベルディスカバリは、Zabbix 2.0から追加された機能です。ローレベルディスカバリを利用することで、ZabbixエージェントとSNMPエージェントを利用した監視を行う場合に、監視対象に存在するネットワークインターフェース、ディスクパーティションなどを自動的に検出し、アイテム、トリガー、グラフを自動作成できます。

　ローレベルディスカバリを利用することで、監視設定の作成や管理を自動化できます。

- 多数のネットワークインターフェースを持つネットワーク機器の監視設定を行う場合に、個々のインターフェースごとに設定を自動作成できる
- 機器ごとにネットワークインターフェースの数、パーティションの数が異なる場合でも同じテンプレートを利用できる
- ネットワークインターフェースやパーティションが増減した場合でも、監視設定の自動作成／削除が行える

　具体的には、24ポートのネットワークスイッチの設定を行う場合、ローレベルディスカバリの設定を利用して1ポート分の監視設定の雛形(Zabbixではプロトタイプと呼ぶ)を作成しておくと、自動的に監視対象からポート数を検知し、24ポート分の設定を自動作成して監視を行います。また、ローレベルディスカバリをテンプレートに含めることで、24ポートと48ポートなど機器ごとのポート数の差異を吸収できるため、テンプレート管理も容易になります。

　Zabbix 2.0以降では標準で付属するテンプレートもローレベルディスカバリを利用するように変更され、より汎用的な監視設定が行えるようになっています。

7.1.1

ローレベルディスカバリの動作

　ローレベルディスカバリでは2種類の設定を行います。

- 監視対象からどのようにして必要な項目を検知するかを設定する「ディスカバリルール」の設定

- 検知したデバイスに対してどのようなアイテム、トリガー、グラフ、ホストを作成する かを設定する「プロトタイプ」の設定

上記の2つの設定を行うことでZabbixサーバーは次のように動作し、監視対象が搭載 しているデバイスの自動的な検知と設定の作成を行います（**図7.1-1**）。

❶ディスカバリルールの設定により、監視対象からデバイスのリストを取得する

❷取得したリストに記載されている各デバイスごとに、プロトタイプの設定を利用してア イテム、トリガー、グラフ設定を作成する

❸定期的に❶のデバイスのリストを取得し、デバイスが増減している場合は設定の作成や 削除を行う

●図7.1-1　ローレベルディスカバリの動作

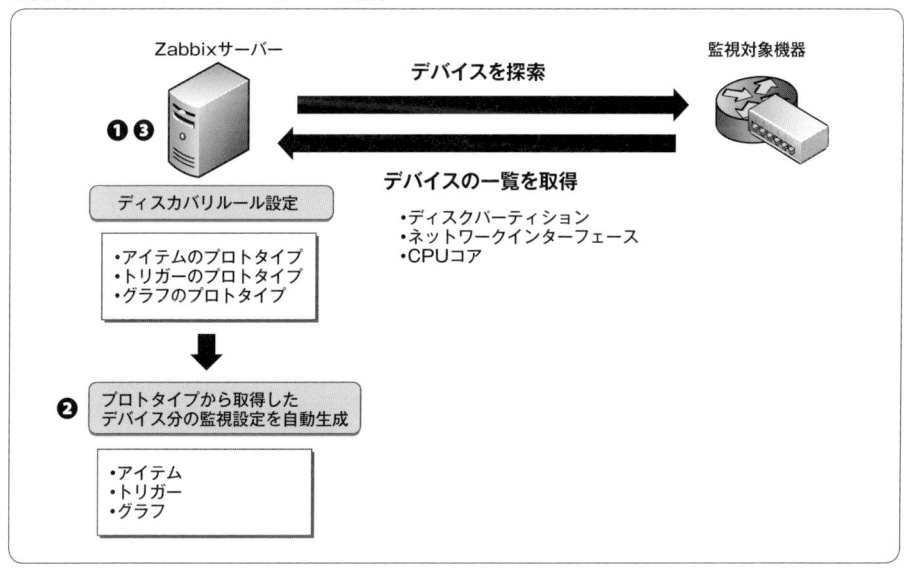

ローレベルディスカバリは、内部的にはZabbixエージェントやSNMPエージェントの 通常のアイテムと同じように監視対象にデータの取得リクエストを行います。ローレベ ルディスカバリのデバイス探索のためにZabbix 2.0以降のエージェントでは、vfs. fs.discoveryやnet.if.discoveryなどディスカバリルール専用のアイテムのキーが用意 されています。これらのキーをZabbixエージェントに対してリクエストすることで、そ れぞれ「マウントされているパーティションのリスト」や「搭載しているネットワークイン ターフェースのリスト」がJSON形式のデータで取得されます。

　ここではローレベルディスカバリの具体的な設定方法を解説します。標準で付属する
Template OS Linux や Template Module Interfaces SNMPv2 テンプレートにもローレベル
ディスカバリの設定が含まれているため、簡単にローレベルディスカバリの動作を確認
したい場合はそれらのテンプレートを利用してみるとよいでしょう。

7.1.2
設定されているローレベルディスカバリの一覧画面

　ローレベルディスカバリの設定はホスト、もしくはテンプレートごとに行います。メ
ニューから[設定]→[テンプレート]をクリックし、表示されたテンプレートの一覧から
該当するテンプレートの「ディスカバリ」をクリックすることで、現在そのテンプレート
に設定されているローレベルディスカバリの一覧を表示できます（**図7.1-2**）。

●**図7.1-2　ローレベルディスカバリの一覧画面**

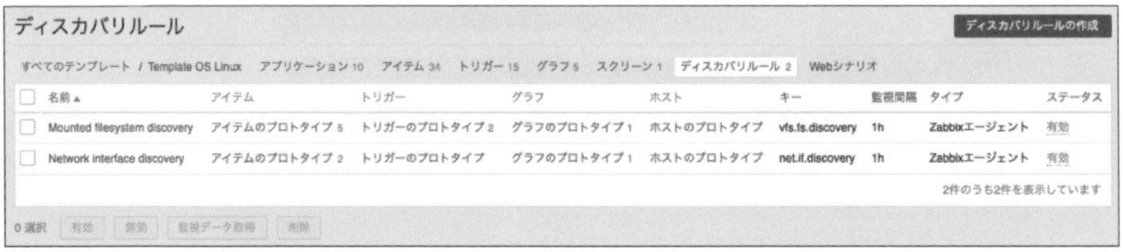

ローレベルディスカバリの一覧画面では次の操作が行えます。

- **各ディスカバリルールの設定（ディスカバリルールの名前をクリック）**
- **各ローレベルディスカバリに設定されているアイテム、トリガー、グラフ、ホストのプロトタイプの一覧（各ローレベルディスカバリの行にあるアイテムのプロトタイプなどのリンクをクリック）**

7.1.3
ディスカバリルールの設定

　一覧から[名前]の列のリンクをクリックするか、右上の[ディスカバリルールの作成]
ボタンをクリックすると、既存の設定を変更、もしくは新規作成を行えます。設定画面
では監視対象からどのようにデバイスの一覧を取得するかや、取得間隔などを設定でき
ます（**図7.1-3**）。

●図7.1-3　ディスカバリルールの設定画面

ディスカバリルールの設定項目の詳細を次に示します。

■ディスカバリルールタブ

・**名前**
ローレベルディスカバリルールの名前を設定します。日本語を使用することも可能です。

・**タイプ**
ローレベルディスカバリで監視対象からデバイスのリストを取得する際に利用するチェック方法を選択します。通常のアイテムと同様のタイプを選択できます。Zabbixエージェント、SNMPv1/v2/v3エージェント、JMXエージェント、データベースモニタ、Zabbixインターナルに、組み込みのローレベルディスカバリ用のキーやOIDが用意されています。

・**キー**
デバイスのリストを取得するアイテムのキーを設定します。組み込みで用意されているキーは

表**7.1-1**の7種類です。SNMPエージェントを利用する場合、キーの設定には任意の文字列を利用します。

●表7.1-1　組み込みで用意されているキー

キー	解説
vfs.fs.discovery	タイプにZabbixエージェントを選択した場合に、マウントされているパーティションのリストを取得
net.if.discovery	タイプにZabbixエージェントを選択した場合に、OSが搭載しているネットワークインターフェースのリストを取得
system.cpu.discovery	タイプにZabbixエージェントを選択した場合に、OSが利用できるCPUコアのリストを取得
service.discovery	タイプにZabbixエージェントを選択した場合に、Windowsのサービスのリストを取得
jmx.discovery	タイプにJMXエージェントを選択した場合に、監視対象で利用できるJMXのオブジェクトのリストを取得
db.odbc.discovery	タイプにデータベースモニタを選択した場合に、RDBMSにSQLを発行して結果のリストを取得
zabbix[host,discovery,interfaces]	タイプにZabbixインターナルを選択した場合に、ホストのインターフェースに設定されているIPアドレス／DNS名などの内容のリストを取得

- **SNMP OID、SNMPコミュニティ、ポート**

  タイプにSNMPv1/v2/v3エージェントを選択した場合に設定を行います。OIDにdiscovery[マクロ名,*OID*,マクロ名,*OID*,...]と設定することで指定したOID以下のリストを取得できます。

- **監視間隔**

  デバイスのリストを取得する間隔を設定します。Zabbixサーバーはここに設定された監視間隔ごとにデバイスのリストを取得し、結果に基づいて実際の設定の作成や削除を行います。

- **監視間隔のカスタマイズ**

  特定の時間について「監視間隔」で設定した以外の間隔でデバイスのリスト取得を行う場合に設定します。

- **存在しなくなったリソースの保持期間**

  一度発見したデバイスが存在しなくなった場合に、そのデバイスに紐づいて作成されたアイテムを保持する期間を1h（1時間）から25y（25年）で設定します。0を設定するとデバイスが存在しなくなった時点で各設定を削除します。

- **説明**

  ディスカバリルールの説明を設定します。

- **有効**

  ディスカバリルールのステータスをチェックボックスで選択します。チェックしていない（無効）の状態ではローレベルディスカバリによるリスト取得を行わないようになります。

■フィルタータブ

取得したリストのうち、一部を除外したい場合に利用します。たとえば、OSのネットワークインターフェースのリストを取得した場合にはリストにloopbackインターフェースが含まれたり、ネットワーク機器の場合にはリストにVLANインターフェースなどが含まれます。これらのインターフェースの監視が不要で、自動的にアイテムを作成させたくない場合、フィルターを作成することで除外できます。フィルター設定では、ローレベルディスカバリ用のマクロと正規表現をセットで複数設定でき、取得したリストのうち条件が真になるもののみ処理されます。

フィルターの具体的な利用方法の詳細は**7.1.5項**で解説しています。

7.1.4
プロトタイプの設定

アイテム、トリガー、グラフ、ホストにおけるプロトタイプの設定項目は、通常のアイテム、トリガー、グラフ、ホストの設定と同様です。通常のアイテムなどの設定と異なるのは、名前やキー、条件式などの設定にローレベルディスカバリのマクロを利用し、ディスカバリルールにより取得したリストの内容を利用して動的に設定を行うようにすることです。

例として vfs.fs.discovery を利用してエージェントからパーティションのリストを取得した場合、取得したデータは次のようなJSON形式になっています。

```
{
    "data":[
        {
            "{#FSNAME}":"\/",
            "{#FSTYPE}":"rootfs"},
        {
            "{#FSNAME}":"\/",
            "{#FSTYPE}":"ext4"},
        {
            "{#FSNAME}":"\/proc",
            "{#FSTYPE}":"proc"},
        {
            "{#FSNAME}":"\/sys",
            "{#FSTYPE}":"sysfs"}]}
...
```

上記のデータの中で{#FSNAME}や{#FSTYPE}のローレベルディスカバリのマクロをアイ

テム、トリガー、グラフのプロトタイプ設定で利用することにより、実際にそれぞれの設定が作成される際には「/」や「ext4」といった値に置き換えられるようになっています。

標準で用意されているローレベルディスカバリ用のキーおよびSNMPエージェントを利用した場合に利用できるマクロをこのあとの解説で示します。

7.1.5
具体的なローレベルディスカバリの設定

ここでは、具体的にZabbixエージェントとSNMPエージェントを利用したローレベルディスカバリの設定方法を解説します。例としてZabbix 4.0に付属する標準のテンプレートTemplate OS LinuxとTemplate Module Interfaces SNMPv2を利用して解説を行いますので、具体的な設定は必要に応じてWebインターフェースからそれぞれのテンプレートの設定を確認してください。

Zabbixエージェントを利用したディスクパーティションの監視

メニューから[設定]→[テンプレート]をクリックし、テンプレートの一覧からTemplate OS Linuxの行の[ディスカバリ]のリンクをクリックします。表示されたローレベルディスカバリの一覧画面で、「Mounted filesystem discovery」の名前をクリックしてディスカバリルールの設定画面を表示します。

Mounted filesystem discoveryでは、タイプに「Zabbixエージェント」、キーに「vfs.fs.discovery」が利用されており、マウントしているディスクパーティションのリストをZabbixエージェントから取得する設定になっていることがわかります（**図7.1-4**）。**表7.1-2**に設定内容を示します。

●図7.1-4　ディスクパーティション監視のディスカバリルール設定

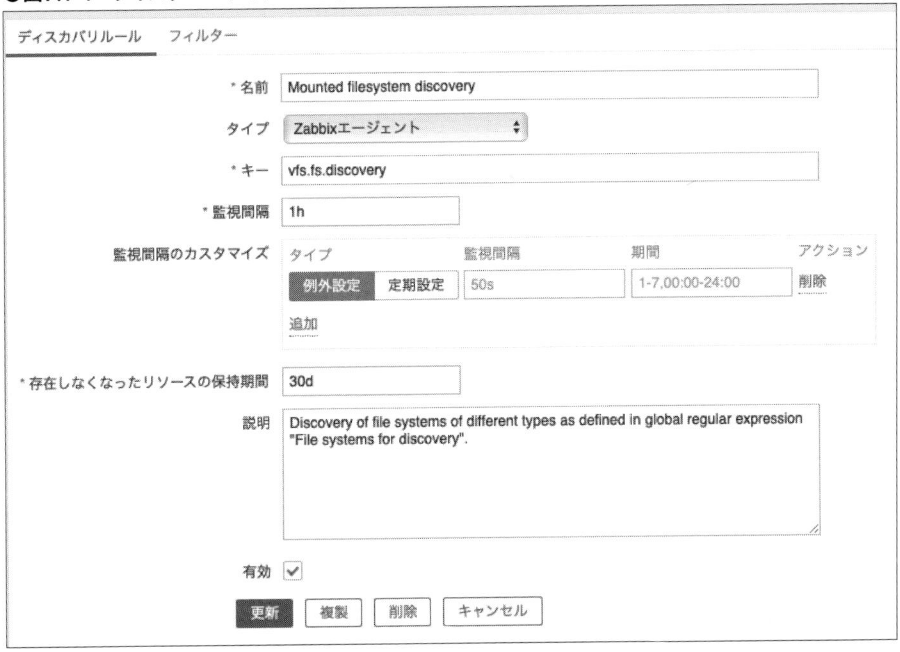

●表7.1-2　ディスクパーティション監視のディスカバリルール設定

項目		設定値
名前		Mounted filesystem discovery
タイプ		Zabbixエージェント
キー		vfs.fs.discovery
監視間隔		1h
フィルター	マクロ	{#FSTYPE}
	正規表現	@File systems for discovery
ステータス		有効

　Zabbixエージェントからvfs.fs.discoveryのキーを利用してリストを取得すると、proc
やsysfsなど監視する必要のないパーティション情報も取得されてしまいます。そのた
め、表7.1-2の設定ではフィルターを利用して不要なパーティションを除外するように設
定しています。

　フィルタータブでは、取得したリストの{#FSTYPE}のローレベルディスカバリのマク
ロがユーザー定義の正規表現「@File systems for discovery」に一致するものだけを利用
してアイテムなどを作成するように設定しています（**図7.1-5**）。

●図7.1-5　ディスクパーティションのローレベルディスカバリルールのフィルター設定

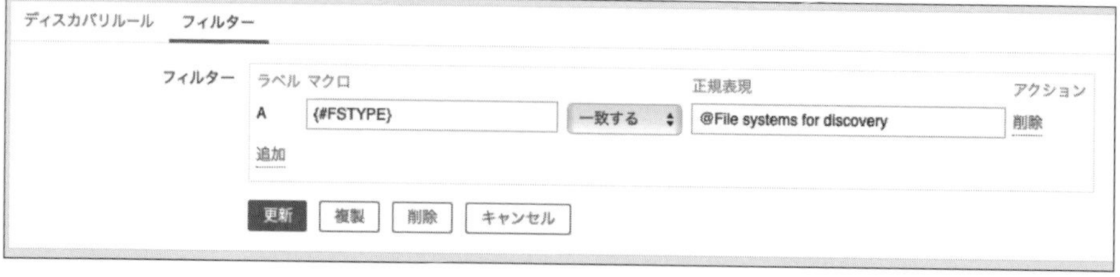

vfs.fs.discoveryキーで取得したリストには{#FSTYPE}にファイルシステムの種類が入るようになっており、実際のユーザー定義マクロの設定ではext4やxfsなど、データ保存に利用するファイルシステムが条件として設定されています。メニューから[管理]→[一般設定]をクリックし、サブメニューのドロップダウンから[正規表現]を選択するとユーザー定義の正規表現の設定を確認できます。

```
^(btrfs|ext2|ext3|ext4|jfs|reiser|xfs|ffs|ufs|jfs|jfs2|vxfs|hfs|refs|ntfs|fat32|zfs)$
```

設定は「以下の正規表現が真になった場合」となっており、ディスクパーティションとして利用するファイルシステムの名称がこれらのいずれかであった場合のみ処理するようになっていることがわかります。

アイテムのプロトタイプの設定では{#FSNAME}マクロを利用し、**表7.1-3**や**表7.1-4**のように設定されており、{#FSNAME}はディスカバリルールで取得したリストの文字列が展開されて自動的に生成されるようになっています。

●表7.1-3　ディスクの空き容量を取得するアイテムのプロトタイプ設定

項目	設定値
名前	Free disk space on {#FSNAME}
タイプ	Zabbixエージェント
キー	vfs.fs.size[{#FSNAME},free]
データ型	数値(整数)
単位	B
監視間隔	1m

●表7.1-4　ディスクの容量を取得するアイテムのプロトタイプ設定

項目	設定値
名前	Total disk space on {#FSNAME}
タイプ	Zabbixエージェント
キー	vfs.fs.size[{#FSNAME},total]
データ型	数値（整数）
単位	B
監視間隔	1h

　同様にトリガーのプロトタイプでも{#FSNAME}を利用して条件式が設定されています（**表7.1-5**）。

●表7.1-5　ディスクの空き容量の障害検知を行うトリガーのプロトタイプ設定

項目	設定値
名前	Free disk space is less than 20% on volume {#FSNAME}
条件式	{Template OS Linux:vfs.fs.size[{#FSNAME},pfree].last(0)}<20
深刻度	警告

　グラフのプロトタイプでは、表7.1-4で設定したディスク容量を最大値として空き容量を円グラフで表示するように設定されています（**表7.1-6**）。

●表7.1-6　ディスクの空き容量を表示する円グラフのプロトタイプ設定

項目	設定値
名前	Disk space usage {#FSNAME}
幅	600
高さ	340
グラフのタイプ	円グラフ
アイテム1	Template OS Linux: Total disk space on {#FSNAME}※
アイテム2	Template OS Linux: Free disk space on {#FSNAME}

※タイプを「グラフの合計値」に設定

　Template OS Linuxテンプレートをホストにリンクすると、このローレベルディスカバリ設定もホストに継承され、実際のホストでアイテムやトリガー、グラフが自動的に生成されます。生成されたアイテムなどの設定は、ホストのアイテム一覧画面など（［設定］→［ホスト］メニューの［アイテム］［トリガー］［グラフ］それぞれのリンク先の一覧画面）で確認できます。ローレベルディスカバリにより生成された設定は、設定名の前に赤字

でディスカバリルール名「Mounted filesystem discovery」が表示されます（**図7.1-6**）。

●**図7.1-6　ローレベルディスカバリにより生成された設定**

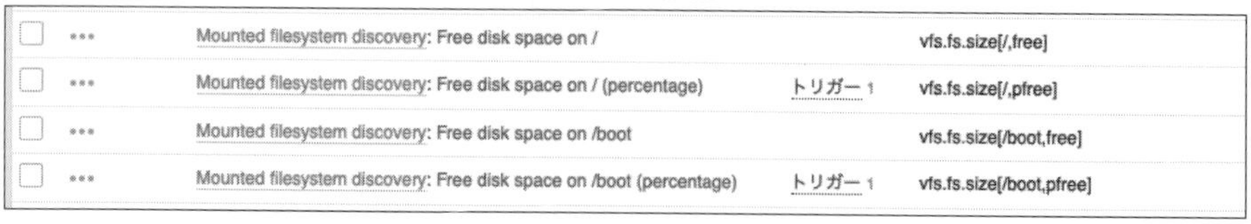

□	•••	Mounted filesystem discovery: Free disk space on /	vfs.fs.size[/,free]
□	•••	Mounted filesystem discovery: Free disk space on / (percentage) トリガー1	vfs.fs.size[/,pfree]
□	•••	Mounted filesystem discovery: Free disk space on /boot	vfs.fs.size[/boot,free]
□	•••	Mounted filesystem discovery: Free disk space on /boot (percentage) トリガー1	vfs.fs.size[/boot,pfree]

　ディスカバリルールの監視間隔が1時間に設定されていることから、テンプレートをリンクした直後はまだディスカバリルールによるリスト取得の動作が行われていない可能性があります。テンプレートをリンクして少し待ってから確認するか、ホスト設定のディスカバリルール一覧画面（[設定]→[ホスト]メニューの画面から[ディスカバリ]を選択した一覧画面）でMounted filesystem discoveryの左のチェックボックスにチェックを入れ、一覧下の[監視データ取得]ボタンを押すことで、すぐにリストの取得を行い、ローレベルディスカバリの処理を動かすことができます。

SNMPエージェントを利用したネットワークスイッチのインターフェース監視

　メニューから[設定]→[テンプレート]をクリックし、テンプレートの一覧画面にあるTemplate Module Interfaces SNMPv2の行の[ディスカバリ]のリンクをクリックします。表示されたローレベルディスカバリの一覧画面で、「Network interface discovery」の名前をクリックしてディスカバリルールの設定画面を表示します。

　タイプにSNMPv2エージェントを利用し、OIDにdiscoveryから始まるローレベルディスカバリ用の記述方法を利用して設定していることがわかります（**図7.1-7**）。**表7.1-7**に設定内容を示します。

●図7.1-7 ネットワークインターフェース監視のローレベルディスカバリ設定

ディスカバリルール

すべてのテンプレート / Template Module Interfaces SNMPv2 / ディスカバリリスト / Network Interfaces Discovery / アイテムのプロトタイプ 9

ディスカバリルール　フィルター

項目	設定値
* 名前	Network Interfaces Discovery
タイプ	SNMPv2エージェント
* キー	net.if.discovery
* SNMP OID	discovery{{#IFOPERSTATUS},1.3.6.1.2.1.2.2.1.8,{#IFADMINSTATUS},1.3.6.1.2.1.2
* SNMPコミュニティ	{$SNMP_COMMUNITY}
ポート	
* 監視間隔	1h

監視間隔のカスタマイズ

タイプ	監視間隔	期間	アクション
例外設定　定期設定	50s	1-7,00:00-24:00	削除

追加

* 存在しなくなったリソースの保持期間	30d
説明	Discovering interfaces from IF-MIB. Interfaces are not discovered: - with down(2) Administrative status - with notPresent(6) Operational status - loopbacks
有効	✓

更新　複製　削除　キャンセル

●表7.1-7 ネットワークインターフェース監視のローレベルディスカバリ設定

項目	設定値
名前	Network interfaces Discovery
タイプ	SNMPv2エージェント
キー	net.if.discovery
SNMP OID	discovery[{#IFOPERSTATUS},1.3.6.1.2.1.2.2.1.8,{#IFADMINSTATUS}, ...]
SNMPコミュニティ	{$SNMP_COMMUNITY}
監視間隔	1h
ステータス	有効
フィルター	{#IFADMINSTATUS} 一致する (1|3) {#IFNAME} 一致する @Network interfaces for discovery {#IFOPERSTATUS} 一致する (1|2|3|4|5|7)

SNMPのローレベルディスカバリでは、検索を行いたいOIDツリーを指定して検索を行います。ネットワークインターフェースごとにトラフィックの監視を行う場合、検索対象のOIDツリーとしてはIF-MIBのifDescr以下が検索対象として適しています。snmpwalkを利用してIF-MIB:ifDescr以下のOIDのリストを出力すると次のようになって

います。

```
$ snmpwalk -v2c -c public 192.168.10.2 IF-MIB:ifDescr
IF-MIB::ifDescr.1 = STRING: FastEthernet0/1
IF-MIB::ifDescr.2 = STRING: FastEthernet0/2
IF-MIB::ifDescr.3 = STRING: FastEthernet0/3
IF-MIB::ifDescr.4 = STRING: FastEthernet0/4
```

SNMPのローレベルディスカバリ設定ではOIDに次のように設定すると、検索対象として指定したOID以下のインデックス（この例では末尾の「.1」や「.2」など）が{#SNMPINDEX}のローレベルディスカバリマクロに展開されます。また、それぞれの取得結果の「FastEthernet0/1」や「FastEthernet0/2」が{#IFDESCR}のローレベルディスカバリマクロに展開されます。{#SNMPINDEX}のローレベルディスカバリマクロは、パラメータ内で明示的に指定しなくても、自動的に利用できるようになっています。

```
discovery[{#IFDESCR},IF-MIB:ifDescr]
```

デフォルトで登録されているTemplate Module Interfaces SNMPv2テンプレートのローレベルディスカバリ設定では、ifDescrのほかに次のOIDから情報を取得してローレベルディスカバリマクロに展開する設定になっています。

- {#IFADMINSTATUS}：ifAdminStatus（ポートの設定上のステータス）
- {#IFOPERSTATUS}：ifOperStatus（ポートのリンクステータス）
- {#IFALIAS}：ifAlias（ポートのエイリアス名）
- {#IFNAME}：ifIndex（ポートの名前）
- {#IFTYPE}：ifType（ポートのタイプ）

さらにディスカバリルールのフィルター設定では、{#IFADMINSTATUS}を利用してポートが設定上無効ではないインターフェースのみを処理し、{#IFNAME}を利用して「@Network interface for discovery」のユーザー定義の正規表現に一致するものだけを処理するようになっています。ネットワーク機器の場合、非常にたくさんのポートを有している機器やVLANなどの仮想インターフェースもリストに含まれるため、不要なインターフェースを除外し、物理的なインターフェースかつ実際に利用されているものについてのみアイテムを作成します。

表7.1-7のSNMPコミュニティで利用している{$SNMP_COMMUNITY}は、グローバルレベルのユーザー定義マクロです。設定は[管理]→[一般設定]の画面で、右上のドロップダ

ウンから「マクロ」を選択して開いた画面で設定されていることが確認できます。デフォルトではpublicとなっているため、必要に応じてグローバルのユーザー定義マクロの設定を変更するか、テンプレートやホストレベルのユーザー定義マクロで上書きするように設定します。ユーザー定義マクロの利用方法は**8.3節**で解説しています。

　アイテムのプロトタイプでは、{#IFNAME}や{#IFALIAS}をアイテム名に利用し、{#SNMPINDEX}をOIDに利用して**表7.1-8**のように設定されています。これらはポートごとにINとOUTのトラフィックを監視する設定です。Template Module Interfaces SNMPv2テンプレートにはほかにも、エラーパケット数やポートステータスなどの監視を行うアイテムのプロトタイプ設定が含まれています。

●表7.1-8　INトラフィックを取得するアイテム

項目	設定値
名前	Interface {#IFNAME}({#IFALIAS}): Bits received
タイプ	SNMPv2エージェント
キー	net.if.in[ifHCInOctets.{#SNMPINDEX}]
SNMP OID	.1.3.6.1.2.1.31.1.1.1.6.{#SNMPINDEX}
SNMPコミュニティ	{$SNMP_COMMUNITY}
データ型	数値（整数）
単位	bps
監視間隔	180
保存前処理	乗数：8 1秒あたりの差分

　トリガー、グラフのプロトタイプの解説は省略しますが、エージェントを利用したプロトタイプの作成と同様、ローレベルディスカバリのマクロを利用して作成できます。

　このローレベルディスカバリが動作すると監視対象のネットワーク機器が搭載しているネットワークインターフェースのリストを取得し、各インターフェースごとにINとOUTのトラフィックの監視アイテムが自動的に作成されます。

Zabbixエージェントを利用したWindowsサービスの監視

　Zabbix 3.0以降のエージェントでは、Windowsサービスのディスカバリに対応しています。ローレベルディスカバリルールの設定で次のように指定することでサービスのディスカバリを利用できます。

- **タイプ：Zabbixエージェントまたはzabbixエージェント（アクティブ）**

・キー　：service.discovery

　Windowsのサービスのディスカバリでは、Zabbixエージェントが登録されているサービスの一覧を返し、次のローレベルディスカバリのマクロを利用できます。{#SERVICE.NAME}は英語名を返すため、そのまま直接service.infoアイテムキーに利用できます。{#SERVICE.STARTUP}や{#SERVICE.STARTUPNAME}を利用することで、OS起動時に自動的に起動する設定になっているサービスだけを監視するようにフィルターを行うこともできます。

・{#SERVICE.NAME}：サービス名
・{#SERVICE.DISPLAYNAME}：サービスの表示名
・{#SERVICE.DESCRIPTION}：サービスの説明
・{#SERVICE.STATE}：サービスの状態(0～7の数字)
・{#SERVICE.STATENAME}：サービスの状態(文字列)
・{#SERVICE.PATH}：実行ファイルのパス
・{#SERVICE.USER}：サービスの実行ユーザー
・{#SERVICE.STARTUP}：スタートアップの種類(0～4の数字)
・{#SERVICE.STARTUPNAME}：スタートアップの種類(文字列)
・{#SERVICE.STARTUPTRIGGER}：スタートアップの種類がトリガー起動の場合に1

　デフォルトで登録されているTemplate OS Windowsには、ローレベルディスカバリ設定に「Windows service discovery」が登録されており、ディスカバリルールにはservice.discoveryキーが利用されています。この設定では、フィルターのタブで自動起動かどうかやサービス名による**表7.1-9**のようなフィルターが利用されています。

●表7.1-9　利用されているフィルター

フィルター	説明
{#SERVICE.NAME}	「@Windows service names for discovery」のユーザー定義の正規表現設定を利用し、いくつかの監視が不要なサービスを除外している
{#SERVICE.STARTUPNAME}	「@Windows service startup states for discovery」のユーザー定義の正規表現設定を利用し、「自動起動」または「自動起動(遅延開始)」の設定になっているサービスのみを処理するようになっている

　アイテムのプロトタイプ設定ではservice.infoキーを利用してサービスの状態を監視し、トリガーのプロトタイプではサービスが起動中でない場合を障害として検知する設定になっています(**表7.1-10**)。

●表7.1-10　プロトタイプ設定

項目	設定
アイテムのプロトタイプの キー設定	`service.info[{#SERVICE.NAME},state]`
トリガーのプロトタイプの 条件式設定	`{Template OS Windows:service.info[{#SERVICE.NAME},state].min(#3)}<>0`

データベースモニタを利用したデータベース内のステータス値の監視

　Zabbix 3.0以降では、データベースモニタのアイテムを利用し、SQL実行結果からローレベルディスカバリの処理を行えます。データベースモニタは、ODBCを利用してデータベースに直接SQLクエリを発行できる機能であり、SQLで取得した結果の表を利用してローレベルディスカバリの処理を行えます。データベースモニタのローレベルディスカバリは、デフォルトのテンプレートに設定が存在しないため、ここでは利用例も含めて解説します。

　データベースモニタのしくみやセットアップ方法は**4.3節**の「データベースモニタ」で詳細を解説しています。ローレベルディスカバリルールの設定で利用する場合でも同様に、タイプに「データベースモニタ」を利用します。次に、ローレベルディスカバリルールの例を記載します。通常のアイテムでデータベースモニタを利用する場合と異なるのは、クエリの結果が複数のカラムと行になるようにSQLを実行することです。

- **タイプ**　　　：データベースモニタ
- **キー**　　　　：db.odbc.discovery[*description*,*dsn*]
- **SQLクエリ**：結果が複数のカラムと行になるように実行するSQLクエリを設定

　データベースモニタによるローレベルディスカバリでは、取得した結果のカラムの名前の大文字名がそのままローレベルディスカバリのマクロに利用され、それぞれの行がその値として利用されます。例として、MySQL/MariaDBのzabbixデータベースに存在する各テーブルのデータサイズ、行数、1行あたりの平均データサイズを取得するローレベルディスカバリの設定を記載します。

　MySQL/MariaDBで次のようにクエリを発行すると、zabbixデータベースに存在している各テーブルごとの統計情報が次のように得られます。このうち、TABLE_RAWSがテーブルの行数、AVG_ROW_LENGTHが1行あたりのデータサイズ、DATA_LENGTHがテーブルの合計のデータサイズとなるため、これらの値を監視するように設定します。

257

```
MariaDB> SELECT TABLE_NAME, TABLE_ROWS, AVG_ROW_LENGTH, DATA_LENGTH FROM information_
schema.TABLES WHERE TABLE_SCHEMA = 'zabbix';

+-----------------------+------------+----------------+-------------+
| TABLE_NAME            | TABLE_ROWS | AVG_ROW_LENGTH | DATA_LENGTH |
+-----------------------+------------+----------------+-------------+
| acknowledges          |         12 |           1365 |       16384 |
| actions               |          7 |           2340 |       16384 |
| alerts                |          8 |           2048 |       16384 |
| application_discovery |          0 |              0 |       16384 |
| application_prototype |          1 |          16384 |       16384 |
...
```

　ローレベルディスカバリルールでは表7.1-11のように設定します。このSQLでは、
information_schemaの情報からTABLE_NAMEとTABLE_ROWSのみを取得して処理す
るようにしています。DSNは「zabbixdb」の名称でZabbixサーバーからローカルのMySQL/
MariaDBに接続できるようにunixODBCの設定をあらかじめ完了しているものとして記
載しています。

●表7.1-11　ローレベルディスカバリルールの設定

項目	設定
タイプ	データベースモニタ
キー	db.odbc.discovery[zabbix database tables,zabbixdb]
SQLクエリ	SELECT TABLE_NAME, TABLE_ROWS FROM information_schema.TABLES WHERE TABLE_SCHEMA = 'zabbix'
監視間隔	1d
フィルター	{#TABLE_ROWS} 一致しない ^0$

　ローレベルディスカバリルールの処理の結果は次のように、カラムの名前を大文字に
したものがそのままマクロに利用されます。前述のローレベルディスカバリルール設定
では、フィルターでTABLE_ROWSが0であるものを除外し、利用されていないテーブ
ルについてはアイテムやトリガーを作成しないようにしています。

```
{#TABLE_NAME}
{#TABLE_ROWS}
```

　また、Zabbixのデータベースはテーブルの作成や削除が行われることはほとんどない
ため、監視の間隔を1日としています。設定直後は監視がすぐに開始されないため、必

要に応じて[監視データ取得]ボタンを押し、手動で監視データを取得して動作確認を行うことができます。

　続いて次のようにアイテムのプロトタイプを設定することで、行(テーブル)ごとのアイテムを作成できます。SHOW TABLE STATUSのSQLでは、特定のカラムだけを出力するような絞り込みができないため、**表7.1-12**と**表7.1-13**のアイテムの例では、information_schemaから値を取得するようにSQLクエリを設定しています。

●**表7.1-12　行数を監視するアイテムのプロトタイプ設定**

項目	設定
タイプ	データベースモニタ
キー	db.odbc.select[Number of rows on {#TABLE_NAME},zabbixdb]
SQLクエリ	SELECT TABLE_ROWS FROM information_schema.TABLES WHERE TABLE_NAME = '{#TABLE_NAME}' AND TABLE_SCHEMA = 'zabbix';
データ型	数値(整数)
単位	rows
監視間隔	1d

●**表7.1-13　テーブルのデータサイズを監視するアイテムのプロトタイプ設定**

項目	設定
タイプ	データベースモニタ
キー	db.odbc.select[Data size on {#TABLE_NAME},zabbixdb]
SQLクエリ	SELECT DATA_LENGTH FROM information_schema.TABLES WHERETABLE_NAME = '{#TABLE_NAME}' AND TABLE_SCHEMA = 'zabbix';
データ型	数値(整数)
単位	B
監視間隔	1d

　このローレベルディスカバリルールが実行されると、プロトタイプごとにテーブルの数だけアイテムが自動的に生成され、それぞれのアイテムでは監視データの収集処理が行われます。

　この設定例では、アイテムにデータベースモニタを利用していることからアイテムごとにデータベースとの接続が行われるため、監視間隔が短いとデータベースのコネクションや負荷が増えやすくなる問題があります。依存アイテムと保存前処理を利用することでよりパフォーマンスよく監視を行うことが可能ですが、ユーザーパラメータの設定などが必要となるためここでは解説しません。MySQL内のステータス値の監視を依存アイテムと保存前処理を利用して効率よく行う方法は、**11.4節**の「MySQLデータベースサーバーの監視」を参照してください。

7.1.6
ローレベルディスカバリの応用

　ここまでに解説したとおり、ローレベルディスカバリはZabbixが標準で搭載している機能を利用し、ネットワーク、マウントしているディスク、サービスなどの監視設定を自動化できます。ローレベルディスカバリの内部的なしくみは汎用的に作られており、スクリプトなどを作成することによって独自のローレベルディスカバリルールを作成することもできます。

　標準的に用意されているローレベルディスカバリがどのように処理されているかは、Zabbixエージェントに対してzabbix_getコマンドでnet.if.discoveryやvfs.fs.discoveryキーをリクエストした際の応答結果を見ると理解しやすいです。たとえば、vfs.fs.discoveryキーでは次のように、{#FSNAME}や{#FSTYPE}のローレベルディスカバリのマクロが含まれるJSONデータ形式でマウントポイントの一覧が応答として得られます。この情報は、Linuxサーバー上におけるmountコマンドの結果や/proc/mountsのリストと同様です。

```
$ zabbix_get -s 127.0.0.1 -k vfs.fs.discovery

{"data":
  [
    {"{#FSNAME}":"/","{#FSTYPE}":"rootfs"},
    {"{#FSNAME}":"/proc","{#FSTYPE}":"proc"},
    {"{#FSNAME}":"/sys","{#FSTYPE}":"sysfs"},
    {"{#FSNAME}":"/dev","{#FSTYPE}":"devtmpfs"},
    {"{#FSNAME}":"/sys/kernel/security","{#FSTYPE}":"securityfs"},
    {"{#FSNAME}":"/dev/shm","{#FSTYPE}":"tmpfs"},
    {"{#FSNAME}":"/dev/pts","{#FSTYPE}":"devpts"},
    {"{#FSNAME}":"/run","{#FSTYPE}":"tmpfs"},
    {"{#FSNAME}":"/sys/fs/cgroup","{#FSTYPE}":"tmpfs"},
    {"{#FSNAME}":"/sys/fs/cgroup/systemd","{#FSTYPE}":"cgroup"},
    {"{#FSNAME}":"/sys/fs/pstore","{#FSTYPE}":"pstore"},
    {"{#FSNAME}":"/sys/fs/cgroup/cpuset","{#FSTYPE}":"cgroup"},
    {"{#FSNAME}":"/sys/fs/cgroup/cpu,cpuacct","{#FSTYPE}":"cgroup"},
    {"{#FSNAME}":"/sys/fs/cgroup/memory","{#FSTYPE}":"cgroup"},
    {"{#FSNAME}":"/sys/fs/cgroup/devices","{#FSTYPE}":"cgroup"},
    {"{#FSNAME}":"/sys/fs/cgroup/freezer","{#FSTYPE}":"cgroup"},
    {"{#FSNAME}":"/sys/fs/cgroup/net_cls","{#FSTYPE}":"cgroup"},
    {"{#FSNAME}":"/sys/fs/cgroup/blkio","{#FSTYPE}":"cgroup"},
    {"{#FSNAME}":"/sys/fs/cgroup/perf_event","{#FSTYPE}":"cgroup"},
    {"{#FSNAME}":"/sys/fs/cgroup/hugetlb","{#FSTYPE}":"cgroup"},
```

```
  {"{#FSNAME}":"/sys/kernel/config","{#FSTYPE}":"configfs"},
  {"{#FSNAME}":"/","{#FSTYPE}":"xfs"},
  {"{#FSNAME}":"/proc/sys/fs/binfmt_misc","{#FSTYPE}":"autofs"},
  {"{#FSNAME}":"/sys/kernel/debug","{#FSTYPE}":"debugfs"},
  {"{#FSNAME}":"/dev/mqueue","{#FSTYPE}":"mqueue"},
  {"{#FSNAME}":"/dev/hugepages","{#FSTYPE}":"hugetlbfs"},
  {"{#FSNAME}":"/boot","{#FSTYPE}":"xfs"},
  {"{#FSNAME}":"/vagrant","{#FSTYPE}":"vboxsf"},
  {"{#FSNAME}":"/run/user/1000","{#FSTYPE}":"tmpfs"}
 ]
}
```

　Zabbixサーバーは、ローレベルディスカバリルールの設定による処理でこのJSONデータを受信すると、JSONデータ内のリストに基づいてローレベルディスカバリのマクロを展開し、アイテム、トリガー、グラフ、ホストの作成を行います。ローレベルディスカバリのマクロ展開と各設定を作成する処理は標準で用意されているアイテムのキーである必要はありません。ユーザーが独自に作成したスクリプトでJSONデータを返すことでも同様に処理が行われます。

　たとえば、次のような組み合わせで独自のアイテムキーを作成し、ローレベルディスカバリルールで利用できます。

/home以下の各ユーザーごとのディレクトリサイズを監視する

　ユーザーアカウントが作成されるごとにアイテムとトリガーを作成するのは手間であるため、ローレベルディスカバリを利用して/home以下に存在するディレクトリをもとに自動的にアイテムとトリガーを設定する例です。同様の方法で、特定のディレクトリ以下に存在する全ファイルの容量やチェックサムを監視するといったことも可能です。

- Zabbixエージェントのユーザーパラメータの機能を利用して/home以下のディレクトリをJSONのリストで返すスクリプトを作成
- ローレベルディスカバリルールのタイプには「Zabbixエージェント」を利用し、キーにはユーザーパラメータを利用
- アイテムのプロトタイプではディレクトリごとに容量を監視し、トリガーのプロトタイプでは一定以上の容量で障害とするように設定

それぞれの設定とスクリプトの例を次で解説します。

■ユーザーパラメータのスクリプト

　ユーザーパラメータで利用するスクリプトは、JSONデータを作成する必要があるため、シェルスクリプトよりもJSONの操作関数を利用できるPythonやPerlなどのプログラム言語を利用したほうが作成が容易です。次に/home以下のディレクトリをリストにしてJSONデータを返すPythonスクリプトを記載します。スクリプトのファイルは/usr/local/bin/dirlist.pyとして作成することとします。また、ファイルには実行権限を付与しておきます。

```python
#!/usr/bin/env python

import os
import json

path = '/home'
macro = '{#DIRPATH}'

files = os.listdir(path)
dirs = []

for file in files:
  if os.path.isdir(os.path.join(path,file)):
    dirs.append({macro:os.path.join(path,file)})

print json.dumps({'data':dirs})
```

■zabbix_agentd.confの設定

　ユーザーパラメータを利用して前述のスクリプトを登録します。/etc/zabbix/zabbix_agentd.confに次の1行を追加し、Zabbixエージェントを再起動します。アイテムのキーはhome.dir.discoveryとして作成しています。

```
UserParameter=home.dir.discovery,/usr/local/bin/dirlist.py
```

■ローレベルディスカバリルールの設定

　登録したユーザーパラメータのキーを指定してローレベルディスカバリルールを作成します。

- **タイプ：Zabbixエージェント**

・キー ：home.dir.discovery

■アイテムとトリガーのプロトタイプ

アイテムとトリガーのプロトタイプ設定では、JSONデータ内で指定した{#DIRPATH}のローレベルディスカバリマクロを利用して次のように設定します。例としてvfs.dir.sizeキーを利用し、各ディレクトリの容量が10GBを上回った場合に障害となり、その後8GBを下回るまでは障害を継続するようにトリガーを設定しています（**表7.1-14**、**表7.1-15**）。

このアイテム設定では、ディレクトリの容量の監視のためにOSのZabbixユーザーが/home直下のディレクトリに読み込みと実行の権限を持っている必要があります。通常のLinuxの設定では、各ユーザーのホームディレクトリに対してほかのユーザーは読み込み権限を持たないため注意してください。権限がない場合はアイテムがパーミッションエラーで取得できなくなるため、各ユーザーのホームディレクトリに対する権限を付与するか、Zabbixエージェントをroot権限で起動するなどの対応が必要です。

●表7.1-14　アイテムのプロトタイプ

項目	設定
名前	Directory size {#DIRPATH}
タイプ	Zabbixエージェント
キー	vfs.dir.size[{#DIRPATH}]
データ型	数値（整数）
単位	B

●表7.1-15　トリガーのプロトタイプ

項目	設定
名前	Directory size {#DIRPATH} is more than 10GB
条件式	{hostname:vfs.dir.size[{#DIRPATH}].last()}>10G
正常イベントの生成	復旧条件式
復旧条件式	{localhost:vfs.dir.size[{#DIRPATH}].last()}<8G

解説した設定は、簡単なカスタムのローレベルディスカバリの一例です。Pythonスクリプトやユーザーパラメータの設定、ローレベルディスカバリの設定をカスタマイズすることで、たとえば次のような用途に活用できます。

・ユーザーパラメータのキーのオプションを利用してスクリプトにディレクトリを引数と

して渡すようにすれば、/homeディレクトリ以外でも活用できる

- ログファイルのリストを取得するようにスクリプトを修正し、アイテムのプロトタイプではログ監視の設定を行うことで、特定のディレクトリ以下に生成されたログファイルを自動的に監視するようにできる

- 次のようにシェルスクリプトを作成し、ローレベルディスカバリルールではタイプを「Zabbixトラッパー」にすることで、スクリプトを実行したときだけローレベルディスカバリルールを動かすようにできる

```
#!/bin/bash

/usr/bin/zabbix_sender -z ZabbixサーバーのIPアドレス -s ホスト名 -k home.dir.discovery
-o "`/usr/local/bin/dirlist.py`"
```

7.2
VMware仮想環境の監視

　VMware監視機能はZabbix 2.2から搭載された機能です。VMware監視では、ESXiやvCenterが提供するvSphere APIからVMware仮想環境で動作するESXiやゲストVMの情報を自動的に取得し、監視対象の登録とリソース監視のテンプレートの適用を自動化できます。VMware監視機能では、ローレベルディスカバリのホストのプロトタイプを利用して監視対象の自動登録を行っています。

7.2.1
VMware監視機能の概要

　VMware監視機能は、ほかのアイテムの監視とは異なり、監視対象のESXiやvCenterのvSphere APIを利用してデータを取得する専用のプロセスVMware collectorが存在します。vSphere APIから取得した情報はXMLフォーマットであり、XMLをパースして情報を取り出す処理もZabbixサーバーやZabbixプロキシサーバーで実装されています。

　登録されているESXiやゲストVMの情報とリソース値もvSphere API経由で取得するため、ゲストVM上にZabbixエージェントをインストールしなくても監視を行えます。取得できるリソース値は、VMware仮想基盤側から見える情報であることには注意が必要です。たとえば、VMware仮想基盤からはCPUの使用情報がHz単位（ESXiをインストールしたハードウェアのCPUで使用しているHz数）で取得できるのに対して、ゲストVM上にZabbixエージェントをインストールした場合はゲストVMから見たCPU使用率（ゲストVMのOSから見える値で、割り当てられたCPUに対する使用率）が取得できます。これらの値の違いは仮想基盤特有のものであり、取得した値に対する考え方は仮想基盤についての知識が必要です。VMware監視機能で取得できる値は、vSphereクライアントから確認できる値と同様と考えておけばわかりやすいでしょう。

　VMware仮想環境ではESXiハイパーバイザーのことを「ホスト」と呼び、Zabbixのホスト設定と混同しやすいため、本書ではZabbixのホスト設定を「ホスト」とし、ESXiについてはESXiまたはハイパーバイザーとして説明します。

　VMware監視機能では、ESXi/vCenter経由でESXiやゲストVMのステータス、ハードウェア情報、リソース監視などを行うことができます。主な監視機能を次に示します。

- **ESXi**のリソース
- **ESXi**のイベントログ
- **ESXi**のステータス
- **ESXi**のハードウェア情報
- クラスタのステータス
- ゲスト**VM**のリソース
- ゲスト**VM**の**CPU**、メモリ設定

また、登録されている ESXi やゲスト VM を自動的に検知し、監視対象の登録とテンプレートの適用を自動化する機能を有しています。自動的に設定できるのは次の項目です。

- ゲスト**VM**をホスト登録し、テンプレートを適用
- **ESXi**をホスト登録し、テンプレートを適用
- **ESXi**の名称でホストグループを作成し、ゲスト**VM**のホストを自動割り当て
- クラスタ名称でホストグループを作成し、ゲスト**VM**のホストを自動割り当て（**vCenter** 経由で監視した場合のみ）

Zabbix から行う監視の設定は、ESXi もしくは vCenter の vSphere API の URL とアカウント名、それとパスワードを登録するのみとなっており、vSphere API を登録したあとは、その ESXi や vCenter が管理している ESXi とゲスト VM の情報すべてを取得して監視できます。大規模な VMware 仮想環境であっても簡単に仮想環境内全体を監視できます。また、VMware 監視機能は、内部的にローレベルディスカバリを利用しているため、ESXi やゲスト VM の探索処理が定期的に実行され、ゲスト VM が登録／削除された場合は追随してホストの登録や削除の処理を行います。vCenter から監視している場合はゲスト VM が ESXi をまたいで移動した際も同じホストであることを認識して継続して監視でき、ESXi ごとに自動生成されるホストグループの移動も自動的に行います。ゲスト VM の作成／削除や構成変更などが頻繁に発生する仮想環境でも、監視設定は自動的に追随し、環境内全体の監視をもれなく行うことができます。

7.2.2
VMware監視機能の設定

VMware 監視機能を利用するためには、ESXi や vCenter から情報を収集する専用のプロセスである VMware collector プロセスが動作している必要があります。zabbix_server.

confの次の行を変更し、VMware collectorプロセスの起動数を1以上に設定してZabbix
サーバープロセスを再起動してください。Zabbixサーバーは1つのESXiまたはvCenter
に対して内部的に2つの異なるvSphere APIリクエストを実行します。そのためパフォー
マンスを考慮する場合は、監視するESXiまたはvCenterの数の2倍のプロセスを起動し
ておくのが適切です。

```
StartVMwareCollectors=0
```

　VMware監視を設定するためには、標準でインストールされている以下の3つのテン
プレートを利用します。

- **Template VM VMware**
  ESXi/vCenterの vSphere APIの情報を設定したホストに利用するためのテンプレートです。テン
  プレート内にESXi、クラスタ、ゲストVMのローレベルディスカバリ設定が含まれます。

- **Template VM VMware Hypervisor**
  ローレベルディスカバリによって検知されたESXiに適用されるテンプレートです。ESXiのステ
  ータスやハードウェア情報、リソース監視のアイテム設定が含まれます。

- **TemplateVM VMware Guest**
  ローレベルディスカバリによって検知されたゲストVMに適用されるテンプレートです。ゲス
  トVMのステータスやリソース監視のアイテムが含まれます。

　管理者が直接利用するテンプレートはTemplate VM VMwareのみとなっており、
Template VM VMware HypervisorやTemplate VM VMware Guestテンプレートはローレ
ベルディスカバリによって自動的に利用されるテンプレートです。これらのテンプレー
トは基本的に直接利用することはありません。

　ESXiやvCenterは標準でHTTPベースのAPIを有しており、次のURLでアクセスでき
ます。

```
https://vSphereやvCenterのIPアドレス/sdk
```

　Zabbixの監視設定でも上記URLを指定して情報を収集します。また、vSphere APIへ
アクセスするためにはESXiやvCenterに登録されているアカウントを利用して認証を行
う必要があります。あらかじめAPIへアクセス可能なアカウント情報を用意しておきま
す。

　VMware監視のための設定は次の順に行います。

- vSphere API接続設定のためのホストを新規に作成する
- Template VM VMwareテンプレートをリンクする
- ホストのユーザー定義マクロに次の3つのマクロ設定を行う
  - {$URL}：ESXiやvCenterのvSphere APIのURL（https://IPアドレス/sdk）
  - {$USERNAME}：ESXiまたはvCenterのログインアカウント
  - {$PASSWORD}：ESXiまたはvCenterのアカウントのパスワード

　ここで登録したvSphere API接続設定のためのホストのインターフェース設定に記載されたIPアドレスやDNS名は監視処理には利用されません。テンプレートの適用とマクロの設定のみで監視設定は完了します。ただし、ホスト設定の保存にはインターフェースの設定が必須であるため、適当なIPアドレスを設定しておきます。

　図7.2-1の設定を行うと、Zabbixはローレベルディスカバリによって自動的にESXiやゲストVMの探索とホスト登録を行い監視を開始します。Template VM VMwareテンプレートではローレベルディスカバリによる自動検知間隔が1時間に設定されているため、設定を行ってから実際にホストが登録され監視が始まるまでに少し時間がかかる場合があります。

●図7.2-1　マクロ設定

7.2.3
VMware監視機能の動作

　VMware監視機能では、登録されたESXiやvCenterのvSphere APIから取得した情報をもとにローレベルディスカバリが動作し、ESXiやゲストVMのホスト、アイテムの設定を自動的に行うようになっています（図7.2-2）。これにより、管理者は個々のESXiやゲ

ストVMを手動で登録することなくVMware仮想環境の監視を行うことができます。

●図7.2-2　VMware監視の動作

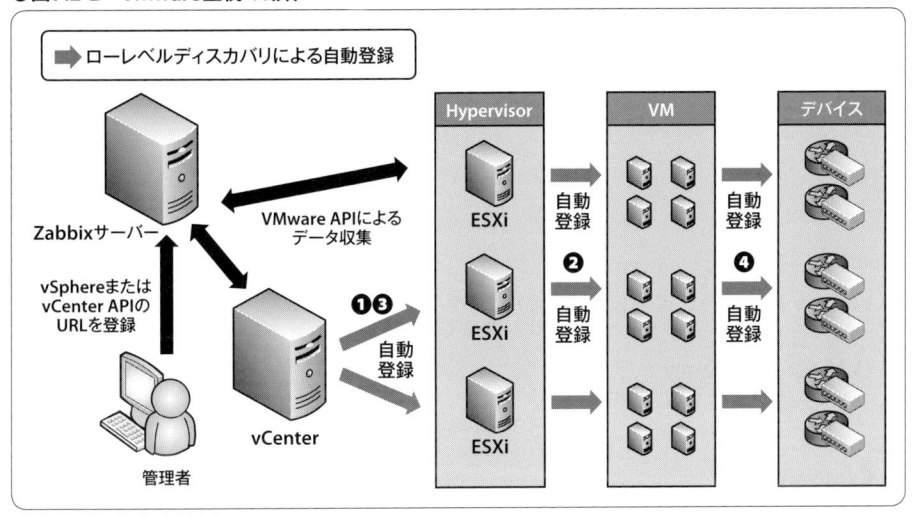

vCenterを登録した場合、次の処理で監視設定を作成します。

❶vCenterのvSphere APIからESXiのリストを取得し、ホストを作成。Template VM VMware Hypervisorテンプレートをリンクする（Template VM VMwareテンプレートのローレベルディスカバリDiscover VMware hypervisors設定）

❷vCenterのvSphere APIからゲストVMのリストを取得し、ホストを作成。Template VM VMware Guestテンプレートをリンクする（Template VM VMwareテンプレートのローレベルディスカバリDiscover VMware VMs設定）

❸vCenterのvSphere APIからESXiのデータストアのリストを取得し、ESXiのホストにデータストア監視のアイテムを作成（Template VM VMware HypervisorテンプレートのローレベルディスカバリDatastore discovery設定）

❹vCenterのvSphere APIからゲストVMのディスクデバイス、ネットワークインターフェース、ファイルシステムのリストを取得し、ゲストVMのホストにそれぞれのアイテムを作成（Template VM VMware GuestテンプレートのローレベルディスカバリDisk device discovery、Network device discovery、Mounted filesystem discovery設定）

ESXiを登録した場合も前述の内容と同様に処理されます。vCenterの場合と異なるのは、❶のESXiのリスト取得で発見されるのが自身のESXiのみである点です。また、❷で取得されるゲストVMのUUIDは、vCenterから取得する場合と異なり、ESXiから取得

されるゲストのUUIDはESXi内でのみ固有であり、ゲストVMがほかのESXiに移動した場合は異なるUUIDが割り当てられます。VMware監視では、ゲストVMのホストを作成するときにホスト名にゲストVMのUUIDを利用します。そのため、複数のESXiがあり、ゲストVMが別のESXiに移動した場合は、Zabbixに異なるホストとして登録されてしまうことに注意してください。VMware仮想環境がvCenterによって管理されており、ゲストVMが手動または自動でESXiをまたいで移動する可能性があるシステムでは、VMware監視でvCenterのvSphere APIを登録する必要があります。

VMware collectorプロセスは、zabbix_server.confのVMwareFrequencyとVMwarePerfFrequencyの間隔でvSphere APIにリクエストを行い、ESXiやゲストVMの情報を取得します。それぞれの処理の違いは次のとおりです。

- **VMwareFrequency**
  ESXiやゲストVMの設定情報とCPU、メモリなど一部のリソース情報を取得する間隔です。この処理では、ESXiやゲストVMのホスト作成も実施します。

- **VMwarePerfFrequency**
  パフォーマンスカウンタからネットワークトラフィック、ディスク関連のリソース情報を取得する間隔です。

どちらの処理でも、VMware collectorプロセスが取得したリソース情報は、メモリ上のVMwareCache領域に保存されるだけです。VMware関連のテンプレートに含まれる監視データ取得用のアイテムは、VMwareCache上の値を参照します。そのため、アイテムの設定で短い監視間隔を設定したとしても、VMwareCache内の収集済みデータが更新されていなければ同じ値を取得するだけとなります。VMware監視のアイテムは、VMwareFrequencyとVMwarePerfFrequencyの値より大きな監視間隔を設定するように調整することをお勧めします。

VMwareCacheのサイズは、zabbix_server.confのVMwareCacheSizeパラメータで調整できます。監視対象のVMware環境の規模によって必要となるメモリのサイズは異なってくるため、不足するようであればこのパラメータを変更する必要があります。サイズが足りているかどうかの確認方法については**12.7節**で解説します。

7.2.4
VMware監視で自動登録されたホストの設定を変更する

VMware監視の設定は、基本的に必要な監視アイテムが標準のVMware関連のテンプレートに含まれていますが、トリガーの設定は含まれていません。アイテムやトリガー

の設定を変更／追加したい場合は、テンプレートのアイテムやトリガーのプロトタイプ設定の変更を行うか、トリガーの閾値などはユーザー定義マクロを利用して調整するようにしてください。ここでは、テンプレート側の設定を変更する例を説明します。ユーザー定義マクロによるトリガー閾値の設定については**8.3節**を参照してください。例としてゲストVMがマウントしているファイルシステムの空き率が20％を下回った場合に障害として検知するための設定を追加します。

メニューから[設定]→[テンプレート]を選択し、テンプレートの一覧から「Template VM VMware Guest」の行の「ディスカバリ」リンクをクリックします（**図7.2-3**）。

●**図7.2-3 テンプレートリスト**

	名前 ▲	アプリケーション	アイテム	トリガー	グラフ	スクリーン	ディスカバリ	Web	テンプレ
☐	Template VM VMware	アプリケーション 3	アイテム 3	トリガー	グラフ	スクリーン	ディスカバリ 3	Web	
☐	Template VM VMware Guest	アプリケーション 8	アイテム 19	トリガー	グラフ	スクリーン	ディスカバリ 3	Web	
☐	Template VM VMware Hypervisor	アプリケーション 6	アイテム 21	トリガー	グラフ	スクリーン	ディスカバリ 1	Web	

0 選択　エクスポート　削除　削除とクリア

表示されたローレベルディスカバリのリストから「Mounted filesystem discovery」の行の「トリガーのプロトタイプ」リンクをクリックします（**図7.2-4**）。

●**図7.2-4 ローレベルディスカバリのリスト**

	名前 ▲	アイテム	トリガー	グラフ	ホスト	キー
☐	Disk device discovery	アイテムのプロトタイプ 4	トリガーのプロトタイプ	グラフのプロトタイプ	ホストのプロトタイプ	vmware
☐	Mounted filesystem discovery	アイテムのプロトタイプ 4	トリガーのプロトタイプ	グラフのプロトタイプ	ホストのプロトタイプ	vmware
☐	Network device discovery	アイテムのプロトタイプ 4	トリガーのプロトタイプ	グラフのプロトタイプ	ホストのプロトタイプ	vmware

0 選択　有効　無効　監視データ取得　削除

右上の[トリガーのプロトタイプの作成]ボタンをクリックし、**表7.2-1**のように設定を行います（**図7.2-5**）。深刻度などの設定は必要に応じて適切なものを選択してください。

●**表7.2-1 VMware監視のテンプレートに追加するトリガーのプロトタイプの例**

項目	設定値
名前	Free disk space is less than 20% on volume {#FSNAME}
条件式	{Template VM VMware Guest:vmware.vm.vfs.fs.size[{$URL},{HOST.HOST},{#FSNAME},pfree].last()}<20

●図7.2-5　トリガーのプロトタイプを追加

これらの設定により、自動登録されたアイテムに対してトリガーを設定できます。な
お、プロトタイプとして登録した設定は次回のディスカバリ動作時に実際の監視設定に
反映されるため、ホストに設定が追加されるまでに時間がかかる場合があります。

7.2.5
ホストのローレベルディスカバリ

　VMware監視機能が実装されるにあたり、Zabbix 2.2ではローレベルディスカバリの機
能が拡張され、ローレベルディスカバリにホストのプロトタイプが追加されました。
　ホストのローレベルディスカバリでは次のことが行えます。

- **ホストの新規作成**
- **グループへの割り当て**
- **テンプレートとのリンク**

　ホストのプロトタイプ設定は、VMware監視に限らず利用できるため、**7.1.6項**で解説
したカスタムのローレベルディスカバリルールを作成し、ホストの登録／削除を自動化
する用途でも利用できます。

第8章

テンプレートの利用と
エクスポート／インポート

テンプレートを利用することで、サーバーやOS、アプリケーションの監視設定を定型化でき、新規に監視対象を追加する際の設定や監視設定の管理の手間を大幅に削減できます。また、ホストやテンプレート単位で監視設定をエクスポート／インポートできるため、テンプレートのバックアップやほかのZabbixサーバーへの複製、インターネット上で公開されているテンプレートの利用など、さまざまな形で監視設定情報を活用できます。

8.1

テンプレートの利用

　テンプレートとは、監視設定をテンプレート化して管理する機能です。テンプレートにはアイテム／トリガー／グラフ／アプリケーション／ユーザー定義マクロ／ローレベルディスカバリ／ホストスクリーン／Web監視の各設定を含めることができ、テンプレートをホストにリンクすることで、テンプレートに含まれている設定をホストに継承して利用できます。複数のサーバーの監視設定を一元管理できるため、監視設定の管理の手間を大幅に削減できます。ホストには複数のテンプレートをリンクできるため、OSやアプリケーションごとにテンプレートを作成しておくことで多数のサーバーの監視設定を効率よく行うことができます（**図8.1-1**）。

●**図8.1-1　テンプレートの概要**

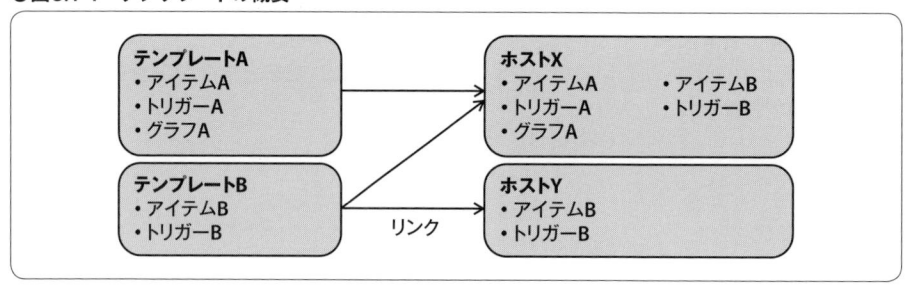

　テンプレートに対してテンプレートをリンクさせることも可能であり、複数のテンプレートをまとめて1つのテンプレートを作成することもできます。たとえば、Linux OSのテンプレートとSSH、Apache、Syslogのテンプレートを組み合わせてWebサーバー用テンプレートを作成したり、Linux OS用のテンプレートとSSH、Postfixのテンプレートを組み合わせてメールサーバー用のテンプレートを作成するなど、同じ構成のサーバーが多数ある場合により容易に監視設定を管理できます。

8.1.1
登録されているテンプレートの一覧

　登録されているテンプレートは、メニューから［設定］→［テンプレート］をクリックす

ることで表示できます（**図8.1-2**）。デフォルトでいくつかのテンプレートが登録されており、さまざまなOSやアプリケーション、ネットワーク機器の監視設定が含まれています。

●図8.1-2　テンプレートの一覧画面

8.1.2
テンプレートに含まれる各監視設定の確認

テンプレートに含まれるアイテム、トリガーなどの各設定は、通常のホストと同様に表示／変更／追加を行うことができます。テンプレートの一覧画面から各カラムをクリックすることで各設定画面を表示できます（**図8.1-3**）。アプリケーション、アイテム、トリガー、グラフ、ディスカバリ、Webの設定内容は、ホストに設定する場合もテンプレートに設定する場合も同様のため、詳細についてはそれぞれの解説を行っている章を参照してください。

●図8.1-3　Template OS Linuxのアイテムを表示した画面

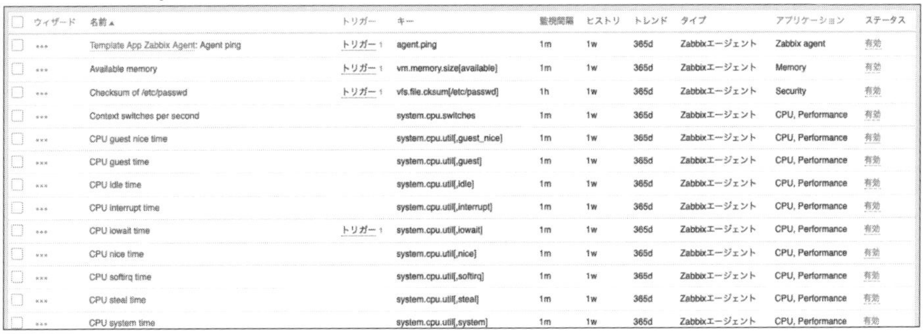

8.1.3
テンプレートの利用方法

テンプレートはホストにリンクさせることで、テンプレートに含まれる各設定をホストに継承して利用できます。ホストにリンクされているテンプレートの表示やリンクの追加／削除の設定は、ホスト設定画面で行うことができます。

ホスト一覧画面

メニューから［設定］→［ホスト］をクリックして開くホストの一覧画面では、［テンプレート］のカラムにリンクしたテンプレートの一覧が表示され、ホストごとにリンクされているテンプレートを確認できます（**図8.1-4**）。

●図8.1-4　ホストの一覧画面

ホスト設定画面

ホストの一覧画面からホスト名をクリックして表示されるホスト設定画面では、テンプレートタブに現在リンクしているテンプレートの一覧が表示されます（**図8.1-5**）。この画面ではホスト単位でテンプレートのリンクの追加／削除を行うことができます。

●図8.1-5　ホスト設定画面

ホスト設定画面のテンプレートとのリンク設定では、次の操作を行うことができます。

- 登録されているテンプレートをリンクする（「新規テンプレートをリンク」のフォームにリンクしたいテンプレートの名前の一部を入力すると候補が表示され、テンプレートを選択した状態で[追加]をクリック）
- テンプレートとのリンク状態を削除（リンクされている各テンプレートの右にある[リンクを削除]ボタンをクリック。テンプレートとのリンク設定は削除されるが、テンプレートから継承されていたアイテム、トリガーなどの各設定はホストに直接設定された状態で残り、設定自体や収集済みの監視データも残った状態になる）
- テンプレートとのリンク状態の削除と、テンプレートから継承された各設定の削除（リンクされている各テンプレートの右にある[リンクと保存データを削除]ボタンをクリック。テンプレートから継承されていたアイテム、トリガーなどの各設定も削除されるため、収集済みの監視データも閲覧できなくなる）

　ホスト設定画面で[保存]や[更新]ボタンをクリックすると、テンプレートに登録されている各設定がホストに反映されます。

8.1.4
ホストとテンプレートをリンクさせる際の注意点

　ホスト内では、アイテムのキーは一意である必要があります。同じキー設定を持つアイテムが含まれている2つ以上のテンプレートを1つのホストにリンクしようとすると、「同じキー設定を持つアイテムがすでに存在している」エラーとなり、テンプレートをリンクできません。そのため、テンプレートを作成する際にはそれらの設定が重複しないように考慮しておく必要があります。

　たとえば、次のように同じキー「system.cpu.load」の設定を持つアイテムが存在している2つのテンプレートを作成してしまうと、運用中に両方のテンプレートを1つのホストにリンクできなくなる可能性があります。

- **Template OS Performance**：system.cpu.load
- **Template OS Linux**：system.cpu.load

　テンプレートの作成ルールをあらかじめ決めておき、リソース関連の情報はTemplate OS LinuxなどOS種別のテンプレートに登録するなどの設計を行っておくことで回避できます。テンプレート設計の考え方については**第10章**を参照してください。

8.1.5
テンプレートから継承された設定の確認

　テンプレートから継承された各設定は、**図8.1-6**のように、設定の一覧画面で名前の前にテンプレート名がグレーで表示されます。

●図8.1-6　テンプレートから継承されたアイテム設定の一覧画面

　テンプレートから継承されているアイテムやトリガーの設定では以下の操作を行えます。

- 継承元であるテンプレートの各設定画面を表示（グレーで表示されているテンプレート名をクリック）
- 継承先のホストでアイテムやトリガーの一部の設定を変更（アイテム／トリガー名をクリック）

8.1.6
継承先のホスト側で設定変更を行った場合の動作

　テンプレートから継承したアイテム／トリガーの各設定は、継承先で一部の設定を変更できます。アイテム／トリガーの各設定画面では、変更できない項目はグレーアウトされ、変更が不可の状態で表示されます。なお、グラフの設定は継承先で個別に変更することはできません。

　例としてタイプにZabbixエージェントを利用しているアイテムとトリガーで、継承先で設定変更できる項目を**表8.1-1**に示します。

●表8.1-1　継承先で変更できるアイテム／トリガーの設定

項目	変更可能な設定
アイテム	監視間隔
	監視間隔のカスタマイズ
	ヒストリの保存期間
	トレンドの保存期間
	アプリケーション
	ホストインベントリフィールドの自動設定
	説明
	有効
トリガー	深刻度
	タグ
	URL
	説明
	有効
	依存関係

　継承先のホストでテンプレートから継承されたアイテムやトリガーの設定を一部変更することは可能ですが、ホスト側で設定変更を行ったあとで同じテンプレートのリンクを外してリンクしなおすと、テンプレート側の設定で上書きされます。運用中にテンプレートをリンクしなおすことは起こりうる操作ですが、実施するとホスト側で個別に変更していた内容は失われてしまいます。そのため運用にあたっては、継承先のアイテム／トリガーで設定変更を行うことは望ましくありません。ホスト側で設定を変更しないようにテンプレートを調整したり、同一テンプレートを利用しているホストでも個別に異なる設定を行いたい部分にはユーザー定義マクロを利用してテンプレートを作成したりするように対応することをお勧めします。ユーザー定義マクロの利用方法は**8.3節**で解説します。

8.1.7
継承元のテンプレート側で設定変更を行った場合の動作

　テンプレート側で各設定を変更した場合、そのテンプレートを利用しているすべての継承先に設定変更が反映されます。各設定をテンプレート側で一元管理できるため、多数のホストがある場合でも効率よく設定を管理できます。

　各ホストで共通の設定については、可能な限りテンプレートによる管理を行うことで監視設定の管理を容易に行えるようになります。

8.2

テンプレートの作成

標準で用意されているテンプレート以外にも独自でテンプレートを作成できます。テンプレートに含まれる各設定はこれまでに解説したホスト／アイテム／トリガー／グラフと同じ考え方で作成／管理できます。

8.2.1
テンプレートの作成方法

メニューの［設定］→［テンプレート］をクリックして表示されるテンプレートの一覧画面から、サブメニューの［テンプレートの作成］をクリックすることでテンプレートを新規作成できます。テンプレートの設定項目は次のとおりです（**図8.2-1**）。

●図8.2-1　テンプレート設定画面

テンプレート		
テンプレート　テンプレートとのリンク　マクロ		
＊テンプレート名		
表示名		
＊グループ	Templates/Operating systems ✕ 検索文字列を入力	選択
説明		
	追加　キャンセル	

- テンプレート名
  テンプレート名を設定します。利用できる文字は半角の英数字、スペース、ハイフン、アンダースコア、ドットのみです。

- **表示名**
  画面に表示する際に、テンプレート名の代わりに利用される名称です。日本語を含め、マルチバイト文字列が利用できます。

- **グループ**
  所属するホストグループを選択します。テンプレートは必ず1つ以上のホストグループに所属する必要があります。

- **テンプレートとのリンクタブ**
  テンプレートをほかのテンプレートとリンクさせる場合、リンクするテンプレートを選択します。

- **マクロタブ**
  ユーザー定義マクロを作成します。

8.2.2
テンプレートに含まれるアイテム／トリガー／グラフの設定

テンプレートに含まれる各設定は通常のホストと同様に行うことができます。テンプレート一覧画面からアプリケーション／アイテム／トリガー／グラフ／スクリーン／ディスカバリ／Webのカラムをクリックすることで各設定画面を開くことができます。各設定については**第4～7章**を参照してください。

8.3
ユーザー定義マクロ

　テンプレートを利用することにより監視設定を一元管理できますが、そのままではテンプレートを適用したすべてのホストで同一の設定となります。実際のシステムでは、監視対象ごとにトリガーの閾値を変更したいということが発生します。ユーザー定義マクロを利用することでテンプレートに設定したトリガーの閾値を変数に置き換えることができ、同一テンプレートを利用しつつリンク先のホストごとに閾値を変更できます。

　ユーザー定義マクロは3個所で設定でき、グローバル、テンプレート、ホストの順に優先順位が高くなります（**表8.3-1**）。

●表8.3-1　ユーザー定義マクロの設定箇所

名前	設定箇所
グローバルのユーザー定義マクロ	［管理］→［一般設定］の「マクロ」設定
テンプレートのユーザー定義マクロ	［設定］→［テンプレート］の各テンプレート設定の［マクロ］タブ
ホストのユーザー定義マクロ	［設定］→［ホスト］の各ホスト設定の［マクロ］タブ

　それぞれの画面でマクロを設定する方法は同じです（**図8.3-1**）。マクロ設定画面では、左側に変数名を、右側に置き換える値を設定します。変数名には大文字のアルファベット、数字、「_」、「.」を利用でき、{$MACRO_NAME}のように中括弧と先頭に「$」を付けて設定します。

●図8.3-1　テンプレートのユーザー定義マクロ設定画面

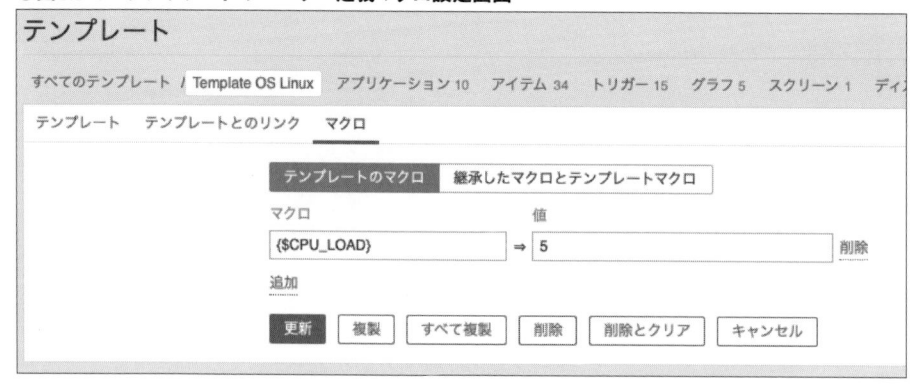

　グローバル、テンプレート、ホストの各レベルに同じ変数名のマクロを設定した場合、実際にはホストのマクロ設定が適用されます。これを利用して、テンプレートにはデフォルトの閾値としてユーザー定義マクロを設定し、必要に応じてホストに同じ変数名のユーザー定義マクロを設定することで、ホストごとにテンプレートの閾値を上書きできます。

8.3.1
ユーザー定義マクロの作成

　例として、テンプレートにユーザー定義マクロを設定する方法を解説します。デフォルトで登録されている Template OS Linux には、トリガー設定として次のロードアベレージの閾値に固定値の「5」が設定されています。このロードアベレージの閾値をユーザー定義マクロを利用してホストごとに変更してみます。

- **Processor load is too high on {HOSTNAME}**
- **{Template OS Linux:system.cpu.load[percpu,avg1].avg(5m)}>5**

　最初に［設定］→［テンプレート］からテンプレートの一覧を表示し、リストの中の「Template OS Linux」というテンプレート名をクリックします。テンプレートの設定画面で［マクロ］タブをクリックし、表示されるユーザー定義マクロ設定で次のように設定します。ここでの設定は、Template OS Linux を利用するすべてのホストで共通の閾値となるため、デフォルトと同じ「5」としています。

- **マクロ名：{$CPU_LOAD}**
- **値　　　：5**

　続いて Template OS Linux のトリガー設定一覧を表示し、「Processor load is too high {HOSTNAME}」のトリガーをクリックし、閾値の設定を次のように変更します。

- **{Template OS Linux:system.cpu.load[percpu,avg1].avg(5m)}>{$CPU_LOAD}**

　この設定を保存すると、ユーザー定義マクロを利用したトリガー設定が完了します。このテンプレートにリンクしているすべてのホストでは、テンプレートのユーザー定義マクロで設定した「5」が閾値として利用されます。リンクした先のホストで閾値を変更したい場合は、そのホストの設定で［マクロ］タブを開いて次のように設定すると、閾値を「10」で上書きできます。

- マクロ名：{$CPU_LOAD}
- 値　　　：10

ホストのユーザー定義マクロの設定画面では、［継承したマクロとホストマクロ］を選択することで、グローバルやテンプレートでどのようなユーザー定義マクロが設定され、ホストに反映されているかを確認できます（図8.3-2）。この画面で各マクロの「変更」リンクを押すことでも反映されているユーザー定義マクロの値を確認しながら値を変更できます。

●図8.3-2　ホストのユーザー定義マクロの設定画面

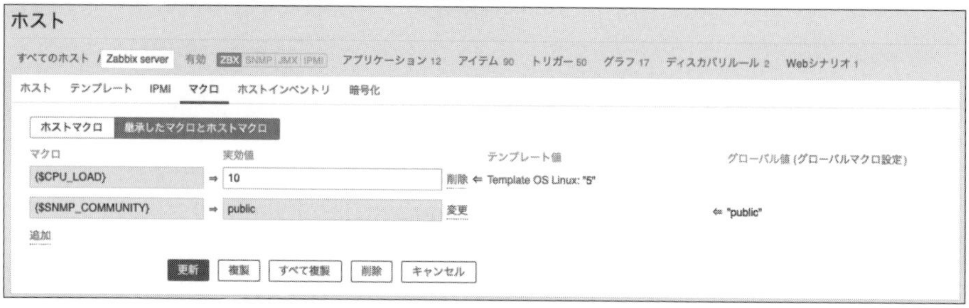

8.3.2
ユーザー定義マクロのコンテキスト

Zabbix 3.0ではユーザー定義マクロの機能が拡張され、コンテキストを利用できるようになりました。ユーザー定義マクロのコンテキストを利用することで、ローレベルディスカバリで生成されたトリガーの閾値もそれぞれのトリガーごとに変更することが可能です。マウントしているディスクの容量監視を行うローレベルディスカバリを例にして動作を解説します。

デフォルトのTemplate OS Linuxに含まれている「Mounted filesystem discovery」には、トリガー設定として「Free disk space is less than 20% on volume {#FSNAME}」が含まれています。このトリガーは次のように、発見されたマウントされているファイルシステムの空き容量が20%を下回ると障害とする設定になっています。

```
{Template OS Linux:vfs.fs.size[{#FSNAME},pfree].last(0)}<20
```

シンプルなユーザー定義マクロを利用すると、この閾値をホスト単位で上書きして変更できます。たとえば、{$DISK_FREE_SPACE}を利用した場合は次のトリガー条件式とな

り、テンプレートのデフォルトの閾値に「20」を設定できます。

- **Template OS Linux のユーザー定義マクロ設定**
  : {$DISK_FREE_SPACE} 20
- **Template OS Linux のトリガーのプロトタイプ設定**
  : {Template OS Linux:vfs.fs.size[{#FSNAME},pfree].last(0)}
  <{$DISK_FREE_SPACE}

この設定では、ホストのユーザー定義マクロ設定で {$DISK_FREE_SPACE} に 10 などを設定することで、同じテンプレートを利用していてもホストごとに閾値を変えることができます。しかしながらこの設定では、ローレベルディスカバリで生成された /、/home、/var などの各パーティションの閾値は共通となってしまいます。ユーザー定義マクロのコンテキストを利用することで、ローレベルディスカバリで生成されたパーティションごとに閾値を変更できます。

ユーザー定義マクロのコンテキストを利用する場合は、次のように設定します。先ほどと異なるのは、トリガーのプロトタイプ設定のユーザー定義マクロに「:」（コロン）を付け、後ろにローレベルディスカバリのマクロを設定している部分です。

- **Template OS Linux のユーザー定義マクロ設定**
  : {$DISK_FREE_SPACE} 20
- **Template OS Linux のトリガーのプロトタイプ設定**
  : {Template OS Linux:vfs.fs.size[{#FSNAME},pfree].last(0)}
  <{$DISK_FREE_SPACE:"{#FSNAME}"}

このとき、監視対象の Linux に /、/home、/var という 3 つのマウントされているパーティションが存在する場合、次のようにトリガーが作成されます。

```
{Linux server:vfs.fs.size[/,pfree].last(0)}<{$DISK_FREE_SPACE:"/"}
{Linux server:vfs.fs.size[/home,pfree].last(0)}<{$DISK_FREE_SPACE:"/home"}
{Linux server:vfs.fs.size[/var,pfree].last(0)}<{$DISK_FREE_SPACE:"/var"}
```

実際にこのテンプレートにリンクしている Linux server では、次のようにユーザー定義マクロを設定すると、/home を監視するトリガーの閾値のみを 10 に変更でき、それ以外の / や /var についてはテンプレートに設定されている {$DISK_FREE_SPACE} が有効となって閾値は 20 のままです。

- **ホストのユーザー定義マクロ設定**：{$DISK_FREE_SPACE:"/home"} 10

8.4
エクスポート／インポート

　エクスポート／インポート機能は、ホストやテンプレート単位で監視設定をXML形式のファイルで書き出し／取り込みを行える機能です。ホストに属する各設定のバックアップや、テンプレート単位で情報をエクスポート／インポートすることでほかのZabbixサーバーとテンプレートを共有したり、インターネット上に公開されているテンプレートを活用できます。

　また、マップ、スクリーンのグラフィカル表示設定もXML形式でインポート／エクスポートが可能です。各設定のバックアップや、ほかのZabbixサーバーへコピーする場合に活用できます。

8.4.1
エクスポート／インポートできる設定

　エクスポート／インポートは、ホストまたはテンプレート単位で行います。XMLファイルには次の設定を含めることができます。

- ホスト設定
- テンプレートとのリンク設定
- インベントリ
- アプリケーション
- ユーザー定義マクロ
- アイテム設定
- トリガー設定
- グラフ設定
- ホストスクリーン設定
- ローレベルディスカバリ設定

　マップとスクリーンのエクスポートも各設定単位で行います。マップやスクリーンにはホストやホストグループ、トリガー、グラフなどの設定も関連づいて設定されており、それらの設定は参照情報のみが含まれ、設定の実体は含まれません。複雑なマップやス

クリーンをエクスポートしてインポートする場合などは、あらかじめマップで利用している設定が存在している必要があるため注意が必要です。

　エクスポート／インポート機能ではアクション／ネットワークディスカバリ／サービスなどの設定を扱うことはできないため、Zabbixの設定全体のバックアップの用途には利用できません。Zabbixのデータベース全体をバックアップ／リストアする方法については**12.5節**で解説します。

8.4.2
設定のエクスポート

　エクスポートは各設定の一覧画面(テンプレートのエクスポートの場合、メニューから[設定]→[テンプレート]をクリックして表示される画面)から行うことができます(**図8.4-1**)。

●**図8.4-1　エクスポート画面(抜粋)**

☐ Template OS Solaris	アプリケーション 10	アイテム 27	トリガー 14	グラフ 5	スクリーン 1	ディスカバリ 2	Web Template App Zabbix Agent
☑ Template OS Windows	アプリケーション 10	アイテム 19	トリガー 9	グラフ 2	スクリーン 1	ディスカバリ 3	Web Template App Zabbix Agent
☐ Template OS Windows SNMPv2	アプリケーション 7	アイテム 11	トリガー 5	グラフ	スクリーン	ディスカバリ 4	Web Template Module Generic SNMPv2, Template Module HOST-RESOURCES-MIB SNMPv2, Template Module Interfaces Windows SNMPv2

10件のうち10件を表示しています

| 1 選択 | エクスポート | 削除 | 削除とクリア |

エクスポートを行うためには、次の操作を行います。

- **エクスポートしたいホスト／テンプレートの名前カラムの左側にあるチェックボックスにチェックを入れる**
- **画面下にある[エクスポート]ボタンをクリックする**

　エクスポートされたXMLファイルは通常のエディタで変更することもできるため、エクスポートしたXMLファイルを編集してインポートすることで多数の設定を一度に変更することもできます。

8.4.3
設定のインポート

　各設定画面のサブメニューにある[インポート]ボタン(**図8.4-2**)をクリックすること

で、インポート画面を開くことができます。

●図8.4-2　テンプレートのインポートボタン

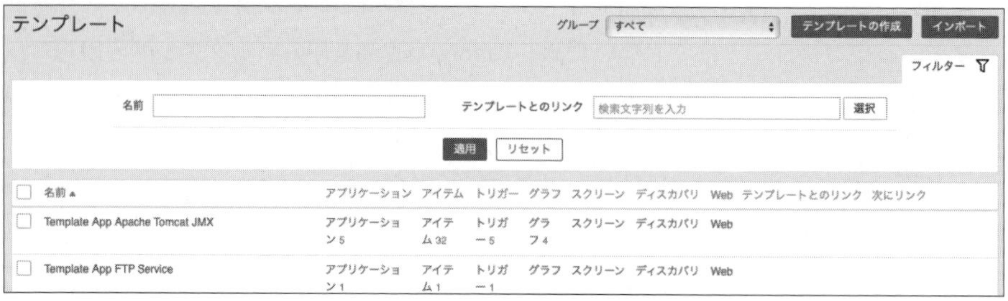

インポートの設定は次のとおりです（**図8.4-3**）。

●図8.4-3　インポート画面

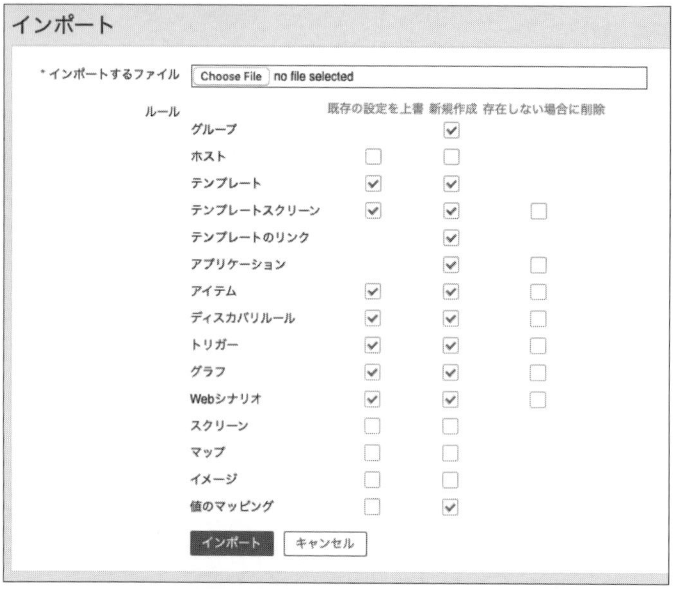

- **インポートするファイル**
  インポートするXMLファイルを選択します。

- **ルール**
  インポートを行う際に、各設定がすでに存在している場合に更新を行うか、存在しない場合に追加を行うか、XMLに存在しない設定を削除するかの挙動を選択します。

　なお、設定のエクスポートはホスト／テンプレートの各画面で行いますが、インポートはテンプレート／ホスト／スクリーン／マップの設定を一括で行えます。そのため、1つのXMLファイルにホストとマップ設定などが一緒に含まれていた場合でもインポートすることが可能です。

　たとえば、テンプレート設定画面のインポート画面ではあらかじめテンプレートをインポートするために必要なルールが選択された状態になっており、そのままではマップやスクリーンはインポートされません。必要に応じてルールのオプションを変更してからインポートを行ってください。

第 9 章
一般設定とユーザー設定

本章では Zabbix 全般の設定を行う一般設定と、Web インターフェースへのアクセス権や通知用メールアドレスなどの設定を行うユーザー／ユーザーグループ設定について解説します。なお、本章では Web インターフェースの管理メニューを利用します。管理メニューはユーザーの種類が「特権管理者」のユーザーのみアクセスできます。インストール直後の設定では Admin ユーザーに特権管理者の権限が設定されています。

9.1
一般設定

一般設定ではZabbixの全般に関わる設定を行えます。ここまでに解説した監視設定の細かな挙動の設定を変更したり、Zabbix全体に関わる設定を行えます。必要に応じて設定を行ってください。

設定メニューから[管理]→[一般設定]をクリックして設定画面を表示します。サブメニューのドロップダウンリストで各設定画面を切り替えることができるため、ここからはドロップダウンリストの項目ごとに各設定画面設定の詳細を解説します。

9.1.1
表示設定

表示設定では、表示される項目の数やテーマ設定など、Webインターフェース全般の表示設定を行うことができます（**図9.1-1**）。

●図9.1-1　表示設定画面

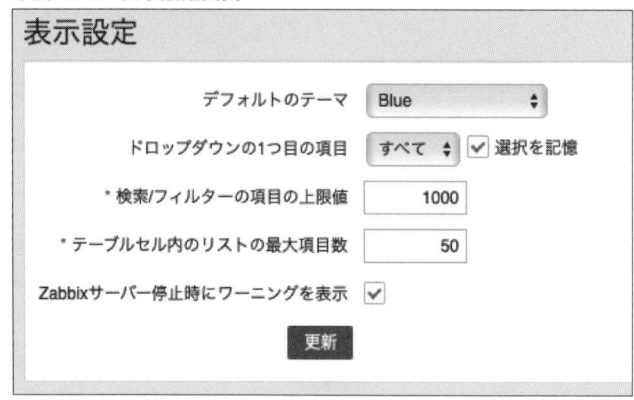

- **デフォルトのテーマ**

  Webインターフェースのデフォルトのテーマを選択します。使用するテーマは各ユーザーごとに設定することもできますが、ユーザー設定でシステムデフォルトを設定した場合はここで設定したテーマが使用されます。インストール直後のテーマは[Blue]が選択されており、そのほかにもさまざまなテーマが用意されています。

- **ドロップダウンリストの1つ目の項目**

  サブメニューに表示されるホストグループやホストのドロップダウン内の1つ目の項目を**表9.1-1**から選択します。デフォルトは「すべて」です。大規模なシステムの監視ではアイテムやトリガーなどの設定数が非常に多くなり、「すべて」を選択した場合に画面に表示するデータ数が多くなることで画面の表示に時間がかかってタイムアウトしたり、データベースへの負荷が高くなるなどの問題が発生する場合があります。このようなときには設定を「なし」にすることで明示的にグループやホストを選択しないとデータが表示されなくなり、不要な負荷を避けることができます。また、[選択を記憶]のチェックを入れると、前回選択した項目を記憶し、次回表示時にその項目が選択された状態になります。

●表9.1-1　[ドロップダウンリストの1つ目の項目]で選択できる項目

項目	解説
なし	ドロップダウンリストの最初の項目が[選択されていません]となり、ホストグループやホストが何も選択されていない状態になる
すべて	ドロップダウンリストの最初の項目が[すべて]となり、すべてのホストグループやホストを選択した状態になる

- **検索/フィルターの項目の上限値**

  各画面で検索やフィルターの結果に表示される項目の上限数を設定します。[監視データ]→[障害]のイベントの履歴や[監視データ]→[最新データ]のヒストリデータの表示の上限数にもこの設定が利用されます。

- **テーブルセル内のリストの最大項目数**

  ホスト設定一覧の「テンプレート」など一覧表示のテーブルのセルの中に、カンマ区切りでリストされる情報の最大表示数を設定します。この設定を超えた情報がある場合には、末尾に「...」が表示されます。

- **Zabbixサーバー停止時にワーニングを表示**

  チェックを入れることで、Zabbixサーバーが停止している場合にWebインターフェースの下部にワーニングを表示できます。

9.1.2
データの保存期間

　データの保存期間設定では、データベースに保存される履歴データの保存期間の詳細設定が行えます（**図9.1-2**）。各設定で「削除処理を有効」にチェックを入れると、Zabbixサーバーが定期的に不要データを削除します。housekeeperという過去の履歴データを削除する専用のプロセスがあり、このプロセスは保存期間設定を過ぎたデータをデータベースから定期的に削除します。データの削除処理による負荷の低減のためにデータベースをパーティショニングしている場合など、housekeeperプロセスによる削除処理を

停止したい場合は「削除処理を有効」のチェックを外します。

●図9.1-2　データの保存期間画面

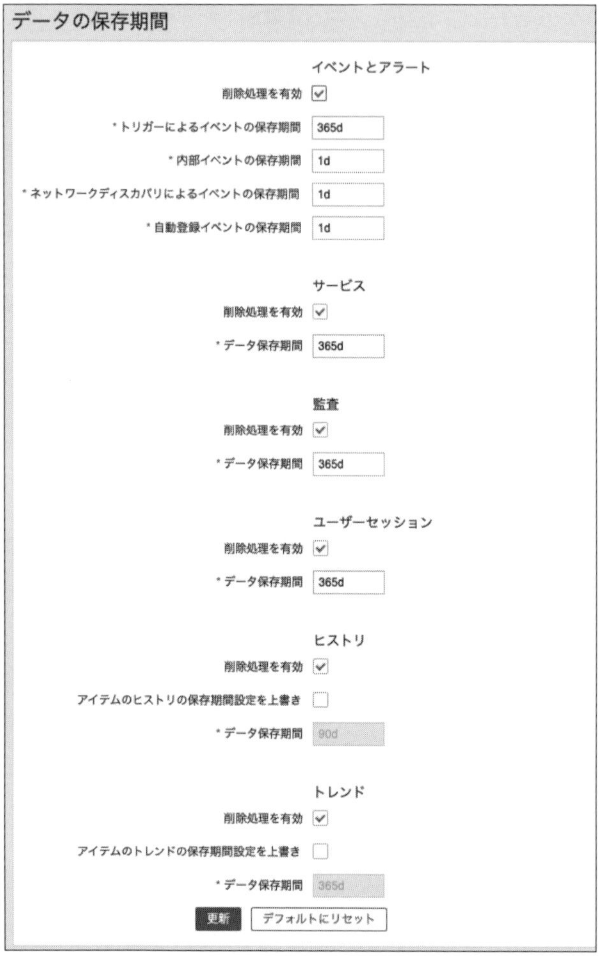

データの保存期間

イベントとアラート

削除処理を有効	☑
* トリガーによるイベントの保存期間	365d
* 内部イベントの保存期間	1d
* ネットワークディスカバリによるイベントの保存期間	1d
* 自動登録イベントの保存期間	1d

サービス

削除処理を有効	☑
* データ保存期間	365d

監査

削除処理を有効	☑
* データ保存期間	365d

ユーザーセッション

削除処理を有効	☑
* データ保存期間	365d

ヒストリ

削除処理を有効	☑
アイテムのヒストリの保存期間設定を上書き	☐
* データ保存期間	90d

トレンド

削除処理を有効	☑
アイテムのトレンドの保存期間設定を上書き	☐
* データ保存期間	365d

[更新] [デフォルトにリセット]

- **イベントとアラート**
  Zabbixが生成したイベント、障害の履歴とイベント生成時に実行したアクションの履歴の保存期間を設定します。イベントにはトリガーによって生成されるイベントや障害の履歴以外にも内部イベント、ネットワークディスカバリによるイベント、エージェントの自動登録によるイベントが存在し、個別に期間を設定できます。

- **サービス**
  サービスでSLAの計算を行った履歴データの保存期間を設定します。

- **監査**
  監査ログの保存期間を設定します。

- **ユーザーセッション**
  ユーザーがログインした際に生成されるセッション情報の保存期間を設定します。

- **ヒストリとトレンド**
  「アイテムのヒストリの保存期間設定を上書き」「アイテムのトレンドの保存期間設定を上書き」にチェックを入れると、各アイテムで設定した保存期間設定を上書きし、Zabbixサーバー全体で共通のヒストリとトレンドの保存期間を設定できます。

9.1.3
イメージ

　イメージ設定では、マップで利用するアイコンや背景の画像を表示／設定できます。サブメニューの[タイプ]ドロップダウンリストからアイコンと背景を切り替えることができます。マップの詳細は**6.2節**を参照してください。

　デフォルトでいくつかのアイコンが登録されており、**図9.1-3**のように一覧表示され、アイコンをクリックすることで名称を変更／削除できます。また、サブメニューの[アイコンの作成]や[背景の作成]から画像をアップロードできます。

●**図9.1-3　イメージの一覧画面(アイコン)**

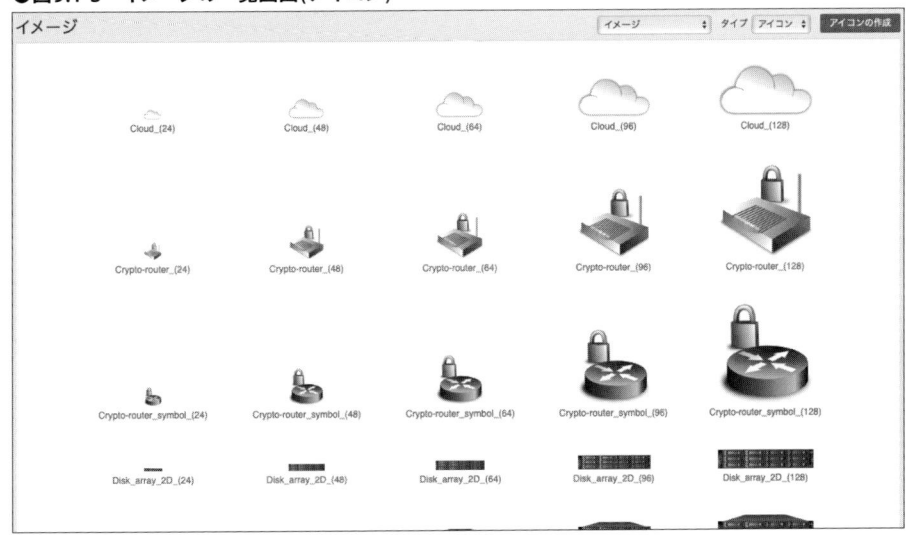

9.1.4
アイコンのマッピング

　アイコンのマッピングの設定では、ホストのインベントリ情報を条件にしてマップ上のアイコンに自動的にアイコンイメージを割り当てるための条件設定を行うことができます。マッピングの設定はマップの基本設定画面から選択することで利用できます。詳細は**6.2節**を参照してください。

設定されているアイコンマッピングの一覧

　アイコンのマッピングの一覧画面では、設定されているアイコンマッピングが表示されます(**図9.1.4**)。

●**図9.1-4　アイコンマッピングの一覧画面**

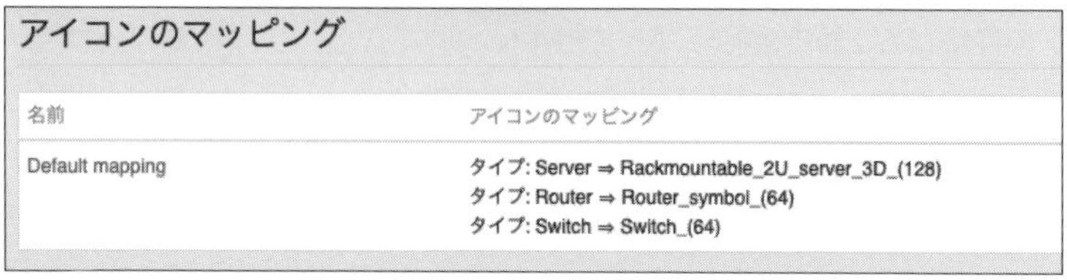 アイコンのマッピング	
名前	アイコンのマッピング
Default mapping	タイプ: Server ⇒ Rackmountable_2U_server_3D_(128) タイプ: Router ⇒ Router_symbol_(64) タイプ: Switch ⇒ Switch_(64)

アイコンのマッピングの設定項目

　アイコンのマッピングの設定項目の詳細を次に示します(**図9.1-5**)。

●**図9.1-5　アイコンマッピングの設定画面**

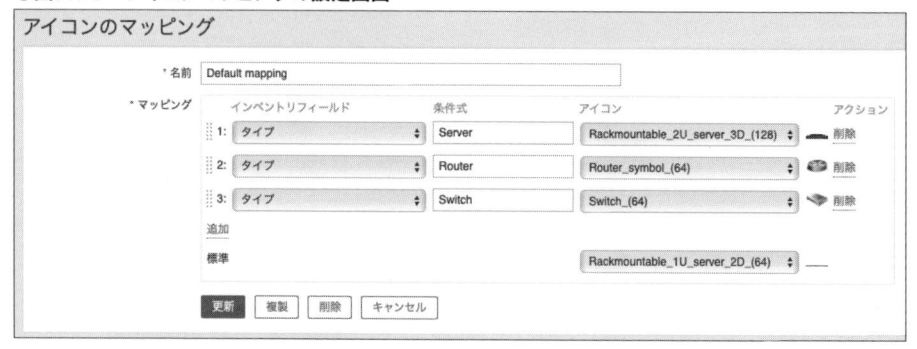

- **名前**
  アイコンのマッピングの名前を設定します。

- マッピング

  ホストのインベントリフィールドを条件に、自動選択するアイコンを設定します。[追加]をクリックすることで複数のマッピング設定を行うことも可能です。リストの一番下に表示される「標準」の設定は、いずれのマッピング設定にも一致しなかった場合のデフォルトのアイコン画像を選択します。

9.1.5
正規表現

　正規表現の設定では、文字列のマッチ条件をユーザー定義設定として保存できます。一般的な「正規表現」と混同しやすいため、本書ではこの設定を「ユーザー定義の正規表現」と記載します。作成したユーザー定義の正規表現は、アイテムのキーのパラメータやトリガーの条件式の関数のパラメータなど、正規表現を利用できる設定箇所で使用可能です。ログ監視やファイル監視、SNMPトラップの監視、ローレベルディスカバリのフィルターなど文字列のマッチングを利用してフィルターや障害検知を行う場合に、複雑な文字列のマッチ条件をあらかじめ定義しておくことができます。

　また、作成したユーザー定義の正規表現は専用のフォームから任意の文字列を指定してテストを行うことができ、作成した文字列のマッチ条件が正しく動作するかどうかの確認を行うことができます。

設定されているユーザー定義の正規表現の一覧

　ユーザー定義の正規表現の一覧画面では設定されている正規表現が表示されます(**図9.1-6**)。

●図9.1-6　正規表現の一覧画面

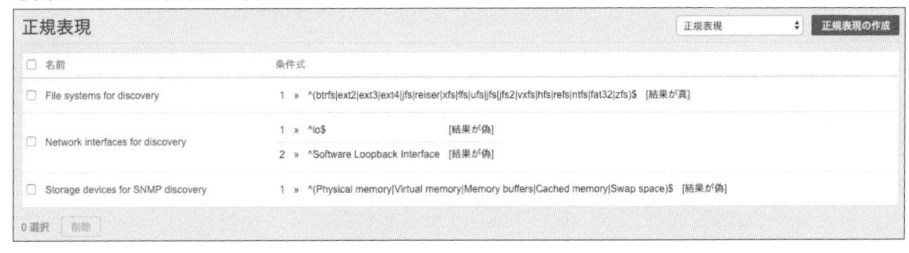

ユーザー定義の正規表現の設定項目

　ユーザー定義の正規表現の設定項目の詳細を次に示します。

■条件式タブ

　条件式タブでは、ユーザー定義の正規表現の条件を設定します（**図9.1-7**）。条件式は複数設定できるため、複雑な条件を作成できます。条件式の領域の設定は次のとおりです。

●図9.1-7　正規表現の設定画面（条件式タブ）

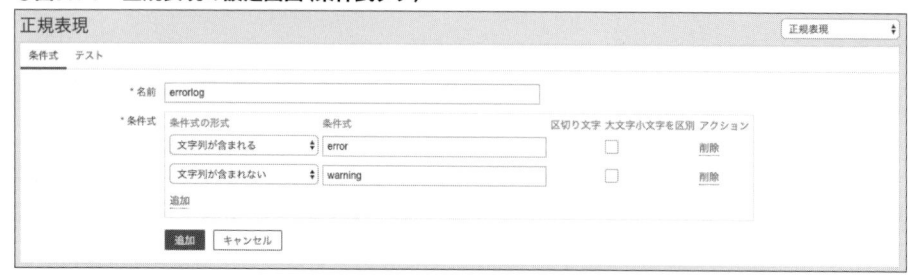

・**名前**
　　正規表現の名前を設定します。

・**条件式の形式**
　　文字列と条件式の比較を行う方法を**表9.1-2**から選択します。

●表9.1-2　文字列と条件式の比較を行う方法

項目	解説
文字列が含まれる	条件式に設定した文字列が含まれている場合に真を返す
いずれかの文字列が含まれる	条件式に設定した複数の文字列のいずれかが含まれる場合に真を返す。条件式の項目には複数の文字列を設定可能で、「区切り文字」で選択した「,」「.」「/」のいずれかの文字を区切り文字として利用する
文字列が含まれない	条件式に設定した文字列が含まれていない場合に真を返す
結果が真	条件式に設定した正規表現の結果が真であれば真を返す
結果が偽	条件式に設定した正規表現の結果が偽であれば真を返す

・**条件式**
　　文字列または正規表現を設定します。

・**大文字小文字を区別**
　　チェックを入れると大文字と小文字を区別して条件式の評価を行います。

■テストタブ

　テストタブではユーザー定義の正規表現の条件式のテストを行うことができます（**図9.1-8**）。

●図9.1-8　正規表現の設定画面（テストタブ）

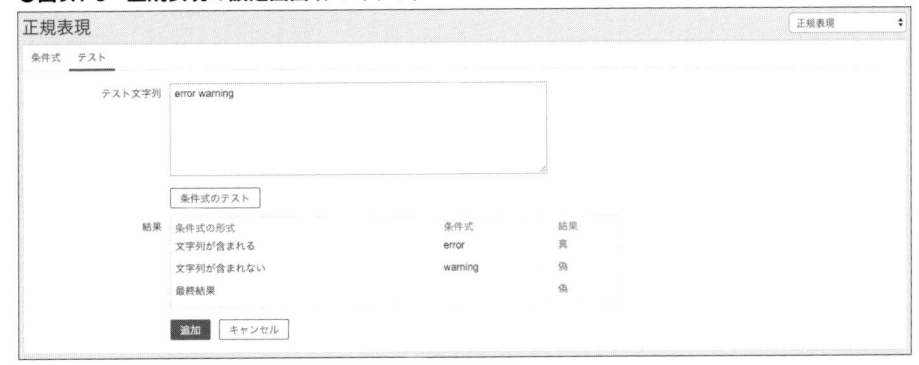

- **テスト文字列**
  作成した条件式をテストする文字列を入力します。

- **結果**
  ［条件式のテスト］ボタンを押すことで条件式のテスト結果を表示します。

テスト機能で利用できる正規表現 　Column

　Zabbix 3.4以降のバージョンではZabbixサーバー、プロキシ、エージェント、WebインターフェースのすべてでPCRE正規表現が利用できます。以前のバージョンではWebインターフェースではPCRE正規表現、Zabbixサーバー、プロキシ、エージェントではPosix拡張正規表現と異なる正規表現のサポートであったため、PCRE正規表現でのみ対応しているメタキャラクタを利用した場合テスト画面の結果では正しくても、実際には正しく処理されないことがありました。Zabbix 3.4以降ではテスト画面の結果が正しければ、Zabbixの各プロセスでも同様に処理されるようになりました。

ユーザー定義の正規表現の利用

　作成したユーザー定義の正規表現は、アイテムのパラメータやトリガーの条件式、ローレベルディスカバリのフィルター条件など、正規表現が利用できる設定箇所で使えます。正規表現の代わりに作成したユーザー定義の正規表現の名前の前に「@」を付けて設定することでユーザー定義の正規表現を参照することが可能です。次にいくつかの例を挙げます。

errorlogという名前で作成したユーザー定義の正規表現をログ監視のアイテムのパラメータに指定する例は次のとおりです。この場合エージェントはerrorlogのユーザー定義の正規表現に設定された条件にマッチするログのみZabbixサーバーに送信します。

```
log[/var/log/messages,@errorlog]
```

out_of_memoryという名前で作成したユーザー定義の正規表現をトリガー関数のパラメータに設定する例は次のとおりです。この場合、Zabbixサーバーは受信したログにout_of_memoryのユーザー定義の正規表現に設定された条件にマッチする文字列があれば障害として検知します。

```
{localhost:log[/var/log/messages].regexp(@out_of_memory)}=1
```

9.1.6
マクロ

一般設定のマクロでは、Zabbix全体で利用できるグローバルレベルのユーザー定義マクロを設定できます（**図9.1-9**）。マクロでは左側に変数を、右側に置き換える値を設定します。変数には大文字の英語と数字、「_」「.」を利用でき、{$MACRO_NAME}のように設定します。ユーザー定義マクロの詳細は**8.3節**を参照してください。

●図9.1-9　マクロの一覧と設定画面

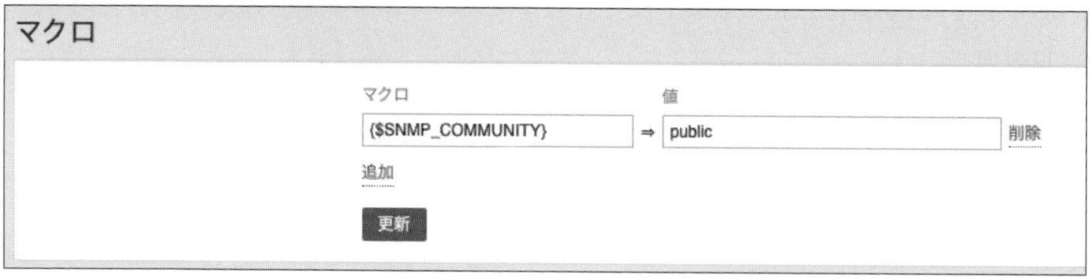

マクロ		
マクロ	値	
{$SNMP_COMMUNITY} ⇒	public	削除
追加		
更新		

9.1.7
値のマッピング

値のマッピングは監視を行って取得した値をわかりやすく表示するために、データとその説明を関連付けるための設定です（**図9.1-10**）。たとえば、icmppingキーを利用したpingの監視や、net.tcp.serviceキーを利用したポート監視の結果は0/1の数値データで結果が取得されます。そのままでは監視結果を表示した際に正常か障害かがわかりづら

いため、値のマッピング設定を利用して0の場合はdownの文字列を、1の場合はupの文字列を表示できます。数値と関連付けて人が見てわかりやすい文字列を表示することで監視結果の視認性を向上できます（**図9.1-11**）。値のマッピングはアイテムの「値のマッピング」設定で選択して利用します。アイテムの詳細は**4.3節**を参照してください。デフォルトでは上記で説明した0/1をdown/upで表示する設定（Service state）や、Windowsのサービスの状態（Windows service state）、ネットワーク機器のポートのステータス（IF-MIB::ifOperStatus）などいくつかの設定が存在します。

●図9.1-10 値のマッピングの一覧画面

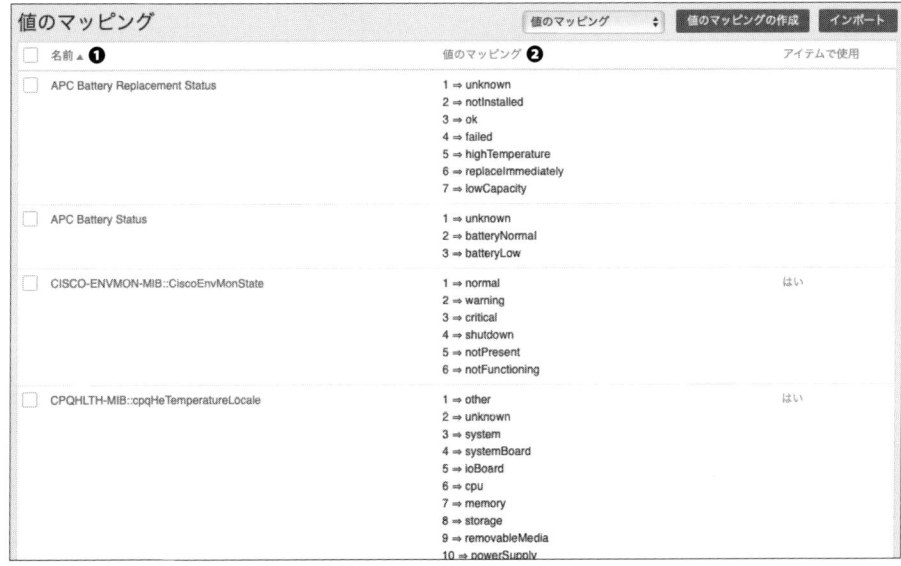

❶ 値のマッピングの設定名　❷ 値とその説明のマッピング一覧

●図9.1-11 値のマッピングを使用した最新データ表示画面

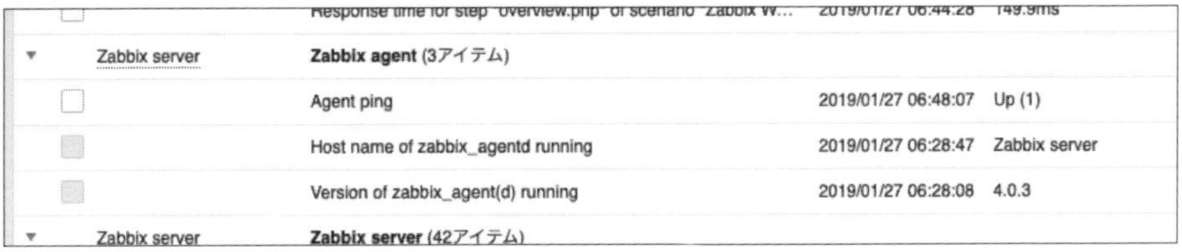

Zabbix 3.0以降ではテンプレートのインポート／エクスポート時に値のマッピング設定も含まれるようになりました。値のマッピング設定のみでもインポート／エクスポー

トを行うことができます。

値のマッピングの設定項目の詳細を次に示します(**図9.1-12**)。

●**図9.1-12　値のマッピングの設定画面**

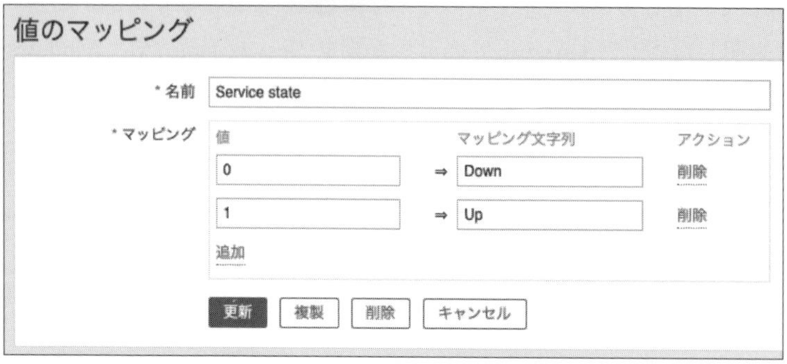

・**名前**
マッピングの設定名です。

・**マッピング**
マッピングの設定が表示されます。リスト下の[追加]リンクをクリックすると新規に設定を追加するフォームが表示されます。

9.1.8
ワーキングタイム

　ワーキングタイムとは、勤務時間やサポート対応時間といったシステム管理者がアクティブな時間を指します。ワーキングタイムを設定しておくと、グラフ上ではワーキングタイム外の時間がグレーで表示されます(**図9.1-13**)。運用管理で定められたサービス時間や勤務時間などの値を設定しておくことで、グラフを表示した際に、サービス時間内かどうかをわかりやすく表示できます。グラフの設定は**6.1節**を参照してください。

●図9.1-13　ワーキングタイム外の時間がグレーで表示されたグラフ

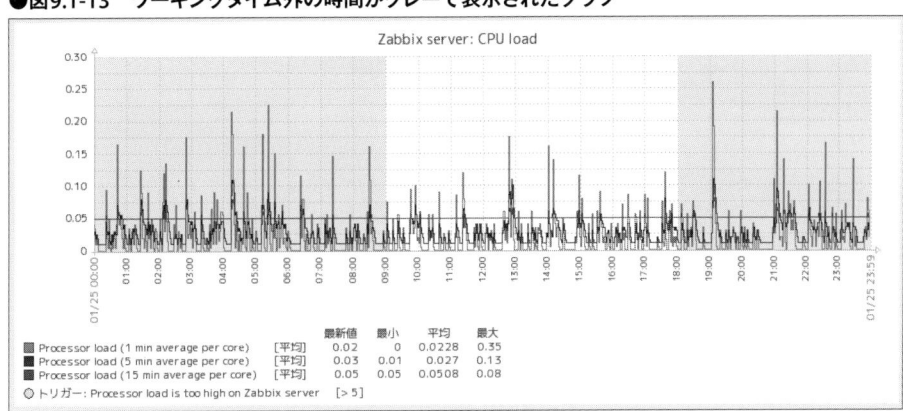

設定画面は**図9.1-14**のとおりです。デフォルトでは月曜日から金曜日の9:00から18:00で設定されています。

●図9.1-14　ワーキングタイムの設定画面

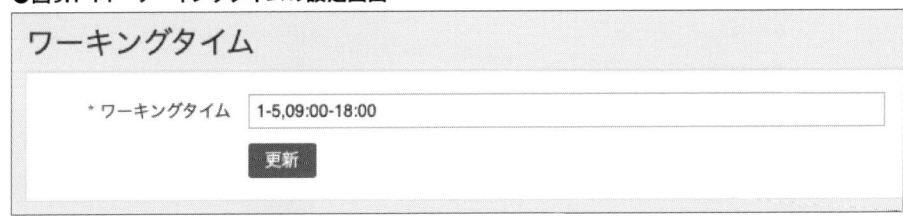

設定は次の形式で行います。複数の期間を設定する場合は；で区切って設定を行います。

```
dd-dd,hh:mm-hh:mm;dd-dd,hh:mm-hh:mm;...
```

値の意味は**表9.1-3**のとおりです。

●表9.1-3　ワーキングタイムの設定に利用できる値

値	解説
d	曜日を設定する。1：月曜日／2：火曜日…6：土曜日／7：日曜日
hh	時間を24時間形式で設定する
mm	分を2桁形式で設定する

例として、いくつかの時刻の設定例を示します（**表9.1-4**）。

●表9.1-4　ワーキングタイムの設定例

設定例	指定
月曜から金曜の 0:00〜24:00	1-5,00:00-24:00
月曜から金曜の 9:00〜12:00 と 13:00〜18:00	1-5,09:00-12:00;1-5,13:00-18:00

9.1.9
トリガーの深刻度

　トリガーの深刻度の設定では、トリガーの深刻度に表示する文字列と色を変更できます。デフォルトでは6段階の深刻度に「情報」から「致命的な障害」という文字列と、深刻度が高いほど濃い赤色になるように色設定がされています。この設定では文字列と色を変更することが可能です（**図9.1-15**）。

●図9.1-15　トリガー深刻度の設定画面

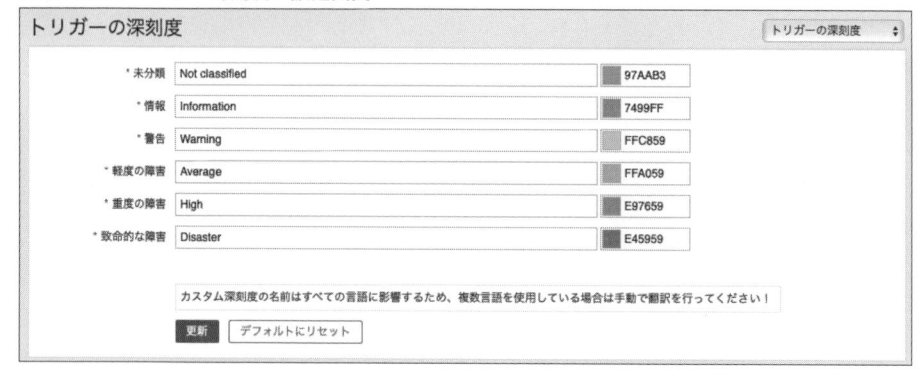

　トリガーの深刻度の名称と色を変更した場合、ユーザーの言語設定によらずこの設定で変更した文字列がすべての言語で利用されるため、複数言語でWebインターフェースを利用している場合は注意してください。

9.1.10
イベントのステータス

　イベントのステータスの設定では、障害画面の障害／正常の文字列の色を変更できます。障害確認の状態によって色を変更することも可能なため、障害イベントであっても障害確認機能で障害を確認済みに変更した場合は文字の色を正常と同様に緑で表示するなどの設定変更が行えます（**図9.1-16**）。

●図9.1-16 トリガー表示オプションの設定画面

また、その他障害画面に関する以下の設定を行うことが可能です。

- **正常イベントの表示期間**
  障害画面で正常状態に戻ったイベントを表示する期間です。

- **ステータスが変化したイベントの点滅期間**
  障害画面でステータスが変化した（新規に障害が発生したり正常へ戻った）イベントのステータス文字列を点滅表示する期間です。

9.1.11
その他の設定

　右上のドロップダウンリストから［その他の設定］を選択することで、その他設定を行うことができます。［その他の設定］の設定項目は次のとおりです（**図9.1-17**）。

●図9.1-17 その他の設定画面

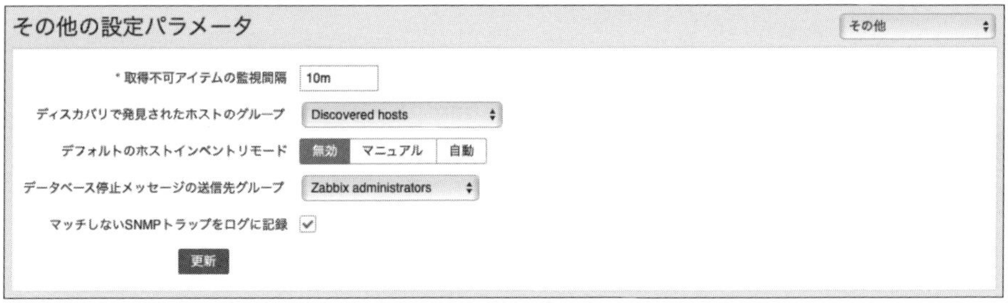

- **取得不可アイテムの監視間隔**
  取得不可の状態になっているアイテムの監視間隔を設定します。0を設定すると取得不可のアイテムを更新しません。

- **ディスカバリで発見されたホストのグループ**
  ディスカバリ（**13.2節**参照）の機能によって発見され、自動的に登録されたホストが属するデフォルトのホストグループを設定します。

- **デフォルトのホストインベントリモード**
  ホストインベントリのモードのデフォルト値を設定します。

- **データベース停止メッセージの送信先グループ**
  Zabbixサーバーが利用しているデータベースが停止した場合に、警告メッセージを送信するユーザーグループを設定します。データベースが停止している間、Zabbixサーバーはここで指定されたユーザーグループに所属するユーザーに対して、「database is down」と記載されたメール通知を行おうとします。データベースが停止した場合でもZabbixサーバープロセスは起動し続け、データベースが正常にアクセスできるようになると動作を開始します。

- **マッチしないSNMPトラップをログに記録**
  チェックを入れた場合、どのホストインターフェースにもマッチしないSNMPトラップを受信した場合に、zabbix_server.logに「Unmatched trap」の文字列とともに受信したSNMPトラップの内容を記載します。

9.2
メディアタイプの設定

メディアタイプは、障害を検知した際のメール通知に使用するメールサーバーの設定、チャットメッセージの送信に使用するアカウントの設定や、Zabbix サーバー上で実行するスクリプトの設定です。設定したメディアタイプはユーザーのメディア設定で使用します。

9.2.1
設定されているメディアタイプの一覧

設定されているメディアタイプの表示はメニューから[管理]→[メディアタイプ]をクリックします(**図9.2-1**)。デフォルトでいくつかのサンプル設定が行われています。

●図9.2-1 メディアタイプの一覧画面

❶ メディアタイプの種類　❷ メディアタイプの設定名　❸ メディアタイプ設定のステータス
❹ メディアタイプ設定を利用しているアクション設定を表示　❺ メディアタイプの設定の詳細

9.2.2
メディアタイプの設定項目

メディアタイプの設定では設定項目の[タイプ]の選択に応じて設定項目が異なるため、項目別に解説を行います(**図9.2-2**)。

●図9.2-2　メディアタイプの設定画面

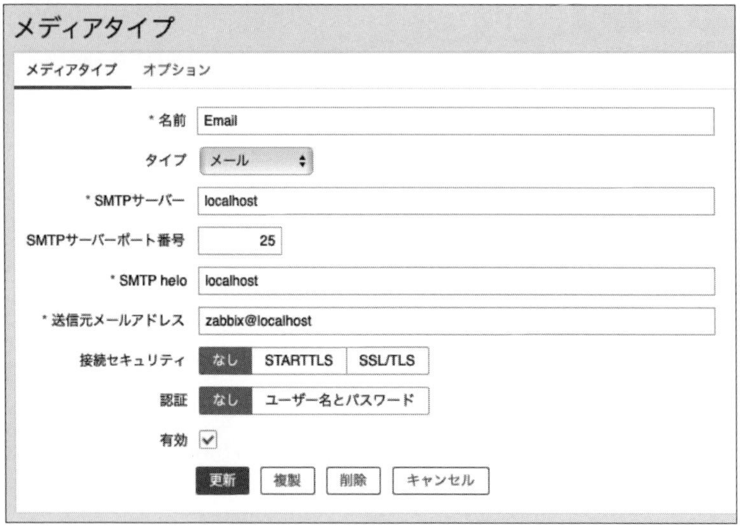

メール送信サーバーの設定（タイプに［メール］を選択）

　タイプにメールを選択した場合、障害発生時のメール送信に利用するSMTPサーバーの設定を行います。SMTPサーバーの種類は特に問わないため、すでに社内に存在するメールサーバーを利用できます。外部のメールサービスのSMTPサーバーを利用することも可能ですが、インターネット上のメールサービスでは時間当たりのメール送信数制限があり、大量の障害通知が発生した場合に送信できなくなる場合があるため注意してください。ログ監視を行っている場合や大規模障害が発生した場合など、環境により短時間に大量の通知が行われる可能性があり、送信メール数の上限に達すると以降の障害通知が送信できなくなります。Zabbix 3.0以降ではSMTP AuthやSMTPS（SMTP over SSL）にも対応し、認証やSSL必須のメールサーバーも利用できるようになりました。SMTP AuthやSMTPSを利用する場合、libcurl 7.20.0以降のlibcurlが必要です。RHEL 6やCentOS 6では、OS付属のlibcurlのバージョンが低いため、機能を利用できないことに注意してください。RHEL 7やCentOS 7以降では利用可能です。**表9.2-1**に設定項目の詳細を示します。

●表9.2-1 メール送信サーバーの設定で表示される項目

名前	設定名を指定
タイプ	[メール]を選択
SMTPサーバー	メールを送信するSMTPサーバーを設定
SMTPサーバーポート番号	メールを送信するSMTPサーバーのポート番号を設定
SMTP helo	メール送信の際にSMTPサーバーへ送信する送信元ホスト名を指定
送信元メールアドレス	メール送信時に使用するFromアドレスを設定
接続セキュリティ	メールを送信するSMTPサーバーとの接続に暗号化を利用する場合は[STARTTLS]または[SSL/TLS]から選択
認証	メールを送信するSMTPサーバーが接続時に認証(SMTP Auth)を必要とする場合は[ユーザー名とパスワード]を選択する

Jabberによるチャットメッセージの設定(タイプに[Jabber]を選択)

Jabberとは、オープンソースのインスタントメッセージング(IM)システムです。XMPPを通信プロトコルとして利用しており、Google TalkクライアントやJabberに対応したIMクライアントを利用することでチャットメッセージをやりとりできます。

ZabbixはJabberのメッセージを送信する機能を有しており、障害／復旧時にチャットメッセージを送信できます。Zabbixサーバーはチャットクライアントとして動作するため、利用時はZabbixサーバー用にJabberアカウントを登録します。Jabberアカウントの登録は別途IMクライアントから行う必要があります。登録の方法はJabber.org(http://www.jabber.org/)を参照してください。**表9.2-2**に設定項目の詳細を示します。

●表9.2-2 Jabberによるチャットメッセージサーバーの設定で表示される項目

項目	解説
説明	設定名を指定
タイプ	[Jabber]を選択
JabberID	Zabbixサーバー用のJabber IDを設定
パスワード	アカウントのパスワードを設定

SMSメッセージ送信モデムの設定(タイプに[SMS]を選択)

ZabbixはZabbixサーバーに接続されたシリアルGSMモデムを利用して、SMS(*Short Message Service*)メッセージを送信できます。

SMSとは携帯電話で短い文字メッセージを送受信できるサービスです。海外では携帯電話同士の通信として一般的に利用されています。日本では携帯電話各社がSMSサービスを行っていますが、サーバーなどの機器からSMSを送信できるサービスが提供されて

おらず、日本の携帯電話はEメールを使ったメッセージの送受信が一般的であるため、SMSメッセージを利用した障害通知を利用する機会はあまりありません。**表9.2-3**に設定項目の詳細を示します。

●表9.2-3　SMSメッセージ送信モデムの設定で表示される項目

項目	解説
説明	設定名を指定
タイプ	[SMS]を選択
GSMモデム	/dev/ttyS0など、GSMモデムが接続されているシリアルデバイスを設定

スクリプトの設定（タイプに［スクリプト］を選択）

　障害／復旧時にZabbixサーバーに置かれているスクリプトを実行できます。メディアタイプに登録したスクリプトはZabbixサーバー上で実行されます。スクリプトの実行により、ネットワーク警告灯を点灯させる、SNMPトラップを送信するなどさまざまなことを行えます。詳しくは**第11章**で解説します。

　また、スクリプトにはパラメータを設定でき、実行するスクリプトの引数として渡すことができます。パラメータには{ALERT.SENDTO}、{ALERT.SUBJECT}、{ALERT.MESSAGE}のマクロを利用でき、それぞれユーザーのメディアの送信先、アクションのメッセージの件名、アクションのメッセージの本文が展開されます。アクションの詳細は**5.2節**を参照してください。

　実行するスクリプトは、Zabbixサーバーの設定ファイルであるzabbix_server.confのAlertScriptsPathパラメータで設定されたディレクトリの下に置きます。Zabbix社が配布するRPM/Debパッケージを利用してインストールした場合のデフォルトは/usr/lib/zabbix/alertscriptsに設定されています。**表9.2-4**に設定項目の詳細を示します。

●表9.2-4　スクリプトの設定で表示される項目

項目	解説
説明	設定名を指定
タイプ	[スクリプト]を選択
スクリプト名	zabbix_server.confのAlertScriptPathに設定されたパス以降のファイル名を設定

9.2.3
メディアタイプのオプション設定

　Zabbix 3.0以降、各メディアタイプ設定画面には［オプション］タブがあり、アクショ

ン実行時のメール通知やスクリプト実行の並列動作の設定を行えます（**図9.2-3**）。また、メール送信やスクリプト実行がエラーになった場合の試行回数や、試行間隔を設定できます。

●**図9.2-3 メディアタイプのオプション設定**

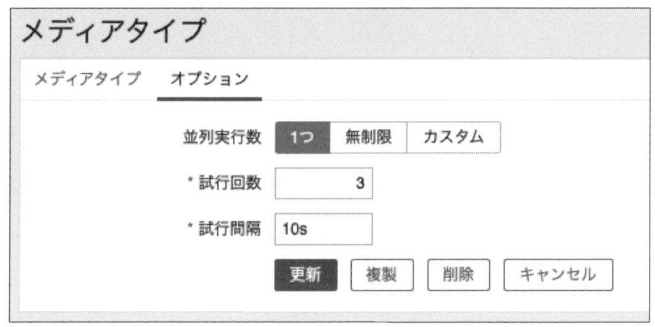

Zabbix 2.4以前のバージョンでは障害発生時のメール通知やスクリプト実行はシステム全体で同時実行は1つのみであり、エラー時の試行回数が3回、試行間隔が40秒で固定となっていました。Zabbix 3.0以降では並列実行が可能となり、大規模な障害が発生し障害通知を多数送信する必要がある場合でも遅延なく処理できるようになりました。

メディアタイプのオプションタブで設定できる設定項目の詳細を**表9.2-5**に示します。

●**表9.2-5 メディアタイプのオプションタブで設定できる設定項目の詳細**

項目	解説
並列実行数	並列実行しない場合は「1つ」を指定。「無制限」を選択した場合はzabbix_server.confのStartAlertersパラメータに指定した数を上限として並列実行する。「カスタム」を選択した場合は並列実行数を指定できる
試行回数	送信や実行がエラーとなった場合に再送信する数（初回の実行も含めた回数）
試行間隔	送信や実行がエラーとなった場合に再送信するまでの時間

並列実行を行うためには、あらかじめzabbix_server.confの次のパラメータを調整してZabbixサーバーのalerterプロセスを複数起動するように設定する必要があります。Webインターフェースからメディアタイプで並列実行できるように設定した場合でも、Zabbixサーバーはこのパラメータに指定した値以上には並列処理できません。

```
StartAlerters=1
```

また、メディアタイプで並列実行を行うように設定した場合でも、同一のトリガー設

定により生成されたイベントに基づく障害通知は並列実行されません。ログ監視など1つのトリガーにより連続で障害イベントが発生する場合でも、通知は時系列順に送信されます。

9.3
ユーザーとユーザーグループの設定

Zabbixはユーザーとユーザーグループの管理機能を有しており、またWebインターフェースのログイン認証にはBasic認証やLDAP認証を利用できます。

9.3.1
ユーザーの設定

ユーザー設定は、Webインターフェースにログインするためのアカウント名やパスワードなどの設定です。そのほかにもインターフェースの言語設定や障害通知先の設定をユーザーごとに行うことができます。ユーザーはユーザーグループに所属させることで各ホストグループへのアクセス権を設定できます。

登録されているユーザーの一覧画面

登録されているユーザーを表示するには、メニューから[管理]→[ユーザー]をクリックします(図9.3-1)。右上の[ユーザーグループ]ドロップダウンリストからユーザーグループを選択することでユーザーグループ単位の表示を行うこともできます。

●図9.3-1　ユーザーの一覧画面

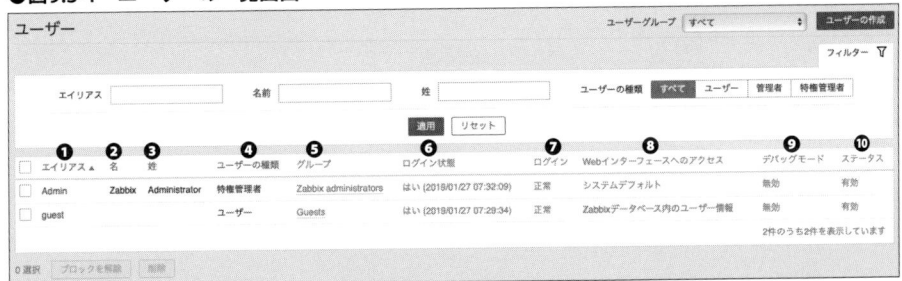

❶ ログインの際に使用するアカウント名　❷ アカウントの名前　❸ アカウントの名字　❹ ユーザーの権限の種類
❺ ユーザーが所属するユーザーグループ　❻ 現在のログイン状態と最終ログイン時刻
❼ 連続してログインが失敗した場合のログインのブロック状況を表示
❽ Webインターフェースへのアクセス許可の有無と認証方式
❾ Webインターフェースのデバッグモードの有効/無効　❿ ユーザーアカウントのステータス

デフォルトではAdminユーザーとguestユーザーが設定されています。Adminユーザ

ーは後述する「特権管理者」の種類のアカウントで、Zabbixのすべての設定と表示が行えるユーザーとして設定されています。このアカウントはほかに「特権管理者」のアカウントを設定すれば削除することが可能です。

guestユーザーはWebインターフェースのログイン画面で「sign in as guest」リンクをクリックすることでguestユーザーとしてログインした状態となる特殊なアカウントです。ログインしない状態でWebインターフェースの各画面のURLを直接指定して画面を表示した場合も、guestユーザーの権限で表示されます。デフォルトでは「ユーザー」の種類のアカウントとして設定されており、guestユーザーとしてログインしても監視データの表示も監視設定も行えません。

guestユーザーの設定を変更してホストへの参照権限をつけることで、ログインしない状態でも監視データの表示を可能にしたり、guestユーザーを無効にすることでログインしない状態でのWebインターフェースへの各画面へのアクセスを行えなくしたりなどが可能です。

ユーザーの設定項目

ユーザーの設定項目の詳細を次に示します（**図9.3-2**）。

●**図9.3-2　ユーザーの設定画面（ユーザータブ）**

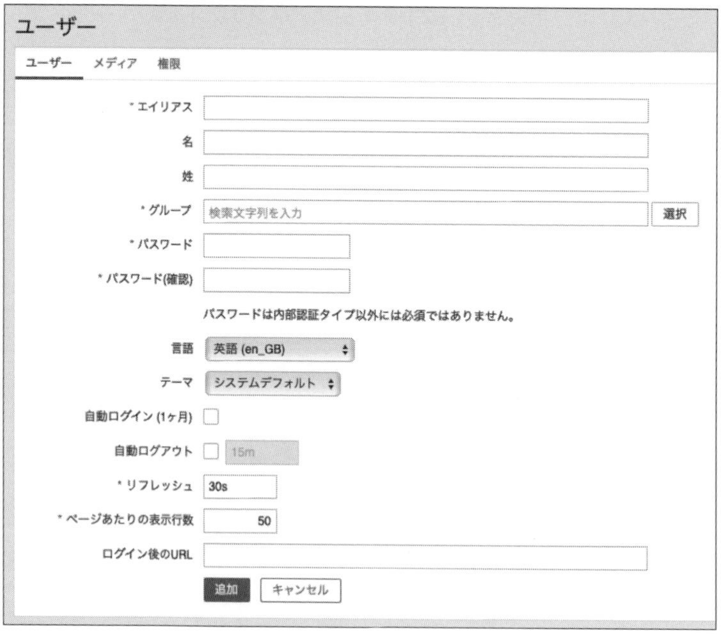

■**ユーザータブ**

- **エイリアス**
  ログインの際に使用するアカウント名を設定します。

- **名、姓**
  アカウントの名前と名字を設定します。

- **グループ**
  ユーザーが所属するユーザーグループを設定します。

- **パスワード**
  アカウントのパスワードを設定します。

- **言語**
  Webインターフェースで使用する言語を設定します。デフォルトは[英語(en_GB)]です。

- **テーマ**
  Webインターフェースで利用するテーマを設定します。[システムデフォルト]を選択した場合は一般設定で設定したテーマが利用されます。

- **自動ログイン(1ヶ月)**
  自動ログインを行う場合はチェックを入れます。1ヵ月間Webブラウザにログイン情報が保存され、自動的にログインします。

- **自動ログアウト**
  自動ログアウトを行う場合はチェックを入れます。一定期間操作を行わないと自動ログアウトする期間を90s(90秒)から1d(1日)の間で設定します。

- **リフレッシュ**
  [監視データ]メニューの各画面で自動的に画面をリフレッシュする間隔を設定します。

- **ページあたりの表示行数**
  一覧表示画面で1ページに表示される行数を設定します。

- **ログイン後のURL**
  ログイン直後にリダイレクトするURLを設定します。

■**メディアタブ**

　メディアタブでは障害通知に利用するメディアタイプを選択し、メールアドレスやJabberのアカウントなどの設定を行います(**図9.3-3**)。1つのユーザーには複数のメディアを登録できます。

●図9.3-3　ユーザーの設定画面（メディアタブ）

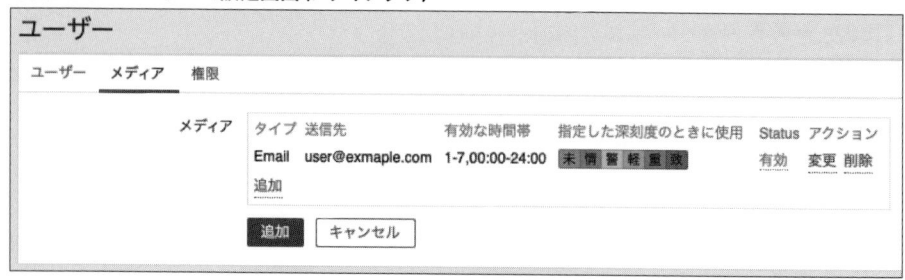

メディアの設定画面の詳細を次に示します（**図9.3-4**）。

●図9.3-4　メディアの設定画面

メディア	✕

タイプ　[Email ▼]

* 送信先　[　　　　　　　　　　　　　　　　　　　　]　削除

追加

* 有効な時間帯　[1-7,00:00-24:00]

指定した深刻度のときに使用　☑ 未分類

☑ 情報

☑ 警告

☑ 軽度の障害

☑ 重度の障害

☑ 致命的な障害

有効　☑

[追加]　[キャンセル]

- **タイプ**
  利用するメディアタイプを選択します。

- **送信先**
  メールアドレス／JabberID／SMS送信の電話番号など通知先を設定します。Zabbix 4.0以降ではタイプにメール送信を行うメディアタイプを選択した場合は、送信先設定を複数指定でき、複数のメールアドレスをメールのToへ入れて1通で複数アドレスに送信できます。また、タイプにスクリプト実行を行うメディアタイプを指定した場合、送信先に指定した文字列はメディアタイプのパラメータで{ALERT.SENDTO}マクロを利用してスクリプトの引数に渡すことができ

ます。送信先設定には利用できる文字の制限はないため、IPアドレスなどスクリプトへ渡したい文字列を設定できます。

- **有効な時間帯**
  通知を行う時間帯を設定します。設定は「1-7,00:00-24:00」のように曜日と時間帯を利用して設定します。フォーマットはワーキングタイムの設定と同様のため、詳細は**9.1節**の表9.1-3を参照してください。

- **指定した深刻度のときに使用**
  通知を行う障害の深刻度を設定します。

- **有効**
  メディア設定の[有効][無効]を設定します。

■**権限タブ**

権限タブでは、ユーザーの種類と権限の割り当て確認を行うことができます（**図9.3-5**）。

●**図9.3-5　ユーザーの確認画面（権限タブ）**

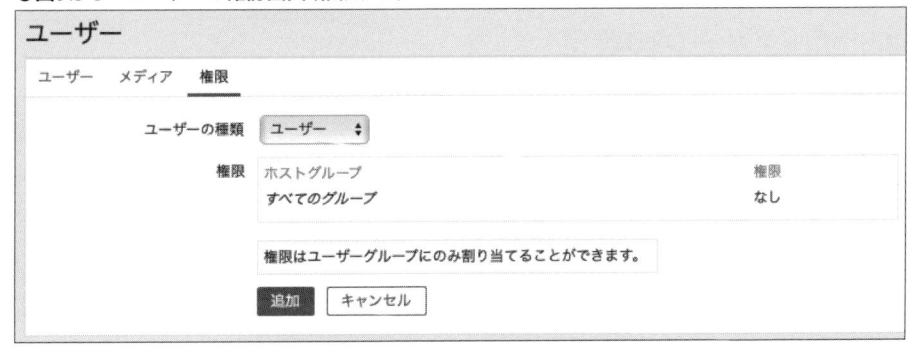

- **ユーザーの種類**
  ユーザーの種類は権限によって**表9.3-1**の3種類から選択します。

●表9.3-1　ユーザーの種類で選択できる項目

項目	解説
ユーザー	収集した監視データや障害状態の閲覧のみ行える。監視データ／インベントリ／レポートのメニューのみ利用できる。デフォルトではどのホストグループへのアクセス権も有していないため、情報を閲覧するホストグループへのアクセス権を追加する必要がある
管理者	収集した監視データや障害状態の閲覧と、ホスト／アイテム／トリガー／グラフなどの監視設定を行える。管理以外のメニューにアクセスできるが、デフォルトではどのホストグループへのアクセス権も有していないため、情報を閲覧・設定するホストグループへのアクセス権を追加する必要がある
特権管理者	管理を含むすべてのメニューにアクセスできる。デフォルトですべてのホストグループへの閲覧、設定権限を有している

- **ホストグループとホストの権限割り当て**

  ユーザーに割り当てられたホストグループとホストに対する権限が表示されます。権限の割り当て設定はユーザー単位ではなく、ユーザーグループ単位で行うため、権限はユーザーがどのユーザーグループに所属するかで決まります。この画面では権限割り当ての最終結果を確認できます。

9.3.2
ユーザーグループの設定

　ユーザーグループは、ユーザーをグループ化して管理できる機能です。ユーザーグループ設定では、所属するユーザーの有効／無効やデバッグ表示の有効化などの設定が行えるほか、ホストグループとの間で権限設定を行うことで、所属するユーザーがどのホストに対する監視データの閲覧や監視設定を行えるかを設定できます。ユーザーグループとホストグループ間の権限を設定することで特定のユーザーが閲覧できる範囲を制限したり、1つのZabbixサーバーを利用しながら複数の異なるシステムの監視を行い、それぞれのシステムの管理は自身の管理するサーバーの状態のみ閲覧できるようにするなどの設定が可能です。

　そのほかにも、アクションの設定では送信先としてユーザーグループを選択することで、グループに所属しているユーザー全員に通知を行えます。ユーザーグループの設定を適切に行っておくことで、セキュリティの確保や通知設定の簡略化を行うことができます。

設定されているユーザーグループの一覧画面

　設定されているユーザーグループの表示は、メニューから[管理]→[ユーザーグループ]をクリックします(**図9.3-6**)。

●図9.3-6　ユーザーグループの一覧画面

❶ ユーザーグループ名　❷ グループに所属するユーザーの数　❸ グループに所属するユーザー名
❹ Webインターフェースにアクセスする際の認証方法　❺ Webインターフェースのデバッグモードの有効／無効
❻ ユーザーグループのステータス

　デフォルトでいくつかのユーザーグループが設定されています。デフォルトのユーザーグループ設定の詳細を**表9.3-2**に示します。

●表9.3-2　デフォルトで登録されているユーザーグループ

名前	解説
Disabled	このグループに所属するユーザーはステータスが無効の状態になり、Webインターフェースにアクセスできなくなる。一時的にユーザーを無効にする場合に利用できる
Enabled debug mode	デバッグモードが有効なユーザーグループ
Guests	guestユーザーが所属するユーザーグループ
No access to the frontend	このグループに所属するユーザーはWebインターフェースへのログインが行えなくなる。障害通知は有効なため、障害通知のみ利用するユーザーのために利用できる
Zabbix administrators	Adminユーザーが所属するユーザーグループ

ユーザーグループの設定項目

ユーザーグループの設定項目の詳細を次に示します（**図9.3-7**）。

●**図9.3-7　ユーザーグループの設定画面（ユーザーグループタブ）**

```
ユーザーグループ

 ユーザーグループ    権限    タグフィルター

         * グループ名  [                                    ]
             ユーザー  [ 検索文字列を入力              ]  [ 選択 ]
  Webインターフェースへのアクセス  [ システムデフォルト        ▼ ]
               有効  [✓]
          デバッグモード  [ ]

              [ 追加 ]  [ キャンセル ]
```

■ユーザーグループタブ

- **グループ名**
  ユーザーグループ名を設定します。

- **ユーザー**
  グループに所属するユーザーを設定します。

- **Webインターフェースへのアクセス**
  Webインターフェースにアクセスする際の認証方法を**表9.3-3**から選択します。認証方法については**9.4節**を参照してください。

●**表9.3-3　Webインターフェースへのアクセスで選択できる項目**

項目	解説
システムデフォルト	［認証］設定で行ったデフォルトの認証方法を利用する
Zabbixデータベース内のユーザー情報	Zabbixデータベースに保存されたユーザー情報を利用する
LDAP	LDAPを利用した認証を行う
無効	Webインターフェースにログインする権限を無効にする

- **有効**
  グループに所属するユーザーのステータスを設定します。無効にした場合、グループに所属するユーザーはWebインターフェースへのログインができなくなり、障害通知も送信されません。

- **デバッグモード**

  Webインターフェースのデバッグモードの有効／無効をチェックボックスで設定します。デバッグモードが有効になっているユーザーでログインすると、Webインターフェースの右下に「デバッグ」の文字が表示され、クリックすることでその画面を表示したときのPHPのメモリ使用状況や内部で実行したZabbix APIのパラメータ、実行したSQLクエリとその実行にかかった時間などが表示できます。

■権限タブ

権限タブでは、ホストグループに対するアクセス権を設定します（**図9.3-8**）。権限は、**表9.3-4**の4種類から選択できます。

●図9.3-8　ユーザーグループの設定画面（権限タブ）

●表9.3-4　権限タブで選択できる項目

項目	解説
表示／設定	ホストグループに所属するホストの情報表示と設定変更を行える
表示のみ	ホストグループに所属するホストの情報表示のみ行える
拒否	ホストグループに所属するホストの情報表示や設定変更を行うことができない
なし	権限を設定しない

■タグフィルタータブ

Zabbix 4.0以降ではトリガーのタグを利用した権限設定が可能です。タグフィルタータブではホストグループ、タグ名、タグの値を利用して指定したタグの障害のみを表示することが可能です（**図9.3-9**）。

●図9.3-9　タグフィルタータブの画面

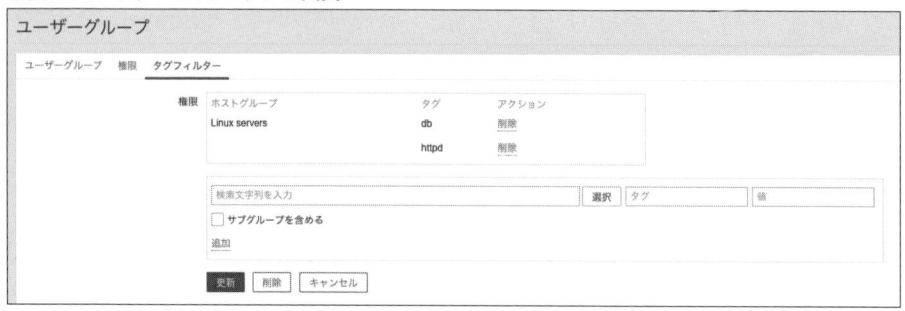

特定のタグを持つ障害のみを表示させることができるため、たとえば同じホストで発生する障害であってもシステムのインフラの管理者やアプリケーションの管理者などに対して、それぞれCPUやメモリなどOSに関する障害のみ、httpdやDBなどアプリケーションに関する障害のみを表示するなど、必要な障害のみを表示するといったことが可能です。

9.4
認証の設定

Zabbixはデフォルトでは自身のデータベース内にユーザー情報を保持し、データベース内のユーザー名とパスワードを利用してログイン時の認証を行います。そのほかにもHTTP認証を利用したBasic認証やシングルサインオン認証、LDAPを利用した認証を利用できます。次にそれぞれの認証の概要について示します。

- **Zabbixデータベース内のユーザー情報**
  Zabbixデータベース内に保存されているアカウント名とパスワードを利用してログイン認証を行います。

- **HTTP認証**
  ApacheなどWebサーバーが提供するBasic認証やSSO認証を通過した場合に、同じアカウント名でZabbixへログインしたものとして処理します。HTTP認証を利用する場合でもZabbixのデータベースには同じアカウント名を持つユーザー設定が存在している必要があります。

- **LDAP認証**
  ログイン時に入力されたアカウント名とパスワードを指定したLDAPサーバー（Active DirectoryやOpenLDAPサーバーなど）へ送信してログインの認証を行います。LDAP認証を指定した場合でもZabbixのデータベースには同じアカウント名を持つユーザー設定が存在している必要があります。

認証の設定は［管理］→［認証］画面から行えます（**図9.4-1**）。次にそれぞれのタブの設定の解説を行います。

●図9.4-1　Zabbixデータベース内のユーザー情報による認証の設定画面

■認証タブ

デフォルトの認証を「Zabbixデータベース内のユーザー情報」または「LDAP」から選択

します。LDAPサーバーの設定は［LDAP認証の設定］タブで行います。

　認証を「LDAP」へ切り替えた場合でも、ユーザーグループの設定では「Webインターフェースへのアクセス」設定で個々のユーザーグループごとに「Zabbixデータベース内のユーザー情報」を利用して認証するように設定できます。LDAPを利用する場合、ZabbixのWebインターフェースからLDAPサーバーへネットワーク的に接続が行えなかった場合に認証ができず、LDAPサーバーやネットワーク障害発生時にZabbixへもログインができない状態になってしまいます。特に特権管理者ユーザーや、重要なユーザーについてはZabbixのデータベース内のユーザー情報を利用してログインできるように設定しておくことをお勧めします。

■HTTP認証の設定タブ

　［HTTP認証の有効化］にチェックを入れることでHTTP認証によるログイン処理を許可できます（**図9.4-2**）。Webサーバーの設定でBasic認証やNTLM認証を利用している場合、ZabbixのWebインターフェースが表示されるよりも前にブラウザにユーザー名とパスワードを求めるダイアログが表示されます。Zabbix側でHTTP認証を許可している場合、このブラウザのダイアログを通過した際に利用したアカウントでZabbixのWebインターフェースへログインした状態になります。

●図9.4-2　HTTP認証の設定画面

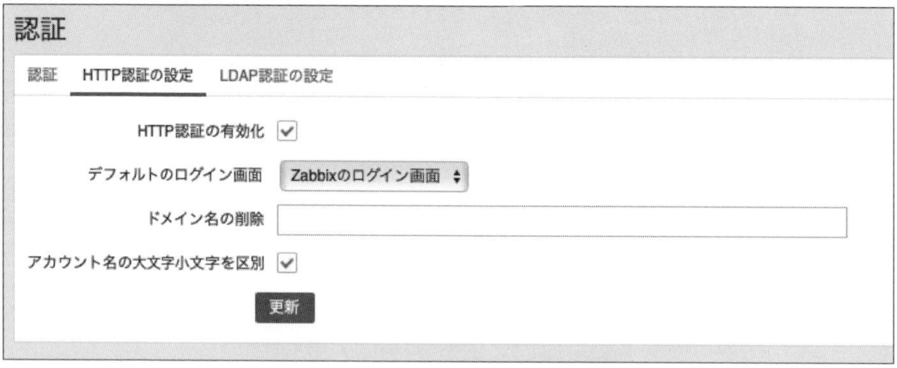

次に設定の詳細を記載します。

- **デフォルトのログイン画面**
  デフォルトのログイン画面をZabbixのWebインターフェースのログイン画面（Zabbixのログイ

ン画面)にするか、ブラウザの認証(HTTPのログイン画面)にするかを選択します。

- **ドメイン名の削除**
HTTP認証でログインしたアカウント名から指定したドメイン名を削除します。カンマ区切りで複数指定ができます。ドメイン名として認識されるのは「Admin@company.com」のように「@」より後ろの部分と、「company.con\Admin」のバックスラッシュ(または¥マーク)より前の部分です。

- **アカウント名の大文字小文字を区別**
アカウント名の大文字小文字を区別するかどうかを選択します。

ZabbixのWebインターフェースでは、`http://Zabbix`サーバーのIPアドレス`/zabbix/index.php`へアクセスした場合はZabbixのWebインターフェースのログイン画面を表示し、`http://Zabbix`サーバーのIPアドレス`/zabbix/index_http.php`へアクセスした場合はWebサーバーで設定されたBasic認証やNTLM認証を利用するようになっています。「デフォルトのログイン画面」の選択はWebインターフェースへアクセスした際にどちらのURLを表示するかの違いです。この設定でHTTPのログイン画面を選択した場合はデフォルトでindex_http.phpへアクセスし、認証ができない場合はindex.phpへリダイレクトしデフォルトのログイン画面を表示しログインできます。

index_http.phpのURLへアクセスした場合、Zabbixは次のいずれかのHTTP変数に認証情報が含まれていればそのアカウント名でログインする処理を行います。ApacheなどWebサーバーの設定ではさまざまな認証の設定ができますが、Zabbixのログイン認証に利用したい場合はZabbixのWebインターフェースのPHP内の処理で$_SERVER変数が下記のいずれかをキーとして持ち、その値にアカウント名が含まれるように設定を行ってください。なお、WebサーバーでBasic認証を設定した場合はPHPではPHP_AUTH_USERをキーとした値が取得できるようになっています。

- **PHP_AUTH_USER**
- **REMOTE_USER**
- **AUTH_USER**

また、ZabbixのWebインターフェース全体をWebサーバーの認証で保護したい場合(たとえばZabbixサーバーをクラウド上に置き、外部からWebインターフェースへのアクセスを隠匿したい場合など)、あらかじめZabbixへのログインで利用するアカウントをWebサーバーの認証でも設定を行っておかないと、すべてのユーザーでログイン自体が行えない状態になってしまうため注意してください。

　通常のログイン画面を表示してもよいような場合(Zabbixへのログイン認証へシングルサインオン認証としたい場合など)は、Webサーバーで認証を行う対象のURLは上記のindex_http.phpのみにしておくことで、Webサーバーの認証とZabbixの標準の認証の両方を許可できます。

■LDAP認証の設定タブ

　[LDAP認証の有効化]にチェックを入れることでLDAP認証によるログイン処理を許可できます(**図9.4-3**)。**表9.4-1**に設定の詳細を示します。

●**図9.4-3　LDAP認証の設定画面**

認証		
認証　HTTP認証の設定　**LDAP認証の設定**		
LDAP認証の有効化	☑	
LDAPホスト		
ポート	389	
Base DN		
検索の属性		
Bind DN		
アカウント名の大文字小文字を区別	☑	
Bind password		
認証のテスト	[有効なLDAPユーザーが必要です]	
ログイン	Admin	
ユーザーのパスワード		
	更新　テスト	

●表9.4-1 **LDAP認証の設定画面に表示される項目**

項目	解説
LDAP認証の有効化	チェックを入れることでLDAP認証を有効にできる
LDAPホスト	LDAPサーバーのホストを設定する
ポート	LDAPサーバーのポートを設定する。デフォルトは389番ポート
Base DN	検索を行うDN（*Distinguished Name*）を設定する
検索の属性	検索を行う属性を設定する
Bind DN	LDAPに接続するユーザーのDNを設定する
Bind password	LDAPに接続するユーザーのパスワードを設定する
アカウント名の大文字小文字を区別	アカウント名の大文字小文字を区別するかを設定する
認証のテスト	下2つの項目を入力して［テスト］ボタンをクリックすることでLDAP認証のテストを行える
ログイン	テストを行うユーザーの名前を入力する
ユーザーのパスワード	テストを行うユーザーのパスワードを入力する

第10章
Zabbixによるシステム監視サーバー構築実践

本章では、監視システムを新規構築する場合に必要となる要件定義やZabbixを導入する手順などを、実際のシステムを例に挙げて解説を行います。また、Zabbixで監視を行うために必要なシステム調査方法やZabbixサーバーのハードウェア選定方法についても解説を行います。

10.1
想定するシステム環境

　監視システムを構築するためには、システムのどの部分を監視する必要があるのかや、どの監視項目にどの程度の閾値を設けるか、障害が発生した場合に誰にどのような通知を行うのかなど、あらかじめ要件を定義しておくことが重要です。要件に対して監視項目が足りていない、もしくは閾値設定が高いと本来必要な障害検知を行うことができず障害を見落としてしまう可能性があります。一方、要件に対して監視項目が多過ぎる、もしくは閾値設定が低過ぎると、監視データの保存のためのディスク使用量が大きくなってしまったり、必要以上に通知が行われてしまい本来対処すべき重要な障害を見落としてしまったりといったことになります。

　監視システムの要件の定義とは、システムでどのようなサーバー／OS／ネットワーク機器やその他機器／アプリケーションが稼働しているか調査を行い、その中でどのポイントを監視すべきか洗い出しを行うことです。その過程ではシステムの棚卸しを行い、全体像を把握する必要が出てきます。この作業を行うことで、監視システムの構築という結果だけではなく「システム全体の把握や透明化」という効果もあります。手間がかかり面倒な作業ではありますが、監視システムの構築を機会にシステムを見直すよいきっかけにもなります。

　本章では例として図10.1-1に示す企業内のシステムを例に挙げ、Zabbixを導入する際の手順を解説します。

●図10.1-1　解説するシステム環境

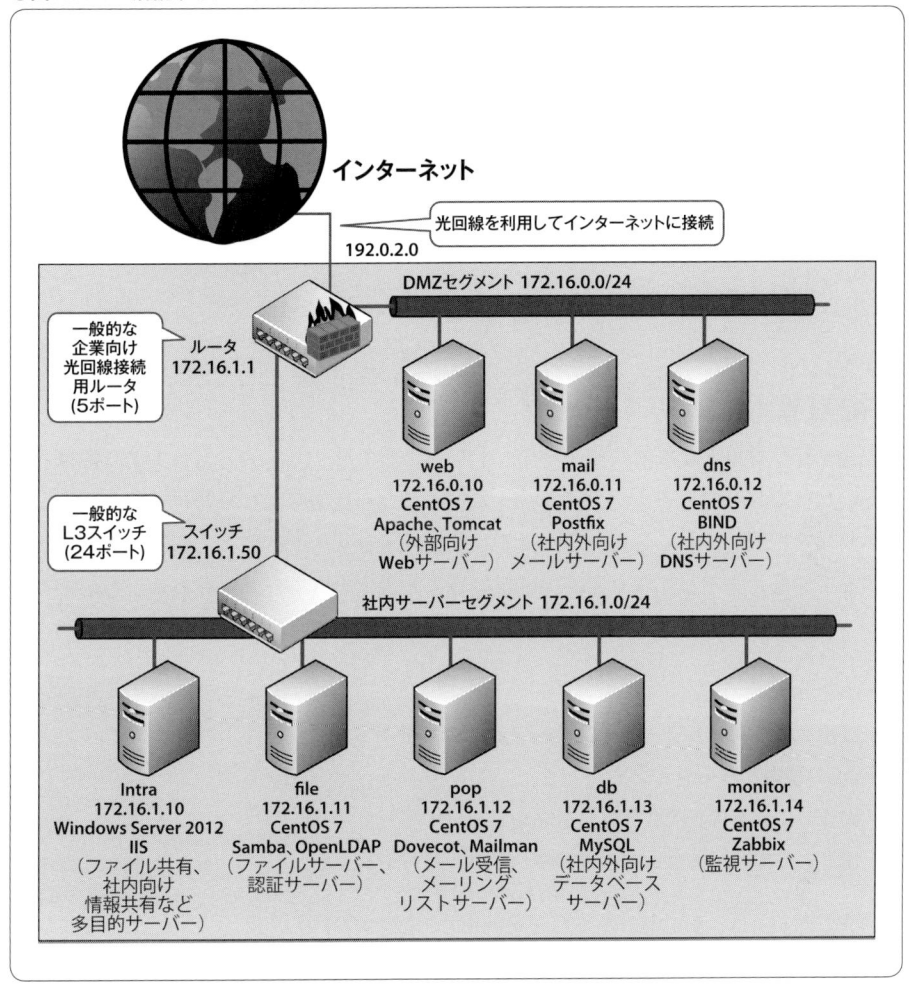

インターネット

光回線を利用してインターネットに接続
192.0.2.0

DMZセグメント 172.16.0.0/24

一般的な
企業向け
光回線接続
用ルータ
(5ポート)

ルータ
172.16.1.1

web
172.16.0.10
CentOS 7
Apache、Tomcat
（外部向け
Webサーバー）

mail
172.16.0.11
CentOS 7
Postfix
（社内外向け
メールサーバー）

dns
172.16.0.12
CentOS 7
BIND
（社内外向け
DNSサーバー）

一般的な
L3スイッチ
(24ポート)

スイッチ
172.16.1.50

社内サーバーセグメント 172.16.1.0/24

Intra
172.16.1.10
Windows Server 2012
IIS
（ファイル共有、
社内向け
情報共有など
多目的サーバー）

file
172.16.1.11
CentOS 7
Samba、OpenLDAP
（ファイルサーバー、
認証サーバー）

pop
172.16.1.12
CentOS 7
Dovecot、Mailman
（メール受信、
メーリング
リストサーバー）

db
172.16.1.13
CentOS 7
MySQL
（社内外向け
データベース
サーバー）

monitor
172.16.1.14
CentOS 7
Zabbix
（監視サーバー）

10.2
事前調査

　Zabbixを導入する前に、調査、決定しておくべきことを解説します。これらの項目は
Zabbixの構築を進めながら決定していくこともできますが、構築前にあらかじめ決めて
おくとZabbixの構築を容易に進めることができます。

10.2.1
監視対象ホストのリストアップ

　監視を行う対象となるサーバーやネットワーク機器をリストアップします。監視対象
機器の数はZabbixサーバーのサイジングに関わるため、あらかじめ監視対象となるシス
テム規模を把握しておく必要があります。監視対象をリストアップする際に、次のこと
も併せて調査／決定しておくと、Zabbixの導入や設定をスムーズに進めることができま
す。

- ホスト名
- 監視を行うネットワークインターフェースのIPアドレス
- OSの種類とバージョン
- 動作している代表的なアプリケーション
- 備考としてハードウェアの種類やシリアル番号やタグなど

　調査した項目は、表計算ソフトなどを利用して**図10.2-1**のようにまとめておきます。ま
た、ホストは管理しやすいようにいくつかのグループに分けておくとよいでしょう。今回
はシステム内に設置されているすべてのサーバーとネットワーク機器の詳細を監視します。

●図10.2-1 監視対象一覧表

ホスト名		web	mail	dns	intra	file	pop	db	monitor
IPアドレス		172.16.0.10	172.16.0.11	172.16.0.12	172.16.1.10	172.16.1.11	172.16.1.12	172.16.1.13	172.16.1.14
OS		CentOS 7	CentOS 7	CentOS 7	Windows 2012	CentOS 7	CentOS 7	CentOS 7	CentOS 7
アプリケーション		Apache Tomcat	Postfix	BIND	IIS ファイル共有	Samba OpenLDAP	Dovecot Mailman	MySQL	Zabbix
ハードウェア		xxx	xxx	xxx	xxx	xxx	xxx	xxx	xxx
シリアル		xxx	xxx	xxx	xxx	xxx	xxx	xxx	xxx
ホストグループ	dmz	○	○	○					
	internal				○	○	○	○	○
	linux	○	○	○		○	○	○	○
	windows				○				
	web	○						○	
	mail		○				○		

10.2.2
利用するユーザーと権限、通知先のリストアップ

　監視システムを閲覧／設定するユーザーをリストアップし、アカウント名を決定します。Zabbix の Web インターフェースにアクセスするユーザーアカウントの設定に利用します。ユーザーをリストアップする際に次のことも併せて決定しておくと、Zabbix の設定に利用できます。

- アカウント名
- 氏名（任意）
- 通知用メールアドレスと通知を利用する日時や障害の深刻度（メールによる障害通知を行う場合）
- ユーザーの Web インターフェースの操作権限（閲覧のみ／設定を行える／ユーザーの管理を行える、の3種類から選択）
- 先ほどリストアップしたホストグループにアクセスする権限（表示のみ／設定を行える、の2種類から選択）

　今回のシステムでは、システム全体の管理を行う sysadmin と、Web システムのみの管理を行う webadmin の2人のシステム管理者がいることを想定し、sysadmin はすべての監視設定と Zabbix サーバーの管理を行うことができ、webadmin は Web サービスに関わるサーバーの監視のみ行えるように設定を行います。

　また、2人のマネージャ向けに manager アカウントを作成し、システム全体の稼働状況の閲覧のみを行えるように設定します。Zabbix では参照、設定、管理者の3つの権限

設定と、監視対象のグループごとに参照、設定の2つの設定があるため、ユーザーがどの権限を有しておくかで分類しておきます。

メールによる通知は、sysadminにはシステムで発生したすべての障害通知をメール送信し、土日夜間のみ携帯端末にもメールを送信します。webadminにはWebサービスに関連するサーバーの障害のみメール送信します。managerへはZabbixで設定できる6段階の障害レベルのうち「重度の障害」以上の障害に関してのみメールを送信します。

また、併せてメール送信に必要なサーバーも調査しておきます。ここでは社内にすでに存在するSMTPサーバーを利用して通知メールを送信します。

調査した項目は表計算ソフトなどを利用して**図10.2-2**のようにまとめておきます。

●図10.2-2　ユーザー一覧表

ユーザー名		sysadmin	webadmin	manager
氏名		xxxx	xxxx	xxxx
メールアドレス		sysadmin@example.jp （全期間） sysadmin-mobile@example.jp （土日夜間のみ）	webadmin@example.jp	manager@example.jp （重度の障害以上）
権限		全権限	Webのみ設定	閲覧のみ
ホストグループ	dmz	○		△
	internal	○		△
	linux	○		△
	windows	○		△
	web	○	○	△
	mail	○		△

10.2.3
監視間隔と監視項目数の決定

Zabbixサーバーの負荷と監視データの保存データ容量は、監視間隔と監視項目数によって決まります。

各監視対象に対して監視を行う間隔を決めておきます。ここではシステム全体で基準となる監視間隔を決定しておき、個々の監視項目ごとの監視間隔はあとで決定します。本章では基本となる監視間隔を5分とします。

Zabbixサーバーのスペックを決めるために、各監視対象に対して実施する監視項目数を算出します。Zabbixサーバーのスペック決定するための準備の段階であるため、まずは概算の数が算出できれば問題ありません。

リソース監視の監視項目数

　Zabbixはリソース値についても細かく値を収集できるため、**Appendix**のアーキテクチャごとのアイテム一覧表を参照して、おおよその監視項目数を決定してください。今回はデフォルトで登録されているLinux、Windows用のOSの監視テンプレートの監視間隔を変更して利用します。参考として、標準のテンプレートに含まれるリソース監視の項目数とローレベルディスカバリのアイテムのプロトタイプの項目数を記載します。

- **Template OS Linux**
  - **アイテム：32項目**
  - **アイテムのプロトタイプ：7項目**
- **Template OS Windows**
  - **アイテム：19項目**
  - **アイテムのプロトタイプ：7項目**

　OSのリソース監視項目数は、ローレベルディスカバリによってアイテムが作成されるため、ネットワークインターフェースやディスクパーティション数によって変動しますが、少し余裕を持ってLinux 80項目×7台、Windows 50項目×1台の610項目を想定しておきます。

アプリケーション監視の監視項目数

　アプリケーションの監視項目数は、アプリケーションが起動するプロセスの種類やどの程度詳細に監視を行うかによって変わります。今回は各サーバーで動作している主要なアプリケーションについて、動作しているプロセスの数とポートを監視します。この時点では各アプリケーションが起動する実際のプロセスの数はわからないため、多めに見積もってアプリケーションごとに10項目を監視するものとして算出します。今回は主なアプリケーションが10個（Apache/Tomcat/Postfix/BIND/IIS/Samba/OpenLDAP/Dovecot/Mailman/MySQL）あるため、アプリケーションの監視項目数としては10×10=100個を想定しておきます。

SNMP機器の監視項目数

　SNMP機器の監視項目数は、機器のポートの数やどの程度詳細に監視を行うかによって変わります。今回はデフォルトで登録されているTemplate Net Network Generic Device SNMPv2を利用し、ローレベルディスカバリを活用したポートごとの送受信トラフィックとエラーパケット数、ステータス、リンク速度、インターフェース名などを監視し、

併せてCPU使用率、メモリ使用率を監視するため、「ルータとスイッチのポートの合計（29ポート）×ポートごとの監視種別[注1]（8）＋ルータとスイッチのCPU／メモリ（4）で合計236監視項目を想定しておきます。

監視項目数の合計

結果として解説する環境では、合計で610 + 100 + 236 = 946項目であることから、多少の余裕を見て1,000項目の監視を想定しておきます。

そのほか、各サーバーやネットワーク機器で独自に監視項目を追加する場合は、その分の監視項目数を見積もっておきます。特にアプリケーションの内部ステータスや多数のポートを持つネットワーク機器を監視する場合は、監視項目数が増えやすい傾向にあるため注意が必要です。

ログやSNMPトラップ監視は、1つのログファイルに出力されるログの行数や1つの機器が送信するSNMPトラップの数が非常に多くなる可能性があり、リソース監視の場合とはデータ数の考え方が異なります。また、ログやSNMPトラップは、障害発生時に大量にデータが出力される可能性があることから、瞬間的な最大のデータ数の見積もりが難しい監視でもあります。

Zabbixのログやトラップ監視は、Zabbixサーバーで受信したデータをすべてデータベースに保存するしくみになっているため、大量にデータを受信するとパフォーマンスへの影響が大きくなります。加えて、リソース監視値と比較して1つのデータサイズも大きいことから、Zabbixサーバーのデータベースに保存されるデータサイズも大きくなります。

ログとSNMPトラップそれぞれにおける基本的な考え方としては、次のようになります。

ログ監視では、アプリケーションから出力されるログが大量になることが想定される場合、不要なログデータをZabbixサーバー側で受信しないようにアイテムキーの設定の調整を検討することが重要です。

- 監視対象のアプリケーションが出力するログの通常時と最大時の出力量を確認する
- ログの出力量が多い場合、log、logrt、eventlogのアイテムのキー設定でregex、severity、source、eventidパラメータを設定して一致するログだけZabbixサーバー

注1　「送信トラフィック」「受信トラフィック」「送信エラーパケット数」「受信エラーパケット数」「ポートのリンクステータス」「ポートの設定ステータス」「ポートの説明」「ポートのエイリアス」の8つです。

　　　に送信するようにし、Zabbixサーバー側で不要なログデータを受信しないようにする

・結果としてZabbixサーバーに送信される行数の大まかな見積もりを行う

　SNMPトラップの場合、監視対象のネットワーク機器が障害時に送信するSNMPトラップの量に依存します。

・監視対象の機器が送信するSNMPトラップの最大時の出力量を確認する

・SNMPトラップの送信量が多い場合は、snmptra.fallbackキーの利用を控え、snmptrapキーで文字列が一致したものだけをデータベースに保存する

・結果としてZabbixサーバーが保存するSNMPトラップ（snmptrapキーのパラメータ文字列が含まれるトラップ）の大まかな数を見積もる

　いずれの場合も、すべてのログやSNMPトラップをデータベースに保存しようとすると、データベースのサイズの肥大化や障害時のパフォーマンスの低下を招くことになります。Zabbixサーバーの構築時には問題がなくても運用時に問題が出る可能性があることに注意が必要です。

10.2.4
監視データの保存期間の決定

　監視データの保存期間を決定します。Zabbixには監視データの生データを保存する期間（ヒストリ）とグラフ用の圧縮データを保存する期間（トレンド）の2種類があります。今回は障害発生時に詳細なデータを確認するために生データを保存しておく期間を90日（3ヵ月）、システムの稼働傾向を把握するためにグラフ用のデータを保存しておく期間を365日（1年）として設定を行います。また、障害の発生履歴であるイベントを保存する期間を365日（1年）とします。

　ログやSNMPトラップの監視は、前述したとおりZabbixデータベースの肥大化を招きやすい監視項目です。Zabbixサーバーをログビューワーとして利用する必要がなければ、これらの保存期間は1ヵ月など短めの期間を設定することも検討してください。

10.2.5
独自に作成／追加する必要がある監視項目の決定

　Zabbixの基本機能では行えないようなアプリケーションの詳細監視（第11章参照）やサーバーのハードウェアの監視を行う場合、スクリプトの作成や登録が必要になります。

スクリプトの作成には何をどのように監視するかや、監視の実現方法、対象となるアプリケーションやサーバーハードウェアの調査などが必要になるため、あらかじめリストアップしておき必要な調査を行っておきます。

10.2.6
決定しておくとよい事項

そのほか、細かいところでは、次の項目を決定しておくと導入をスムーズに進めることができます。

- 必要なグラフの設定
- 必要なスクリーンの設定
- 必要なマップの設定

グラフやスクリーン、マップの設定は運用を行いながら設定を行うことも可能ですので、構築段階ではそれほど詳細に要件を定義しておく必要はありません。運用で必要となるグラフやスクリーンがすでに決まっている場合はリストアップしておくとよいでしょう。

10.3
Zabbixサーバーの
ハードウェアスペックの決定

　大まかな監視システムの要件が決定した段階で、Zabbixサーバーを導入するハードウェアのスペックを決定します。近年ではCPU／メモリ／ディスクなどのハードウェアは非常に安価になっているため、安価なサーバー製品でもZabbixサーバーを動作させるのに十分な性能を有しています。ここでは本番システムの監視を行うにあたって必要となるサーバーのスペックを決定するための方法を解説します。なお、ハードウェアはサーバー用として販売されている製品を利用することを前提としています。

　Zabbixサーバーのスペックを決定する際に重要となるのは、CPUのコア数、メモリのサイズ、ディスクの容量、ディスクの書き込み速度です。

10.3.1
CPUのサイジングの考え方

　CPUの利用のされ方は、Zabbixサーバーを構成するZabbixサーバーのソフトウェア、データベース、Webインターフェースでそれぞれ考え方が異なります。以降で、それぞれのプログラムがどのようにCPUを利用するかを解説します。

　Zabbixサーバーの内部処理を細分化すると、1つの監視データを受信してトリガー評価を行うという処理を繰り返すだけであるため、その処理自体がCPUの使用率を上げることはあまりありません。監視処理は常に並行して行うしくみになっているため、コア数が多いほど並行性能が高くなります。

　外部チェックを多用している場合などでは、Zabbixサーバーがシェルを実行することになり、メモリの確保やfork処理を繰り返すため、CPUコア数が不足するとコンテキストスイッチの数が多くなります。そうすると、CPU使用率は高くないものの、SSHでログインしたときに非常に待たされたりすることがあります。特に、CPUをほかのVMと共有している仮想環境上でZabbixサーバーを動かす場合は、この事象が生じやすくなります。外部チェックが非常に多く設定されていたり、監視処理を行うpollerプロセスの起動数が非常に多い場合、CPUのコア数に余裕を持たせることを検討するのがよいでしょう。

　Zabbixサーバーが利用するデータベースは、Webインターフェースから実行されるデータ表示の画面で多数のデータを表示する場合などには、SQLによるデータの取得処理

でCPU使用率が高くなることがあります。データベースの処理を速くするには高速なCPUの利用が効果的ですが、より重要なのは後述するディスクのI/Oパフォーマンスです。

　Webインターフェースも多数のデータを表示する場合、データベースから取得したデータを画面表示のためにHTMLに加工したり、多数のグラフ設定が含まれるスクリーン画面を表示したりといった処理で使用率が高くなりやすいです。Webインターフェースのパフォーマンスのためには高速なCPUを利用することが効果的です。

　Zabbixサーバーとして構築する監視サーバーにこれら3つのソフトウェアを同居させる場合、それらのプログラムが1つのCPUを使用して負荷が入り混じることになるため、それぞれのソフトウェアの特性を知っておくことは重要です。しかし、近年のサーバー用CPUは高速であり、コア数も4コア以上が一般的になってきているため、これまでの経験から言うと数十から数百台の監視であれば通常、CPUがボトルネックになることはあまりありません。1,000台規模を超える監視を1台のZabbixサーバーで実施する場合や、Webインターフェースの利用ユーザーが数十人になる場合などでは、より精査してCPUを選定するようにしたほうがよいでしょう。

10.3.2
メモリのサイジングの考え方

　Zabbixサーバーを動作させる最低の要件としては、OSやデータベースを含めてもメモリは512Mバイトもあれば動作させることができます。検証用途などではメモリをそれほど必要としませんが、一定規模のシステムの監視をパフォーマンスよく行うためには、適切なサイズのメモリを搭載しておく必要があります。

　Zabbixサーバーにおけるメモリの用途のうち、容量が大きくなるのは主に次のものです。Zabbixサーバー、データベース、Webインターフェースを1つのサーバー上で動かす場合、ハードウェアに搭載されているメモリをこれらにバランスよく割り振る必要があります。

- **Zabbix サーバーのメモリキャッシュ**
- **データベースのメモリキャッシュ**
- **Web インターフェースが利用するメモリ**
- **OS が利用するメモリ**

Zabbixサーバーが利用するメモリ

　Zabbixサーバーで利用されるメモリは、zabbix_server.confのCacheSize、VMwareCacheSize、HistoryCacheSize、HistoryIndexCacheSize、TrendCacheSize、ValueCacheSizeの

パラメータを合計した値と考えておけば、大抵の場合は問題ありません。Zabbixサーバーは、起動時にこれらのパラメータに指定されたサイズの共有メモリを確保し、動作中は変動することがありません。これ以外にも各プロセスが動作中にメモリを利用することはありますが、一時的な利用がほとんどであるため、利用サイズはそれほど大きくなりません。Zabbixサーバーが利用するキャッシュのうち、最もサイズが大きくなりやすいのはValueCacheであり、監視対象のシステムの規模やトリガーの設定内容により512Mバイトから2Gバイト程度であることがほとんどです。すべてのキャッシュのパラメータを合計すると1Gバイトから4Gバイト程度です。

データベースが利用するメモリ

　データベースのメモリキャッシュは、データの読み書きのためのキャッシュ領域です。サイズが小さいとディスクへの読み書きが頻繁に発生することになり、I/Oパフォーマンスが悪くなります。Zabbixサーバーで最もパフォーマンスのボトルネックになりやすいのはディスクI/Oであるため、データベースへの割り当てキャッシュはメモリに余裕がある限り大きくしておくことが望ましいです。必要なサイズを単純計算することは難しいですが、規模により512Mバイト程度からとし、サーバーの搭載メモリのうちほかのプログラムに利用されていない余裕分はこのキャッシュに割り当てると考えておきます。

　Zabbixサーバーとデータベースのキャッシュはほぼ固定で利用されるメモリであり、運用中はそれぞれの設定パラメータで指定したメモリサイズまで確保されるものとして考えておきます。

Webインターフェースが利用するメモリ

　Webインターフェースが利用するメモリは、Zabbixの画面でどの程度のデータ量を表示するかに依存します。Webインターフェースにアクセスした際にPHPのプログラムが必要に応じてメモリを確保し、特にグラフを大量に表示するスクリーンやダッシュボード画面などでメモリ使用量が大きくなる傾向があります。メモリは必要時に確保され、処理が終了すれば解放されるため、瞬間的な負荷を想定しておけば問題ありません。Webインターフェースの設定や、どのような画面にどの程度の頻度でアクセスするかに依存しますが、通常時は256Mバイトから512Mバイト程度という想定で問題ないでしょう。

OSが利用するメモリ

　OSが利用するメモリは、OS自体とZabbix関連以外のプログラムが利用するメモリの

合計です。Zabbixサーバー専用として動作している場合、それほど大きなメモリを利用することはなく、1Gバイト程度あれば問題ないことがほとんどです。GUIログインを有効にしている場合や、ほかのプログラムがメモリを利用する場合は、その点も考慮しておく必要があります。また、何らかの操作や処理によってメモリを利用する場合の余裕を考慮しておかないと、バックアップ処理などによってメモリを使い果たし、OOM KillerによりZabbixサーバーやデータベースのプロセスがkillされてしまう可能性もあります。

必要なメモリのサイジング

前述のメモリサイズを考慮し、たとえば次のようなサイズの割り当てを想定します。

- **物理メモリが4Gバイトの場合：Zabbixが512Mバイト、データベースが1Gバイト、PHPとOSと余裕分が2.5Gバイト**
- **物理メモリが8Gバイトの場合：Zabbixが1Gバイト、データベースが4Gバイト、PHPとOSと余裕分が3Gバイト**
- **物理メモリが16Gバイトの場合：Zabbixが2Gバイト、データベースが8Gバイト、PHPとOSと余裕分が6Gバイト**

これまでの筆者の実績から言うと、数十台規模であれば4Gバイトや8Gバイト、100台から500台規模であれば8Gバイトから16Gバイト、1,000台規模であれば32Gバイト程度で監視は可能です。OSやデータベースのチューニングを細かく行うことや、後述するディスクの種類によっては、より少ないメモリでも安定した動作が可能です。ただし、Zabbixの監視規模は監視対象台数だけでなく、アイテムの数や監視間隔、Webインターフェースへのアクセス数にも依存するため、あくまでも参考として考えてください。

10.3.3
ディスクのパフォーマンスの考え方

Zabbixサーバーのパフォーマンスで最もボトルネックになりやすいのがディスクのI/Oパフォーマンスです。Zabbixサーバーはプログラムの性質上、定期的に収集したデータをデータベースに保存し、データベースはデータを長期間保存するため、ディスクへの書き込みパフォーマンスを要求されます。

ディスクのI/Oパフォーマンスを考慮するうえで重要となる点は次のとおりです。

- **Zabbixサーバーの1秒あたりの収集データ数(NVPS)が高いほど、ディスクの書き込み速度のパフォーマンスが必要**

- データベースは保存されているデータサイズが大きいほどI/Oがより発生しやすくなり、パフォーマンスが低下する傾向にある

- ヒストリデータの保存期間が過ぎた時点でhousekeeperによるデータ削除処理が動作するため、Zabbixサーバーの構築時には問題がなくても、数ヵ月後にhousekeeperの負荷がかかりはじめ、I/Oワークロードが高くなる

- Webインターフェースからのアクセスが多く、かつ、1つの画面表示に利用するデータが多いほど、データの読み出しパフォーマンスが必要

　データベースのメモリキャッシュ割り当てを増やすことでデータベースのI/O負荷を下げることはできますが、収集されたデータは最終的にディスクに書き込む必要があるため、キャッシュを増やすほどI/O負荷が下がるということはありません。大規模なシステムの監視やNVPS値の高いZabbixサーバーを安定して動作させるためには、よりI/Oパフォーマンスのよいディスクを利用する必要があります。

　ディスクのパフォーマンスはSATAよりもSAS、HDDよりもSSDのほうが高くなります。また、RAIDコントローラを利用する場合は、RAIDのモードや書き込みキャッシュを利用できるかどうかによっても大きく変わります。

　数百台の対象を監視するシステムや、NVPS値が高くなることが想定されるシステムでは、書き込みキャッシュ付きのRAIDコントローラやSSDを検討することにより、運用中にディスクパフォーマンスが低下する事態を避けることができます。

　また、大規模なシステムの場合は、housekeeperがデータを削除する処理による負荷を減らすために、データベースのパーティショニングを行うことも効果的です。パーティショニングにはデータベースの高度な知識が必要になりますが、特にhousekeeperによるヒストリデータの削除処理の負荷をなくせるため、ディスクI/O負荷を削減できます。

10.3.4
必要なディスク容量の計算方法

　Zabbixは監視データをデータベースに長期間保存するため、監視項目数と監視間隔、データの保存期間に応じたディスク容量を確保しておく必要があります。

　必要となるデータベースの容量は、次の計算式で算出できます。

監視設定の容量＋ヒストリデータの容量＋トレンドデータの容量＋イベントデータの容量

監視設定の容量

　監視設定の容量は、通常数Mバイトから数10Mバイト程度です。監視データの容量と比較すると無視できる程度です。

ヒストリデータの容量

　ヒストリデータは、Zabbixが監視を行って取得した生の監視データのことです。保存に必要な容量は、保存期間、監視項目数、平均の監視間隔、1監視データの容量を利用して次の式によって算出できます。

（監視項目数×監視データあたりの容量［バイト］）÷平均監視間隔［秒］×（3600秒×24時間×保存期間［日］）

　「監視データあたりの容量」は、監視を行って取得するデータの1つあたりの容量です。使用するデータベースや受信するデータの種類(整数、浮動小数、文字列)などによってサイズは異なりますが、おおよそ平均して120バイトとして計算しておくのがよいでしょう。この値は標準で搭載されているOS用のテンプレートとネットワーク機器用のテンプレートを利用して一定期間監視を行ったあとにMySQLデータベースが利用しているデータとインデックスのサイズを平均した値です。

　たとえば、1,000項目の監視を5分(300秒)間隔で行い、3ヵ月間データを保存した場合は次のようになります。

（1000項目×120バイト）÷300秒×（3600秒×24時間×90日）＝2.9Gバイト

　この計算には、ログ監視やSNMPトラップ監視など、1回の監視タイミングで複数の値を取得するアイテムのヒストリデータの保存容量は含まれていません。これらは別途考慮する必要があり、次の値を掛け合わせたサイズの容量を消費します。

- ログやSNMPトラップデータのうち、Zabbixサーバーで保存する行数の概算
- 1行のログやSNMPトラップデータの平均サイズ×1.2程度(インデックスのサイズを考慮)
- ヒストリデータの保存期間

　これらのうち、インデックスサイズを考慮した「1.2」という値は、実際に一定期間ログ収集を行ったあとのMySQLデータベースから計算したものです。

　ログ監視やSNMPトラップ監視を実施する場合、ほかのデータと比較して1データあたりのサイズが大きいため、見積もりには注意が必要です。ログやSNMPトラップは、障害発生時に想定より多くのデータが出力される可能性もあるため、ディスクサイズの見積もりにはより余裕を持って設計することが必要です。

トレンドデータの容量

トレンドデータは、ヒストリデータのうち数値のデータについて、1時間の最大値／最小値／平均値／個数の統計情報が保存され、グラフの表示に使用されるデータです。保存に必要な容量は、保存期間、監視項目数、トレンドデータあたりの容量を利用して次の式によって算出できます。

（監視項目数×トレンドデータあたりの容量［バイト］）×24時間×保存期間［日］

「トレンドデータあたりの容量」は、1つのトレンドデータを保存するために必要となる容量です。使用するデータベースにもよりますが、概算値は120バイトです。

例として、1,000項目の監視を行い、1年間データを保存した場合は次のようになります。

（1000項目×120バイト）×24時間×365日＝1Gバイト

イベントデータの容量

イベントデータの保存に必要な容量は、保存期間、1日あたりに発生する障害の数と1イベントあたりの容量を利用して次の式によって算出できます。障害の発生件数をあらかじめ予測するのは難しいことから、容量算出のためにはある程度多めの障害発生件数を見込んでおくのがよいでしょう。

1日あたりに発生する障害の数×1イベントあたりの容量［バイト］×保存期間［日］

「1日あたりに発生する障害の数」は、1日あたりに発生する障害／復旧イベントの数です。「1イベントあたりの容量」は、1つのイベントデータを保存するために必要となる容量です。使用するデータベースにもよりますが、概算値としては200バイトです。

例として、1日あたり100件の障害／復旧イベントが発生する程度を想定し、1年間データを保存する場合は次のようになります。

365日×100件×200バイト＝7Mバイト

解説するシステムでZabbixサーバーに必要なデータベースの容量

上記の例を合計すると、本章で解説するシステムでは、10Mバイト（監視設定の概算）＋2.9Gバイト（ヒストリ）＋1Gバイト（トレンド）＋7Mバイト（イベント）＝4Gバイト程度となります。

10.4
サーバーの監視項目と閾値の調査

　各サーバー上で動作しているOS、アプリケーションに対して、どのようなリソース監視や死活監視を行うのかと閾値を決定し、**図10.4-1**のような監視項目の一覧表を作成します。一覧表の作成には、各サーバーに搭載されているCPUの数やディスクの数／パーティション構成／ネットワークインターフェースの数と名称などのハードウェア情報／各OS上で動作しているサービスやアプリケーションとそのプロセス名／使用しているポートなどの調査を行う必要があります。

サーバーの監視項目一覧表は縦軸に監視項目、横軸に監視対象サーバーを並べて記載します。あとでテンプレートを作成しやすいように、監視項目はリソースの種類とアプリケーション単位でグループ化しておきます。次のステップでこのグループごとにテンプレートを作成し、ホストに適用します。

　Zabbixエージェントを利用した監視では、CPU／メモリ／ディスク／ネットワークといった基本的なリソース監視は監視できる項目はほぼ決まっており、デフォルトで登録されているテンプレートを利用することで容易に設定できます。ディスク／ネットワークインターフェースの数／パーティション構成など、サーバーによって構成が異なる場合でもローレベルディスカバリによって自動的に設定が行われます。手動で設定を行うとテンプレートを個別に設定する必要があるなど管理が煩雑になるため、可能な限りローレベルディスカバリを利用して監視を行うことを推奨します。ただし、監視設定が適切に行われているかどうか確認のためにも、システムの構成情報を確認するための手段を理解しておいたほうがよいでしょう。

　各サーバー上で動作するプロセス／サービス／ポートはシステムによって異なるため、監視対象となるサーバーを調査して監視項目を洗い出す必要があります。LinuxとWindowsについて、各サーバーのシステム情報／動作しているプロセスやサービス／ポートの調査方法と、Zabbixの監視設定に必要な情報の調査方法と、どのようなアイテムのキーを利用して監視設定を行うのかを解説します。

●図10.4-1　サーバーの監視項目一覧表（抜粋）

大項目	中項目	小項目	監視間隔	障害検知の閾値(例)	web CentOS7	mail CentOS7	intra Win 2012
OS	死活監視		300	N=0	○	○	○
	システム再起動監視		300	N<600	○	○	○
	ログインユーザー数		300		○	○	○
	総プロセス数監視		300		○	○	
	ロードアベレージ	1分平均	300		○	○	○
		5分平均	300		○	○	○
		15分平均	300	N>15	○	○	○
	CPU使用率	user	300		○	○	○
		nice	300		○	○	
		idle	300		○	○	○
		system	300		○	○	
		wait	300		○	○	
		interrupt	300		○	○	○
		privileged	300				○
		processor	300				○
	メモリ使用量	free	300		○	○	○
		shared	300		○	○	
		buffers	300		○	○	
		cached	300		○	○	
		available	300	N<10M	○	○	
	スワップ使用量	free	300		○	○	○
	ネットワークトラフィック(受信)	eth0	300		○	○	
		eth1	300		○	○	
		VMware Accelerated AMD PCNet Adapter	300				○
	ネットワークトラフィック(送信)	eth0	300		○	○	
		eth1	300		○	○	
		VMware Accelerated AMD PCNet Adapter	300				○
	ファイルシステム使用率	/	300	N>90	○	○	
		/home	300	N>90	○	○	
		/var	300	N>90	○	○	
		C:	300	N>90			○
ssh	プロセス監視	sshd	300	N=0	○	○	
	ポート監視	22	300	N=0	○	○	
apache	プロセス監視	httpd	300	N=0	○		
	ポート監視	80	300	N=0	○		
		443	300	N=0	○		
tomcat	プロセス監視	java	300	N=0	○		
	ポート監視	8080	300	N=0	○		
postfix	プロセス監視	master	300	N=0		○	
	ポート監視	25	300	N=0		○	
IIS	サービス監視	IISAdmin	300	N=0			○
	ポート監視	80	300	N=0			○

・・・

10.4.1
Windowsサーバーでの調査方法

　Windowsサーバーでシステム情報を確認する方法としては、GUIとCLIの2種類があります。GUIを利用すると操作はわかりやすいですが、確認のために手間がかかりやすく、手軽に情報を保存しておくためにはスクリーンショットを撮る以外に方法がないというデメリットがあります。CLIを利用することでコマンドプロンプトからすべての情報を収集でき、テキストファイルに情報を保存しておくことも容易であるため、ここでは主にCLI(コマンドプロンプト)を利用してシステム情報の調査方法を解説し、必要に応じてGUIによる表示を使って補足します。

システム情報

　Windowsでは、systeminfoコマンドでシステム情報を取得できます(図10.4-2)。systeminfoコマンドの結果から、OSのバージョン／CPU／メモリ／ネットワークインターフェースの情報を収集できます。

●図10.4-2　systeminfoコマンドの実行結果

```
C:\> systeminfo
ホスト名:                windowsxp
OS 名:                   Microsoft Windows XP Professional
OS バージョン:           5.1.2600 Service Pack 3 ビルド 2600
OS 製造元:               Microsoft Corporation
...
システムの種類:          X86-based PC
プロセッサ:              2 プロセッサインストール済みです。
                        [01]: x86 Family 6 Model 15 Stepping 6 GenuineIntel ~1997 Mhz
                        [02]: x86 Family 6 Model 15 Stepping 6 GenuineIntel ~1997 Mhz
...
物理メモリの合計:        1,023 MB
利用できる物理メモリ:    655 MB
仮想メモリ: 最大サイズ:  2,048 MB
仮想メモリ: 利用可能:    2,004 MB
仮想メモリ: 使用中:      44 MB
...
ネットワーク カード:     1 NIC(s) インストール済みです。
                        [01]: VMware Accelerated AMD PCNet Adapter
                              接続名:         ローカル エリア接続
                              DHCPが有効 :    はい
```

```
DHCP サーバー:     172.16.111.254
IP アドレス
[01]: 172.16.111.129
```

　ネットワークインターフェースの監視を行う場合、出力結果の「VMware Accelerated AMD PCNet Adapter」の部分をZabbixの監視設定でのネットワークインターフェース名として使用します。

　ネットワークインターフェースの監視は、ローレベルディスカバリを利用することで搭載されているインターフェースの監視項目が自動的に設定されます。標準のTemplate OS Windowsテンプレートでは、「Network interface discovery」のローレベルディスカバリ設定を利用することで、「net.if.in[VMware Accelerated AMD PCNet Adapter]」といったキー設定でアイテムが作成されます。

ディスクドライブ情報

　Windowsのディスクドライブは、C:¥やD:¥などが該当します。マイコンピュータで表示されるドライブの情報を確認することもできます。コマンドプロンプトから確認する場合は、diskpartコマンドを利用できます（**図10.4-3**）。

●図10.4-3　typeperfコマンドの実行結果

```
C:¥> diskpart  （←diskpartコマンドを実行）

Microsoft DiskPart バージョン 6.3.9600

Copyright (C) 1999-2013 Microsoft Corporation.
コンピューター: WIN2012

DISKPART> list volume  （←list volumeでドライブの一覧を表示）

  Volume ###  Ltr Label        Fs     Type        Size     Status     Info
  ----------  --- -----------  ----   ----------  -------  ---------  --------
  Volume 0     D   IR2_SSS_X64  UDF    DVD-ROM     4352 MB  正常
  Volume 1         システムで予約済み     NTFS   Partition   350 MB  正常      システム
  Volume 2     C                NTFS   Partition    39 GB  正常               ブート
```

　ドライブの監視は、ローレベルディスカバリを利用することでマウントしているドラ

イブの監視項目が自動的に設定されます。標準のTemplate OS Windowsテンプレートでは、「Mounted filesystem discovery」のローレベルディスカバリ設定を利用することで、「vfs.fs.size[C:,free]」といったキー設定でアイテムが作成されます。

パフォーマンスカウンタ

Windowsにはパフォーマンスカウンタというリソース使用状況やアプリケーションの詳細ステータスを参照する機能が標準で搭載されており、Zabbixエージェントはパフォーマンスカウンタの値を収集して監視を行うことができます。

利用できるパフォーマンスカウンタの一覧はtypeperfコマンドで表示できます（**図10.4-4**）。表示されたカウンタパスをそのままZabbixの監視設定に利用します。

●**図10.4-4　typeperfコマンドの実行結果**

```
C:\> typeperf -qx
\.NET CLR Data\SqlClient: Current # pooled and nonpooled connections
\.NET CLR Data\SqlClient: Current # pooled connections
\.NET CLR Data\SqlClient: Current # connection pools
...
\LogicalDisk(C:)\% Free Space
\LogicalDisk(_Total)\% Free Space
\LogicalDisk(C:)\Free Megabytes
...
```

Windowsにはパフォーマンスカウンタ値をグラフ表示するパフォーマンスモニタが付属しています。利用できるパフォーマンスカウンタの一覧表示はコマンドを利用したほうが便利ですが、パフォーマンスモニタではカウンタをカテゴリ分けされたリストから選択してリアルタイムな値を確認できるため、調査にあたっても活用できます。

パフォーマンスモニタはスタートメニューから［コントロール パネル］→［管理ツール］→［パフォーマンス］をクリックして起動します（**図10.4-5**）。標準でいくつかのカウンタが表示されています。

●図10.4-5　パフォーマンスモニタの画面

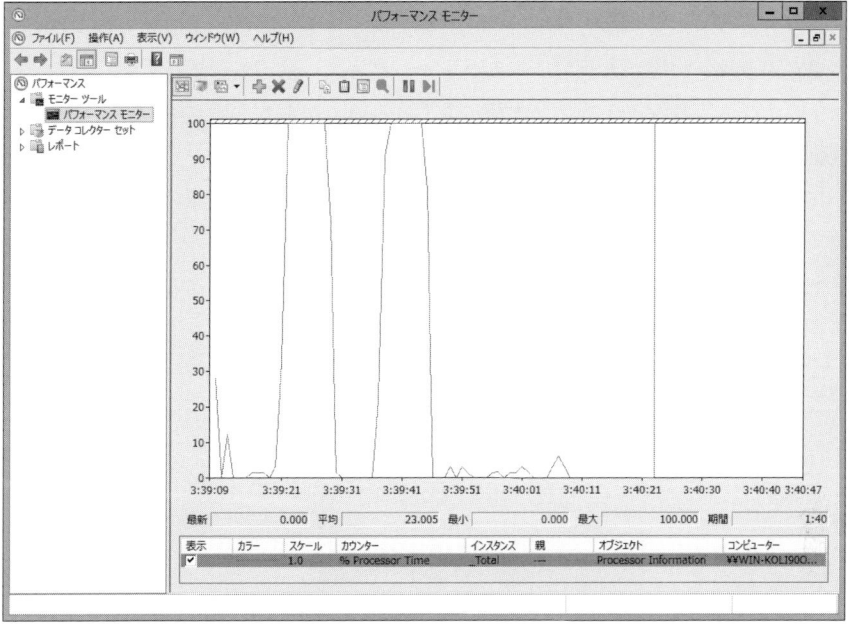

　カウンタの追加はグラフの下にあるカウンタのリスト上を右クリックし、ポップアップメニューから［カウンターの追加］を選択します（**図10.4-6**）。カウンタの追加画面が開くため、左の［使用可能なカウンター］からカウンタを選択して［追加］ボタンをクリックします。

●図10.4-6　カウンタの追加画面

　カウンタパスの確認は、図10.4-5のグラフ下にあるカウンタのリスト上を右クリックし、ポップアップメニューから［プロパティ］を選択します。開いた画面のカウンタの領域に、現在グラフ上に表示されているカウンタのパスの一覧が表示されます。

　パフォーマンスカウンタ名は、日本語が含まれる場合があります。そのような場合には、数値表記のパフォーマンスカウンタ名を使用することでZabbixから値を取得できます。パフォーマンスカウンタの名前表記と数値表記の対応付けはレジストリエディタから確認できます。

　スタートメニューの［名前を指定して実行］を選択し、「regedit」と入力してレジストリエディタを起動します（**図10.4-7**）。

●図10.4-7　レジストリエディタ画面

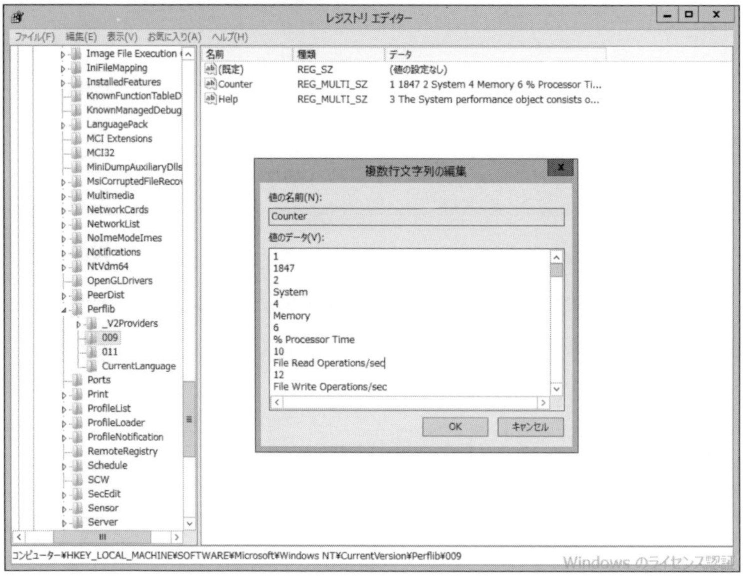

　左のツリーから「HKEY_LOCAL_MACHINE¥SOFTWARE¥Microsoft¥WindowsNT¥CurrentVersion¥Perflib¥009」を選択し、右のウィンドウに表示される「Counter」をダブルクリックして開くと、数値表記と数字表記のリストが表示されます。たとえば「System」は「2」、「% ProcessorTime」は「6」であるため、「¥System¥%ProcessorTime」のパフォーマンスカウンタを数値表記にすると「¥2¥6」になります。

　パフォーマンスカウンタを利用した監視を行う場合、アイテムのキーにperf_counter[カウンタのパス]を利用します。前述した例を利用すると、「%ProcessoTime」のパフォーマ

ンスカウンタの値を取得するためには次のいずれかのアイテムキーを利用します。

- perf_counter[%ProcessorTime]
- perf_counter[¥2¥6]

サービス

　Windowsでは、システム上でバックグラウンドで常駐するアプリケーションはサービスというしくみで管理されており、Zabbixではサービスの起動／停止状態を監視できます。

　登録されているサービスの一覧と稼働状態はsc queryコマンドで表示できます（図10.4-8）。Zabbixの監視設定には、表示されたSERVICE NAMEの項目に表示されるサービス名を利用します。STATEの項目がSTOPPEDの場合は停止状態であり、RUNNINGの場合は起動状態です。システムが正常に稼働している状態でRUNNING状態のサービスから監視する項目を選定すると、適切に監視項目を洗い出せます。

●図10.4-8　sc queryコマンドの実行結果

```
C:¥> sc query state= all
SERVICE_NAME: Alerter
DISPLAY_NAME: Alerter
        TYPE               : 20  WIN32_SHARE_PROCESS
        STATE              : 1  STOPPED
                               (NOT_STOPPABLE,NOT_PAUSABLE,IGNORES_SHUTDOWN)
        WIN32_EXIT_CODE    : 1077   (0x435)
        SERVICE_EXIT_CODE  : 0      (0x0)
        CHECKPOINT         : 0x0
        WAIT_HINT          : 0x0

SERVICE_NAME: ALG
DISPLAY_NAME: Application Layer Gateway Service
        TYPE               : 10  WIN32_OWN_PROCESS
        STATE              : 4  RUNNING
                               (STOPPABLE,NOT_PAUSABLE,IGNORES_SHUTDOWN)
...
```

　サービスの一覧と状態はGUI画面からも確認できます。GUI画面では、サービスのリストと状態をわかりやすく表示できます。サービスの一覧はスタートメニューから［管理ツール］→［サービス］をクリックします（図10.4-9）。

●図10.4-9　サービス画面

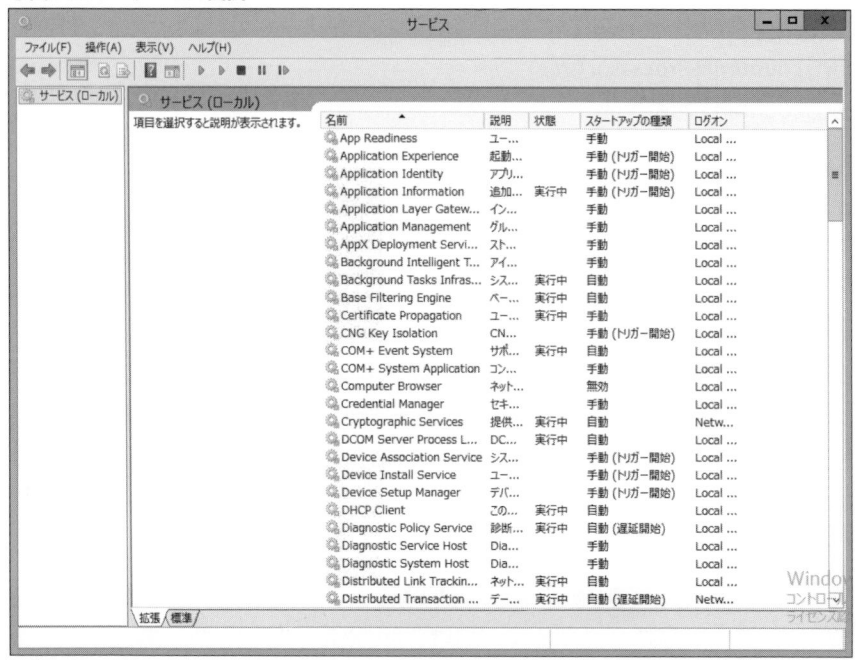

　[状態]の項目が「実行中」と表示されているものが、現在起動状態のサービスです。一覧の[名前]の項目は、sc queryコマンドの結果のDISPLAY NAMEと同じであり、表示名です。Zabbixの監視設定に利用するサービス名は、一覧からサービスを右クリックしてサービスのプロパティを開き、表示された画面の[サービス名]を利用します（**図10.4-10**）。

●図10.4-10　サービスのプロパティ画面

　サービスの監視は、ローレベルディスカバリを利用することで登録されているサービスの監視項目が自動的に設定されます。標準のTemplate OS Windowsテンプレートでは、「Windows service discovery」のローレベルディスカバリ設定を利用することで「service.info[LSM,state]」といったキー設定でアイテムが作成されます。このローレベルディスカバリ設定では、サービスの設定が「自動起動」か「自動起動（遅延開始）」になっているものだけをアイテム登録するようにフィルター設定が行われています。

プロセス

　Zabbixではサービスに登録されていない、常駐しないアプリケーションの状態を監視することもできます。常駐していない起動中のアプリケーションを調査するためにはプロセスを確認します。現在稼働しているプロセスの表示にはtasklistコマンドを使用します（**図10.4-11**）。プロセスには稼働しているサービスやInternet Explorerなどユーザーが実行しているアプリケーションも含まれます。Zabbixの監視設定には**イメージ名**に表示されている名称を利用します。

●図10.4-11　tasklistコマンドの実行結果

```
C:¥> tasklist /svc
イメージ名                      PID セッション名      セッション# メモリ使用量
======================== ====== ================ ======== =============
System Idle Process           0 Console                0          28 K
System                        4 Console                0         260 K
WINLOGON.EXE                676 Console                0       5,756 K
SERVICES.EXE                720 Console                0       3,764 K
...
```

　プロセスの監視を行う場合、アイテムのキーにproc_info[イメージ名,*<attribute>*, *<type>*]を利用します。proc_info[WINLOGON.EXE,wkset]という設定では、WINLOGON. EXEプロセスによる実メモリの使用量を監視できます。

ポート

　ポートの利用状況はnetstatコマンドで表示できます（**図10.4-12**）。Zabbixから監視を行うのはStateがLISTENINGとなっているTCPポートです。Zabbixのポート監視にはLocalAddressの項目の:以降に表示されているポート番号を利用します。

●図10.4-12　netstatコマンドの実行結果

```
C:¥> netstat -ano
Active Connections

  Proto  Local Address          Foreign Address        State           PID
  TCP    0.0.0.0:135            0.0.0.0:0              LISTENING       1016
  TCP    0.0.0.0:445            0.0.0.0:0              LISTENING       4
  TCP    0.0.0.0:10050          0.0.0.0:0              LISTENING       2088
  TCP    127.0.0.1:1026         0.0.0.0:0              LISTENING       1252
  TCP    127.0.0.1:1027         0.0.0.0:0              LISTENING       1252
  TCP    127.0.0.1:1028         0.0.0.0:0              LISTENING       1252
  TCP    127.0.0.1:1029         0.0.0.0:0              LISTENING       1252
  TCP    127.0.0.1:1030         0.0.0.0:0              LISTENING       1252
  TCP    127.0.0.1:1034         0.0.0.0:0              LISTENING       2836
  TCP    127.0.0.1:5152         0.0.0.0:0              LISTENING       1136
  TCP    172.16.111.129:139     0.0.0.0:0              LISTENING       4
  TCP    172.16.111.129:1046    60.254.130.53:80      CLOSE_WAIT      3620
  UDP    0.0.0.0:445            *:*                                    4
...
```

10.4.2
Linuxサーバーでの調査方法

Linuxサーバーは GUI がインストールされていない場合も多いため、ここではコンソールから調査する方法を解説します。以降の操作ではディストリビューションによらずほぼすべての Linux で共通して利用できます。

OSのホスト名／アーキテクチャ／バージョン

本書ではあらかじめ利用している OS がわかっている状態から解説を行っていますが、既存のシステムを調査する場合には OS のバージョンやカーネルのバージョンがわかっていないことも多くあります。OS のバージョンやアーキテクチャによってインストールする Zabbix エージェントのパッケージが変わってくるため調査が必要です。

OSのアーキテクチャを確認するためには、**図10.4-13** の uname コマンドを実行します。コマンドの実行結果にはアーキテクチャ以外にもホスト名やカーネルのバージョンなどが含まれます。

● **図10.4-13　OSのアーキテクチャの確認**

```
# uname -a
Linux localhost.localdomain 2.6.18-128.1.14.el5 #1 SMP Wed Jun 17 06:40:54 EDT 2009
i686 i686 i386 GNU/Linux
```

ディストリビューションのバージョンは、**図10.4-14** のコマンドで確認できます。

● **図10.4-14　ディストリビューションのバージョンの確認**

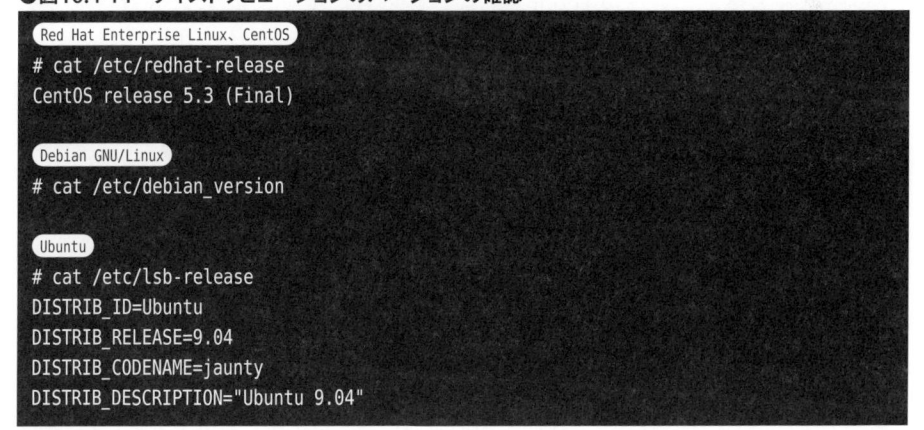

```
Red Hat Enterprise Linux、CentOS
# cat /etc/redhat-release
CentOS release 5.3 (Final)

Debian GNU/Linux
# cat /etc/debian_version

Ubuntu
# cat /etc/lsb-release
DISTRIB_ID=Ubuntu
DISTRIB_RELEASE=9.04
DISTRIB_CODENAME=jaunty
DISTRIB_DESCRIPTION="Ubuntu 9.04"
```

CPU

　CPUの数や詳細情報は、procファイルシステムを参照します。**図10.4-15**のコマンドを実行することで、CPUごとに種類やクロック数などの情報を得ることができます。最近のCPUでは1つの物理CPUに複数コアが搭載されていることが多く、その場合はコアごとに表示されます。

●**図10.4-15　procファイルシステムを参照**

```
# cat /proc/cpuinfo

processor: 0
vendor_id: GenuineIntel
cpu family      : 6
model           : 15
model name      : Intel(R) Core(TM)2 CPU      T7200  @ 2.00GHz
stepping : 6
cpu MHz         : 1994.978
cache size      : 4096 KB
...

processor: 1
vendor_id: GenuineIntel
cpu family      : 6
model           : 15
model name      : Intel(R) Core(TM)2 CPU      T7200  @ 2.00GHz
...
```

　CPUの監視を行う場合、通常は使用率やロードアベレージの監視を全CPUに対して行うことが一般的です。標準のTemplate OS Linuxテンプレートに含まれている system.cpu.util[,user]は、搭載している全CPUの使用率（User時間）を監視します。ロードアベレージを監視するキーも system.cpu.load[percpu,avg] として含まれており、percpuパラメータを指定していることから全体のロードアベレージをCPU数で割った結果を監視できます。

　CPU使用率は、system.cpu.util[0,idle]のように1つ目のパラメータにプロセッサ番号を設定することで、CPUごとの使用率を監視することもできます。また、ローレベルディスカバリのキーsystem.cpu.discoveryを利用することで、監視対象が搭載しているCPUのリストを取得し、CPUごとの監視アイテムを自動的に作成することもできます。

　Zabbixエージェントでは搭載しているCPUのすべての平均値を監視することも、個別

のCPUごとに監視することもできます。CPUごとに監視を行う場合はCPUのプロセッサ番号を確認しておきます。

　図の出力のうち、processorに表示された番号がプロセッサ番号であり、Zabbixの監視設定に利用します。

ネットワーク

　ネットワークインターフェースの情報は、**図10.4-16**のようにipコマンドを実行することで表示できます。Zabbixエージェントはネットワークインターフェースごとに送受信トラフィックやエラーパケットなどの情報を収集でき、インターフェースの特定はインターフェース名を利用します。また、併せてIPアドレスの情報も記録しておくと監視設定に役立ちます。

●**図10.4-16　ネットワークインターフェースの情報を確認**

```
$ ip address
1: lo: <LOOPBACK,UP,LOWER_UP> mtu 65536 qdisc noqueue state UNKNOWN group default
    link/loopback 00:00:00:00:00:00 brd 00:00:00:00:00:00
    inet 127.0.0.1/8 scope host lo
       valid_lft forever preferred_lft forever
2: eth0: <BROADCAST,MULTICAST,UP,LOWER_UP> mtu 1500 qdisc mq state UP group default
qlen 1000
    link/ether 00:0a:85:09:03:ca brd ff:ff:ff:ff:ff:ff
    inet 192.168.11.38/24 brd 192.168.11.255 scope global eth0
       valid_lft forever preferred_lft forever
    inet6 fe80::20a:85ff:fe09:3ca/64 scope link
       valid_lft forever preferred_lft forever
3: eth1: <BROADCAST,MULTICAST> mtu 1500 qdisc noop state DOWN group default qlen 1000
    link/ether 00:0a:85:09:03:cb brd ff:ff:ff:ff:ff:ff
```

　図の表記のうち、eth0が実インターフェース名、loがループバックインターフェース名です。複数の実インターフェースがある場合はeth1、eth2...と表示されます。Zabbixエージェントではこれらのインターフェース名を監視設定に利用します。

　ネットワークインターフェースの監視は、ローレベルディスカバリを利用することで、搭載されているインターフェースの監視項目が自動的に設定されます。標準のTemplate OS Linuxテンプレートでは、「Network interface discovery」のローレベルディスカバリ設定を利用することで、「net.if.in[eth0]」といったキー設定でアイテムが作成されます。

メモリとスワップ

　メモリとスワップの情報は、**図10.4-17**のようにfreeコマンドを実行することで得ることができます。メモリは調査結果によって監視項目や監視設定が変わることはありませんが、サーバーに搭載されているメモリの量と使用状況を確認するコマンドを知っておくことで、Zabbixから監視を行った値が正常かどうかを調べる際にも利用できます。freeコマンドはオプションなしで実行するとKバイト単位で表示します。

●図10.4-17　メモリとスワップの情報を確認

```
# free
             total       used       free     shared    buffers     cached
Mem:        515476     507912       7564          0     131376     148216
-/+ buffers/cache:     228320     287156
Swap:       522104          0     522104
```

　Mem行のtotalが物理メモリ、freeが空きメモリ、buffersがバッファメモリ、cachedがキャッシュメモリを表します。Linuxでは空きメモリは積極的にキャッシュとバッファに割り当てられているため、実際にOSやアプリケーションが利用しているメモリやアプリケーションから利用できる空きメモリは-/+ buffers/cache行にあるusedとfreeで表示されています。

　また、Swap行のtotalはスワップ領域のサイズ、usedとfreeはそれぞれスワップの使用量、空き容量を表します。

　メモリの監視を行う場合、アイテム設定でvm.memory.size[]キーを利用します。パラメータにはused（使用量）、pused（使用率）、free（空き容量）、pfree（空き率）、available（free + buffers + cached）、pavailable（free + buffers + cached/total）などを利用できます。

ディスク

　ディスクのパーティション情報は、dfコマンドを実行することで得ることができます（**図10.4-18**）。Zabbixでは各パーティションごとにディスクの使用状況を監視できます。dfコマンドはオプションなしで実行するとKバイト単位で表示します。

●図10.4-18　ディスクのパーティション情報の確認

```
$ df
Filesystem        1K-ブロック      使用      使用可 使用% マウント位置
/dev/sda1           101086       11491       84376  12% /boot
/dev/sda2        136852524    19174372   110726428  15% /
/dev/sdb1          7609680     3535256     3681640  49% /opt
none               1036608           0     1036608   0% /dev/shm
```

　Zabbixによる監視ではディスクのI/Oの監視はFilesystemのカラムに記載されている
デバイスファイルを設定し、ファイルシステムの使用量はマウント位置のカラムに記載
されているファイルシステムのパスを設定します。

　ディスクパーティションの監視は、ローレベルディスカバリを利用することでマウン
トしているパーティションの監視項目が自動的に設定されます。標準のTemplate OS Linux
テンプレートでは、「Mounted filesystem discovery」のローレベルディスカバリ設定を利
用することで、「vfs.fs.size[/,free]」といったキー設定でアイテムが作成されます。

　ディスクI/Oの監視は、vfs.dev.read[/dev/sda]のようにアイテムキーに設定します。
vfs.dev.read[/dev/sda1]のようにパーティション番号を指定することで、パーティシ
ョン単位のI/Oを監視することもできます。

プロセス

　現在動作しているプロセスの情報を得るためのコマンドはいくつかのものがあります。
最も詳細に情報を得ることができるのはpsコマンドです（**図10.4-19**）。

●図10.4-19　プロセス情報を確認

```
# ps -ef
UID       PID  PPID  C STIME TTY     TIME     CMD
...
root      2478    1  0 13:18 ?       00:00:00 syslogd -m 0
root      2481    1  0 13:18 ?       00:00:00 klogd -x
root      2498    1  0 13:18 ?       00:00:02 irqbalance
rpc       2535    1  0 13:18 ?       00:00:00 portmap
root      3331    1  0 13:18 ?       00:00:00 cupsd
root      3370    1  0 13:18 ?       00:00:00 xinetd -stayalive -pidfile /var/run/
xinetd.pid
root      3505    1  0 13:18 ?       00:00:00 sendmail: accepting connections
smmsp     3513    1  0 13:18 ?       00:00:00 sendmail: Queue runner@01:00:00 for /
var/spool/clientmqueue
root      3530    1  0 13:18 ?       00:00:00 gpm -m /dev/input/mice -t exps2
root      3547    1  0 13:18 ?       00:00:00 /usr/sbin/httpd
apache    3650 3547  0 13:18 ?       00:00:05 /usr/sbin/httpd
apache    3652 3547  0 13:18 ?       00:00:07 /usr/sbin/httpd
...
```

　psコマンド以外にも、pstreeコマンドを利用できます。pstreeコマンドでは、プロセスの親子関係がツリー状に表示されるため、よりわかりやすく親プロセスを見つけることができます（**図10.4-20**）。

●図10.4-20　pstreeコマンドを利用したプロセス一覧の取得

```
# pstree -p
init(1)──┬──acpid(3265)
         ├──atd(3738)
         ├──auditd(2444)──┬──python(2446)
         │                └──{auditd}(2445)
         ├──automount(3241)──┬──{automount}(3242)
         │                   ├──{automount}(3243)
         │                   ├──{automount}(3246)
         │                   └──{automount}(3249)
         ├──avahi-daemon(3912)──────avahi-daemon(3913)
         ...
         ├──httpd(3547)──┬──httpd(3650)
         │               ├──httpd(3652)
         │               ├──httpd(3655)
         │               └──httpd(3656)
         ...
         ├──sshd(3314)──────sshd(15219)──────sshd(15236)──────bash(15237)…
         ├──syslogd(2478)
         ├──udevd(591)
         ...
```

　Zabbixの監視設定には、pstreeコマンドで表示されるツリーのトップの親プロセス名を利用してproc.num[httpd]（プロセス数の監視）、proc.mem[httpd]（プロセスが利用しているメモリ量の監視）のようにアイテムのキーに設定します。

　アプリケーションの実装によっては、pstreeコマンドやpsコマンドで出力されるプロセス名と、Linuxが内部で管理しているプロセス名が異なる場合があり、コマンド結果のプロセス名ではうまく監視できないことがあります。Zabbixエージェントが確認しているのは/proc/プロセスID/statusのファイルの「Name」行に出力されているプロセス名であるため、プロセス名を正確に確認する必要がある場合はpsやpstreeコマンドで出力されるPIDから/proc以下のファイルを確認してください。

ポート

　ポートの利用状況はssコマンドを実行することで得ることができます（**図10.4-21**）。Zabbixで監視できるのはLISTENから始まる行に表示されているTCPポートです。

●図10.4-21　ポートの利用状況の確認

```
$ ss -tlns
Total: 196 (kernel 0)
TCP:   57 (estab 2, closed 39, orphaned 0, synrecv 0, timewait 38/0), ports 0
....
State      Recv-Q Send-Q        Local Address:Port          Peer Address:Port
LISTEN     0      128                    *:10050                     *:*
LISTEN     0      128                    *:10051                     *:*
LISTEN     0      128            127.0.0.1:199                       *:*
LISTEN     0      50                     *:3306                      *:*
LISTEN     0      128                    *:22                        *:*
LISTEN     0      50                   :::12345                    :::*
LISTEN     0      128                  :::10050                    :::*
LISTEN     0      128                  :::10051                    :::*
LISTEN     0      50                   :::10052                    :::*
LISTEN     0      1      ::ffff:127.0.0.1:8005                     :::*
LISTEN     0      50                   :::54277                    :::*
LISTEN     0      100                  :::8009                     :::*
LISTEN     0      128                  :::80                       :::*
LISTEN     0      100                  :::8080                     :::*
LISTEN     0      50                   :::39539                    :::*
LISTEN     0      128                  :::22                       :::*
```

　Zabbixからポートの監視を実施する場合、Local Addressのカラムの：以降に記載されたポート番号を指定します。また、Listenしているインターフェースが「*」や「:::」（すべてのインターフェース）ではない場合、ポートをオープンしているインターフェースのIPアドレスも併せて指定する必要があります。

　TCPポートの監視は、net.tcp.service[httpd]のようにアイテムのキーに指定します。このキーはアイテムのタイプがシンプルチェックとZabbixエージェントのどちらでも利用でき、シンプルチェックを利用した場合はZabbixサーバーから監視が行われ、Zabbixエージェントを利用した場合は監視対象上のZabbixエージェントからローカルに対して監視が行われます。

　net.tcp.serviceの1つ目のパラメータにはあらかじめ、よく利用されるサービスであるhttpd、https、sshなどが用意されており、用意されていないサービスの監視にはtcpを指定してnet.tcp.service[tcp,,3306]のように設定します。

10.5
ネットワーク機器の監視項目の調査

　Zabbixは SNMPマネージャとしての機能を有しており、SNMPエージェントの機能を有した機器からステータス情報を収集し監視を行えます。ネットワーク機器など SNMPで監視を行う機器についても、サーバーと同様にどのような監視を行うのかを決定し、図10.5-1のような監視項目一覧表を作成します。

●図10.5-1　ネットワーク機器の監視項目一覧表

監視項目		監視間隔	障害検知の閾値（例）	ルータ	スイッチ
ポート	リンクステータス　ifOperStatus	300	N=0	○	○
	受信トラフィック（bps）　ifInOctets	300		○	○
	送信トラフィック（bps）　ifOutOctets	300		○	○
	IF受信エラー（pps）　ifInErrors	300	N>0	○	○
	IF送信エラー（pps）　ifOutErrors	300	N>0	○	○
ステータス	CPU	300		○	○
	メモリ	300		○	○

　ネットワーク機器などの SNMP対応機器では非常に多くの監視データを収集でき、かつ機器ごとに収集できる値が異なるため、一覧表の作成には各機器でどのような項目を監視できるかを調査し、そのうちどの項目を監視するかを決定しておく必要があります。

　SNMPによる監視を行う機器では機種ごとに監視テンプレートを作成するため、ポート監視や CPU、メモリなど監視項目の種類でグループ化しておくとテンプレート作成時にわかりやすい表を作成できます。

　SNMPの監視は、ローレベルディスカバリを利用することで各ポートごとの監視項目を自動的に生成できます。機器によっては非常に多くのポートを有している場合があり、1つ1つの設定を手動で実施するのは非常に手間がかかります。ローレベルディスカバリを活用することで設定の手間を減らすことができます。

　標準の Template Net Network Generic Device SNMPv2では、「Network interface discovery」のローレベルディスカバリを利用することで、ポートごとの IN/OUTトラフィック、エラーパケット数、discardパケット数などのアイテムを自動生成するようになっています。このテンプレートは、MIB-2の範囲のみ利用するようになっているため、

どのネットワーク機器であっても共通で利用できます。

　MIB-2の範囲で取得できないプライベートMIBの範囲については、機器ごとに取得できる値が異なっており、かつ調査にあたってはベンダーが提供する機器ごとのMIBファイルが必要です。それぞれの機器のマニュアルにどのOIDで何が監視できるかの解説などがあれば、その内容に沿って監視項目を決定すればよいですが、多くの場合は監視対象にSNMPでアクセスし、取得可能な監視項目の調査を行う必要が出てきます。ネットワーク機器にSNMPでアクセスして監視できる項目の調査方法とZabbixの監視設定に必要な情報の調査方法を解説します。

10.5.1
SNMPの概要

　SNMPエージェントはMIBに基づいてデータを収集します。MIBはSNMPエージェントが監視を行うことができる設定のようなものであり、基本的な情報はMIB-2（RFC 1213：http://tools.ietf.org/html/rfc1213）として標準化されており、ほぼすべての機器で共通して利用できます。各機器ではMIB-2の情報に加えてベンダー独自のプライベートMIBを搭載していることが多く、プライベートMIBを利用することでMIB-2では取得できないハードウェア固有のステータス情報を取得できます。MIBに格納されている個々のステータス情報はOID（オブジェクトID）という階層型の数値で管理されており、SNMPマネージャ（Zabbixのような監視ソフトウェアだけでなく、snmpgetやsnmpwalkコマンドなどSNMPエージェントにアクセスして情報を取得するソフトウェアも含めてSNMPマネージャと呼びます）はOIDを指定して各情報にアクセスします（**図10.5-2**）。

●図10.5-2　MIBとOIDの概要

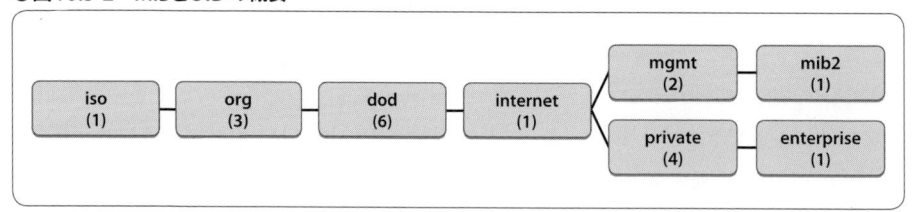

　OIDには数値表記のものと、人が読みやすい文字表記の「シンボル名」の2つの表記方法があります。本書では説明をわかりやすくするために、数値表記のものを「OID」、文字表記のものを「シンボル名」と記載します。

- OIDの例　　　　　　：1.3.6.1.2.1.2.2.1.8.1
- シンボル名の例　　　：IF-MIB::ifOperStatus.1

　OIDは数値の羅列であるため、そのOIDがどのような情報を持っているかがわからないのに対し、シンボル名ではある程度情報の種類を推測できます。このOIDとシンボル名の関連付けを行っているのがMIB定義ファイルです。MIB定義ファイルにはOIDとそれに対するシンボル名の定義、OIDで取得できる値の概要などが記載されています。MIB-2の定義ファイルは、Linuxではnet-snmpパッケージをインストールすると自動的に配置されることが多く、CentOSでは/usr/share/snmp/mibs以下に置かれ、snmp関連のコマンド実行時に自動的に読み込むようになっています。

　SNMPマネージャとSNMPエージェント間の通信はOIDで行われており、OIDとシンボル名の変換はSNMPマネージャ側で行われています。そのため、SNMPマネージャ側に監視対象機器に対応したMIB定義ファイルが存在しない場合はOIDしか使用できません。Zabbixサーバーは、SNMPの監視処理にnet-snmpライブラリを利用しており、net-snmpの設定でMIB定義ファイルを読み込むようになっていれば、監視の設定にはOIDとシンボル名のどちらでも利用できます。前述のとおり、net-snmpはデフォルトで/usr/share/snmp/mibs以下のMIB定義ファイルを読み込むようになっており、Zabbixサーバーからも同様にこれらのMIB定義ファイルのシンボル名が利用可能です。プライベートMIB定義ファイルを読み込ませる方法は**10.5.4項**で解説しています。ただし、シンボル名を利用した場合MIB定義ファイルが正しく読み込めなかったり、存在しない場合は監視自体が行えなくなってしまうため、監視設定にはOIDを利用して行うことを推奨します。たとえば、SNMPのテンプレートを作成し、OIDをシンボル名表記で設定している場合、そのテンプレートは同様にMIB定義ファイルが置かれているZabbixサーバー上でしか動作できなくなるため、XMLインポート／エクスポートを利用したテンプレートの可搬性が下がってしまいます。

　以下ではSNMPコマンドを使って監視対象のMIBを調査する方法と、SNMPコマンドにMIB情報を読み込ませ、収集したOIDをシンボル名に変換して監視項目の調査を行う方法を解説します。調査はCentOSからコマンドを利用して行います。各ネットワーク機器のSNMPエージェントに対しては、次の設定が行われていることを前提とします。

- SNMPバージョン　：v2c
- コミュニティ名　　：public

10.5.2
SNMPコマンドの利用方法

CentOSにはSNMP関連のソフトウェアであるnet-snmpが同梱されており、各コマンドを利用することで各機器から情報を収集したり、各機器で利用できるOIDの一覧を調査できます。net-snmpに含まれるコマンドラインツールをインストールするためには、コンソールから次のコマンドを入力してnet-snmp-utilsパッケージをインストールします。

```
# yum install net-snmp-utils
```

調査に必要となるコマンドは、snmpgetコマンド、snmpwalkコマンド、snmptranslateコマンドの3つです。主な使用方法を次に解説します。

snmpgetコマンド

OIDやシンボル名を指定してSNMPエージェントから1つの値を取得するためのコマンドです。

```
snmpget -v SNMPバージョン -c コミュニティ名 監視対象のIPアドレス 値を取得したいOID
```

次のようにOIDを指定してコマンドを実行することで、各機器から情報を取得できます。

```
# snmpget -v 2c -c public 192.168.1.50 1.3.6.1.2.1.2.2.1.8.1
IF-MIB::ifOperStatus.1 = INTEGER: up(1)
```

snmpwalkコマンド

OIDやシンボル名を指定してSNMPエージェントから指定したOIDツリー以下の情報をリストで取得するコマンドです。OIDツリーのトップである「.1」を指定してコマンドを実行した出力結果の最初の部分を例として示します。

```
snmpwalk -v SNMPバージョン -c コミュニティ名 監視対象のIPアドレス OID
```

次のようにコマンドを実行することで、各機器で利用できるOIDの一覧を取得できます。

```
# snmpwalk -v 2c -c public 192.168.1.50 .1
SNMPv2-MIB::sysDescr.0 = STRING: Cisco IOS Software, C2970 Software (C2970-LANBASE-M),
Version 12.2(25)SEE1, RELEASE SOFTWARE (fc1)
```

```
Copyright (c) 1986-2006 by Cisco Systems, Inc.
Compiled Sun 21-May-06 22:38 by yenanh
SNMPv2-MIB::sysObjectID.0 = OID: SNMPv2-SMI::enterprises.9.1.527
DISMAN-EVENT-MIB::sysUpTimeInstance = Timeticks: (379840) 1:03:18.40
SNMPv2-MIB::sysContact.0 = STRING:
SNMPv2-MIB::sysName.0 = STRING: Switch
SNMPv2-MIB::sysLocation.0 = STRING:
SNMPv2-MIB::sysServices.0 = INTEGER: 2
SNMPv2-MIB::sysORLastChange.0 = Timeticks: (0) 0:00:00.00
...
```

　このように大きなリストを返すようにsnmpwalkコマンドを実行した場合、結果が非常に大きくなる場合があり、機器によってはCPUの能力があまり高くないためsnmpwalkのリクエストを多用すると負荷がかかることがあります。調査のために繰り返し実行する場合は、OIDツリーの途中まで指定してリクエストを行うほうがよいでしょう。

snmptranslateコマンド

　MIBのシンボル名とOIDを変換するためのコマンドです。次のようにコマンドを実行することで、OIDとシンボル名を相互に変換できます。

```
OIDをシンボル名に変換
# snmptranslate 1.3.6.1.2.1.2.2.1.8.1
IF-MIB::ifOperStatus.1
```

```
シンボル名をOIDに変換
# snmptranslate -On IF-MIB::ifOperStatus.1
.1.3.6.1.2.1.2.2.1.8.1
```

10.5.3
MIBの調査方法

　net-snmpはMIB-2など標準的なMIBの定義ファイルを持っており、ifOperStatusやifIndexなどのシンボル名から、そのOIDがどのようなリソース値を持っているかを知ることができます。たとえば、1.3.6.1.2.1.2.2.1.2以下のOIDには各ポートの名称が格納されており、snmpwalkコマンドを次のように実行することでスイッチのポート番号と、OIDの末尾のインデックスの対応付けを調べることができます。

```
# snmpwalk -v 2c -c public 172.16.1.50 1.3.6.1.2.1.2.2.1.2
IF-MIB::ifDescr.1 = STRING: Vlan1
```

```
IF-MIB::ifDescr.5001 = STRING: Port-channel1
IF-MIB::ifDescr.10101 = STRING: GigabitEthernet0/1     ←OIDの末尾10101番と対応
IF-MIB::ifDescr.10102 = STRING: GigabitEthernet0/2
IF-MIB::ifDescr.10103 = STRING: GigabitEthernet0/3
...
```

上記の例ではスイッチの GigabitEthernet0/1 ポートが OID の末尾10101番と対応付け
られています。次に各ポートのリンクステータス情報である 1.3.6.1.2.1.2.2.1.8 以下
の OID を調査すると、次の結果が出力されます。

```
# snmpwalk -v 2c -c public 172.16.1.50 1.3.6.1.2.1.2.2.1.8
IF-MIB::ifOperStatus.1 = INTEGER: up(1)
IF-MIB::ifOperStatus.5001 = INTEGER: down(2)
IF-MIB::ifOperStatus.10101 = INTEGER: up(1)     ←リンクアップしている
IF-MIB::ifOperStatus.10102 = INTEGER: down(2)
IF-MIB::ifOperStatus.10103 = INTEGER: down(2)
...
```

先ほどの調査から OID の末尾10101番がポート0/1であることがわかっているため、上
記の結果からポート0/1はリンクアップしていることがわかります。上記の手順で調査
を行うことで、ネットワーク機器に限らず SNMP 対応機器からどのような情報を収集で
きるかを調査できます。

監視する項目が決定したら、Zabbix の設定に使用するためにシンボル名から OID を調
べます。

```
# snmptranslate -On IF-MIB::ifOperStatus.10101
.1.3.6.1.2.1.2.2.1.8.10101
```

上記の場合、表示された .1.3.6.1.2.1.2.2.1.8.10101 を Zabbix の設定項目に利用する
ことで、ポート0/1番のリンクステータスを監視できます。

実際にはローレベルディスカバリを利用することで、前述の部分で行った調査の方法
と同様の処理を Zabbix が内部で行い、snmpwalk のツリー以下に出力されたポートすべ
てに対してリンクアップダウンのアイテムを作成するといったことが可能です。ローレ
ベルディスカバリの設定を行うことで次のように動作させることができます。

- ディスカバリルールでは、インターフェース名を取得できる 1.3.6.1.2.1.2.2.1.2 を探索を
  行う範囲として指定し、OID末尾の 10101 を {#SNMPINDEX}、GigabitEtnernet0/1 の

部分を{#SNMPVALUE}のローレベルディスカバリのマクロに利用するように設定する

- **アイテムのプロトタイプ設定**では、**OID**設定に「**1.3.6.1.2.1.2.2.1.8.{#SNMPINDEX}**」と指定する

- **Zabbix**はディスカバリルールで指定された範囲を探索し、取得されたリストすべてについてそれぞれアイテムを作成する

10.5.4
プライベートMIBの調査方法

SNMPには標準的な規格であるMIB-2以外に、ベンダー各社が固有に定義したプライベートMIBがあります。プライベートMIBは1.3.6.1.4.1から始まるOIDを持っており、次のようにsnmpwalkコマンドを実行することで調査できます。

```
# snmpwalk -v 2c -c public 172.16.1.50 1.3.6.1.4.1
SNMPv2-SMI::enterprises.9.2.1.1.0 = STRING: "
Bootstrap program is C2970 boot loader
"
SNMPv2-SMI::enterprises.9.2.1.2.0 = STRING: "power-on"
SNMPv2-SMI::enterprises.9.2.1.3.0 = STRING: "Switch"
SNMPv2-SMI::enterprises.9.2.1.4.0 = ""
SNMPv2-SMI::enterprises.9.2.1.5.0 = IpAddress: 172.16.1.50
SNMPv2-SMI::enterprises.9.2.1.6.0 = IpAddress: 0.0.0.0
SNMPv2-SMI::enterprises.9.2.1.8.0 = INTEGER: 87129592
```

net-snmpにはプライベートMIBの定義ファイルは含まれていないため、snmpwalkコマンドの結果は部分的にOIDで表示されます。この状態ではそのOIDが何の情報であるかを特定できないため、調査にあたっては各機器に対応したMIB定義ファイルを取得し、OIDとシンボル名の変換を行えるように設定する必要があります。プライベートMIB定義ファイルはベンダー各社のWebサイトから入手するか、ハードウェアのサポート契約を結んでいる場合はサポート窓口から入手できます。機器に対応したMIB定義ファイルを入手できない場合、OIDしかわからないためにプライベートMIBを利用した監視項目を特定することは困難になります。

また、次のサイトではさまざまなベンダーのMIB定義ファイルをダウンロードできます。

http://www.oidview.com/mibs/detail.html

入手したMIBファイルを読み込ませるためには、コマンドのオプションで指定する方法と、設定ファイルに記載する方法があります。入手したMIBファイルが/usr/share/

snmp/privatemibsディレクトリ以下に置かれている場合、コマンドでは次のように -Mオプションで追加したいMIBファイルが置かれているディレクトリを指定します。

```
# snmpwalk -v2c -c public -M +/usr/share/snmp/privatemibs 192.168.1.50 .1.3.6.1.4.1
```

net-snmpコマンドやライブラリ全体で標準的にMIB定義ファイルを読み込ませたい場合、/etc/snmp/snmp.confファイルを作成し、次のように設定します。この場合は、snmpgetやsnmpwalk、snmptranslateコマンドの実行時にオプションを指定しなくても、MIB定義ファイルが読み込まれます。また、net-snmpライブラリもこの設定ファイルを読み込むため、Zabbixサーバーも同様にプロセス起動時にMIB定義ファイルを読み込みます。

```
mibdirs +/usr/share/snmp/priatemibs
mibs all
```

以上でnet-snmpコマンドからMIB定義ファイルを使用してOIDを調査できます。試しにsnmpwalkコマンドを実行してみましょう。先ほどはenterprises + OID としか表示されなかった各情報がシンボル名で表示されます。

```
# snmpwalk -v 2c -c public 172.16.1.50 1.3.6.1.4.1
OLD-CISCO-SYS-MIB::romId.0 = STRING: "
Bootstrap program is C2970 boot loader
"
OLD-CISCO-SYS-MIB::whyReload.0 = STRING: "power-on"
OLD-CISCO-SYS-MIB::hostName.0 = STRING: "Switch"
OLD-CISCO-SYS-MIB::domainName.0 = ""
OLD-CISCO-SYS-MIB::authAddr.0 = IpAddress: 172.16.1.50
OLD-CISCO-SYS-MIB::bootHost.0 = IpAddress: 0.0.0.0
OLD-CISCO-SYS-MIB::freeMem.0 = INTEGER: 87124720
```

10.6
Zabbixのセットアップと監視設定手順

　事前の調査が完了したところでZabbixサーバーとZabbixエージェントの導入を行い、調査した結果に基づいて監視の設定を行います。Zabbixのインストールは**第2章**で解説を行っているため、ここではインストールを行ったあと、事前に調査した項目から監視設定を行う手順について解説を行います。すでに解説している部分については簡単な解説にとどめていますので、詳細は該当する章を参照してください。

10.6.1
アクションとイベントの保存期間の設定

　メニューの[管理]→[一般設定]をクリックし、サブメニューから[データの保存期間]を選択した画面の[イベントとアラート][トリガーによるイベントの保存期間]の項目でイベントとアクションの履歴の保存期間を設定できます。ここで事前に決めておいた障害履歴の保存期間を設定します。

10.6.2
メディアタイプの設定

　メニューの[管理]→[メディアタイプ]から、事前に決めておいた障害通知メールを送信するメールサーバーの設定を行います(**表10.6-1**)。メディアタイプの詳細は**9.2節**を参照してください。

●表10.6-1　メディアタイプの設定

項目	設定値
説明	Email
タイプ	メール
SMTPサーバー	mail.example.jp
SMTP helo	monitor.example.jp
送信元メールアドレス	zabbix@example.jp

10.6.3
ホストグループとホストの作成

メニューの[設定]→[ホストグループ]や[ホスト]から、事前に作成した監視対象一覧表(図10.2-1)をもとにホストグループとホストを設定します。ホストグループとホストの設定は**第4章**を参照してください。

ホスト設定はIPアドレスを使用するほうが、DNSへの問い合わせがない分システムに与える負荷を少なくできます。負荷だけでなく、DNSサーバー自体の障害によるシステム監視の停止を防ぐことができるため、通常はIPアドレスを使用したほうがよいでしょう。また、必要に応じてIPMIの設定やインベントリの情報の登録を行ってください。

10.6.4
ユーザーとユーザーグループの設定

メニューの[設定]→[ユーザー]から、事前に作成したユーザー一覧表(図10.2-2)をもとにWebインターフェースを操作するユーザーと障害通知を行うメールアドレスを設定します。ユーザーのメディア設定では障害の深刻度や時間による障害通知にフィルターを行うことができるため、sysadminの時間による通知先の振り分けやmanagerの障害の深刻度による通知のフィルター設定などはここで行います。

また、メニューの[管理]→[ユーザーグループ]からユーザーが所属するユーザーグループの設定を行い、ホストグループとの権限の設定を行います。ユーザーの一覧表の権限の設定から、今回はsysadminが所属するSystem Administratorグループ、webadminが所属するWeb Administratorsグループ、managerが所属するManagersグループの3つのユーザーグループを作成し、それぞれのユーザーグループに対してホストグループへの権限を設定します。

ユーザー設定の詳細は**9.3.1項**を参照してください。

今回のシステムでは**表10.6-2**、**表10.6-3**のようにユーザーとユーザーグループの設定を行います。

●表10.6-2　ユーザーの設定

項目		sysadminの設定	webadminの設定	managerの設定
エイリアス		sysadmin	webadmin	manager
名		それぞれの名前と名字を設定	それぞれの名前と名字を設定	それぞれの名前と名字を設定
姓				
パスワード		パスワードを設定	パスワードを設定	パスワードを設定
ユーザーの種類		特権管理者	管理者	ユーザー
グループ		System Administrators	Web Administrators	Managers
言語		日本語	日本語	日本語
メディア(1)	タイプ	Email	Email	Email
	送信先	sysadmin@example.jp	webadmin@example.jp	manager@example.jp
	有効な時間帯	1-7,00:00-24:00	1-7,00:00-24:00	1-7,00:00-24:00
	指定した深刻度のときに使用	すべて	すべて	重度の障害以上にチェック
	ステータス	有効	有効	有効
メディア(2)	タイプ	Email	—	—
	送信先	sysadmin-mobile@example.jp	—	—
	有効な時間帯	1-5,00:00-09:00;1-5,17:00-23:59;6-7,00:00-24:00	—	—
	指定した深刻度のときに使用	—	—	—
	ステータス	有効	—	—

●表10.6-3　ユーザーグループの設定

項目		System Administratorsの設定	Web Administratorsの設定	Managersの設定
グループ名		System Administrators	Web Administrators	Managers
ユーザー		sysadmin	webadmin	manager
GUIアクセス		システムデフォルト	システムデフォルト	システムデフォルト
ユーザーの状態		有効	有効	有効
APIアクセス		無効	無効	無効
デバッグモード		無効	無効	無効
権限	表示／設定	linux windows	web	なし
	表示のみ	なし	なし	linux windows
	拒否	なし	なし	なし

10.6.5
テンプレートの作成

事前に作成した監視項目一覧表(図10.4-1、図10.5-1)をもとにテンプレートを作成しま

す。テンプレートの詳細については**第8章**を参照してください。ここでは**表10.6-4**のように、監視項目一覧表の大項目ごとにテンプレートを作成します。

●**表10.6-4　作成するテンプレート**

テンプレート名		
Template App sshd	Template App httpd	Template App tomcat
Template App samba	Template App ldap	Template App postfix
Template App dovecot	Template App bind	Template App mailman

　複数のテンプレートをホストにリンクしたときに、同じキーのアイテムが含まれているとエラーになるため注意が必要です。異なるテンプレートに同じキーを持つアイテム設定が含まれないように考慮しておくと、テンプレートの管理が容易になります。

　テンプレートを利用した場合でも、個々のホストごとに障害の閾値を変える必要があるものについてはトリガーの閾値設定についてユーザー定義マクロでを利用します。例として次のようにトリガー設定を行い、テンプレートに{$CPU.LOAD.LIMIT}のユーザー定義マクロを定義します。ローレベルディスカバリのトリガーは、ユーザー定義マクロのコンテキストを利用できるように設定しておくと、自動的に作成されたディスクやネットワークインターフェースの障害の閾値を個別に変更できます。

```
{Template OS Linux:system.cpu.load[,avg1].last(0)}>{$CPU.LOAD.LIMIT}
```

　テンプレートに含めることが難しい設定に関しては、個別にホスト単位でアイテムやトリガー設定を行うようにします。

10.6.6
ユーザー定義マクロの作成

　テンプレートでユーザー定義マクロを利用している項目について、Zabbixシステム全体やテンプレート、ホストごとのユーザー定義マクロを作成します。システム全体のユーザー定義マクロはメインメニューの［管理］→［一般設定］画面のドロップダウンリストから［マクロ］を選択した画面で設定を行い、テンプレートごとのユーザー定義マクロはメニューから［設定］→［テンプレート］、ホストごとのユーザー定義マクロはメニューから［設定］→［ホスト］のテンプレート名やホスト名をクリックした設定画面で［マクロ］タブを選択して設定を行います。ユーザー定義マクロの詳細は**8.3節**を参照してください。

　トリガーの閾値は、あとから個別の変更が必要になることが考えられるため、テンプ

レートの作成時に可能な限りユーザー定義マクロを利用します。共通の閾値は、テンプレートのユーザー定義マクロ設定に設定しておくと、運用中に閾値を調整しやすくなります。

10.6.7
テンプレートのリンクと個別のアイテムの設定

　事前に作成した監視項目一覧表(図10.4-1、図10.5-1)をもとに、作成したテンプレートをホストにリンクし、個々のホストごとに設定する必要があるアイテムとトリガー設定を行います。テンプレートのリンク方法の詳細は**8.1節**を参照してください。

　テンプレートのリンクと監視設定の作成は次の手順で行います。

❶すべてのホストにテンプレートをリンクする

❷テンプレート化していないホスト固有の監視項目を設定する

10.6.8
アイテムとトリガーの状態の確認と調整

　テンプレートを適用し、個別のホストにアイテムとトリガー設定を行ったあとは不要なアイテムの無効化や閾値の調整作業を行います。

❶アイテムのステータスを確認し、不要なアイテムや取得不可になっているアイテムを洗い出し、不要なアイテムを無効にする。必要な監視項目であるにもかかわらず取得不可になっている場合は、次に解説する**10.6.9項**を参照して対応を行う

❷トリガーのステータスを確認し、障害として検知されている項目の調整を行う。不要な監視項目であればアイテムを無効にし、閾値の設定が問題であれば、トリガーの閾値設定を見直す。閾値にユーザー定義マクロを利用している場合は、ホストのユーザー定義マクロ設定で調整する

　正常に監視できていないアイテムは、アイテム設定一覧画面のフィルター機能を利用して状態が「取得不可」になっているものを絞り込んで表示すると効率よく調査できます。絞り込んだ状態で不要な監視項目にはアイテム名の左のチェックボックスにチェックを入れ、画面下の[無効]を実行することでまとめて処理できます。

　取得不可のアイテムは、[管理]→[一般設定]の[その他の設定]にある[取得不可のアイテムの監視間隔]設定の間隔で監視が実行されます。取得不可のアイテム数が多いと不要な監視が発生します。Zabbixサーバーの負荷をできるだけ軽くするためにも、不要なア

イテムは［無効］の状態にしておくことを推奨します。

10.6.9
アイテムが取得できない原因の調査方法

監視を行う必要があるアイテムが取得不可の状態になっている場合には、次の方法で取得できない原因を調査します。

❶ アイテムの一覧画面のアイコンを確認

Webインターフェースのアイテム設定の一覧画面で、一番右の［情報］カラムに赤い ⓘ マークが表示されていないか確認します。表示されている場合、アイコンにマウスオーバーするとエラーの詳細がポップアップで表示されます（**図10.6-1**）。

●図10.6-1　アイテムが取得不可の状態

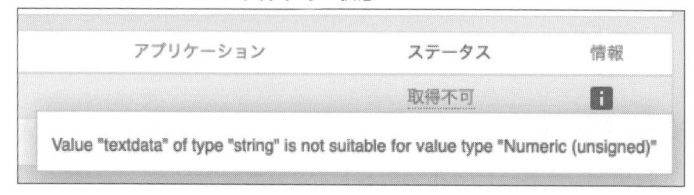

❷ Zabbixサーバーから取得できるかを確認

Zabbixサーバーが動作しているOSにsshなどでログインし、次のようにzabbix_getコマンドを利用して、コマンドラインで取得できるかの確認を行います。

```
# zabbix_get -s 監視対象のIPアドレス -k キー
```

次のようにデータが取得できればデータベース保存時に問題が発生している可能性が高いため、アイテム設定の「データ型」などデータの保存方法に関する設定を見直します。

```
# zabbix_get -s 172.16.0.10 -k system.cpu.load[2,avg1]
0.660000
```

次のように ZBX_NOTSUPPORTED が出力される場合はキーの設定が間違っています。アイテムのキーの設定を見直す必要があります。

```
# zabbix_get -s 172.16.0.10 -k system.cpu.load[2,avg1]
```

```
ZBX_NOTSUPPORTED
```

　また、zabbix_getの実行時に次のエラーが出力される場合は、監視対象のzabbix_agentd.confのServerパラメータに正しくIPアドレスが設定されていません。正しくZabbixサーバーのIPアドレスが設定されているかどうかや、NAT越しの監視などで通信のソースIPが変わる場合は変換後のIPアドレスが設定されているかどうかなども含めて確認と修正を行います。

```
zabbix_get [2059]: Get value error: ZBX_TCP_READ() failed: [104] Connection reset by peer
zabbix_get [2059]: Check access restrictions in Zabbix agent configuration
```

❸Zabbixエージェントから取得できるかを確認

　アクティブチェックの監視のみ許可されているZabbixエージェントの場合は、zabbix_getによる確認が行えません。その場合は、監視対象上のZabbixエージェントのバイナリ自体をコマンドラインからオプション付きで実行することでキーの動作確認を行うことができます。

```
# zabbix_agentd -t キー
```

　次のようにデータが取得できれば、キーは正しいと確認できます。対応していないキーの場合は、NOT_SUPPORTEDが表示されます。

```
# zabbix_agentd -t system.cpu.load[,avg1]
system.cpu.load[,avg1]                        [d|0.150000]
```

　なお、zabbix_agentdの-tオプションでは、一部は動作確認ができないキーがあります。その場合は、実行結果に「Collector is not started」といった表示が出力されます。

10.6.10
障害通知と通知先の設定

　障害発生時のアクションはホストグループ／ホスト／トリガー単位で設定できます。基本的にはシステム全体で障害があった場合にはトリガー名など障害の内容を記載したメールを送信し、アプリケーションなど個別に詳細な通知を行いたい場合は個々に設定を行うのが効率的な設定方法です。あらかじめ作成したユーザー一覧表(図10.2-2)を利用してアクションの設定を行います。

　　Zabbixの障害通知は、障害が発生したホストに対して参照権限を有していないユーザーにはメールが送信されないようになっており、かつユーザーのメディア設定で障害の深刻度や時刻によるフィルターを行うことができるため、アクションの設定ではシステム全体の障害を全ユーザーに通知するように設定するのみで想定する障害通知を行うことができます。今回のシステムでは、あとで送信先グループごとにメールのメッセージの内容を変更しやすいように、実行内容を3つに分けて設定します。**表10.6-5**のように設定すれば、たとえばあとからManagersグループに送信するメールの内容を変更したい場合に、実行内容タブで[デフォルトのメッセージ]のチェックを外して個別にメッセージ内容を変更できます。

●表10.6-5　アクションの設定

タブ	項目		設定値
アクション	名前		システム障害通知
	実行条件		メンテナンスの期間中：いいえ
	有効		チェック
実行内容	デフォルトの件名		障害：{HOST.NAME} : {EVENT.NAME}
	デフォルトのメッセージ		{DATE} {TIME} {HOST.NAME} {TRIGGER.NAME}: {EVENT.STATUS} {ITEM.NAME}: {ITEM.VALUE}
	実行内容（1）	実行内容のタイプ	メッセージの送信
		ユーザーグループに送信	System Administrators
		デフォルトのメッセージ	チェック
	実行内容（2）	実行内容のタイプ	メッセージの送信
		ユーザーグループに送信	Web Administrators
		デフォルトのメッセージ	チェック
	実行内容（3）	実行内容のタイプ	メッセージの送信
		ユーザーグループに送信	Managers
		デフォルトのメッセージ	チェック
復旧時の実行内容	デフォルトの件名		復旧：{HOST.NAME} : {EVENT.NAME}
	デフォルトのメッセージ		{DATE} {TIME} {HOST.NAME} {TRIGGER.NAME}: {EVENT.STATUS} {ITEM.NAME}: {ITEM.VALUE}
	実行内容	実行内容のタイプ	障害通知送信済みのユーザーすべてにメッセージを送信
		デフォルトのメッセージ	チェック

　　アクションの設定を行うと障害が発生した際にシステム管理者にメールが送信されるため、システムを構築中で安定していない状態でアクションを設定すると、必要以上に

メールが送信されてしまうことがあります。事前にトリガーの調整やシステムが安定稼働しているかを確認してから設定を行ったほうがよいでしょう。

10.6.11
グラフィカル表示の設定

グラフ、マップ、スクリーン、ダッシュボードなどのグラフィカル表示設定は必要に応じて行ってください(**第6章**参照)。

グラフ設定はテンプレートに含めることができるため、共通で利用するグラフはテンプレートごとに作成します。デフォルトで付属するOSのテンプレートにはグラフ設定も含まれているため、それらを参考にグラフを設定するとよいでしょう。Zabbixはデータベースにすべての監視データが蓄積されているため、運用を行いつつ必要に応じてグラフ設定を追加できます。

スクリーンやダッシュボードはシステムの稼働状況を把握しやすくするためのビューのようなものであるため、Zabbixの構築時には基本的な設定のみ作成しておき、運用を行いつつ必要に応じて設定を追加していくのがよいでしょう。一般的にはOSごと、サービスごとにシステムの負荷状況を容易に把握できるようスクリーンを設定しておき、システム全体の稼働状況を把握できるようにダッシュボードを設定すると便利です。また、ダイナミックスクリーンを使用することで効率よく設定を行うことができます。

今回のシステムでホストをすべて利用してシステム全体のマップを作成し、システム全体の稼働状況をわかりやすく表示するように設定した画面を**図10.6-2**に示します。

●図10.6-2　作成したマップ画面

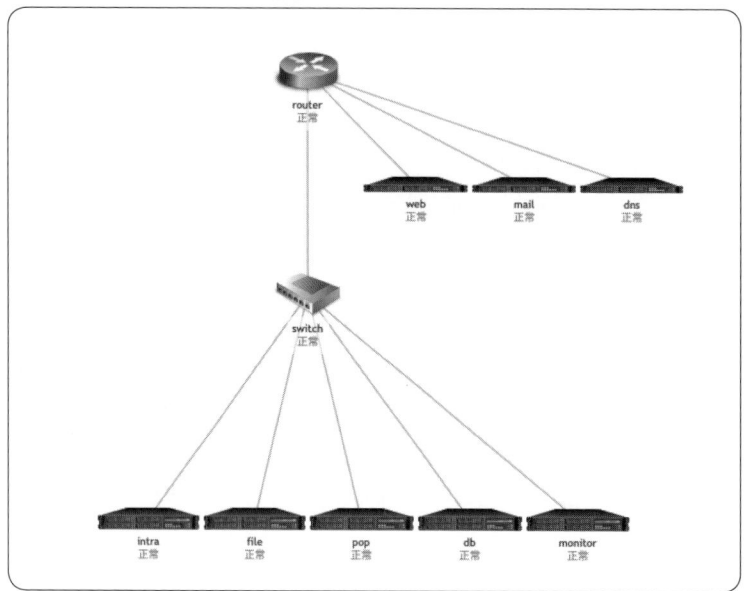

## 第 11 章

スクリプト実行機能による
障害通知と監視機能の拡張

第10章では、**Zabbix**を利用した監視システムを構築する際の設計の考え方について解説しました。**Zabbix**の標準機能を利用した監視や障害検知、障害通知はここまでの解説で実施できます。本章では応用として、**Zabbix**からスクリプトを実行して拡張的な監視や通知を行う方法、障害の自動対応を行う方法を実例を挙げて解説します。スクリプト実行機能を活用することで、障害発生時にほかのアプリケーションと連携したり、アプリケーション内部の詳細な監視を行うことができます。

11.1
ネットワーク警告灯を利用して障害を通知する

　データセンターや大規模システムなど、複数人でシステムの運用管理を行っているような現場で監視システムを運用する場合、障害が発生したことを視覚的に通知したいことも多いでしょう。例として㈱パトライト[注1]のNHC-3FB[注2]というネットワーク警告灯を利用して、Zabbixから障害通知を行う設定を解説します（**写真11.1-1**）。

●**写真11.1-1**　㈱パトライト NHC-3FB

　NHC-3FBはイーサネットインターフェースを備えており、IPネットワーク経由で制御を行うことができます。さまざまな色や表示パターン、音で通知することもできるため、

注1　http://www.patlite.co.jp/
注2　NHC-3FBは第3版執筆時点で生産が終了していますが、後継機のNH-FBシリーズでも同様の方法で連携が可能です。

障害の内容に応じて通知方法を変化させることもできます。

11.1.1
ネットワーク警告灯を点灯させる

NHC-3FBを制御する方法としてはrshとSNMPトラップがありますが、今回は最も簡単な方法であるrshを利用します。

NHC-3FBは設定のためのWebインターフェースを備えており、rshコマンドを利用して制御を行うためにはあらかじめNHC-3FBのIPアドレス、rshによる制御を許可する通信元のサーバーのIPアドレスやユーザー名を設定しておく必要があります。設定方法は製品に付属するマニュアルを参照してください。

ここではNHC-3FBのIPアドレスを172.16.1.30とし、Zabbixサーバーが動作しているサーバーから、ユーザー名zabbixを利用して接続します。

rshコマンドはCentOSに含まれており、通常は特にインストールすることなく利用できます。NHC-3FBを制御するためには、次のようにコマンドを実行します。

```
# /usr/bin/rsh 172.16.1.30 -l zabbix alert 色やブザーの種類
```

最後の個所に点灯する色やブザーの種類を指定する必要があります。詳細はNHC-3FBのマニュアルを参照してください。

例として、赤の表示灯を点灯させるためには次のようにコマンドを実行します。

```
# /usr/bin/rsh 172.16.1.30 -l zabbix alert 100000
```

赤／黄／緑を点滅させ、ブザー1を鳴らすためには次のようにコマンドを実行します。

```
# /usr/bin/rsh 172.16.1.30 -l zabbix alert 222001
```

表示やブザーを停止させるためには、本体についているスイッチを押すか、次のコマンドを実行します。

```
# /usr/bin/rsh 172.16.1.30 -l zabbix clear
```

11.1.2
ネットワーク警告灯制御スクリプトを設置する

ZabbixからNHC-3FBを利用して障害通知を実行するために、リスト11.1-1のスクリプ

ト /usr/lib/zabbix/alertscripts/patlite.sh を作成します。このスクリプトはZabbixのトリガーに設定されている障害の深刻度に応じて点灯する色を変化させられるようになっています。表示色を変更するためには notclassified= から disaster= の間の数値を変更してください。設定する数値と表示色の対応は NHC-3FB のマニュアルに記載されています。

●リスト11.1-1　障害の深刻度に応じて点灯する色を変化させるスクリプト

```sh
#!/bin/sh

user=zabbix

notclassified=000000
information=001000
warning=010000
average=100000
high=111001
disaster=222002

ipaddress=$1
severity=$3

case $severity in
0)
  options=$notclassified;;
1)
  options=$information;;
2)
  options=$warning;;
3)
  options=$average;;
4)
  options=$high;;
5)
  options=$disaster;;
*)
  options=000000;;
esac

/usr/bin/rsh $ipaddress -l $user alert $options
```

11.1.3
Zabbixの設定

Webインターフェースから次のように設定します。

- **メディアタイプの設定**
  ZabbixのWebインターフェースから設置したpatlite.shをメディアタイプに登録します（**表11.1-1**）。

- **ユーザーのメディア設定**
  上記の操作で登録したメディアタイプをユーザーのメディア設定に登録します（**表11.1-2**）。ネットワーク警告灯は特定のユーザーにひもづく通知ではないため、ネットワーク警告灯を点灯させる専用のユーザーを作成するのをお勧めします。

- **アクションの設定**
  アクションの設定では、[実行内容]タブの設定を**表11.1-3**のように設定し、そのほかは通常と同じようにアクションの設定を行います。

●表11.1-1　メディアタイプの設定

項目	設定値
名前	patlite
タイプ	スクリプト
スクリプト名	patlite.sh
スクリプトパラメータ	{ALERT.SENDTO}
	{ALERT.SUBJECT}
	{ALERT.MESSAGE}

●表11.1-2　ユーザーのメディア設定

項目	設定値
タイプ	patlite
送信先	ネットワーク警告灯のIPアドレス（今回は172.16.1.30）
有効な時間帯	ネットワーク警告灯による通知を利用する時間帯を設定
指定した深刻度のときに使用	ネットワーク警告灯による通知を利用する深刻度を設定
ステータス	有効／無効を設定

●表11.1-3　アクションの設定

項目	設定値
デフォルトの件名	通知には利用されないため、ダミーの設定を行う
デフォルトのメッセージ	{EVENT.NSEVERITY}
実行内容のタイプ	メッセージの送信
ユーザーに送信	上記でpatliteのメディアを登録したユーザーを設定
次のメディアのみ使用	すべて、またはpatlite

　以上の手順で、障害発生時にはメッセージの内容がスクリプトに渡され、patlite.shで処理されてネットワーク警告灯が点灯します。

11.2
SNMPトラップを送信する

　大規模システムを監視する際は、複数の統合監視ソフトウェアを使用している場合も多いでしょう。そのようなシステムの場合、複数の監視システムからの障害通知を、システム管理者が日々閲覧する監視コンソールに集約して運用することがあります。ここでは、汎用的なプロトコルであるSNMPトラップを使用して、Zabbixで障害を検知した場合にほかの統合監視ソフトウェアに障害の内容を送信する方法を解説します。

11.2.1
SNMPトラップ送信スクリプトを設置する

　受け取ったメッセージを処理してSNMPトラップを実行する**リスト11.2-1**のスクリプトを /usr/lib/zabbix/alertscripts/send_snmptrap.sh として保存します。ここでは送信に利用するOIDとして「.1.3.6.1.4.1.8072.99999」(NET-SNMP-MIBに含まれるプライベートMIBのOID)を利用しています。必要に応じて変更を行ってください。

●リスト11.2-1　受け取ったメッセージを処理してSNMPトラップを実行するスクリプト

```
#!/bin/sh

TRAPCMD=/usr/bin/snmptrap
COMMUNITY=public
TRAPSERVER=$1
MESSAGE=$3
OID=".1.3.6.1.4.1.8072.99999"

$TRAPCMD -v 2c -c $COMMUNITY $TRAPSERVER '' $OID $OID s $MESSAGE"
```

11.2.2
Zabbixの設定

　Webインターフェースから、次のように設定します。基本的な操作は先ほどと同様です。

- **メディアタイプの設定**
  SNMPトラップ送信スクリプトをメディアタイプに登録します(**表11.2-1**)。

- **ユーザーのメディア設定**
  上記の操作で登録したメディアタイプを、ユーザーのメディア設定に登録します（**表11.2-2**）。
  SNMPトラップの送信は特定のユーザーに紐づく通知ではないため、SNMPトラップを送信する専用のユーザーを作成することをお勧めします。

- **アクションの設定**
  アクションの設定では、アクションの［実行内容］タブを次のように設定し、そのほかは通常と同じようにアクションの設定を行います（**表11.2-3**）。

●表11.2-1　メディアタイプの設定

項目	設定値
名前	send_snmptrap
タイプ	スクリプト
スクリプト名	send_snmptrap.sh
スクリプトパラメータ	{ALERT.SENDTO}
	{ALERT.SUBJECT}
	{ALERT.MESSAGE}

●表11.2-2　ユーザーのメディア設定

項目	設定値
タイプ	send_snmptrap
送信先	SNMPトラップ送信先サーバーのIPアドレスを設定
有効な時間帯	SNMPトラップの送信による通知を利用する時間帯を設定
指定した深刻度のときに使用	SNMPトラップの送信による通知を利用する深刻度を設定
ステータス	有効／無効を設定

●表11.2-3　アクションの実行内容の設定

項目	設定値
デフォルトの件名	通知には利用されないため、ダミーの設定を行う
デフォルトのメッセージ	SNMPトラップで送信するメッセージを自由に設定
実行内容のタイプ	メッセージの送信
ユーザーに送信	上記でsend_snmptrapのメディアを登録したユーザーを設定
次のメディアのみ使用	すべて、またはsend_snmptrap

　以上の手順で、障害発生時にはメッセージの内容がスクリプトに渡され、send_snmptrap.shで処理されてSNMPトラップが送信されます。

11.3

Apache Webサーバーの監視

　Webサーバーは静的なコンテンツを読み込んで表示したり、プログラムを使用した動的コンテンツを動作させるため、プロセスやポートは正常に動作していても内部でエラーが発生し、正常にサービスを提供できない場合があります。ZabbixはWebサーバーにHTTPアクセスを行い、正常にコンテンツが表示できるかを監視するWeb監視の機能を有しているため、この機能を用いて確実にユーザーにWebサービスが提供されていることを確認できます。

　また、Webサーバーは不特定多数のクライアントからのアクセスを受け付けるという性質上、アクセス数を監視し負荷状況を把握することが重要です。

11.3.1

コンテンツが正常に表示できなければWebサービスを再起動する

　Webサーバーは一時的な負荷の増大やプログラムの不具合によって、プロセスは動作しているにもかかわらずコンテンツの表示ができなくなるなどの問題が発生することがあります。通常は正常にサービスが提供できており、一時的に障害が発生するような場合はApacheの再起動やOSの再起動で復旧することがほとんどです。ZabbixでWebコンテンツを監視しておき、正常に表示ができなければ自動的にApacheの再起動を行います。

　今回は例としてWebサーバーのindex.htmlを監視し、ステータスコードが正常（200）であり、ページ内に「Index Page」の文字列が含まれているかどうかの監視を行う設定を解説します。

Web監視の設定

　ZabbixのWeb監視機能を利用してWebコンテンツの監視を行います。［監視］→［ホスト］をクリックし、監視対象のホストの行の［Web］リンクをクリックしてWeb監視の一覧画面を表示し、［シナリオの作成］をクリックして**表11.3-1**の設定を行います。

●表11.3-1　Web監視のシナリオ設定

項目		設定値
アプリケーション		Web
名前		Webサイトの監視
監視間隔		300
ステップ	名前	index.html
	URL	http://web.example.jp/index.html
	POST	なし
	タイムアウト	15
	要求文字列	Index Page

　上記の設定を行うと、［監視データ］→［Web］から監視の結果とダウンロード速度とレスポンス時間のグラフを表示できます。

　Web監視で設定した内容は、監視対象ホストのアイテムに自動的に追加されています。

トリガーの設定

　［設定］→［ホスト］をクリックし、監視対象のホストの行の［トリガー］リンクをクリックしてトリガーの一覧画面を表示し、［トリガーの作成］をクリックして、**表11.3-2**の設定を行います。トリガーはWeb監視で追加されたアイテムを用いて設定を行います。

●表11.3-2　Web監視のトリガー設定

項目	HTTPアクセスができなかった場合	Webサイトのレスポンスコードが異常だった場合
名前	Failed http access of website on {HOSTNAME}	Response code of website is irregularly on {HOSTNAME}
条件式	{web:web.test.fail[Webサイトの監視].last()}>0	{web:web.test.rspcode[Webサイトの監視,index.html].last()}>400
障害イベントを継続して生成	チェックなし	チェックなし
深刻度	軽度の障害	軽度の障害
有効	チェック	チェック

アクションの設定

　Apacheの再起動を実行するためのリモートコマンドの設定を行います。［設定］→［アクション］をクリックし、［アクションの作成］をクリックして、**表11.3-3**の設定を行います。

●表11.3-3　Apacheの自動再起動のアクション設定

タブ	項目	設定値
アクション	名前	Apacheの自動再起動
	実行条件	And/Or
		(A) トリガー = "Failed http access of website on web"
		(B) トリガー = "Response code of website is irregulaly on web
		(C) メンテナンス期間中：いいえ
実行内容	実行内容のタイプ	リモートコマンド
	ターゲットリスト	現在のホスト
	タイプ	カスタムスクリプト
	次で実行	Zabbixエージェント
	コマンド	sudo systemctl restart httpd

リモートコマンドの許可とsudoの設定

　Zabbixエージェントがリモートコマンドを実行できるように、Webサーバーの/etc/zabbix/zabbix_agentd.confに以下の行を設定し、Zabbixエージェントを再起動します。

```
EnableRemoteCommands=1
```

　Apacheの再起動にはroot権限が必要ですが、Zabbixエージェントはzabbixユーザーの権限で実行されているため、sudoを利用してzabbixユーザーからWebサーバーを再起動できるように設定を行います。

❶監視対象のサーバーで、**root**ユーザーで`visudo`コマンドを実行する
❷**vi**エディタが起動するため、リスト11.3-1のように修正する

●リスト11.3-1　zabbixユーザーからwebサーバーを再起動できるように設定

```
# Defaults requiretty    ←この行をコメントアウト
...
zabbix localhost=(root) NOPASSWD:systemctl restart httpd    ←ファイルの末尾にこの行を追加
```

　以上で設定は完了です。監視対象のサーバーでコンテンツが正常に表示できない場合や、Apache自体が停止している場合、Webサーバーが再起動されます。

11.3.2
Webサーバーのコネクション数の監視

　Apacheには、内部ステータス情報を出力するためのserver-statusという機能が標準で用意されています。この機能を利用することでWebサーバー内部のステータスの詳細を監視できます。server-statusの機能はhttp経由で取得できるため、Zabbix 4.0で追加されたHTTPエージェントのアイテムを利用することで監視を行えます。

Apacheのステータス取得の設定

　Apacheのserver-status機能はデフォルトで無効になっているため、Apacheの設定ファイルで有効にする必要があります。Apacheの設定ファイル/etc/httpd/conf/httpd.confや、/etc/httpd/sites-enabled以下のバーチャルホストの設定などに次のserver-statusディレクティブを追加します。

```
<Location /status>
        SetHandler server-status
        Order deny,allow
        Deny from all
        Allow from ZabbixサーバーのIPアドレス
</Location>
```

　この設定では、http://監視対象のサーバー/statusのURLにZabbixサーバーからアクセスした場合にのみ、Apacheの内部ステータスを取得できるように設定しています。設定を有効にするためにはApacheの再起動が必要です。

```
# systemctl restart httpd
```

　設定を行ったあと、Zabbixサーバーから監視対象のWebサーバーに対して次のようにコマンドを実行すると内部ステータスが取得できるかを確認できます。

```
$ curl http://監視対象のサーバー/status?auto

Total Accesses: 4725
Total kBytes: 6366
CPULoad: .0140936
Uptime: 135735
ReqPerSec: .0348105
BytesPerSec: 48.0258
```

```
BytesPerReq: 1379.64
BusyWorkers: 1
IdleWorkers: 9
Scoreboard: ____.____...W....
```

　取得した結果にはさまざまな情報が含まれており、これらの値のうちBusyWorkersの部分がリクエスト処理中のスレッド数を表しています。

　Zabbixのアイテムでは、HTTPエージェントの機能を利用して**表11.3-4**のように設定を行うことで、ここで確認したURLへのアクセス結果と同じ内容が取得できます。

●**表11.3-4　HTTPエージェントを使った内部ステータスの取得**

設定項目	設定値
タイプ	HTTPエージェント
キー	apache.workers.busy
URL	http://監視対象のサーバー/status
クエリフィールド	名前：auto
クエリメソッド	GET
データ型	数値(整数)

　このままでは、取得したページの内容全体が監視値として取得されてしまうため、追加で次のように保存前処理を設定します。正規表現で取り出したい値のみを指定することで、取得したコンテンツ全体から一部を抜き出して監視データとして保存できます。

・**正規表現：BusyWorkers: ([0-9+]), \1**

　Apacheのserver-statusから取得できるほかの値も監視したい場合には、前述のアイテム設定で保存前処理を利用せずに設定しておき、このアイテムを親アイテムとします。ほかにタイプが依存アイテムのアイテム設定を複数作成して、それぞれの依存アイテム側で保存前処理を設定することで効率よく監視を行えます。たとえば、ReqPerSecの値も取得したい場合は、次のように設定します。

・**親アイテム：前述のHTTPエージェントタイプのアイテム**
　- データ型：テキスト

・**子アイテム(1)：Busy workers**
　- タイプ：依存アイテム
　- マスターアイテム：親アイテムを指定
　- データ型：数値(整数)
　- 保存前処理：正規表現　BusyWorkers: ([0-9+]), \1

- 子アイテム（2）：ReqPerSec
  - タイプ：依存アイテム
  - マスターアイテム：親アイテムを指定
  - データ型：数値（整数）
  - 保存前処理：正規表現　ReqPerSec: ([0-9+]), \1

　このように依存アイテムを活用することにより、Apacheのserver-statusから値を取得するアイテムは親アイテムのみとし、受信した値を依存アイテムで処理させることで、Apacheへの接続数を増やさずに効率よく監視データの収集と保存を行えます。

11.4

MySQLデータベースサーバーの監視

　データベースサーバーはクライアントからアクセスしてデータを保存したり、保存されているデータを読み出したりします。そのため、実際にSQLを発行してデータベースにアクセスし、正常にクエリが処理されるか、エラーが発生していないかを確認することで、確実に動作していることを確認できます。

　また、MySQLデータベースサーバーは、Webアプリケーションなど不特定多数のアクセスを受け付けるサービスのデータ保存場所として利用されることから、アクセス数や負荷状況を把握することが重要です。

11.4.1
MySQLデータベースにアクセスし、
正常に値が取得できなければメールで通知する

　MySQLデータベースサーバーにSQLを使ってアクセスし、正常な値が返ってくるかを監視します。今回は例としてdbサーバーで稼働しているMySQLデータベースサーバー上の、mysqlデータベースのuserテーブルにあるtestuserの情報が正常に参照できるかを監視する設定を解説します。

ODBCの設定

　Zabbixサーバーには、ODBCを利用してデータベースにアクセスし、監視を行うデータベースモニタの機能があるため、これを利用して監視を行います。Zabbixのデータベースモニタが利用できるようにODBCを設定する方法は、**4.3節**を参照してください。

アイテムの設定

　データベース監視は、アイテム設定でタイプに[データベース監視]を選択して**表11.4-1**の設定を行います。

●表11.4-1　データベース監視の設定

項目	設定値
名前	Database check ($1)
タイプ	データベース監視
キー	db.odbc.select[check_exist_testuser,mysql]
ユーザー名	DB接続のユーザー名
パスワード	DB接続のパスワード
SQLクエリ	select count(User) from user where User='testuser';
データ型	数値(整数)
単位	なし
監視間隔	300
ステータス	有効
アプリケーション	MySQL

トリガーの設定

　トリガーの設定では、SQLで取得した結果が0件であれば障害になるように、**表11.4-2**の設定を行います。

●表11.4-2　データベース監視のトリガー設定

項目	設定値
名前	testuser is not found on mysql database on {HOST.NAME}
条件式	{db:db.odbc.select[check_exist_testuser,mysql].last()}=0
障害イベントを継続して生成	チェックなし
深刻度	軽度の障害
有効	チェック

11.4.2
MySQLデータベースの負荷状況を監視する

　MySQLデータベースサーバーの負荷状況を把握しておくことは、稼働状況の把握だけではなく、パフォーマンスチューニングを行うためのデータとしても活用できます。

　MySQLの内部ステータスを取得する方法はいくつかあり、コマンドラインから次のようにmysqladminコマンドを実行することでも簡単に取得できます。

```
$ mysqladmin -uroot status
Uptime: 216430  Threads: 19  Questions: 2325136  Slow queries: 0  Opens: 157  Flush
tables: 2  Open tables: 183  Queries per second avg: 10.743
```

コマンドラインのパラメータにstatusの代わりにextended-statusを指定することで、より詳細なステータスを取得できます。

```
$ mysqladmin -uroot extended-status
+-----------------------------------+-----------+
| Variable_name                     | Value     |
+-----------------------------------+-----------+
| Aborted_clients                   | 98        |
| Aborted_connects                  | 0         |
| Access_denied_errors              | 0         |
| Aria_pagecache_blocks_not_flushed | 0         |
| Aria_pagecache_blocks_unused      | 15737     |
| Aria_pagecache_blocks_used        | 1         |
| Aria_pagecache_read_requests      | 122       |
...
```

extended-statusで得られる結果は、MySQLにログインして次のSQLを実行することでも取得できます。

```
$ mysql -uroot
mysql> SHOW GLOBAL STATUS;
```

このように、内部ステータスの値を取得するにはいくつかの方法があり、場合に応じて取得方法を使い分けることができます。通常は監視対象のデータベースをネットワーク越しに監視することになるため、Zabbixサーバーからネットワーク越しに対象のデータベースにログインできるようにデータベース側で許可する設定ができるようであれば、ODBCを利用したデータベースモニタのしくみを利用して監視できます。データベースの設定を変えることが難しい場合は、データベースが動作しているOS上にZabbixエージェントを導入してユーザーパラメータの機能を利用するか、sshエージェントを利用してコマンドラインから監視できます。

また、前述のようなアプリケーションの内部ステータスを監視する場合、非常に多くのステータス情報が存在することがあります。MySQLの内部ステータス情報も400を超える値が存在し、多数の値を監視する場合はデータを取得する際の効率も考慮する必要があります。たとえば、1つのアイテムで1つの内部ステータスのデータを取得するように設定した場合、Zabbixは1アイテムで1回MySQLに接続するため、10アイテム設定すると10回MySQLに接続することになります。監視のためにMySQLへの接続処理を頻繁に行うとMySQL側の負荷になる可能性があり、コネクション数なども消費してしまい

ます。1回の接続で多数の値を一度に取得し、Zabbix側にまとめて監視データとして保存するように処理させることで、MySQLへの負荷を抑えることができます。

MySQLの内部ステータス監視のための手法

MySQLへの負荷を考慮し、1回の接続で複数の監視データを取得するためには、選択肢として次の方法があります。

❶ MySQLの内部ステータスを取得して得られた値を1アイテム1データごとに分割し、取得した複数の値をzabbix_senderコマンドでZabbixサーバーに送付するスクリプトを作成する

❷ MySQLの内部ステータスを取得し、Zabbixサーバーにテキストデータとして送付するスクリプトを作成する。受信したZabbixサーバー側で依存アイテムと保存前処理を利用して個々のアイテムにデータを保存する

❶の方法は、Zabbix 3.0より以前のバージョンでよく利用されていた手法です。この手法では、取得した値をアイテムごとに分解してzabbix_senderの引数として渡す部分もスクリプト内で処理させる必要があり、あとで取得したい監視項目を増やしたい場合などにスクリプトを修正する必要があります。

Zabbix 3.4以降では❷の方法を利用できるようになり、監視項目の増減や調整なども Zabbixの Web インターフェースから行えるため、運用の手間を減らすことができるようになりました。

さらに、ローレベルディスカバリの設定も組み合わせることで、次のようにアイテムなどの監視設定を自動化しつつ、MySQLの内部ステータスのすべてを自動的に監視することもできます。

- 内部ステータスを取得するアイテムを作成する(親アイテム)
- 内部ステータスの一覧を取得するローレベルディスカバリルールを作成し、アイテムのプロトタイプではタイプを依存アイテムとして設定する

ここでは例として、ZabbixのWebインターフェースからの設定で利用できる機能のみを組み合わせて、効率よくかつ自動的にMySQLの内部ステータスすべての監視を行う方法を解説します。

MySQLデータベースサーバーの監視設定

まずは、SSHエージェントを利用し、mysqladminコマンドの結果を取得するアイテム

を作成します（**表11.4-3**）。コマンドの結果全体をテキスト形式で取得するように設定し、このアイテムを親アイテムとして利用できるように設定します。説明の簡略化のためにSSHはパスワード認証としていますが、公開鍵認証のみ許可されている場合はあらかじめSSHの公開鍵設定などを行う必要があります。SSHエージェント以外にも、Zabbixエージェントのユーザーパラメータやsystem.runキー、telnetエージェントなどを利用して同様の値を取得できます。

●**表11.4-3　mysqladminコマンドの結果を取得するアイテムの作成**

設定項目	設定値
名前	MySQL extended-status
タイプ	SSHエージェント
キー	ssh.run[mysqladmin-extended-status]
認証方式	パスワード
ユーザー名	監視対象のMySQLが動作しているOSのssh接続のユーザー名
パスワード	上記ユーザーのパスワード
実行するスクリプト	mysqladmin -uroot extended-status
データ型	テキスト
監視間隔	5m

　続いてローレベルディスカバリルールの設定を行います。ローレベルディスカバリルールでは、ODBCを利用してSHOW GLOBAL STATUSを実行した結果を取得します。ODBC接続の設定のために、あらかじめ監視対象のMySQLへの接続設定を/etc/odbc.iniで行っておき、その設定のDSNをキーのDSNに利用する必要があります。また、内部ステータスのパラメータは変動することがあまりないため、監視間隔は1日としています。

　MySQLの内部ステータスは、得られる値が整数値であるものがほとんどですが、一部に浮動小数や文字列の値が得られるものがあります。これらのパラメータを取得すると、実際に生成されたアイテムでは受信データのデータ型が異なるというエラーになってしまうため、整数値のデータのみ受信するようにフィルターを行っています（**表11.4-4**）。

●表11.4-4　整数値のデータのみ受信するようにフィルタリング

設定項目	設定値
名前	mysql-global-status
タイプ	データベースモニタ
キー	db.odbc.discovery[mysql-global-status,DSN名]
ユーザー名	DB接続のユーザー名
パスワード	DB接続のパスワード
SQLクエリ	SHOW GLOBAL STATUS
監視間隔	1d
フィルター	{#VALUE} 一致する [0-9]+

　続いて、このローレベルディスカバリルールに次のアイテムのプロトタイプを設定します（**表11.4-5**）。

●表11.4-5　プロトタイプの設定

設定項目	設定値
名前	MySQL status {#VARIABLE_NAME}
タイプ	依存アイテム
キー	mysql.status[{#VARIABLE_NAME}]
マスターアイテム	mysql-status: MySQL extended-status
データ型	数値（整数）
保存前処理	正規表現 {#VARIABLE_NAME}.*([0-9]+), \1

　ここまで設定すると、ローレベルディスカバリルールが動作すれば自動的にアイテムが作成され、親アイテムが監視データを取得したタイミングでローレベルディスカバリによって生成された依存アイテムも値を取得します。この設定では、ローレベルディスカバリルールの動作間隔が1日のため、初回の動作までに時間がかかる可能性があります。ローレベルディスカバリルールの設定画面の一番下にある［監視データの取得］ボタンを押すことで、すぐに動作するようにZabbixサーバーにリクエストを出すことができます。

　実際には、MySQLの内部ステータスにはさまざまなステータス値が存在しているため、すべてのステータスを監視する必要がない場合や、アイテムごとに単位を異なるものに設定したり、差分／時間の保存前処理を行わせたりしたい場合があります。必要に応じてローレベルディスカバリルール設定を分割してフィルター設定を調整することで、細かなアイテム設定を行えます。

11.5
センサーを利用して
温度や湿度の監視を行う

　Zabbixは、サーバーやネットワーク機器、アプリケーションに限らず、数値や文字データとして取得できるものであれば監視が可能です。サーバールームに設置されている機器の温度や室温の監視をZabbixで行うこともできます。

　サーバーやネットワーク機器が空調の整備されたマシンルームやデータセンターに設置してあればそれほど気にすることはありませんが、オフィスルームに機器を設置してある場合や、サーバールームであってもそれほど整った設備でない場合に、温度が上昇して機器の動作に影響を与えないか監視しておくことができます。温度の監視はさまざまな方法で行うことが可能であり、いくつかの監視例を解説します。

11.5.1
サーバー内に搭載されているセンサーを利用する

　サーバー機器では、CPU内やボード上にセンサーがある場合が多く、搭載されているセンサーを利用することで監視が可能です。たとえば、x86系の物理サーバー上に直接Linuxを動作させて利用している場合、カーネルの標準機能でセンサーからのデータを取得できます。

　この監視方法では、サーバーハードウェアのどこにセンサーが存在するかによって取得できる温度が決まってしまうことと、サーバーハードウェアの内部の温度のため周辺の室温よりも高くなることに注意が必要です。サーバーのハードウェア自体が想定内の温度になっているか、安定した温度になっているかなどを確認する目的に適した監視方法です。

　機器によって出力されるディレクトリが異なる場合がありますが、たとえば、/sys/devices/platform/coretemp.0/hwmon/hwmon0以下のディレクトリに次のようにファイルが存在する場合、temp2_inputなどのファイルからセンサーの温度を取得できます。また、temp2_labelなどのファイルからはセンサーの名前を取得できます。この例では、temp2_inputがセンサー2の温度、temp3_inputがセンサー3の温度を示し、値は1000で割ることで摂氏になります。temp2_labelの情報から、temp2はCPUの1番目のコアの情報であることがわかります。

```
$ cd /sys/devices/platform/coretemp.0/hwmon/hwmon0
$ ls
device
name
power
subsystem
temp2_crit
temp2_crit_alarm
temp2_input
temp2_label
temp2_max
temp3_crit
temp3_crit_alarm
temp3_input
...

$ cat temp2_input
49000
$ cat temp2_label
Core 0
```

　Zabbixから監視を行う場合は、上記のファイルを直接読んで値を取得する方法が簡単です。次のようにアイテムを作成することで、temp2_inputから温度を読み取って監視できます。

- アイテム名　　　：**CPU Temperature (Core0)**
- タイプ　　　　　：**Zabbixエージェントまたはzabbixエージェント（アクティブ）**
- アイテムのキー：**vfs.file.contents[/sys/devices/platform/coretemp.0/hwmon/hwmon0/temp2_input]**
- データ型　　　　：数値（整数）
- 単位　　　　　　：℃
- 保存前処理　　　：乗数0.001

11.5.2
ネットワーク機器に搭載されているセンサーを利用する

　ネットワーク機器でもボード上に温度センサーを有しているものがあります。その場合はSNMPを利用して温度センサーの情報を取得できることが多いですが、温度センサ

一情報はMIB2の標準には含まれていないため、ベンダー固有のプライベートMIBに含まれるOIDを利用する必要があります。

　サーバー内部の温度センサーを利用する場合と同様に、ハードウェアのどこにセンサーが存在するかにより取得できる温度が決まってしまうことと、サーバーハードウェアの内部の温度のため周辺の室温よりも高くなることに注意が必要です。サーバーのハードウェア自体が想定内の温度になっているか、安定した温度になっているかなどを確認する目的に適した監視方法です。

　たとえば、Cisco Catalyst 37xxシリーズのsnmpwalkの結果は次のようになっており、CISCO-ENVIROM-MIBに含まれる情報で温度センサーの状態を取得できます。プライベートMIBの調査方法の詳細は**10.5.4項**を参照してください。

```
CISCO-ENVMON-MIB::ciscoEnvMonPresent.0 = INTEGER: 13
CISCO-ENVMON-MIB::ciscoEnvMonTemperatureStatusDescr.1006 = STRING: SW#1, Sensor#1, GREEN
CISCO-ENVMON-MIB::ciscoEnvMonTemperatureStatusValue.1006 = Gauge32: 34 degrees Celsius
CISCO-ENVMON-MIB::ciscoEnvMonTemperatureThreshold.1006 = INTEGER: 60 degrees Celsius
CISCO-ENVMON-MIB::ciscoEnvMonTemperatureLastShutdown.1006 = INTEGER: 0 degrees Celsius
CISCO-ENVMON-MIB::ciscoEnvMonTemperatureState.1006 = INTEGER: normal(1)
CISCO-ENVMON-MIB::ciscoEnvMonTemperatureStatusEntry.7.1006 = INTEGER: 34
CISCO-ENVMON-MIB::ciscoEnvMonFanStatusDescr.1060 = STRING: Switch#1, Fan#1
```

　温度を取得できるシンボル名から数値のOIDを確認すると次のようになります。

```
$ snmptranslate -On CISCO-ENVMON-MIB::ciscoEnvMonTemperatureStatusValue.1006
.1.3.6.1.4.1.9.9.13.1.3.1.3.1006
```

　Zabbixのアイテムでは次のように設定することで温度の値を取得できます。

- アイテム名　：**Templerature (Sensor#1)**
- タイプ　　　：SNMPv2エージェント
- **OID**　　　　：.1.3.6.1.4.1.9.9.13.1.3.1.3.1006
- データ型　　：数値（整数）
- 単位　　　　：℃

11.5.3
専用の温湿度センサー製品を利用する

　専用の温度センサーや湿度センサーなどを利用することで室温自体の監視を行うこと

も可能です。USB接続の温度計や湿度計は比較的安価に販売されているため、これらのセンサーを利用して監視を行う方法もあります。筆者は温度、湿度、気圧、接点、電流などの計測が行えるfeelersという名称のセンサーとゲートウェイ機器の販売を行っており、例としてこのセンサーを利用した監視方法について紹介します。

feelersセンサーは、専用のゲートウェイとセンサーを組み合わせて利用します。ゲートウェイはSNMPv1とZabbixプロトコルに対応し、Zabbixに限らずさまざまな監視ツールから利用できます。Zabbixから監視を行う場合はアイテムのタイプで「Zabbixエージェント(アクティブ)」を利用して監視でき、簡単にZabbixから設定を行えます。feelersセンサーのゲートウェイとセンサーの接続方法や設定画面の表示方法などの詳細は、次のサイトのドキュメントを確認してください。

- feelersセンサー：https://www.feelers.jp/

feelersセンサーゲートウェイは設定のためのWebインターフェースを持っており、センサーからの情報を確認したり(**図11.5-1**)、IPアドレスなどネットワークの設定を行ったりできます(**図11.5-2**)。Zabbix 4.0以降のアクティブチェックでは、監視データの時刻情報が監視対象の機器上の時刻に依存するため、NTPサーバーの設定は必ず行っておく必要があります(**2.2.4項**のコラムを参照)。ネットワークの設定画面では、Active Agent Settingの項目で[Active Agent Enabled]にチェックを入れることでZabbixエージェントのアクティブチェックの動作を有効できます。この項目のそのほかの設定は次のように行います。

- **Server IP or Domain** ：**Zabbix**サーバーの**IP**アドレスまたはホスト名を指定する
- **Server Port** ：**Zabbix**サーバーのポート番号を指定する(デフォルト**10051**)
- **Request Key interval in sec**
  ：**Zabbix**サーバーからアイテムのリストを取得する間隔を設定する(**zabbix_agentd.conf**の**RefreshActiveChecks**パラメータと同様)
- **Host Name** ：**Web**インターフェースで登録するホスト名と同じ名前を指定する(**zabbix_agentd.conf**の**Hostname**パラメータと同様)

●図11.5-1　センサーデータの確認画面

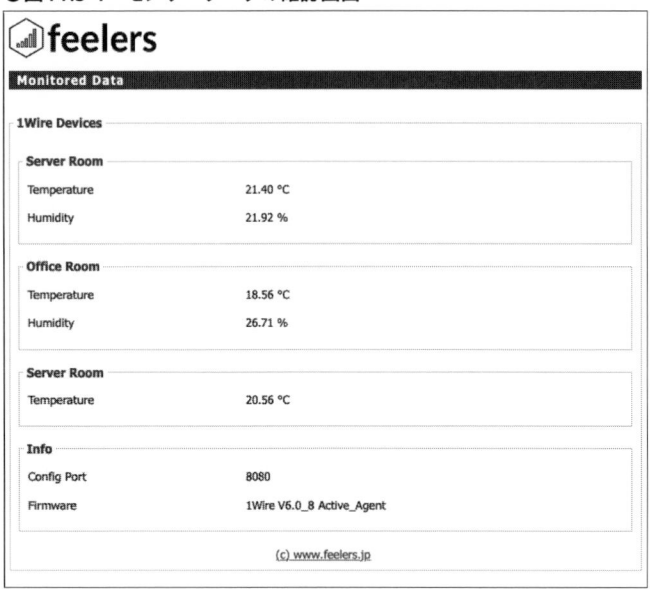

●図11.5-2　コントローラの設定画面

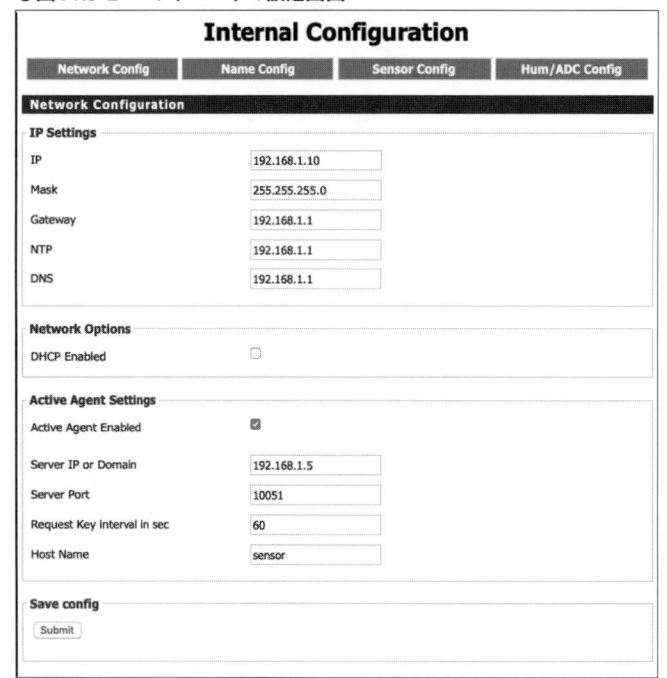

　Zabbixサーバー側ではホストとアイテムを設定することで、センサーゲートウェイからの温度や湿度、接点センサーのデータを受け取ることができます。たとえば、ゲートウェイ設定でホスト名をsensorとし、1つ目のセンサーに温湿度気圧センサーを接続している場合、アイテムの設定は**表11.5-1**のように行います。Zabbixサーバーでセンサーのデータを受信できれば、そのデータを利用してトリガーやアクションを設定したり、グラフを作成したりといったことが、そのほかの監視データと同様に行えます（**図11.5-3**）。

●**表11.5-1　センサーゲートウェイからのデータの取得**

設定	設定項目	設定値
ホスト設定	ホスト名	sensor
アイテム設定1／温度	アイテム名	温度（1）
	タイプ	Zabbixエージェント（アクティブ）
	キー	temp.1
	データ型	数値（浮動小数）
	単位	℃
アイテム設定2／湿度	アイテム名	湿度（1）
	タイプ	Zabbixエージェント（アクティブ）
	キー	hum.1
	データ型	数値（浮動小数）
	単位	%
アイテム設定3／気圧	アイテム名	気圧（1）
	タイプ	Zabbixエージェント（アクティブ）
	キー	press.1
	データ型	数値（浮動小数）
	単位	!hPa

●**図11.5-3　温湿度気圧のグラフ**

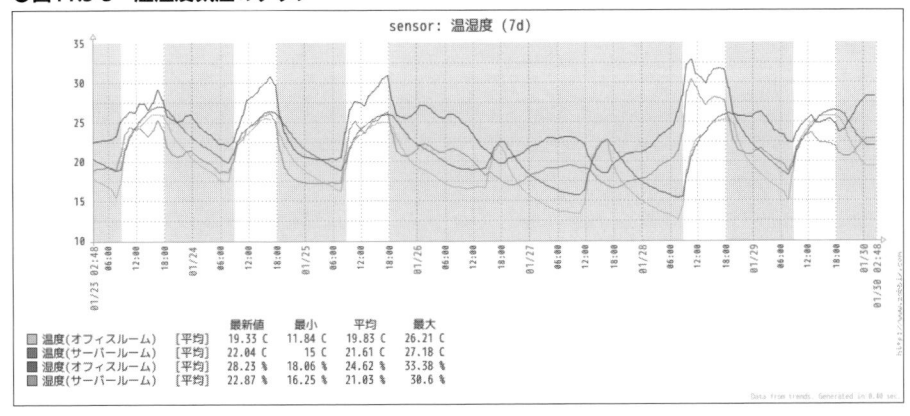

11.6
Zabbix ShareとIntegrationsの利用

11.6.1
Zabbix Shareの利用

　Zabbixがオンラインで提供するサービスとして、テンプレートやスクリプトなどを誰でも投稿／公開できるZabbix Shareがあります（**図11.6-1**）。ブラウザで直接次のURLから閲覧でき、ZabbixのWebインターフェースの上部にあるメニューの右側の［ZShare］アイコンも同じサイトにリンクされています。

　・**Zabbix Share：https://share.zabbix.com**

●図11.6-1　Zabbix Shareサイト

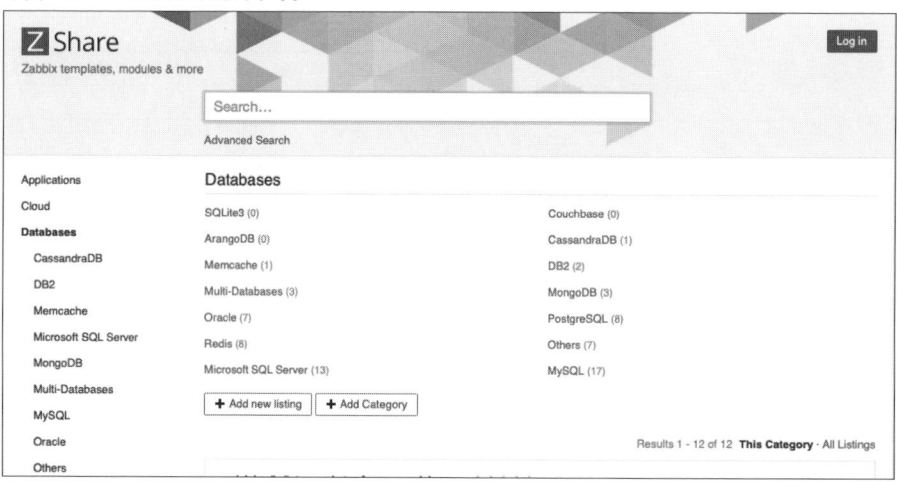

　Zabbix Shareは、アカウントを作成してログインすれば誰でもテンプレートやスクリプトなどをアップロードして共有できます。世界各国のさまざまなユーザーが作成したテンプレートなどをアップロードしているため、たとえばネットワーク機器など監視したい対象のテンプレートがすでに登録されていないかを検索し、ダウンロードして利用したり参考にしたりできます。

　そのほかにも、通知をほかのソフトウェアやサービスと連携するためのスクリプトや、APIを利用するためのライブラリやコマンドラインツールなども存在するため、自社で開発を行う前には参考になるものがないかを一度確認してみるのがよいでしょう。また、まだZabbix Shareに公開されていないテンプレートやスクリプトなどを作成して公開し、世界のユーザーに役立ててもらうということもできます。

　このサイトの運営管理はZabbix社が行っていますが、アップロードされているコンテンツの管理は各ユーザーがそれぞれで行っているため、公開されているテンプレートやスクリプトの品質などはさまざまです。自社での利用に適しているかどうかなどはダウンロードして実際に確認したうえで利用してください。

11.6.2
Integrationsの利用

　Zabbix社の公式サイトでは、Zabbix社が確認を行ったテンプレートやサードパーティとの連携ツールなどを案内しています。実際に利用できるかどうかをZabbix社で確認している、Zabbixの公式なパートナーが提供しているという点で、Zabbix Shareとは異なっています。より安心して利用できる情報源として利用してください。

　ブラウザからは次のURLを開くことで直接表示できます。Zabbix社の公式サイトのトップページで[ソリューション]から[インテグレーション]をクリックすることにより、同じページを開けます。

- **Integrations：https://www.zabbix.com/integrations**

　このページでは、監視対象のアプリケーションやOS、サービスなど、さまざまなカテゴリに分けてZabbixから監視するためのテンプレート情報や連携のためのスクリプト情報を掲載しています。それぞれのページには、Zabbhx Shareで公開されているもの、GitHubで公開されているもの、サードパーティのページで公開されているものなどさまざまな情報源へのリンクがあります。利用を確認しているZabbixサーバーのバージョン情報や、対応しているデータベース、スクリプトの場合は言語、最新のアップデート日時などもあわせて表示しています。

　自社でテンプレートやスクリプトを作成する前には、より確かな情報源としてIntegrationsにすでに登録されているものがないか一度確認してみてください。

第12章

Zabbixサーバーの運用とメンテナンス

Zabbixを構築しシステムの監視を始めると、システムに障害が発生した際の対応を行ったり、監視対象をメンテナンスする際に一時的に監視を停止するなどの対応を行う必要が出てきます。また、Zabbixサーバー自体を継続的に安定稼働させるためには、Zabbixサーバーを継続的にメンテナンスする必要があります。本章ではZabbixサーバーを利用した監視システムの運用とZabbixサーバーのメンテナンスについて解説を行います。

12.1
障害発生時の対応

　Zabbixサーバーによる監視システムの運用を開始し、実際に障害が発生した際は、障害の特定や対応を行う必要があります。Zabbixには障害への対応を補助する機能が搭載されており、それらの機能を活用することで、障害発生時の対応の手間を削減できます。

　障害が発生しシステム管理者が通知メールを受け取った際に確認するポイントと、Zabbixの機能を活用した障害対応の方法を解説します。

12.1.1
障害画面による障害状況の確認

　Zabbixが検知した障害の確認は[監視データ]→[障害]画面から行えます。この画面では現在発生している障害の状態のほか、過去に発生した障害の履歴、障害通知の送信状態などを確認できます。また、障害対応メッセージ機能を利用したメッセージ入力や障害のクローズ操作、監視対象ホストへのコマンド実行などさまざまなことが行えます（**図12.1-1**）。

●**図12.1-1　障害画面**

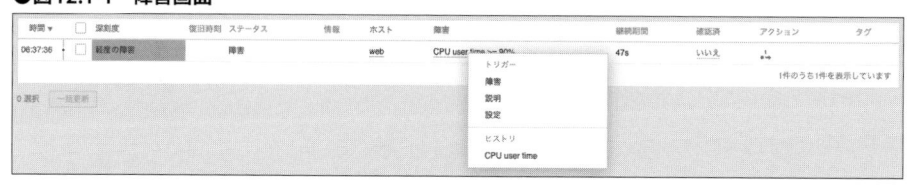

　この画面では、フィルター項目内にある[表示]の選択によって表示される障害内容が異なります。

- 最近の障害：解決していない障害と直近に解決した障害を表示する
- 障害：解決していない障害を表示する
- ヒストリ：過去に発生した障害の履歴を表示する

　表示される障害リストの各項目は、次の操作を行うことができます。

・障害時間をクリックすると、障害の詳細画面を表示する（図12.1-2）

●図12.1-2　障害の詳細画面

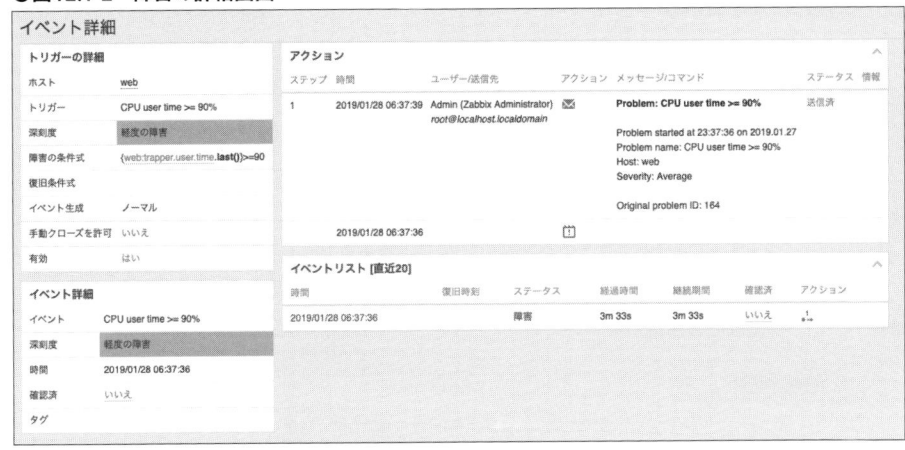

・ホスト名をクリックすると、対象のホストへのスクリプト実行を行ったり、インベントリやヒストリなどを表示する画面へのリンクのポップアップを表示したりする

・トリガー名をクリックすると、同じトリガーで発生した障害のみに絞り込んだり、監視データのグラフやヒストリを表示するリンクのポップアップを表示したりする

・確認済カラムの［いいえ］［はい］をクリックすると、障害確認やメッセージの入力と履歴の表示、障害の手動クローズを行う画面を表示する

12.1.2
障害確認機能と障害の手動クローズ

障害確認機能では、障害に対してメッセージを入力し、記録できます。メッセージには、入力したユーザーアカウント名や時刻の情報も合わせて記録できるため、障害の対応状況の履歴として利用することも可能です。Webインターフェース上からメッセージを確認したり、メッセージが入力されていない障害のみをフィルターして表示したりできます。そのほかにも、メッセージ入力によってエスカレーションによる通知を停止することも可能です（**5.2.3項**）。

Zabbix 3.2以降では、障害対応メッセージの画面で障害を手動クローズすることも可能です。手動クローズはトリガー設定であらかじめ許可されている場合のみ利用できます（**5.1節**）。

Zabbix 3.4以降では、障害の対応メッセージを入力したり、深刻度の変更や確認、ク

ローズの対応を行ったりした場合に、それまでに同じ障害に基づいて通知を行ったユーザーに対して障害の状態が更新されたことを通知できます。障害発生のあとに対応を行った場合に通知を行うようにアクション設定しておくことで、Zabbixの画面にアクセスすることなくメールだけでも障害の対応状況を把握できます（**5.2.2項**）。

　障害が発生した場合、メニューの[監視データ]→[障害]画面で一覧の[確認済]のカラムに[はい］[いいえ]のリンクが表示されます（**図12.1-3**）。リンクをクリックすることでメッセージの入力や表示、確認済みにするかどうかの選択、障害のクローズ、深刻度の変更などが行えます（**図12.1-4**）。また、メニューの[監視データ]→[ダッシュボード]の「障害」ウィジェットでも同様の表示や操作が行えます。

●**図12.1-3　障害画面の確認済みリンク**

●**図12.1-4　障害確認画面**

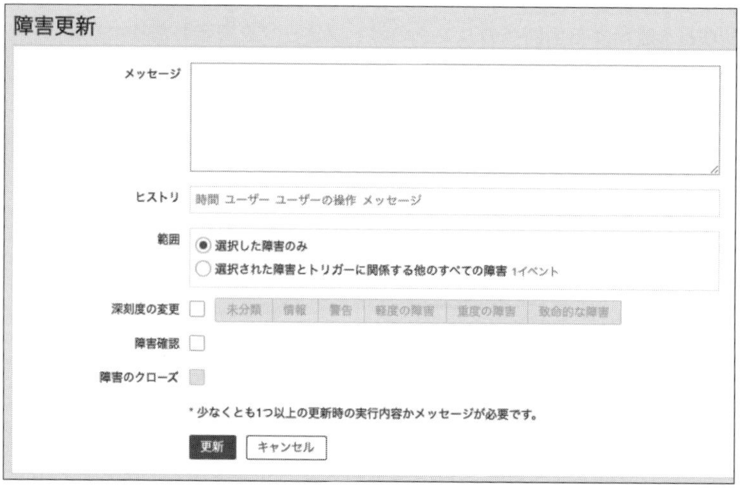

　障害の確認画面にはいくつかの機能があり、それぞれの機能について次に解説します。

障害確認のメッセージ機能

　障害確認にはメッセージを入力するフォームがあり、メッセージだけを保存することも、メッセージと併せて深刻度の変更や障害確認、障害のクローズを行うことも可能で

す。障害対応中などメッセージだけを入力することで現在の対応状況を記録しておくことができます。また、アクションの設定では[更新時の実行内容]を設定しておくことでメッセージの入力のみでも通知を行うことができます。

Zabbix 3.4以前では、メッセージを入力することで障害対応済みのステータスとなっていましたが、Zabbix 4.0以降では明示的に[障害確認]のチェックを入力しない場合はメッセージのみが記録されます。

障害確認ステータスの利用

障害確認画面では、[障害確認]にチェックを入れて更新することで障害のステータスを「確認済」にできます。障害一覧画面でも[確認済]のカラムに表示される文字が[はい]に変わり、ステータスが確認済みであることがわかります。そのほか、[監視データ]→[概要]画面では、確認された障害に緑のチェックマークが表示されます。[監視データ]→[マップ]などにも障害確認の状態が反映され、緑の枠が表示されます。画面によって設定やフィルターで確認済みの障害を表示しないようにできます(**図12.1-5**)。

●図12.1-5 概要画面のフィルター設定

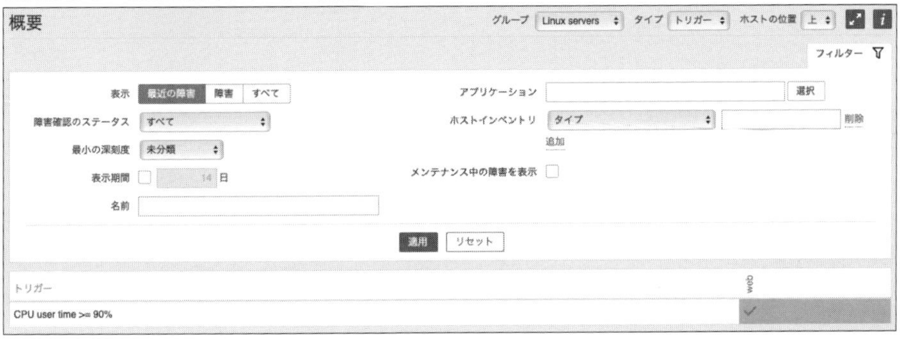

障害の深刻度の変更

障害確認の画面で[深刻度の変更]にチェックを入れて深刻度を選択し、更新することで、すでに発生した障害の深刻度を変更できます。障害を確認したうえで、対応の緊急度を低くしたり、高くしたりしたい場合に利用できます。

障害の手動クローズの利用

Zabbix 3.2以降では、トリガーの設定で[障害の手動クローズ]が有効になっている場

合、そのトリガーをもとに発生した障害は手動でクローズできます。障害確認の画面で
[障害のクローズ]にチェックを入れ[更新]ボタンを押すことで、障害は解決済みステー
タスになります（**図12.1-6**）。手動クローズを行なった場合、実際の障害が正常に戻った
のと同様にトリガーのステータスは正常に戻り、次回に障害ステータスとなるデータを
受信した場合はイベントを生成します。

●**図12.1-6　障害の手動クローズ**

時間 ▼		深刻度	復旧時刻	ステータス	情報	ホスト	障害	継続期間	確認済	アクション	タグ
07:23:15		警告	18:16:40	解決済	[i]	monitor	Error log of /var/log/messages	10h 53m 25s	いいえ	3	

1件のうち1件を表示しています

　障害の手動クローズは、主にトリガーの設定で[障害イベントの生成モード]が[複数]
に設定されているログ監視やSNMPトラップ監視で利用する機能です。CPU使用率やメ
モリ使用量などの通常のリソース監視などに利用した場合、障害をクローズしても次回
の監視タイミングで閾値を超える監視データが受信されれば再度トリガーは障害判定と
なり、イベントが発生します。トリガー設定で障害の手動クローズを許可するかどうか
は、ログ監視やSNMPトラップ監視の場合に判断するとよいでしょう。

12.1.3
トリガーの説明機能

　トリガーの説明機能を利用することで、トリガー項目単位で障害の対応方法や参考情
報を設定しておくことができます。よく発生する障害については対応手順や関連する情
報を記載しておくことで、スムーズに障害対応を進めることができます。

　トリガーの説明の設定は、メニューの[設定]→[ホスト]から表示できるホスト画面の
[トリガー]をクリックしたトリガーの設定画面と、[監視データ]→[障害]画面で[障害]
のカラムに表示されるトリガー名をクリックし、表示されるポップアップから[説明]の
リンクをクリックして表示される画面のどちらでも行えます。

　また、トリガーの説明は、{TRIGGER.DESCRIPTION}マクロを利用してアクションのメ
ッセージ本文などから参照でき、通知メールに障害発生元のトリガーの説明文を記載し
て送信できます。障害通知メールの本文の一部をトリガーごとに変化させたい場合や、
障害発生時の初期対応の方法を設定しておくなどの利用方法が可能です。

12.1.4
トリガーのURL機能

　トリガーの説明設定と同様にして、障害発生時に参照するURLをトリガーのURL設定に記載しておくことができます。設定は、[設定]→[ホスト]画面でホストから[トリガー]を選択したトリガーの設定画面からのみ行えます。URL設定を行うと、[監視データ]→[障害]画面などでトリガー名をクリックして表示されるポップアップに[URL]のリンク文字が表示され、クリックすることでリンク先を表示できます(**図12.1-7**)。監視対象に管理やステータス表示のためのWebインターフェースが存在する場合は、ここにそのURLを設定しておくことで障害発生時に確認する画面を容易に表示できます。そのほか、障害対応のための手順を記載したWikiなどのWebサイトに誘導することもできます。

●**図12.1-7　トリガーのURL機能**

　また、トリガーのURL設定は、{TRIGGER.URL}マクロを利用してアクションのメッセージ本文から参照できます。通知メールに確認の必要があるURLを記載しておいたり、Zabbixの画面を表示するURLを設定しておいたりすることで、メールを受け取った際に本文内のリンクからすぐに状態を確認する画面を開けます。

12.1.5
インベントリ機能

　ホスト登録時にプロファイル情報を登録している場合、[監視データ]→[障害]画面の[ホスト]のカラムにあるホスト名をクリックして表示されるポップアップ内の[ホストインベントリ]リンクや、メニューの[インベントリ]からアクセスできる画面で、障害が発生している監視対象のハードウェアやOSの種類、設置場所やタグなどの情報を確認できます(**図12.1-8**)。これらの情報にすぐにアクセスできることで、迅速に障害対応を行えるようになります。また、ホストインベントリの情報も {INVENTORY.HARDWARE} や{INVENTORY.OS}、{INVENTORY.LOCATION}などのマクロを利用してアクションのメッセージ本文から参照でき、通知メールに監視対象のさまざまな情報を記載できます。ホスト

のインベントリには、さまざまな情報を保存できるフォームが用意されており、監視デ
ータとして取得できる情報をインベントリに設定する場合は、インベントリの自動設定
機能(**4.9節**)も活用できます。

●図12.1-8　インベントリ画面

12.2
スクリプト機能による
Webインターフェースからのコマンド実行

　Zabbixでは、Webインターフェース上から監視対象ホストに対してコマンドを実行できます。pingやtraceroute、IPMIコマンドなどをスクリプト設定に登録しておくことで、障害発生時の疎通の確認やリモート操作を容易に行えます。スクリプトはカスタマイズできるため、さまざまなコマンドをWebインターフェースから容易に実行できます（**図12.2-1**）。

●図12.2-1　トリガーのステータス画面でスクリプト実行のメニューを出した画面

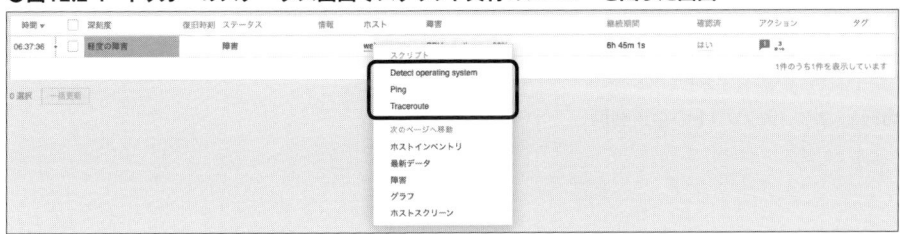

　Zabbix 3.4以前ではZabbixサーバー上とZabbixサーバーから直接アクセスできる監視対象上での実行に限られていましたが、Zabbix 3.4以降ではZabbixプロキシサーバーを経由した実行にも対応しました。遠隔地にあり、Zabbixプロキシサーバーを経由してしかアクセスできない監視対象でも、Webインターフェースからクリックによってコマンドを実行できます。

12.2.1
設定されているスクリプトの一覧画面

　設定されているスクリプトの一覧は、メニューから［管理］→［スクリプト］をクリックすることで表示されます（**図12.2-2**）。

●図12.2-2　スクリプトの一覧画面

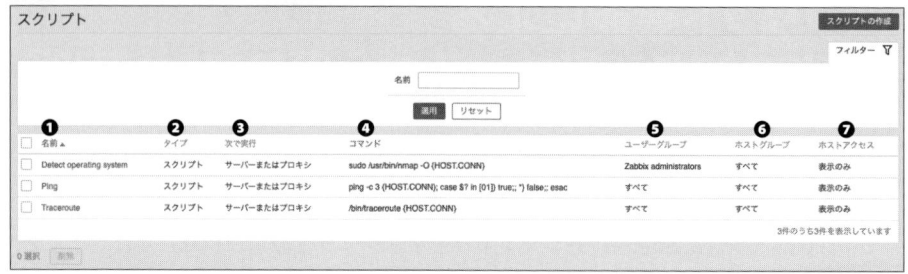

❶ スクリプトの設定名　❷ スクリプトのタイプ　❸ スクリプトを実行する場所　❹ 実行するコマンド
❺ スクリプトを実行する権限を有するユーザーグループ　❻ スクリプトを実行できる対象ホストグループ
❼ スクリプトを実行できるホストグループへのアクセス権限

12.2.2
スクリプトの設定項目

スクリプトの設定項目の詳細を次に示します（**図12.2-3**）。

●図12.2-3　スクリプトの設定画面

- **名前**

  スクリプトの設定名を指定します。

- **タイプ**

  実行するスクリプトのタイプを[IPMI]または[スクリプト]から選択します。

- **次で実行**

  タイプで[スクリプト]を選択した場合に、スクリプトを実行する場所を**表12.2-1**のいずれかから選択します。

●**表12.2-1 スクリプトの実行場所**

実行する場所	説明
Zabbixエージェント	Zabbixエージェントで実行する
Zabbixサーバーまたはプロキシ	Zabbixサーバーから直接監視している場合はZabbixサーバー、Zabbixプロキシ経由で監視している場合は経由するZabbixプロキシサーバーで実行する
Zabbixサーバー	Zabbixサーバーで実行する

- **コマンド**

  実行するコマンドを設定します。コマンドはZabbixサーバー、Zabbixプロキシサーバー、Zabbixエージェントから実行されるため、実際にコマンドを実行するOS上にそのコマンドが存在している必要があります。また、コマンドはZabbixプロセスが動作しているユーザーの権限で実行されるため、適切な権限が設定されている必要があります。コマンドにはマクロを利用できます(**Appendix**参照)。設定例は**表12.2-2**のとおりです。

●**表12.2-2 コマンドの設定例**

コマンド	設定
pingを実行するスクリプトを指定	/bin/ping -c 3 {HOST.CONN}
IPMIコマンドを実行する	*ipmicontrol* [*value*]

- **説明**

  スクリプトの説明を設定します。

- **ユーザーグループ、ホストグループ**

  スクリプトを実行できる権限と対象を設定します。それぞれ設定されているユーザーグループとホストグループから選択して設定を行います。

- **必要なホストへのアクセス権**

  ホストグループに対するアクセス権を[表示のみ][表示/設定]から選択します(**表12.2-3**)。

●表12.2-3　必要なホストへのアクセス権

名前	解説
表示のみ	ログインしているユーザーがホストグループに対して読み込み権限と書き込み権限を有している場合にスクリプトを実行できる
表示/設定	ログインしているユーザーがホストグループに対して書き込み権限を有している場合のみスクリプトを実行できる

- **確認を有効、確認テキスト**

  チェックするとスクリプトを実行する際に確認を行います。その際、確認テキストに設定した文字列をポップアップで表示します。

12.3
監視対象機器のメンテナンス

システムで稼働しているサーバーは、ハードウェアの故障やソフトウェアのアップデートなどを行うためにサービスを計画的に停止することがあります。サーバーの監視を行っていると、そのような計画的なメンテナンス時は障害を検知しないように設定しておく必要が出てきます。Zabbixで監視を停止するためには、手動で監視を停止する方法と、あらかじめ監視の停止をスケジュールしておくメンテナンス期間を設定する方法があります。

12.3.1
手動で監視を停止する

Zabbixではホスト／アイテム／トリガー／アクションの設定のどれかを無効にすることで監視や通知を停止できます。どの設定を無効にするかで監視の挙動が変わるため、それぞれの設定を無効にした場合でどのような違いがあるかを解説します。

なお、障害が発生し継続している状態で、かつその障害に基づいてエスカレーションや復旧通知が有効なアクションによる通知メールが送信されている場合、その障害に関連するホスト、アイテム、トリガー設定を無効にすると、Zabbixサーバーは「Escalation Cancelled」という内容が記載されたメールを障害通知メール送信済みユーザーに送付します。この動作は設定では無効にはできないため、この通知の送信を行いたくない場合は次に解説するメンテナンス機能を利用したほうがよいでしょう。

ホストを無効化した場合

ホスト設定を無効化することで、そのホストに設定されているアイテムすべてが実行されず、トリガーによる障害検知も行われません。監視データ自体が収集されないため、データの履歴やグラフ上も停止期間中のデータは抜け落ちてしまいます。

サーバーの停止を伴うメンテナンスを実施する場合などに適しています。

アイテムを無効化した場合

アイテムを無効化することでアイテムによる監視データ収集が実行されず、そのアイ

テムを利用しているトリガーの障害検知も行われません。監視データ自体が収集されないため、停止期間中のデータは抜け落ちてしまいます。

　サーバーは稼働している状態で特定のサービスの停止を伴うメンテナンスを実施する場合などに適しています。

トリガーを無効化した場合

　トリガーを無効化することでアイテムによる監視データ収集は行いつつ障害検知のみを停止することが可能です。停止期間中も、監視データ収集を行うためデータの履歴や、グラフ上ではメンテナンス中に収集した監視データを表示できます。

　監視データ収集は行いつつ、イベントの履歴に特定期間の障害履歴を残さないほうがよい場合に適しています。

アクションを無効化した場合

　アクションを無効化することで監視データ収集は行い、障害があったことをイベント履歴に残しつつ、システム管理者への通知やスクリプトの実行のみを停止できます。

　監視データと障害の履歴は残しつつ、システム管理者へのメール通知やスクリプト実行のみを停止したい場合に適しています。

12.3.2
メンテナンス期間の機能を利用する

　Zabbixは、ホストグループ、ホスト、トリガー単位でメンテナンス期間を設定する機能を有しています。メンテナンス期間中に設定されているホストからは情報収集を行わない、もしくは情報収集を継続し通知メールを行わないようにできるため、サーバーやネットワーク機器の一時的なメンテナンス作業中や、定期的に行われるメンテナンスの時間は監視を行わないようにあらかじめ設定しておくことで、メンテナンス中の監視を計画的に停止し、不要な障害通知を行わないようにできます。

　メンテナンス設定を行った場合、メンテナンス時間になると対象のホストがメンテナンス状態になります。[メンテナンスタイプ]の設定が[データ収集なし]の場合は、監視データ収集の処理自体が停止するため、トリガーによる評価もアクション実行も行われません。[データ収集あり]の場合は、監視データの収集からアクション実行まで行われるため、メンテナンス中のアクション実行を抑制したい場合はアクションの実行内容の設定で[メンテナンス中の場合に実行を保留]を有効にしておく必要があります。

　Zabbix 4.0以降では、トリガーのタグ機能を利用し、特定のタグが設定されているトリガーのみをメンテナンス状態にできるようになりました。以前のバージョンではホストがメンテナンスの最小の対象でしたが、Zabbix 4.0以降ではタグ機能を活用することで、監視対象のうち一部のプロセスの監視のみ停止するなどの場合に、より細かなメンテナンス設定を行えるようになりました。

設定されているメンテナンスの一覧画面

　メンテナンスの設定は、メニューの[設定]→[メンテナンス]をクリックします。デフォルトでは何も設定されていません（図12.3-1）。

●図12.3-1　メンテナンスの一覧画面（設定済み）

❶メンテナンスの設定名　❷メンテナンス設定の種類　❸メンテナンス設定の状態の有効／無効
❹メンテナンス設定の説明

メンテナンスの設定項目

　メンテナンスの設定画面では、3つのタブで設定を行います。メンテナンスの設定項目の詳細を次に示します。

■メンテナンスタブ

　メンテナンスの基本設定を行います（図12.3-2）。メンテナンスタブの設定項目は次のとおりです。

●図12.3-2　メンテナンスの設定画面（メンテナンスタブ）

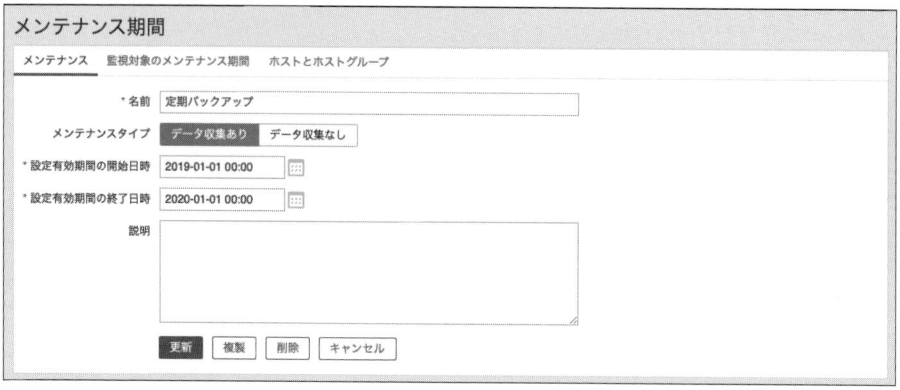

メンテナンス期間

メンテナンス	監視対象のメンテナンス期間	ホストとホストグループ

* 名前	定期バックアップ
メンテナンスタイプ	データ収集あり　データ収集なし
* 設定有効期間の開始日時	2019-01-01 00:00
* 設定有効期間の終了日時	2020-01-01 00:00
説明	

更新　複製　削除　キャンセル

・**名前**

メンテナンス設定の名前を設定します。

・**メンテナンスタイプ**

メンテナンスのタイプを**表12.3-1**から選択します。

●表12.3-1　メンテナンスタイプ

項目	解説
データ収集あり	メンテナンス期間中もアイテムの監視データ収集を行い、障害が発生した場合はイベントを生成する。アクション設定でメンテナンス期間中はシステム管理者への通知を行わないように設定することで、メンテナンス期間中のデータ収集や障害検知を行いつつシステム管理者への通知だけを行わないように設定できる
データ収集なし	メンテナンス期間中はアイテムの監視データ収集を行わず、障害の検知も行わない。メンテナンス期間中に発生した障害がメンテナンス終了時まで継続していた場合はメンテナンス期間終了後にデータ収集が開始された際に障害として検知される

・**設定有効期間の開始日時／設定有効期間の終了日時**

メンテナンス設定が有効な期間の開始日時と終了日時を設定します。なお、実際に監視対象ホストのメンテナンスを行う期間は、次の［期間タブ］で設定を行います。ここで設定する期間は、このメンテナンス設定が有効な期間であることに注意してください。

・**説明**

メンテナンス設定の説明を記入します。

■監視対象のメンテナンス期間タブ

監視対象をメンテナンス状態にする期間を設定します（**図12.3-3**）。

メンテナンス期間は［期間のタイプ］の選択肢から、一度限りのメンテナンスか日／週／月単位の繰り返し設定かを設定できます。

●図12.3-3　メンテナンスの設定画面（監視対象のメンテナンス期間タブ）

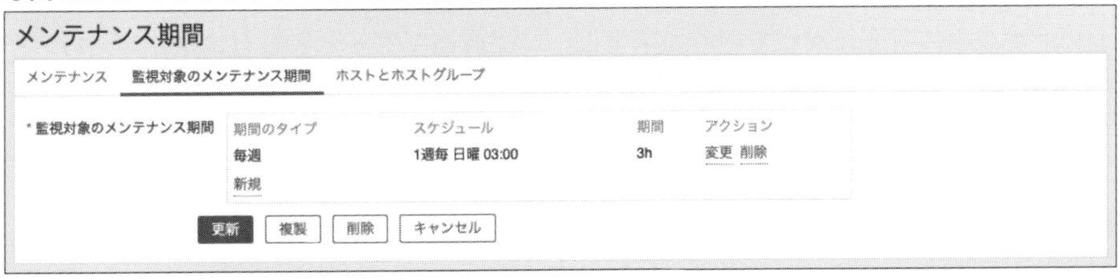

メンテナンス期間

| メンテナンス | 監視対象のメンテナンス期間 | ホストとホストグループ |

* 監視対象のメンテナンス期間	期間のタイプ	スケジュール	期間	アクション
	毎週	1週毎 日曜 03:00	3h	変更 削除
	新規			

　更新　複製　削除　キャンセル

　メンテナンスを毎日／毎週／毎月繰り返すように設定した場合、［メンテナンス］タブの「設定有効期間の開始日時／設定有効期間の終了日時」の期間のみ実際に監視対象がメンテナンス状態になります。

■ホストとホストグループタブ

　メンテナンスを行う監視対象ホストまたはホストグループの設定を行います（**図12.3-4**）。

●図12.3-4　メンテナンスの設定画面（ホストとホストグループタブ）

メンテナンス期間

| メンテナンス | 監視対象のメンテナンス期間 | ホストとホストグループ |

* 少なくとも1つのホストグループまたはホストが選択されている必要があります。

| ホストグループ | Linux servers ✕ | 選択 |
| | 検索文字列を入力 | |

| ホスト | 検索文字列を入力 | 選択 |

タグ　　And/Or　Or

| タグ | 含む 等しい | 値 | 削除 |

追加

　更新　複製　削除　キャンセル

　ホストグループを指定した場合は、そのホストグループに所属するホストすべてに設定が適用されます。

　タグ設定にトリガータグを追加することで、指定したホストやホストグループのうち、一致するタグを持つトリガーのみにメンテナンス対象を制限できます。特定のトリガーのみメンテナンスを行いたい場合は、あらかじめトリガーの設定でタグを設定しておく必要があります。

メンテナンスを設定した場合の画面表示

　メンテナンス状態になっているホストは、障害画面でホスト名の右にオレンジのスパナアイコンが表示され、マップ画面でアイコンの周囲にオレンジ色の背景が表示されるなど、メンテナンス中であることがわかるようになっています（**図12.3-5**、**図12.3-6**）。

●**図12.3-5　トリガーのステータス画面のメンテナンス中の表示**

時間 ▼	☐	深刻度	復旧時刻	ステータス	情報	ホスト	障害	継続期間	確認済	アクション	タグ
18:09:44	☐	軽度の障害		障害	🚫	web 🔧	CPU user time >= 90%	2m 32s	いいえ		

1件のうち1件を表示しています

●**図12.3-6　マップ画面のメンテナンス中の表示**

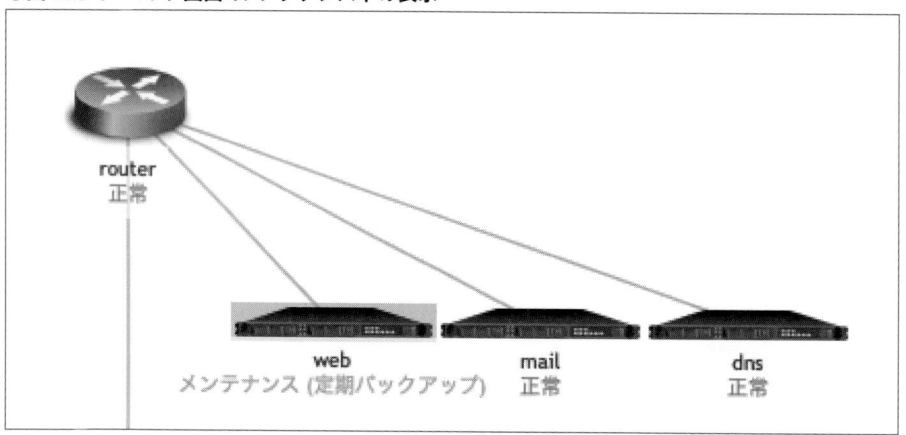

router
正常

web
メンテナンス (定期バックアップ)

mail
正常

dns
正常

12.3.3
メンテナンス中のアクション実行の挙動

　Zabbix 3.2以降、メンテナンスとアクションの実行の挙動が変更され、メンテナンス中に発生したイベントによる通知がよりわかりやすく処理されるようになりました。

Zabbix 3.0以前の挙動

　Zabbix 3.0以前のバージョンでは、アクション設定に「メンテナンス期間＝期間外」の条件がある場合に監視対象がメンテナンス状態になったとき、次のようにアクションが実行されます。

- **メンテナンス前から障害が発生していた場合**
  メンテナンスに関係なくエスカレーションが継続実行されます。

- **メンテナンス中に発生していた障害がメンテナンス終了時にも継続していた場合**
  メンテナンス終了時点でアクションを実行し、エスカレーションをステップ1から開始します。

メンテナンス終了時にアクションを再評価するようになっているため、アクションの内容はその時点での監視データなどを利用します。

Zabbix 3.2以降の挙動

Zabbix 3.2では、メンテナンス終了時にアクションの評価を再実行する挙動がなくなりました。アクション設定の［メンテナンス中の場合に実行を保留］の設定が無効の場合はメンテナンス状態にかかわらずアクションを実行し、この設定が有効の場合はメンテナンス終了時にエスカレーションを1から開始するのみです。

- **メンテナンス前から障害が発生していた場合**
  メンテナンス状態になるとエスカレーションを一時停止し、メンテナンスが終了すると中断していたエスカレーションを再開します。

- **メンテナンス中に発生していた障害がメンテナンス終了時にも継続していた場合**
  メンテナンス終了時点でエスカレーションをステップ1から開始します。

アクションの再評価を行わないため、通知メールにも障害発生時点の情報が記載されます。3.0以前とはメンテナンス中の障害通知の設定が異なるため、3.0以前から3.2以降にアップグレードを行った場合は次のように設定を変更する必要があります。

- **アクションの実行条件の設定から「メンテナンス期間中＝いいえ」の設定を削除する**
- **アクションの実行内容の設定で［メンテナンス中の場合に実行を保留］の設定を有効にする**

従来の「メンテナンス期間中＝いいえ」の設定が存在する場合、メンテナンス中に発生した障害ではアクションが実行されず、アクションの実行内容の設定で［メンテナンス中の場合に実行を保留］を有効にしていたとしてもメンテナンスが終了した時点でアクションが実行されることはありません。

12.4
Zabbixサーバーのメンテナンス

　Zabbixデータベースのバックアップを行う場合やZabbixデータベースを一時的に停止する必要がある場合など、Zabbixサーバーのメンテナンスを行う際に一時的にWebインターフェースをメンテナンスモードにし、システム管理者以外のユーザーがログインを行えないようにできます。これにより、不用意にデータベースが更新されるのを防げます。

　メンテナンスモード中はWebインターフェースにアクセスするとメンテナンス中であることが表示されるため、ユーザーにメンテナンス中であることを明示的に示すことができます（**図12.4-1**）。特定のIPアドレスからはログインを許可できるため、Zabbixのシステム管理者は通常どおり操作を行えます。

●**図12.4-1　メンテナンスモード中のWebインターフェース画面**

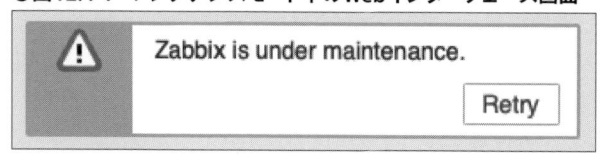

　メンテナンスモードの設定は、WebインターフェースのPHPファイルを直接編集します。Zabbix社が配布するRPMでインストールを行った場合、/etc/zabbix/web/maintenance.inc.phpの**リスト12.4-1**の個所を修正することで有効／無効を切り替えられます。デフォルトではすべてコメントアウトされているため、利用する場合はコメントを外してください。

●リスト12.4-1　メンテナンスモードの設定

```
// Maintenance mode
define('ZBX_DENY_GUI_ACCESS',1);    1でメンテナンスモード有効

// IP range, who are allowed to connect to FrontEnd
$ZBX_GUI_ACCESS_IP_RANGE = array('127.0.0.1');
```
↑メンテナンスモード中にWebインターフェースへのアクセスを許可する接続元のIPアドレスを設定。特定の範囲を設定
する場合は192.168.1.10-20のように設定する

```
// MSG shown on Warning screen!
$_REQUEST['warning_msg'] = 'Zabbix is under maintenance.';
```
↑メンテナンスモード中にWebインターフェースに表示するメッセージを設定

12.5
Zabbixデータベースのバックアップ

　Zabbixサーバーはすべての設定ファイルと収集済みの監視データをデータベースに保存するため、不慮の事故やハードウェア障害などを考慮して定期的にデータベースのバックアップを取得しておくことをお勧めします。

　Zabbixサーバーのデータベースとして MySQL/MariaDB や PostgreSQL を利用している場合、標準で利用できるデータベースのバックアップ方法としては大きく分けて次の2つがあります。それぞれのメリット／デメリットを記載します。いずれの場合もデータベース全体のバックアップを取得することになり、取得したバックアップには監視設定と収集した監視データすべてが含まれます。コマンドベースで簡単にバックアップの取得とリストアが可能です。

- **データベースを停止してファイルベースでバックアップを行う**
  - ファイルベースで取得するため、バックアップとリストアにかかる時間が短い
  - インデックスなどのデータベースの管理情報も含まれるため、バックアップファイルのデータサイズが大きくなる
- **データベースは起動したまま、mysqldump や pg_dump で論理バックアップを行う**
  - 論理バックアップのためバックアップとリストアにかかる時間が長い
  - バックアップされるのはデータのみであるため、バックアップファイルのデータサイズが小さくなる

　MySQL/MariaDB を利用する場合、データベース全体のバックアップは mysqldump コマンドでも可能ですが、データサイズが大きくなるとバックアップによる負荷のために Zabbixサーバープロセスを停止して実施したほうがよいことがほとんどです。オンラインでバックアップを取得したい場合、Percona XtraBackup や MySQL Enterprise Backup など InnoDB に対するオンラインバックアップを取得できるソリューションを利用するか、LVM によるスナップショットやレプリケーションを利用したスレーブ側でのバックアップなど構成を工夫したバックアップを検討する必要があります。

　Zabbixサーバープロセスを停止するのであれば、ファイルベースのバックアップのほうがサイズは大きくなりますが、バックアップ／リストアにかかる時間が大きく短縮できます。mysqldump コマンドによる論理バックアップでは、データベースのサイズやハ

ードウェアのパフォーマンスによりバックアップやリストアに数時間近く要する可能性があるため、あらかじめバックアップやリストアの設計を検討しておくことも重要です。次にそれぞれの方式によるバックアップ／リストアの方法を解説します。

12.5.1
ファイルベースでバックアップ／リストア

OSに付属するMySQL/MariaDBのデータファイルは、デフォルトで/var/lib/mysql以下に置かれています。ファイルベースでバックアップを行う場合は、Zabbixサーバープロセス、MySQL/MariaDBプロセスを停止し、tarコマンドなどでこのディレクトリ以下のバックアップを取得します。データベースを停止するため、バックアップ中にWebインターフェースにアクセスがあることも考慮してhttpdプロセスも停止するか、**12.4節**の方法でメンテナンスモードに設定しておくとよいでしょう。

```
# systemctl stop zabbix-server
# systemctl stop httpd
# systemctl stop mariadb
# cd /var/lib
# tar zcvf /root/zabbix-database.tar.gz mysql
```

/var/lib/mysql/zabbixにはZabbixデータベースのファイルが置かれていますが、このディレクトリだけをバックアップしても完全なバックアップにならないことに注意してください。MySQL/MariaDBでZabbixが利用しているInnoDBストレージエンジンでは、/var/lib/mysql直下に置かれているibdata1ファイルやib_logfile0、ib_logfile1のファイルにもデータベースの管理ファイルとして一部のデータや管理情報などが含まれています。これらのファイルも合わせてバックアップを取得しておかないと、正しくすべてのデータがバックアップされません。

リストアを行う場合は、次のように/var/lib/mysql以下に取得したデータをすべて戻します。リストアの際もZabbixサーバープロセスとMySQL/MariaDBデータベースプロセスの停止が必要です。

```
# systemctl stop zabbix-server
# systemctl stop httpd
# systemctl stop mariadb
# cd /var/lib
# mv mysql mysql.backup
# tar zxvf /root/zabbix-database.tar.gz
```

12.5.2
mysqldumpを利用したバックアップ／リストア

mysqldumpコマンドを利用する場合、--single-transactionオプションを利用することでバックアップ時にトランザクションを開始し、一貫性のあるバックアップを行うことができます。このオプションを利用することでバックアップ中もデータの読み書きを継続できます。しかしながら、Zabbixサーバープロセスを起動したままではデータの書き込みが常に発生している中で全データベースのバックアップが実施されることにより、書き込みが不安定になることがあります。Zabbixのデータベースは監視データの保存によりデータサイズが大きくなることが多く、バックアップ時間が数十分から数時間に及ぶ可能性があることから、通常はZabbixサーバープロセスを停止してバックアップを行うことをお勧めします。

次のコマンドにより、Zabbixデータベース全体をバックアップできます。

```
# systemctl stop zabbix-server
# mysqldump --opt --single-transaction -uzabbix -p zabbix > /root/zabbix.dump
```

リストアを行う場合は、Zabbixデータベース内のテーブルの削除と再作成が発生するため、Zabbixサーバープロセスは停止する必要があります。次のコマンドでリストアができます。リストア時には、一度すべてのテーブルが削除され、dumpファイル内のデータで置き換えられます。

```
# systemctl stop zabbix-server
# mysql -uzabbix -p zabbix < /root/zabbix.dump
```

12.6
Zabbixのアップデート

　バグ修正やセキュリティ修正、パフォーマンスの改善などでZabbixの新しいバージョンがリリースされた場合、Zabbixのアップデートを行う必要があります。**2.1.2項**で解説したとおり、Zabbixのリリースにはメジャーバージョンとマイナーバージョンがあり、注意点が異なります。ここではZabbix社が配布するRPMパッケージを利用したアップデート方法について解説を行います。

12.6.1
バージョン間の互換性

　バージョンの考え方と互換性について**2.1.2項**でも基本的な解説を行ったとおり、Zabbixサーバー、Webインターフェース、Zabbixプロキシサーバーは必ず同じメジャーバージョンを利用する必要があります。Zabbixサーバー、ZabbixプロキシサーバーはZabbixエージェントに対して後方互換性を持つように開発が行われているため、エージェントについては同時にバージョンアップを行う必要はありません。マイナーバージョン間ではすべてのソフトウェアで互換性があります。

　バージョンアップにあたっては、メジャーバージョンをまたぐバージョンアップなのか、マイナーバージョンのみのバージョンアップなのかにより、前述の互換性を考慮して実施する必要があります。

　Zabbixエージェントは後方互換性があるため、あとからアップデートを実施することが可能です。メジャーバージョンをまたぐアップデートを実施する場合は、Zabbixサーバーや Zabbix プロキシサーバーを先にバージョンアップするように計画をしておけば問題ありません。

12.6.2
マイナーバージョンのアップデート

　マイナーバージョン間ではZabbixサーバー、Webインターフェース、Zabbixプロキシ、Zabbixエージェント間で100％の互換性を持つように開発を行っているため、これらのソフトウェアでマイナーバージョンが異なっていても問題なく動作します。たとえ

ばWebインターフェースのみに見つかったバグ修正を適用するために、Zabbixサーバーは4.0.0のまま、Webインターフェースを4.0.1へアップデートすることが可能です。

　Zabbixの開発ポリシーでは、マイナーバージョンでは新機能の追加や仕様変更をともなう修正を行わず、ZabbixサーバーやZabbixプロキシが利用するデータベースにも変更はありません。そのためマイナーバージョンのアップデートはRPMパッケージをアップデートし、プロセスの再起動を行うのみで完了します。

　Zabbix社のリポジトリを利用しており、yumを利用できる場合は、次のコマンドを実行することでパッケージのアップデートとプロセスの再起動を行えます。次に記載しているのは、ZabbixサーバーとWebインターフェースを同時に4.0系の最新のバージョンにアップデートする方法です。

```
# yum update zabbix-server-mysql zabbix-web-mysql
```

　RPMパッケージをダウンロードして適用する場合は、次のようにrpmコマンドを実行します。RPMパッケージはhttp://repo.zabbix.com/サイトからダウンロードできます。Webインターフェースのパッケージは複数のRPMパッケージで構成されているため、あらかじめrpm -qlコマンドでインストールされているパッケージを調査し、アップデートに必要なパッケージをダウンロードしてください。

```
# rpm -Fvh zabbix-server-mysql-4.0.1-1.el7.x86_64.rpm zabbix-web-4.0.1-1.el7.x86_64.rpm
zabbix-web-mysql-4.0.1-1.el7.x86_64.rpm zabbix-web-japanese-4.0.1-1.el7.x86_64.rpm
```

　マイナーバージョンのアップデート後は、次のコマンドで出力されるバージョンを確認するか、各プロセスのログファイルからプロセス起動時に出力されるバージョン番号を確認することで、正しくバージョンアップが行われたことを確認できます。

```
$ zabbix_server -V
zabbix_server (Zabbix) 4.0.1
Revision 86073 29 October 2018, compilation time: Oct 29 2018 17:40:56

$ zabbix_agentd -V
zabbix_agentd (daemon) (Zabbix) 4.0.1
Revision 86073 29 October 2018, compilation time: Oct 29 2018 17:41:16
```

　このようにマイナーバージョンのアップデートはRPMパッケージを入れ替えるのみで完了するため、非常に簡単に行えます。マイナーバージョンでは常にバグの修正やセキュリティ修正、パフォーマンス改善などを行っているため、定期的にアップデートをチ

ェックし、バージョンアップを実施することをお勧めします。アップデート行った修正の内容は、サイト（https://www.zabbix.com/jp）の製品ページのリリースノートに記載しています。

12.6.3
メジャーバージョンのアップデート

メジャーバージョンをまたぐアップデートを実施する場合でも基本的なアップデート作業は、マイナーバージョンをアップデートする場合と同様にRPMパッケージの更新とプロセスの再起動を行うのみです。メジャーバージョンをまたぐアップデートを行う場合でも、監視設定や収集済みの監視データはすべて引き継ぐことができます。ただし、メジャーバージョンをまたぐアップデートの実施には注意しておくべき点があるため、次のことをあらかじめ考慮、検討しておく必要があります。

- **Zabbix** サーバー、**Zabbix** プロキシサーバーが利用するデータベースのスキーマ更新処理が行われるため、あらかじめデータベースのバックアップを検討しておく
- アップデートするメジャーバージョンによっては、データベースのスキーマ更新処理に時間がかかる場合がある。更新処理中は監視処理自体が停止する
- アップデートにあたり仕様変更となっている機能や**API**が存在する可能性があるため、ドキュメントの**Upgrade Notes**ページなどを確認しておく

Zabbix 2.0より前のバージョンでは、データベースのスキーマ更新処理を1メジャーバージョンごとに手作業で実施する必要がありました。Zabbix 2.0以降では、Zabbixサーバー、Zabbixプロキシサーバーにスキーマ更新処理が内蔵され、プロセス起動時に自動的に更新を行うようになりました。メジャーバージョンを飛び越してバージョンアップを行うことも可能になったため、2.0から4.0など複数のメジャーバージョンをまたいで一気にアップデートすることもできます。ただしその場合は仕様変更となっている機能も非常に多くなるため、あらかじめ簡単にでも間のメジャーバージョンの変更点すべてに目を通しておくほうがよいでしょう。

RPMパッケージのアップデートの内部処理では、プロセスがすでに起動している場合、自動的に再起動を行うようになっているため、あらかじめプロセスを停止しておきます。また、アップグレード中にWebインターフェースにアクセスがあると問題になる可能性もあるため、Apacheプロセスなども停止しておくのがよいでしょう。

```
# systemctl stop zabbix-server
# systmectl stop httpd
```

　Zabbix社のリポジトリを利用しており、yumコマンドを利用する場合は、まずyumの
リポジトリ設定を最新のメジャーバージョンのものへアップデートします。Zabbix社の
リポジトリは不用意にメジャーバージョンをまたいでアップデートが行われないように、
メジャーバージョンごとにリポジトリを分けています。次に示すのは、3.0系と4.0系の
yumリポジトリの定義が含まれるRPMパッケージのURLです。

- 3.0系：http://repo.zabbix.com/3.0/rhel/7/x86_64/zabbix-release-3.0-1.el7.
noarch.rpm
- 4.0系：http://repo.zabbix.com/4.0/rhel/7/x86_64/zabbix-release-4.0-1.el7.
noarch.rpm

　たとえばすでに3.0系のyumリポジトリを利用している場合は、次のコマンドを実行
することで4.0系のリポジトリ定義ファイルにアップデートできます。

```
# rpm -Fvh http://repo.zabbix.com/4.0/rhel/7/x86_64/zabbix-release-4.0-1.el7.noarch.rpm
```

　その後、念のためyumのローカルキャッシュを削除してからパッケージアップデート
のコマンドを実行すると、RPMパッケージが4.0系に更新されます。次のコマンドでは
Zabbixサーバー、Webインターフェース、Zabbixエージェント、コマンドラインのユー
ティリティも含めてアップデートを行っています。

```
# yum clean all
# yum update zabbix-server-mysql zabbix-web-mysql zabbix-agent zabbix-get zabbix-sender
```

　パッケージの更新後は、/etc/zabbix/zabbix_server.conf.newファイルに新しいバージ
ョンの設定ファイルが置かれます。設定ファイル内のパラメータにも追加／削除が発生
していることがあるため、現在の設定との差分を確認して更新を適用してください。
　その後、Zabbixサーバープロセスを起動すると、バックグラウンドでデータベースの
スキーマ更新処理が行われ、進捗状況が/var/log/zabbix/zabbix_server.logに出力されま
す。次のログ出力は、3.0から4.0へのアップデートの際の出力の例です。データベース
の更新処理が100%になったあとは、Zabbixサーバーが通常どおり起動し、監視処理を
開始します。データベースの更新中はZabbixサーバープロセスを停止したり、強制的に

止めないように注意してください。

```
13157:20181025:122639.857 Starting Zabbix Server. Zabbix 4.0.0 (revision 85308).

...

13157:20181025:122639.866 current database version (mandatory/optional):
03000000/03000000
13157:20181025:122639.866 required mandatory version: 04000000
13157:20181025:122639.866 starting automatic database upgrade
13157:20181025:122639.871 completed 0% of database upgrade
13157:20181025:122639.897 completed 1% of database upgrade
13157:20181025:122639.932 completed 2% of database upgrade
13157:20181025:122639.965 completed 3% of database upgrade
13157:20181025:122639.986 completed 4% of database upgrade
13157:20181025:122640.022 completed 5% of database upgrade

...

13157:20181025:122643.216 completed 98% of event name update
13157:20181025:122643.216 completed 99% of event name update
13157:20181025:122643.216 completed 100% of event name update
13157:20181025:122643.240 event name update completed
13157:20181025:122643.242 server #0 started [main process]
13173:20181025:122643.255 server #12 started [history syncer #4]
13175:20181025:122643.255 server #14 started [proxy poller #1]
```

12.6.4
Zabbixエージェントのアップデート

Zabbixエージェントのアップデートは、データベースの更新処理などの必要がなく、バイナリと設定ファイルの更新のみとなるため、メジャーバージョンとマイナーバージョンでそれほど大きな違いはありません。

Linuxの場合は、次のようにyumコマンドまたはダウンロードしたRPMパッケージの更新で完了します。

```
# yum update zabbix-agent
または
# rpm -Fvh zabbix-agent-4.0.0-1.el7.x86_64.rpm
```

Windowsの場合は、コンパイル済みバイナリをダウンロードし、含まれるzabbix_agentd.exeやzabbix_agentd.confをインストールしたものと置き換えてからサービスの再

起動を行ってください。

　LinuxとWindowsどちらの場合でも、マイナーバージョンのアップデートの場合には設定ファイルを更新する必要は通常ありません。メジャーバージョンのアップデートの場合は、設定ファイルの差分も確認し、必要な変更を適用してからサービスの再起動を行ってください。

12.7
パフォーマンスチューニング

　Zabbix サーバーの運用を行っていると、監視対象や監視項目の増加などによりパフォーマンスが不足することがあります。監視に必要なパフォーマンスが得られないと徐々に監視に遅延が発生しはじめ、最悪の場合は監視の欠落が起こってしまうため、定期的に Zabbix サーバーが正常に監視を行えているかどうかを確認し、必要に応じて対処を行う必要があります。

　また、保存されている監視データの数が多くなってくると Web インターフェースの表示速度が遅くなる場合があります。この場合監視自体が停止することはありませんが、表示のたびに時間を要していては操作性が悪くなってしまいます。この場合、データベースの設定の見直しやデータのメンテナンスなどでパフォーマンスを向上させることができる場合があります。

　ここでは、Zabbix サーバーを運用するうえで必要となるパフォーマンスの確認とチューニングの方法、データベースのメンテナンスについて解説を行います。

12.7.1
監視のパフォーマンスの確認

　Zabbix では監視の遅延を確認するキューの画面が用意されており、メニューの[管理]→[キュー]から表示できます。キューの画面では、処理が遅延しているアイテムの数と遅延時間をアイテムのタイプごとに確認できます（**図12.7-1**）。画面の名称はキューとなっていますが、Zabbix の内部的には、FIFO などのキューによって処理しているわけではありません。この画面で表示される遅延とは、それぞれ本来の監視時刻を過ぎたにもかかわらず新規に監視データを取得できていないアイテムです。そのため、ログや SNMP トラップの監視はこの画面のアイテム数にはカウントされません。サブメニューのドロップダウンリストから[詳細]を選択すると、遅延が発生しているアイテムの名前、ホスト名、それぞれのアイテムの遅延時間など具体的な状態を確認できます（**図12.7-2**）。

●図12.7-1　キューの概要画面

アイテム	5秒	10秒	30秒	1分	5分	10分以上
Zabbixエージェント	0	0	0	0	0	0
Zabbixエージェント(アクティブ)	0	0	10	0	0	0
シンプルチェック	0	0	0	0	0	0
SNMPv1エージェント	0	0	0	0	0	0
SNMPv2エージェント	0	0	0	0	0	0
SNMPv3エージェント	0	0	0	0	0	0
Zabbixインターナル	0	0	0	0	0	0
Zabbixアグリゲート	0	0	0	0	0	0
外部チェック	0	0	0	0	0	0
データベースモニタ	0	0	0	0	0	0
HTTPエージェント	0	0	0	0	0	0
IPMIエージェント	0	0	0	0	0	0
SSHエージェント	0	0	0	0	0	0
TELNETエージェント	0	0	0	0	0	0
JMXエージェント	0	0	0	0	0	0
計算	0	0	0	0	0	0

更新待ちアイテムのキュー　　概要

●図12.7-2　キューの詳細画面

更新待ちアイテムのキュー　　詳細

スケジュールされたチェック時刻	遅延時間	ホスト	名前
2019/01/28 18:41:12	4m 12s	intra	Processor load
2019/01/28 18:41:12	4m 12s	switch	Processor load
2019/01/28 18:41:12	4m 12s	dns	Processor load
2019/01/28 18:41:12	4m 12s	mail	Processor load
2019/01/28 18:41:12	4m 12s	router	Processor load

　キューに溜まっているアイテムが存在しないか、存在してもすぐに処理される状態が正常です。数分以上待ち状態になっているキューが定常的に存在している場合は、監視に遅延が発生している可能性があります。運用中には定期的にこの画面を確認するか、後述するZabbixインターナル監視の機能を利用し、監視処理に遅延が発生していないかを監視しておくとよいでしょう。

　アイテムがキューに溜まっている場合、次のことが原因として考えられます。

- アイテムのデータ収集でタイムアウトが発生し、処理が遅延している
- アイテム数が多いか、監視間隔が短いために、Zabbixサーバーの処理が遅延している
- データベースへの監視データ保存速度が遅く、遅延している

　キューに多数のアイテムの遅延が表示される場合、監視データ収集の処理がスムーズ

に行えていないことになります。ボトルネックを調査して対処する必要があります。

　次にボトルネックの調査方法とパフォーマンスチューニングの方法を解説します。

12.7.2
監視データ収集が遅延しているアイテムの調査

　キュー画面で右上のドロップダウンリストから[詳細]を選択すると、どのホストのどのアイテムで監視処理が遅延しているかを特定できます。監視が遅延している原因は、データ収集の方式によって次の可能性があります。

- アイテムのタイプがZabbixエージェント（アクティブ）の場合は、Zabbixエージェントから Zabbixサーバーへのネットワークの問題や、zabbix_agentd.conf の設定の誤り、Zabbixエージェントが停止しているなどにより、Zabbixエージェントから Zabbixサーバーへのデータ送信が行われていない
- それ以外のアイテムのタイプの場合は、Zabbixサーバーから監視データ収集処理が行われるため、監視対象へのアクセスや監視項目で実施している処理がネットワークの問題などでタイムアウトしている
- ユーザーパラメータや外部チェックなどスクリプトを実行するアイテムが遅延している場合、スクリプトの実行自体がタイムアウトしている

　ネットワークの問題により通信のタイムアウトが発生したり、通信自体ができていなかったりする場合は、zabbix_server.log や zabbix_agentd.log にワーニングやエラーのメッセージが出力されます。特によく見られるのが zabbix_server.log に出力される次のようなログです。

```
31031:XXXXXXXX:YYYYYY.ZZZ Zabbix agent item [アイテムのキー] on host [ホスト名] failed:
first network error, wait for 15 seconds
12593:XXXXXXXX:YYYYYY.ZZZ Zabbix agent item [アイテムのキー] on host [ホスト名] failed:
another network error, wait for 15 seconds
```

　これらのログは、Zabbixサーバーから監視データ取得処理を実行したものの、タイムアウト時間までに応答がなかった場合に出力されます。zabbix_server.conf の Timeout パラメータで監視データ取得処理のタイムアウトを大きくすることで改善される可能性があります。ただし、あまりタイムアウトを大きくしすぎるとそれだけ応答待ちにかかる時間が長くなるため、ほかの監視処理の遅延を招く可能性があることには注意が必要です。

　ユーザーパラメータや外部チェックなどスクリプトを実行しているアイテムの場合、スクリプトの実行自体に時間がかかり、タイムアウトに達している状態も多く見られま

す。ユーザーパラメータの場合、関連するパラメータとしては次の2つがあり、タイムアウトを大きくするときには双方の設定ファイルを修正する必要があります。

- zabbix_agentd.confのTimeoutパラメータがスクリプト実行自体のタイムアウトとして利用される
- zabbix_server.confのTimeoutパラメータが、Zabbixサーバーがデータ取得処理を開始してからエージェントがスクリプトを実行し、その結果データを取得するところまでのタイムアウトとして利用される

なお、zabbix_server.confやzabbix_agentd.confのTimeoutパラメータを変更した場合は、それぞれのプロセスの再起動が必要です。

12.7.3
Zabbixサーバーの稼働状況の確認

　Zabbixサーバープロセスは、監視データの取得実行やZabbixエージェントからのデータ受信など役割を持ったプロセスが複数起動し、それぞれのプロセス数は起動後に変動することなく処理を行うしくみになっています。そのため、アイテムの設定数が多くなったり、監視間隔が短かったりする場合は、監視データ収集を行うプロセス数が不足し、処理の遅延が発生することがあります。各プロセスの起動数はzabbix_server.confの設定で調整でき、不足している場合は増やすことで対処できます。

　Zabbixインターナルアイテムを利用することで、Zabbixサーバーの各プロセスが実際にどの程度稼働しているかを示すビジー率を監視できます。また、メモリ上に確保している各キャッシュメモリの使用状況なども監視できます。

　Zabbixサーバーの運用中に確認しておくべきプロセスのビジー率の監視設定は、デフォルトで登録されているTemplate App Zabbix serverテンプレートにすべて含まれており、このテンプレートを適用することで必要な監視を行えます。これらの内部プロセスとキャッシュの監視は、Zabbixサーバーのパフォーマンスを確認し、安定した運用を行っていくためにも非常に重要です。Zabbixサーバーを構築したあとには、運用を開始する前にこのテンプレートをZabbixサーバー自身のホストにリンクしておくことをお勧めします。

　次に、このテンプレートに含まれている代表的な設定の解説を行います。

プロセスのビジー率
　監視処理に関係する次のプロセスのビジー率が高くなっている場合、起動プロセス数

が不足している可能性があります。それぞれに関係するzabbix_server.confのパラメータの値を大きく設定し、Zabbixサーバープロセスを再起動することで対処できます。

- **Poller** プロセス
- **Unreachable Poller** プロセス
- **Trapper** プロセス
- **ICMP Pinger** プロセス
- **HTTP Poller** プロセス
- **IPMI Poller** プロセス
- **Java Poller** プロセス
- **Preprocessor** プロセス
- **VMware Collector** プロセス

　起動プロセス数の設定値を大きくする場合、Zabbixインターナル監視の状態を確認しながら変更し、おおよそ40%以下の間のビジー率になれば問題ありません。必要以上に大きな値を設定すると、各プロセスがメモリ上のキャッシュをロックする時間や、データベースへのクエリの発行数が必要以上に大きくなってしまい、逆にパフォーマンスを低下させることになります。

　前述のプロセスはテンプレートでも75%以上で障害とするトリガーが設定されており、プロセスが不足している場合は障害検知もできるようになっています。

　Zabbixサーバーはほかにも多数のプロセスを起動しています。各プロセスの役割や動作の詳細は**Appendix**を参照してください。

メモリキャッシュの使用率

　Zabbixは監視設定や収集したデータをメモリキャッシュに置き、主にデータベースへのアクセスを減らす目的で監視処理に利用しています。監視処理のパフォーマンスに影響が大きいキャッシュとして、トリガーの評価のために収集したデータを一時的に保存しておくValueCache領域があります。この領域が不足すると、データベースへのアクセスが多くなり、データベースへの負荷が高くなることで、監視処理に影響が出ることがあります。テンプレートに、メモリキャッシュの使用率において使用率が75%を上回った場合に障害となるトリガーも含まれています。

　ValueCacheのサイズもzabbix_server.confのValueCacheSizeパラメータで設定を変更できます。Zabbixインターナル監視の結果から、必要に応じてサイズを調整してください。

キューとZabbixサーバーのデータ処理数

　テンプレートには、キュー(Zabbix queue、Zabbix queue over 10 minutes)とZabbixサーバーのデータ処理数(Zabbix processed by Zabbix server per second)を監視するアイテムも含まれています。

　キューの値を監視しておくことで、キュー画面の確認と同様のことを監視処理として行えます。テンプレートには、10分以上遅延しているアイテムが100個を超えた場合に障害とするトリガーも含まれています。

　Zabbixサーバーのデータ処理数は、実際にZabbixサーバーが1秒あたりに何個の監視データを処理したかを示す値です。[レポート]→[システム情報]から確認できる「1秒あたりの監視項目数」はアイテムの設定数と監視間隔から単純計算したものであるのに対して、Zabbixインターナルアイテムで取得されるのは実際に処理したデータ数です。この値が多いほどZabbixサーバーは処理すべきデータ数が多いことを示し、それだけパフォーマンスが必要ということがわかります。

　また、この値が一定の値を維持している場合は滞りなく監視データを受信してデータを保存できていることになりますが、通常時より大きく減っている場合は何かしらデータ処理が通常より少なくなる原因があることが想定できます。また、通常時より大きく増えている場合はログ監視やSNMPトラップ監視などで短期間に大量のデータ受信を行ったなどの推測ができます。

グラフとホストスクリーン

　テンプレートには、プロセスのビジー率やメモリのキャッシュ使用率、キューとデータ処理数などの重要なアイテムを一覧にして確認するためのグラフも付属しており、ホストスクリーンではそれらのグラフを1つの画面で確認できるように設定されています。パフォーマンスの問題が発生した場合は、ホストスクリーンを参照するのがよいでしょう。

- **Zabbix data gathering process busy %**
- **Zabbix internal process busy %**
- **Zabbix cache usage, % used**
- **Zabbix server performance**
- **Value cache effectiveness**

12.7.4
データベースの負荷が高い場合

　ここまでの対処を行ってもキュー画面でアイテムのデータ取得に遅延が見られる場合や、次に示すような状態が発生している場合、Zabbixがデータ保存に利用しているデータベースの負荷が高い可能性があります。

- **Zabbixサーバーが利用しているデータベースのOSでCPU使用率のIOwait値が高い（およそ20%程度あるようであれば、I/O負荷はかなり高いと言える）**
- **zabbix_server.logにSlowQueryログが出力されている**

　データベースの負荷が高い場合の原因はさまざまであり、根本原因の調査や対策も複雑です。ここではZabbixのデータ保存先として利用するデータベースの基本的な考え方についてMySQL/MariaDBを例として解説します。

　ただし、これまでの筆者の経験上、データベースのパラメータ調整は最低限必要な設定が行われていれば、細部を調整してパフォーマンスが劇的に改善されることはありません。housekeeper処理によりデータベースの負荷が高くなる場合は、パーティショニングを検討する方法などもありますが、一定規模の監視を行う場合は利用しているディスク自体のパフォーマンス限界であることも多く、ハードウェアの移行の検討が必要になる場合もあります。

　MySQL/MariaDBの設定で大きくパフォーマンスが依存するのは、InnoDBのバッファプールの設定とWALログの設定です。これらは、メモリ上に持っておくデータのキャッシュサイズと、データの書き込みに利用するディスク上の一時的なバッファサイズを調整するパラメータです。MySQL/MariaDBの設定ファイルで次のパラメータが適切なサイズに設定されているかを確認してください。

- **innodb_buffer_pool_size**
- **innodb_log_file_size**
- **innodb_log_files_in_group**

　これらのうちinnodb_buffer_pool_sizeに割り当てる領域は実メモリの25%から50%程度までとすることで、ディスクの読み書きを減らし、パフォーマンスを改善できます。MySQL/MariaDBのデフォルトでは数MBから128MB程度しか割り当てられておらず、実際の利用にあたっては調整が必要です。**10.3節**で解説したメモリの考え方として、データベースに割り当てるサイズがほぼこのパラメータで指定する値です。

innodb_log_file_size と innodb_log_files_in_group を掛けた値が実際にWALバッファとして利用されるサイズです。この合計値がinnodb_buffer_pool_sizeを超えない範囲で設定する必要があります。実際には監視規模に応じて256MBから1GB程度あれば問題ありません。

innodb_buffer_pool_size を変更した場合はMySQL/MariaDBサーバープロセスの再起動で設定変更を反映できます。MySQL/MariaDB 5.5以下を利用している場合、innodb_log_file_sizeやinnodb_log_files_in_groupのパラメータを変更したあとに、次の手順でディスク上のファイルを再生成しないと正しく反映されず、MySQL/MariaDBの起動時にib_logfileのサイズチェックでエラーになるため注意が必要です。また、次の手順に記載しているMySQL/MariaDB終了前にinnodb_fast_shutdownを無効にしておかないと、WALログファイルの削除時にファイル内に残っているデータが失われてしまうため注意が必要です。

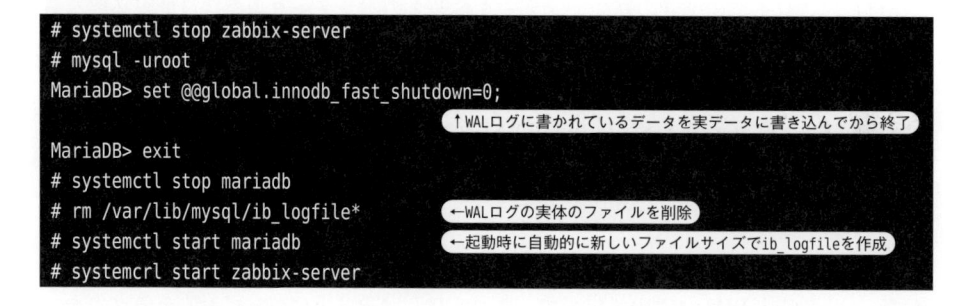

```
# systemctl stop zabbix-server
# mysql -uroot
MariaDB> set @@global.innodb_fast_shutdown=0;
                                    ↑WALログに書かれているデータを実データに書き込んでから終了
MariaDB> exit
# systemctl stop mariadb
# rm /var/lib/mysql/ib_logfile*     ←WALログの実体のファイルを削除
# systemctl start mariadb           ←起動時に自動的に新しいファイルサイズでib_logfileを作成
# systemcrl start zabbix-server
```

12.8
Zabbixプロセスのログレベルの動的変更

　Zabbix 2.4以降のZabbixサーバー、Zabbixプロキシ、Zabbixエージェントのそれぞれのプロセスは、再起動することなくログレベルの変更を行えます。以前のバージョンでは、ログレベルを変更するためにconfファイルのDebugLevelパラメータを変更し、プロセスを再起動する必要がありました。それと比べると、運用中に監視の停止を発生させることなく、デバッグログから問題の調査などを行いやすくなりました。

　また、ログレベルの変更は、起動しているプロセス全体だけでなく、特定のプロセスIDのもののみや、特定のプロセスタイプのみといった部分的なデバッグログ出力を行えるため、必要なプロセスのみデバッグログ出力を行うことで大量のログに埋もれることなく解析を行いやすくなります。

　ログレベルの変更は、各プロセスのバイナリの--runtime-controlまたは-Rオプションを利用し、ログレベルを1つ上げるにはlog_level_increase、ログレベルを1つ下げるにはlog_level_decreaseを指定します。zabbix_server、zabbix_proxyについても同様のオプションでログレベルを変更できます。

```
# /usr/sbin/zabbix_agentd --runtime-control log_level_increase
# /usr/sbin/zabbix_agentd --runtime-control log_level_decrease
```

　ログレベルを変更すると、ログファイルには次の出力が行われ、現在のログレベルを確認できます。

```
14455:20150409:212439.756 log level has been increased to 4 (debug)
14458:20150409:212445.083 log level has been decreased to 3 (warning)
```

　ログレベルはプロセス起動時にconfファイルのDebugLevelパラメータに設定された値になり、前述のruntime-controlオプションで起動中に動的にレベルを1段階ずつ上げ下げできます。ログレベルを変更後にZabbixのプロセスを再起動した場合、confファイルに記載のログレベルで起動します。起動中に行った変更は引き継がれません。

　なお、Windowsエージェントのみログレベルの動的な変更を行うことができません。

12.8.1
指定したプロセスのみデバッグレベルを変更する

　log_level_increase/decreaseにオプションを付けずにログレベルの変更を行った場合、すべてのプロセスのログレベルが変更されます。Zabbix 2.4以降では、指定したプロセスのみデバッグレベルを変更することも可能となっており、次の指定方法があります。

- プロセスID
- プロセスタイプ
- プロセスタイプのN番目のプロセス

　プロセスIDを指定してログレベルを変更する場合は次のようにコマンドを実行します。

```
# zabbix_agentd -R log_level_increase=14459
```

　プロセスタイプを指定してログレベルを変更する場合は次のようにコマンドを実行します。同じタイプのプロセスが複数起動している場合は、すべてのプロセスでログレベルが変更されます。

```
# zabbix_server -R log_level_increase=poller
```

　プロセスタイプとN番目のプロセスを指定してログレベルを変更する場合は次のようにコマンドを実行します。下記は、pollerプロセスの2番目のプロセスのみログレベルを上げる例です。

```
# zabbix_server -R log_level_increase=poller,2
```

　プロセスのタイプと起動数、何番目のプロセスかは、プロセス起動時のログまたはpsコマンドの結果から確認できます。次はpsコマンドでZabbixサーバーのプロセス一覧を表示した例です。pollerやtrapperがプロセスタイプの名前、#1、#2などが何番目のプロセスかを示します。

```
$ ps ax | grep zabbix_server
 2493 ?        S      0:00 /usr/sbin/zabbix_server -c /etc/zabbix/zabbix_server.conf
...
 2518 ?        S      0:19 /usr/sbin/zabbix_server: poller #1 [got 0 values in 0.000007
sec, idle 5 sec]
```

```
 2519 ?        S      0:19 /usr/sbin/zabbix_server: poller #2 [got 0 values in 0.000008
sec, idle 5 sec]
 2523 ?        S      0:19 /usr/sbin/zabbix_server: poller #3 [got 0 values in 0.000008
sec, idle 5 sec]
 2524 ?        S      0:19 /usr/sbin/zabbix_server: poller #4 [got 0 values in 0.000007
sec, idle 5 sec]
 2525 ?        S      0:18 /usr/sbin/zabbix_server: poller #5 [got 0 values in 0.000007
sec, idle 5 sec]
 2526 ?        S      0:19 /usr/sbin/zabbix_server: unreachable poller #1 [got 0 values
in 0.000022 sec, idle 5 sec]
 2529 ?        S      0:00 /usr/sbin/zabbix_server: trapper #1 [processed data in
0.000000 sec, waiting for connection]
 2530 ?        S      0:00 /usr/sbin/zabbix_server: trapper #2 [processed data in
0.000000 sec, waiting for connection]
 2531 ?        S      0:00 /usr/sbin/zabbix_server: trapper #3 [processed data in
0.000000 sec, waiting for connection]
 2532 ?        S      0:00 /usr/sbin/zabbix_server: trapper #4 [processed data in
0.000875 sec, waiting for connection]
 2533 ?        S      0:00 /usr/sbin/zabbix_server: trapper #5 [processed data in
0.000205 sec, waiting for connection]
 2534 ?        S      0:19 /usr/sbin/zabbix_server: icmp pinger #1 [got 0 values in
0.000007 sec, idle 5 sec]
...
```

12.9
監査履歴

　ユーザーが行ったログイン、設定の作成／変更／削除の履歴は監査ログとして保存されています。メニューから［レポート］→［監査］をクリックすると、保存されている監査ログを表示できます（**図12.9-1**）。

●図12.9-1　監査ログの画面

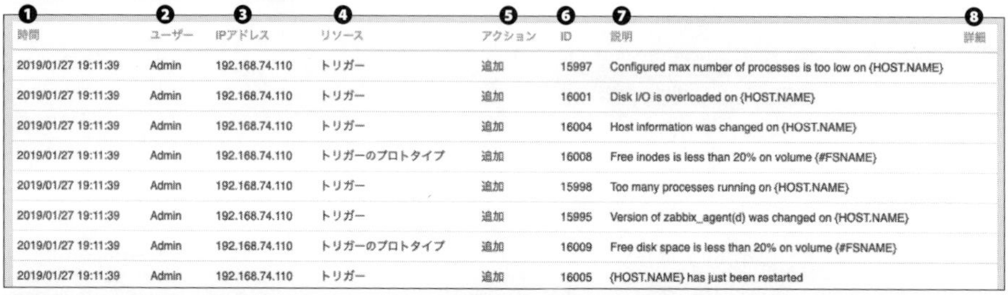

❶時間	❷ユーザー	❸IPアドレス	❹リソース	❺アクション	❻ID	❼説明	❽詳細
2019/01/27 19:11:39	Admin	192.168.74.110	トリガー	追加	15997	Configured max number of processes is too low on {HOST.NAME}	
2019/01/27 19:11:39	Admin	192.168.74.110	トリガー	追加	16001	Disk I/O is overloaded on {HOST.NAME}	
2019/01/27 19:11:39	Admin	192.168.74.110	トリガー	追加	16004	Host information was changed on {HOST.NAME}	
2019/01/27 19:11:39	Admin	192.168.74.110	トリガーのプロトタイプ	追加	16008	Free inodes is less than 20% on volume {#FSNAME}	
2019/01/27 19:11:39	Admin	192.168.74.110	トリガー	追加	15998	Too many processes running on {HOST.NAME}	
2019/01/27 19:11:39	Admin	192.168.74.110	トリガー	追加	15995	Version of zabbix_agent(d) was changed on {HOST.NAME}	
2019/01/27 19:11:39	Admin	192.168.74.110	トリガーのプロトタイプ	追加	16009	Free disk space is less than 20% on volume {#FSNAME}	
2019/01/27 19:11:39	Admin	192.168.74.110	トリガー	追加	16005	{HOST.NAME} has just been restarted	

❶ 操作を行った日時　❷ 操作を行ったユーザー　❸ 接続元のIPアドレス　❹ 行った操作のカテゴリ
❺ 行った操作の種類　❻ ホスト／アイテム／トリガーのID　❼ 行った操作の概要　❽ 行った操作の詳細

　監査ログの画面ではサブメニューの［フィルター］をクリックすると表示されるフィルター設定で条件を指定して、表示する内容を絞り込むことができます。

12.10
運用レポートの作成

　Zabbixは監視データをグラフィカルに表示する機能を多数有しており、それらの機能を活用することでシステムの障害発生の傾向を把握したり、システム運用に際して作成する必要がある週間や月間のレポート作成をより容易に行えます。

12.10.1
スクリーン機能を利用する

　Zabbixのスクリーン機能（**6.3節**参照）を利用することで、月次のレポート作成の際にグラフ生成の手間を省くことができます（**図12.10-1**）。

●図12.10-1　レポートのサンプル

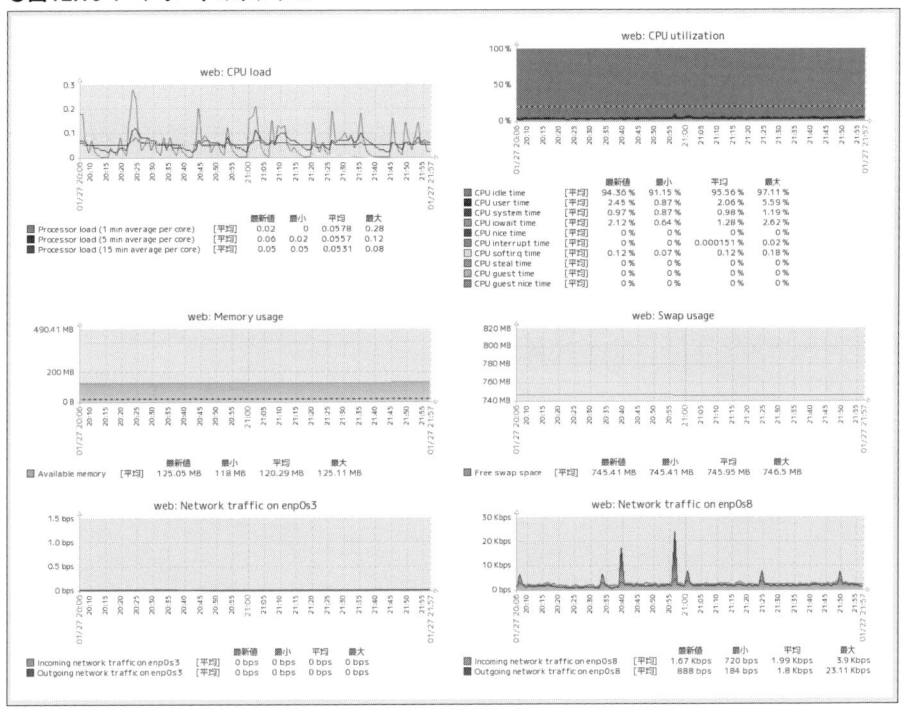

スクリーンではZabbixから監視を行って収集したデータを自由に配置して画面を作成でき、表示期間を動的に変更できるため、次の手順で容易にシステムの稼働状況の統計をレポート化できます。

❶レポート生成に必要なグラフをあらかじめスクリーン画面に設定しておく

❷上部の[期間]タブから表示する期間を選択する

❸画面右上の全画面表示のボタンをクリックする

❹Webブラウザの印刷機能で画面を印刷する

Webインターフェースを表示する管理端末にあらかじめPDFプリンタをインストールしておけば、Webブラウザの印刷機能を利用してPDFによるデータ化も容易に行うことができます。また、ダイナミックスクリーン機能(**6.3.3項を参照**)を利用することで、ホストごとの詳細レポートも簡単な設定で作成できます。

12.10.2
各種レポート機能

Zabbixの各種レポート機能を利用することで、監視データを利用したレポートや稼働率のレポート、アクションの実行履歴を作成できます。

これらのレポート画面は、スクリーンと同様にWebブラウザの印刷機能を利用することで、システムの状況の報告などに活用できる資料を作成できます。

稼働レポート画面

メニューの[レポート]→[稼働レポート]をクリックすることで、トリガーを設定した監視項目の稼働率を表示できます(**図12.10-2**)。

●図12.10-2 稼働レポート画面

❶ ホスト名 ❷ トリガー名 ❸ 保存されている収集データのうち、トリガーのステータスが障害の状態だった割合
❹ 保存されている収集データのうち、トリガーのステータスが正常の状態だった割合
❺ グラフの表示／非表示の切り替え

障害発生数上位100項目画面

メニューの［レポート］→［障害発生数上位100項目］をクリックすることで、障害頻度の高いトリガーの上位100項目を表示できます（**図12.10-3**）。

●図12.10-3 障害発生数上位100項目

アクション履歴画面

メニューから［レポート］→［アクションログ］をクリックすると、これまでに実行したアクションの履歴を表示できます（**図12.10-4**）。監査アクション画面では実行したアクションを時系列に表示できるため、特定の日時に送信されたアクションを検索する場合

に適しています。

●図12.10-4　監査アクション画面

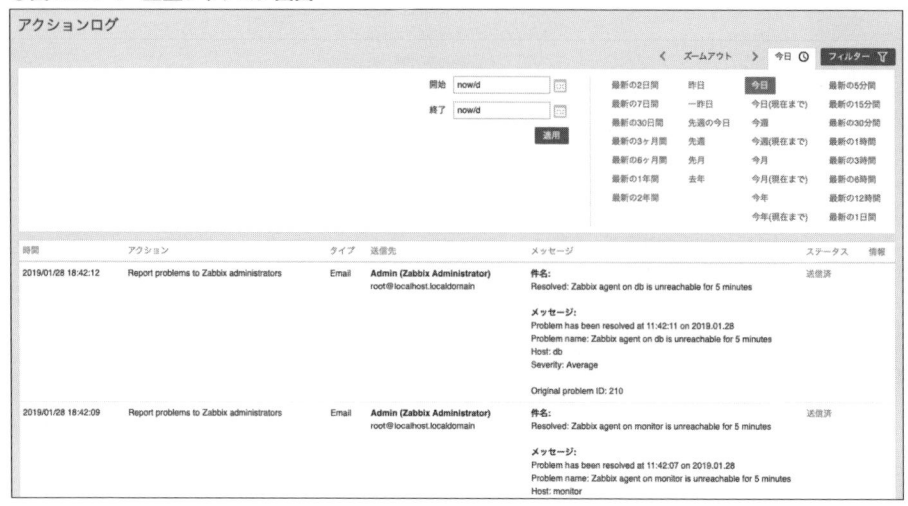

通知レポート画面

　メニューから[レポート]→[通知レポート]をクリックすると、ユーザーごとに時間あたりのアクション実行数の統計を表示できます(図12.10-5)。各セルに表示される数値の凡例は表の一番下に表示されています。

●図12.10-5　通知レポート画面

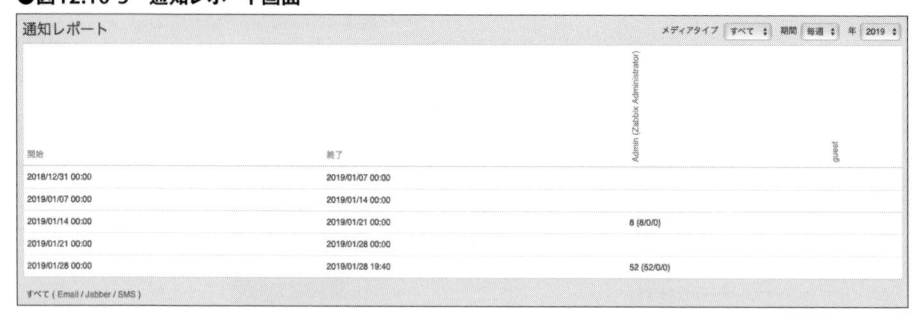

第13章
大規模システムの監視

これまでに解説した機能を利用することで、システムを監視し、障害を検知してシステム管理者に通知を行ったり、収集データからグラフ化などを行ったりといったシステム監視に必要なサーバーを構築できます。Zabbixはこれまでに解説した以外にも、システム監視をより効率化するさまざまな機能を有しています。拡張的な機能を利用することで、よりシステムの可視化を進めたり、大規模なシステムの監視に対応できるなど、さまざまなシステムで活用できます。本章では、比較的大規模のシステムで有用な機能を解説します。

13.1
ホストの自動登録

Zabbixサーバーは、Zabbixエージェントのアクティブチェックを利用した監視対象ホストを自動登録する機能を有しています（**図13.1-1**）。ホストに登録していないZabbixエージェントからデータを受信した場合に、次の動作を行うことができます。

- ホストの登録
- ホストグループへの追加
- テンプレートの適用
- システム管理者への通知やリモートコマンドの実行

●図13.1-1　ホストの自動登録の概要

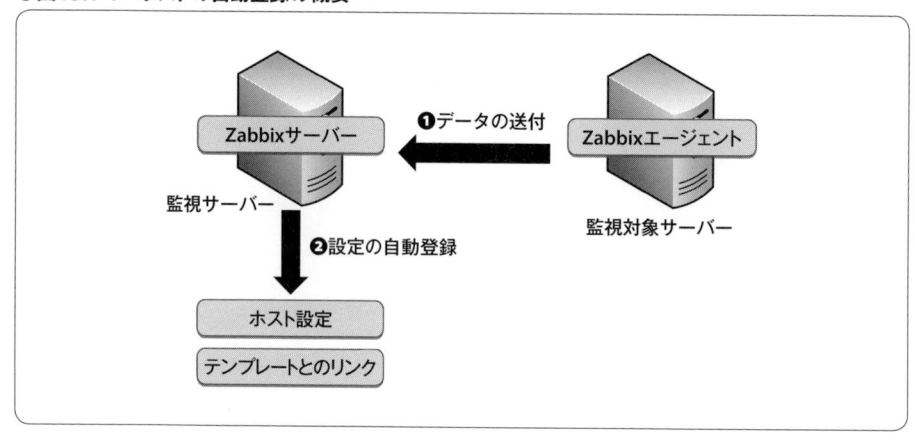

またZabbix 4.0からは、エージェントのホストメタデータが変更された場合に再度自動登録の動作を行うようになりました。ホストメタデータが変更された場合に次の動作を行うことができます。

- ホストの削除
- ホストの有効化
- ホストグループからの削除

- テンプレートとのリンクの削除
- システム管理者への通知やリモートコマンドの実行

　大規模システムで監視対象サーバーが多数存在する場合に利用することで、ホストを登録する手間を削減できます。

　自動登録の機能を有効にするためには、Zabbixサーバーのアクションの設定（**5.2節**の「アクションの設定」を参照）を行います。自動登録用のアクション設定では、データを受信したホスト名による条件設定など各種設定を行えます。

　また、自動登録を行う監視対象サーバー側ではZabbixエージェントが動作しており、アクティブチェックが有効になっている必要があります（**4.3.5項**を参照）。Zabbixエージェントのアクティブチェック機能は、Zabbixエージェントの設定ファイルzabbix_agentd.confのServerActiveのパラメータにZabbixサーバーが正しく指定されていれば有効になっています。

　Zabbixエージェントは、zabbix_agentd.confのHostnameに設定されたホスト名と、HostMetadataに設定された文字列をZabbixサーバーに送信します。Hostnameの設定はそのまま自動登録時のホスト名に利用され、Zabbixサーバーで自動登録アクションを実行する際の条件の設定にもこれらの値を利用できます。

　また、HostnameとHostMetadataには、それぞれ固定の文字列だけでなく、自身のOSから動的に取得した値を利用することも可能です。zabbix_agentd.confには、それぞれHostnameItem、HostMetadataItemの設定パラメータが存在し、たとえば次のように設定すると、Zabbixエージェントは自身のOSに対してアイテムのキーを利用して取得した監視値をそれぞれのパラメータに利用します。

- **HostnameItem** ：**system.hostname**
- **HostMetadataItem**：**system.uname**

　system.hostnameのアイテムキーは、OSのホスト名を取得します。仮想環境やクラウド環境などでOSのイメージにあらかじめZabbixエージェントを組み込んでおくような場合でも、前述の設定値をそれぞれのOSから取得するようにしておけば、Zabbixの設定を修正することなくOSのシステム設定の変更のみで対応できます。

　system.unameアイテムキーは、Linux上でuname -aコマンドを実行した結果と同様に、OSの種別、ホスト名、カーネルのバージョンやCPUアーキテクチャなどを次のように取得できます。ホストメタデータに対してこの文字列を利用することで、Zabbixサーバ

一側で監視対象のOSの種別を判断できます。

```
Linux linux-server.example.com 3.10.0-123.4.4.el7.x86_64 #1 SMP Fri Jul 25 15:07:12 UTC
2014 x86_64 x86_64 x86_64 GNU/Linux
```

13.1.1
自動登録用のアクション一覧

設定されている自動登録用のアクション設定の表示は、メニューから[設定]→[アクション]をクリックし、サブメニューのイベントソースドロップダウンリストから[自動登録]を選択します(**図13.1-2**)。

●図13.1-2　自動登録用アクションの一覧画面

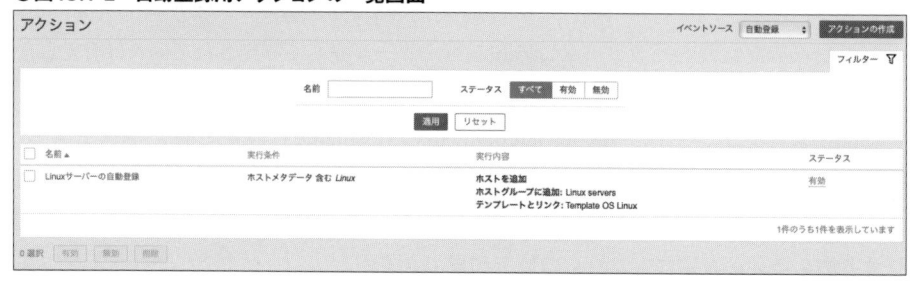

13.1.2
自動登録用のアクション設定例

5.2節で解説した障害通知用のアクション設定と同様に2つのタブで設定を行います。基本的な設定方法はトリガーのイベントによる障害通知の場合と同様ですが、それぞれのタブで設定できる項目が異なっています(**図13.1-3**)。

●図13.1-3 自動登録用のアクション設定画面

ここでは、自動登録固有のアクション設定について、例としてホストメタデータから Linux であることを判断し、自動的に Linux Servers グループに追加して Template OS Linux テンプレートをリンクする設定を解説します。

アクションタブ

自動登録用のアクションタブでは**表13.1-1**の項目を組み合わせて条件を設定できます。

●表13.1-1 アクションタブの実行条件に設定できる項目

項目	解説
ホスト名	自動登録するホスト名に含まれる文字列の条件を設定する。ホスト名は監視対象の zabbix_agentd.conf の Hostname に設定された文字列が利用される
プロキシ	Zabbix プロキシサーバー経由で監視を行っている場合に、経由するプロキシサーバーを設定する
ホストメタデータ	自動登録するエージェントに設定されているホストメタデータに含まれる文字列の条件を設定する。ホストメタデータは zabbix_agentd.conf の HostMetadata で設定できる

今回の例では**表13.1-2**のように設定し、ホストメタデータに linux の文字列が含まれている場合にアクションを実行するように設定します。

●表13.1-2 実行条件の設定

項目	設定値
ホストメタデータ	含まれる linux

実行内容タブ

自動登録用の実行内容タブでは、次の項目を組み合わせて実行する内容を設定できます。

- メッセージの送信
- リモートコマンド
- ホストを追加／削除
- ホストグループに追加／削除
- テンプレートとのリンクを作成／削除
- ホストを有効／無効
- インベントリモードの設定

　障害通知用のアクションと同様メッセージの送信やリモートコマンドが実行できるほか、自動登録固有の設定としてホストを自動的に登録しテンプレートにリンクできます。

　今回の例では、ホストを自動的に登録し、ホストグループLinux Serversへの登録、Template OS Linuxテンプレートとのリンクを行うようにするため、**表13.1-3**のように設定します。

●表13.1-3　実行内容の設定

項目	設定値
実行内容のタイプ	ホストを追加
実行内容のタイプ	グループに追加 Linux Servers
実行内容のタイプ	テンプレートとのリンクを作成 Template OS Linux

Zabbixエージェントの設定

　監視対象となるホストにインストールされているZabbixエージェントのzabbix_agentd.confに次の設定を行います。Zabbixサーバーに登録されるホスト名にはHostnameで設定した文字列が使用されます。

```
Hostname=Linux Server
HostMetadataItem=system.uname
ServerActive=ZabbixサーバーのIPアドレスまたはホスト名
```

自動登録されたホストの状態

　ここまでの設定を行った状態で監視対象サーバーでZabbixエージェントを起動すると、即座にZabbixサーバー側でホストとして追加されます。自動登録されたホストは手動で登録したホストと同様、ホストの一覧画面から確認できます。

13.2
ネットワークディスカバリ

　ネットワークディスカバリは指定したIPアドレスの範囲のネットワークに接続されている監視対象を探索し、システム管理者にメールを送信したり、自動的に監視対象として登録できる機能です。Webシステムのように同じ構成のサーバーが多数あり、サーバー自体の入れ替えが頻繁に行われるような場合に監視対象の登録の手間を省くことができます（**図13.2-1**）。

●図13.2-1　ディスカバリの概要

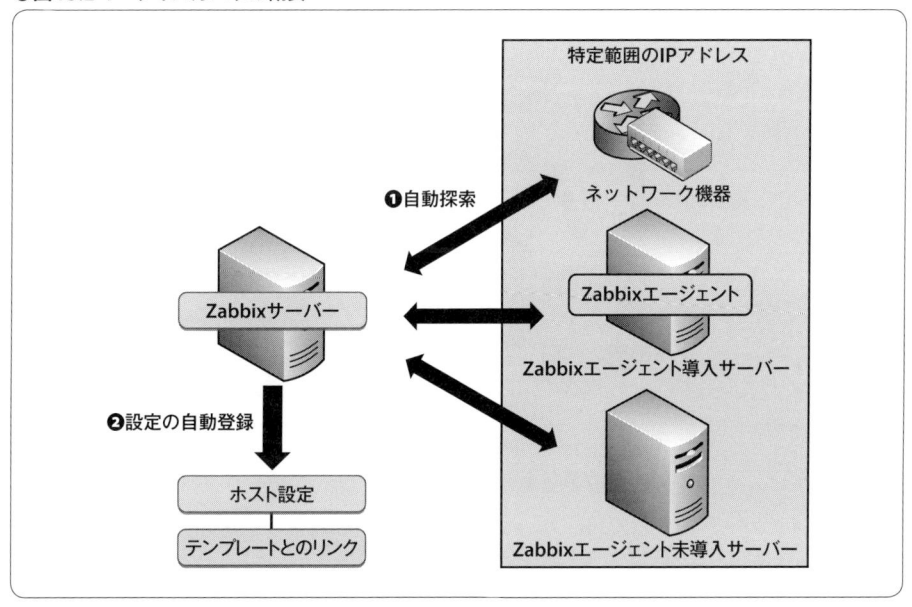

　13.1節で解説したホストの自動登録機能はZabbixエージェントのアクティブチェックを利用する必要があるため、ネットワーク機器などには利用できないこと、監視対象が存在しなくなった場合にはアクションを実行できないことなどの制限があります。これに対し、ネットワークディスカバリはZabbixサーバー側から能動的に監視対象の探索を行うため、アクティブチェックを利用しないZabbixエージェントやネットワーク機器、死活監視のみを行いたい場合でも利用できたり、すでに登録した監視対象が一定期間存

在しなかった場合に監視対象から削除できたりなど、より複雑な条件を設定できます。

　ここではロードバランサの下に、**図13.2-2**のように同じ構成のWebサーバーが多数設置されていることを想定し、Zabbixのネットワークディスカバリ機能を利用して、Webサーバーの増設や入れ替えの際に自動的に監視対象を追加し、特定のテンプレートをリンクする方法を解説します。

●図13.2-2　解説するシステム

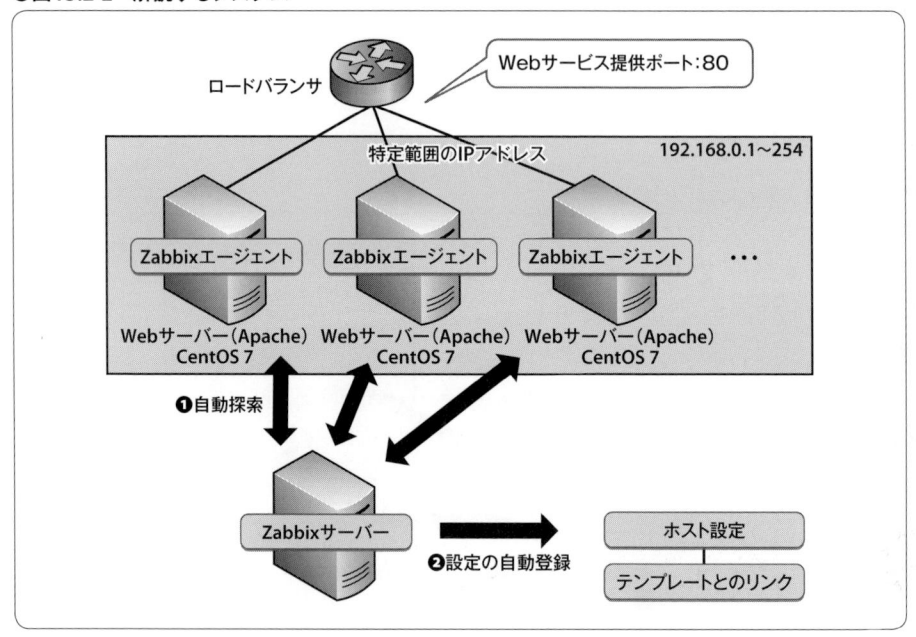

　Webサービス提供ポートは80番であるとします。また、各WebサーバーはOS、Apacheなど各アプリケーションとZabbixエージェントが設定された状態でネットワークに接続するものとします。

　上記の環境を監視するためのネットワークディスカバリの設定を解説します。監視対象を探索する条件と監視対象を発見した場合の動作を次のように設定します。

- **監視対象を探索する条件**
  Webサーバーのセグメントに80番ポートが開いているサーバーがあることが条件です。

- **監視対象発見時の動作**
  監視対象として登録し、Linux Serversホストグループに追加してテンプレートTemplate OS Linuxをリンクします。

13.2.1
ネットワークディスカバリの動作

ネットワークディスカバリでは、次の方法を用いて監視対象を探索できます。

- **SSH/Telnet/LDAP/SMTP/FTP/HTTP/HTTPS/POP/NNTP/IMAP のポート接続確認**
- **任意のTCPポートの接続確認**
- **Zabbixエージェントへの情報の収集**
- **SNMPv1/v2/v3エージェントへの情報の収集**
- **pingの応答**

ネットワークディスカバリは監視対象を発見した場合や、発見した監視対象が一定期間接続されていない場合などに**表13.2-1**のイベントを生成します。

●表13.2-1 ネットワークディスカバリが生成するイベント

名前	解説
Service Up	サービスが起動している
Service Down	サービスが起動していない
Host Up	1つ以上のサービスが動作している状態のホストがある
Host Down	ホスト内で1つもサービスが起動していない状態
Service Discovered	サービスが停止している状態から起動した場合、もしくは初めてサービスを発見した場合
Service Lost	一度サービスを発見したあとにサービスが停止している状態
Host Discovered	ホストが停止している状態から起動した場合、もしくは初めてホストを発見した場合
Host Lost	一度発見したホストが停止した場合

イベントに基づいて、次のアクションを自動的に実行できます。

- **システム管理者へのメール送信**
- **リモートコマンドの実行**
- **ホストの追加／削除／有効化／無効化**
- **ホストグループへの追加／削除**
- **テンプレートとのリンク／リンク削除**
- **インベントリモードの設定**

ネットワークディスカバリでは、上記の探索方法とアクションを組み合わせて柔軟に

設定できるようになっています。たとえば、Zabbixエージェントからシステム情報を収集するように探索の設定を行っておき、発見したサーバーのシステム情報がLinuxであればLinuxテンプレートを適用してホストを追加、WindowsであればWindowsテンプレートを適用してホストを追加するといったことができるため、システム管理者の手を介さずに複雑な監視対象の追加／削除設定を自動で行うことができます。

13.2.2
設定されているネットワークディスカバリの表示

設定されているネットワークディスカバリの表示は、メニューから［設定］→［ディスカバリ］をクリックします（**図13.2-3**）。

●**図13.2-3　ディスカバリの一覧画面**

❶ ディスカバリの設定名　❷ 探索するIPアドレスの範囲　❸ 探索を行う間隔（秒）　❹ 探索を行う方法
❺ ディスカバリ設定のステータス

デフォルトで192.168.0.1〜192.168.0.254のアドレスを探索する設定が行われており、無効の状態になっています。

13.2.3
ネットワークディスカバリの設定

ネットワークディスカバリの設定項目の詳細を示します（**図13.2-4**）。

●図13.2-4　ネットワークディスカバリの設定画面

- **名前**
  ディスカバリルールの名前を設定します。

- **プロキシによるディスカバリ**
  Zabbixプロキシ(**13.4節**参照)を利用したネットワークディスカバリを利用する場合に、利用するプロキシサーバーを選択します。

- **IPアドレスの範囲**
  探索するIPアドレスの範囲を設定します。単独のIPアドレスを指定することも、特定の範囲のIPアドレスを指定することもできます。範囲を指定する場合は192.168.0.1-254のように4オクテット目の範囲のみ指定可能です。複数指定する場合は、172.16.1.1-100,172.16.1.200-254のようにカンマ区切りで設定します。また、CIDR方式の指定も可能です。4オクテット目の範囲を指定する場合は、192.168.1.0/24のように指定します。

- **監視間隔**
  設定したルールを実行する間隔を設定します。

- **チェック**
  監視対象の探索を行う方法を**表13.2-2**のいずれかから選択して設定します。チェックの項目には設定済みの一覧が表示されます。チェックは複数の方法を組み合わせて指定することも可能です。

●表13.2-2　監視対象の探索を行う方法

項目	解説
SSH、Telnet、LDAP、SMTP、FTP、HTTP、HTTPS、POP、NNTP、IMAP、TCP	指定したプロトコルのポート、TCPの場合は特定のポートに応答があるかどうかの確認を行う。ポート番号は個別に指定できる
Zabbixエージェント	Zabbixエージェントを利用して情報の収集を行う。Zabbixエージェントのポート番号は個別に指定でき、情報の収集に利用するキーを設定する
SNMPv1/v2/v3エージェント	SNMPエージェントを利用して情報の収集を行う。SNMPエージェントのポート番号、コミュニティ名、OIDを設定する
ICMP Ping	pingの応答があるかどうかの確認を行う

- **デバイスの固有性を特定する基準**
  発見した監視対象の固有性を特定する基準をIPアドレス、もしくはZabbixエージェントやSNMPエージェントから収集した値から選択します。

- **有効**
  ディスカバリルールの設定の[有効][無効]を設定します。[無効]の状態になっている場合は探索を行いません。

192.168.0.1～192.168.0.254の範囲でポート80番でHTTPサービスを提供しているサーバーを探索するための設定は**表13.2-3**のとおりです。

●表13.2-3　ディスカバリの設定例

項目	設定値
名前	Webサーバーの自動探索
プロキシによるディスカバリ	(プロキシなし)
IPアドレスの範囲	192.168.0.1-254
間隔(秒)	3600
新規チェック	HTTP／ポート：80

13.2.4
ネットワークディスカバリで発見されたホストの表示

ネットワークディスカバリによって発見されたホストは、メニューの[監視データ]→[ディスカバリ]から表示できます(**図13.2-5**)。

●図13.2-5　ディスカバリのステータス画面

ディスカバリのステータス				ディスカバリルール [すべて ⬍]
❶ 発見されたデバイス ▲	❷ 監視中のホスト	❸ アップタイム/ダウンタイム	HTTP	ICMP ping
Local network (37デバイス)				
192.168.11.1		20:07:19		20h 7m 19s
192.168.11.2		20:07:17	20h 7m 17s	20h 7m 17s
192.168.11.3		20:07:15	20h 7m 15s	20h 7m 15s
192.168.11.4 (console.zabbix.co.jp)		20:07:10	20h 7m 10s	20h 7m 10s

❶ 発見したホストのIPアドレスが表示される
❷ ディスカバリで発見されたホストが監視中の場合にIPアドレスが表示される
❸ 発見してからの時間が緑で、一度発見されたホストが停止してからの時間が赤で表示される

13.2.5
ネットワークディスカバリによってホストが発見された場合のアクションの設定

　ネットワークディスカバリに対してアクションを設定することで、ネットワークディスカバリによって新規に監視対象が発見された場合にシステム管理者への通知やホストの自動登録、存在した監視対象から応答がなくなった場合に監視対象の無効化や削除が行えます。基本的な設定方法はトリガーによる障害イベントのアクション設定と同様ですが、ディスカバリ用のアクション設定は指定できる実行条件や実行内容の項目が異なります。

ネットワークディスカバリ用のアクションの一覧

　設定されているネットワークディスカバリのアクション設定の表示はメニューから［設定］→［アクション］をクリックし、サブメニューのイベントソースドロップダウンリストから［ディスカバリ］を選択します（**図13.2-6**）。

●図13.2-6　ディスカバリ用アクションの一覧画面

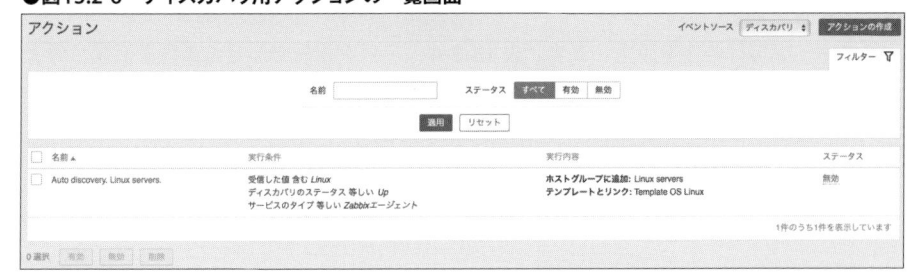

　デフォルトでZabbixエージェントがインストールされたLinuxサーバーを発見した場合にホスト登録を行い、Template OS Linuxテンプレートをリンクさせるアクションが登録されており、無効の状態になっています。

ネットワークディスカバリ用アクションの設定

　ディスカバリのアクション設定は、**5.2節**で解説したトリガーによる障害イベントのアクション設定と同様に設定を行います。基本的な設定方法は5.2節と同様のため、ここではネットワークディスカバリ固有のアクション設定について詳細を解説します（**図13.2-7**）。

●図13.2-7　ディスカバリ用アクションの設定画面

■アクションタブ

　アクション実行条件を設定します。**表13.2-4**の項目を組み合わせて条件を設定できます。

●表13.2-4　ディスカバリで実行条件に指定できる項目

項目	解説
ホストのIPアドレス	発見したホストのIPアドレスを設定する
サービスのタイプ	ディスカバリで設定した[新規チェック]のサービスの条件を設定する
サービスのポート	ディスカバリで設定した[新規チェック]のポートの条件を設定する
ディスカバリルール	ディスカバリのルールを設定する
ディスカバリチェック	ディスカバリルールに設定されているチェック設定を選択する
ディスカバリオブジェクト	ディスカバリで発見された対象がデバイス(ホスト)かサービスかを選択する
ディスカバリのステータス	ディスカバリのステータス([UP] [DOWN] [Discovered] [Lost])を設定する
アップタイム／ダウンタイム	ディスカバリで発見してからのアップタイムと、ディスカバリで検知できなくなってからのダウンタイムの期間を設定する
受信した値	ディスカバリによって収集されたデータを設定する
プロキシ	Zabbixプロキシサーバー経由でディスカバリを行っている場合に、経由するプロキシサーバーを設定する

　今回の例では、ディスカバリによって新たにWebサーバーが発見されたときにアクションを実行するように**表13.2-5**の設定を行います。

●表13.2-5　アクションタブの設定例

項目	設定値
ディスカバリのルール	Webサーバーの自動探索
ディスカバリのステータス	Up

■実行内容タブ

　ネットワークディスカバリ用の実行内容タブでは、実行するアクションの内容を設定します。次の項目を組み合わせて実行する内容を設定できます。

- **メッセージの送信**
- **リモートコマンド**
- **ホストを追加／ホストを削除／ホストを有効／ホストを無効**
- **ホストグループに追加／ホストグループから削除**
- **テンプレートとのリンクを作成／テンプレートとのリンクを削除**
- **インベントリモードの設定**

　メッセージの送信やリモートコマンドを実行できるほか、ネットワークディスカバリではホストの追加／削除／有効化／無効化やホストグループへの追加／削除、テンプレートとのリンクを行うことができます。

　今回の例では、Webサーバーが発見された場合にホストの追加とテンプレートのリンクを自動で行うように**表13.2-6**の設定を行います。

●表13.2-6　アクションの実行内容タブの設定

項目	設定値
実行内容のタイプ	ホストを追加
	テンプレートとのリンクを作成　Template OS Linux

ネットワークディスカバリのステータスとホストのステータスの確認

　ネットワークディスカバリとアクションの設定が完了すると、設定したIPアドレスの探索が自動的に開始され、アクションの設定に基づきホストの登録とテンプレートのリンクが実行されて自動的に監視が始まります。ネットワークディスカバリが実行されるまでには多少時間がかかる場合があるため、設定後は少し時間をおいて確認してください。

　発見されたホストの状態は[監視データ]→[ディスカバリ]の画面のほか、通常のホストと同様に[設定]→[ホスト]画面にも表示されます。ネットワークディスカバリにより登録されたホストのホスト名には、探索処理で検知したホストのIPアドレスまたはDNS名(DNSの逆引きで名前解決できた場合)が表示されます。利用しているDNSサーバーに逆引き設定が行われていない場合でもホスト名をIPアドレスではなく英語文字列にしたい場合は、登録されたあとに手動でホスト名を変更するか、ZabbixサーバーやZabbixプロキシサーバーが動作しているOS上の /etc/hosts ファイルにIPアドレスとホスト名の組み合わせを記載しておくことで対応できます。

　登録されたホストは[管理]→[一般設定]の[その他の設定]にある[ディスカバリで発見されたホストのグループ]に設定されたホストグループ(デフォルトでは「Discovered hosts」)に登録されています。メニューから[設定]→[ホスト]をクリックし、ホストの一覧画面を表示するとディスカバリで発見されたホストが登録されていることを確認できます。

13.3
サービス

　サービスとは、監視項目単位でグループを作成し、そのグループ単位で稼働率を算出したり、グループに階層構造を設定してシステムの構造を可視化できる機能です。サービスのグループはホストやホストグループによらず各トリガーを横串でグループ化できるため、提供しているサービスごとに関連するトリガーをグループ化して実質的なサービスを定義できます（**図13.3-1**）。

●図13.3-1　サービスの概要

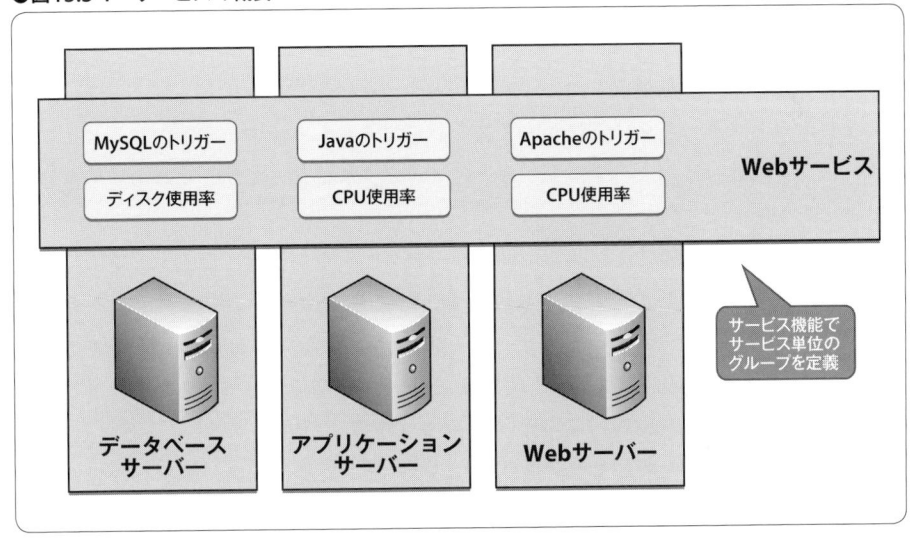

　また、各サービスに対してSLAを設定することで、システムに要求されるサービスレベルと実際のサービスレベルを可視化することもできます。各サービスはルートをトップレベルとするツリーで管理し、システムで提供しているサービス全体を階層構造として可視化できます。

　サービスの設定例として、Webサーバー（Apache）とデータベースサーバー（MySQL）を利用しているWebシステムを例に挙げ、Webサービスをサービスとして登録する方法を解説します。

13.3.1
サービスの設定

　サービスの設定は、メニューから［設定］→［サービス］をクリックして行います。デフォルトでは何も設定されておらず、システムのトップレベルである「ルート」のみが存在する状態です（**図13.3-2**）。

●**図13.3-2　初期状態のサービス設定画面**

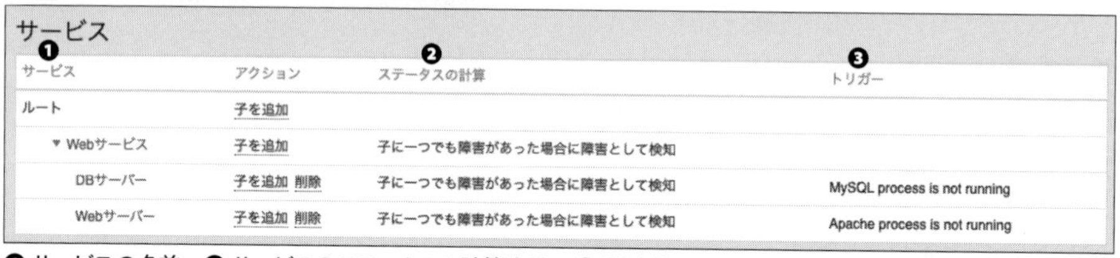

サービス			
サービス ❶	アクション	ステータスの計算 ❷	トリガー ❸
ルート	子を追加		
▼ Webサービス	子を追加	子に一つでも障害があった場合に障害として検知	
DBサーバー	子を追加 削除	子に一つでも障害があった場合に障害として検知	MySQL process is not running
Webサーバー	子を追加 削除	子に一つでも障害があった場合に障害として検知	Apache process is not running

❶ サービスの名前　　❷ サービスのステータスの計算方法　　❸ 関連付けられているトリガーの名前

　サービスは、ルートを頂点とするツリー状の設定を行うしくみになっています。ルートの下にサービスを、さらに下にサービスを設定するしくみです。末端のサービスにトリガー設定を関連付けることで、トリガーのステータスによってサービスの状態を変化させることができます。

　トリガーが障害の状態になり関連付けたサービスがダウン状態になると、その状態は上位のサービスに伝搬して計算処理されます。たとえば「ルート」−「カスタマーサービス」−「問い合わせシステム」−「Webサーバー」のツリーになっており、末端のWebサーバーのサービスに「Apacheのプロセス監視」のトリガーを関連付けている場合、トリガーが障害になると「Webサーバー」→「問い合わせシステム」→「カスタマーサービス」へとサービスダウンの状態が伝搬します。それぞれのサービス設定でSLA計算を行う設定になっている場合は、SLAの値が下がっていきます。

　サービスのSLA計算の対象となるのは、トリガーの深刻度が警告以上のもののみです。「未分類」や「情報」の深刻度のトリガーを関連付けたとしてもSLA値の計算対象とはならないことに注意してください。また、メンテナンス機能（**12.3節**）を利用し、関連付けたトリガーがメンテナンス中であっても、SLAの計算には影響なく、SLA値は下がります。これは、監視対象がメンテナンス中であったとしてもサービスは停止している状態であり、サービス提供という観点ではできていない状態に変わりはないという考え方からです。

　サービスの追加は、各サービスのアクションカラムにある［子を追加］リンクをクリックして行います（**図13.3-3**）。

●図13.3-3 サービスの設定画面

サービスタブ

サービスタブでは、サービスの基本的な設定を行います。

- **名前**

  サービスの名前を設定します。

- **親サービス**

  親となるサービスを選択します。デフォルトでは[サービスの追加]をクリックしたサービスが設定されていますが、[変更]ボタンをクリックすることでほかのサービスに変更できます。

- **ステータスの計算方法**

  サービスのステータスの計算方法を**表13.3-1**から選択します。

●表13.3-1 ステータス計算方法の種類

項目	解説
子に一つでも障害があった場合に障害として検知	自身の子として登録されているサービスの状態が1つでも障害となっている場合に障害のステータスになる
すべての子に障害があった場合に障害として検知	自身の子として登録されているすべてのサービスの状態が障害となった場合に障害のステータスになる
計算しない	ステータスの判定を行わない

- **SLAの計算、SLAの許容値（%）**

  サービスは障害の発生期間からSLAを算出する機能を有しています。SLAを計算する場合はチェックボックスにチェックを入れ、SLAの計画値を設定します。

- **トリガー**

  サービスの状態を任意のトリガーとリンクさせることができ、トリガーのステータスが障害の

ときにサービスの状態を障害に変化させることができます。

- ソート順
サービスを表示する際の並び順を設定します。数字が小さいほうが上に表示されます。

依存関係タブ

サービスに依存関係を設定できます。［追加］リンクをクリックし、依存先のサービスを選択します。

時間タブ

サービスタイムはサービスの稼働を保証している時間帯のことで、サービスタイム中に障害が発生した場合のみSLAの計算に含められます。サービスタイムは**表13.3-2**の設定を複数組み合わせて設定できます。［新規サービスタイム］の項目で設定を入力し、［追加］リンクをクリックすることで設定を追加でき、追加された設定は［サービスタイム］の項目に表示されます。［新規サービスタイム］で［アップタイム］［ダウンタイム］を選択するとサービスの開始曜日と時間、終了曜日と時間の組み合わせで設定でき、［一時的なダウンタイム］では**表13.3-3**の設定が行えます。

●表13.3-2　**サービスタイムの設定**

項目	解説
アップタイム	サービスの稼働を保証している時間帯を設定する
ダウンタイム	サービスの稼働を保証していない時間帯を設定する
一時的なダウンタイム	メンテナンスなど計画的なサービスの停止が発生する時間帯を設定する

●表13.3-3　**［一時的なダウンタイム］を選択したときの設定項目**

項目	解説
ノート	ダウンタイムの説明を設定する
開始	開始日時を「日／月／年 時:分 」の形式で設定する。［一時的なダウンタイム］を選択することにより表示されるカレンダーのアイコンをクリックすることで、カレンダーから日付を入力できる
終了	終了日時を「日／月／年 時:分 」の形式で設定する。［一時的なダウンタイム］を選択することにより表示されるカレンダーのアイコンをクリックすることで、カレンダーから日付を入力できる

13.3.2
Webサービスを登録する場合の設定例

Webサービスの登録は、次のようにして行います。

❶ サービスの設定画面で親となる「Webサービス」を追加（**表13.3-4**）

❷ Webサービスの子となるApacheのトリガーとMySQLのトリガーを設定する。登録したWebサービスの右にある［子を追加］をクリックして設定を行う（**表13.3-5**）

●表13.3-4　親となる「Webサービス」を追加

項目	設定値
名前	Webサービス
親サービス	ルート
ステータス計算アルゴリズム	子に一つでも障害があった場合に障害として検知
SLAの計算、SLAの許容値（%）	99.7
ソート順	設定しない

●表13.3-5　ApacheとMySQLのトリガー設定

項目	Apacheの設定	MySQLの設定
名前	Apache Webサーバー	MySQLデータベースサーバー
親サービス	Webサービス	Webサービス
ステータス計算アルゴリズム	なし	なし
SLAの計算、SLAの許容値（%）	チェックしない	チェックしない
トリガー	Apache is not running on web	MySQL is not running on web
ソート順	設定しない	設定しない

13.3.3
サービスの表示

設定したサービスは、メニューから［監視データ］→［サービス］をクリックすることで表示できます（**図13.3-4**）。

●図13.3-4　サービス画面

❶ サービス名　❷ サービスのステータスが正常／障害で表示
❸ サービスが障害の状態のときに、障害の状態になっているトリガー
❹ 正常／障害の割合の棒グラフと障害の割合
❺ SLA値を計画値／現在の値の形式で表示。現在のSLA値が計画値を下回っている場合は赤字で表示される

　サービスの画面では、次の操作を行うことができます。

- 子のサービスを表示（各サービス名の左にある三角マークをクリック）
- サービスのSLAを計算する期間を変更（サブメニューの期間ドロップダウンリストから期間を選択する）
- サービスの稼働レポートを表示（図13.3-5）（サービス名をクリック）
- 年間の稼働率の棒グラフを表示（障害時間をクリック）

●図13.3-5　サービスの稼働レポート画面

サービス稼働レポート：Webサーバー　　期間 毎週 ▸ 年 2019 ▸

開始	終了	正常	障害	ダウンタイム	SLA	SLAの許容値
2019/01/28 00:00	2019/01/28 20:11	0d 20h 11m	0d 0h 0m		99.9574	99.9000
2019/01/21 00:00	2019/01/28 00:00	7d 0h 0m			100.0000	99.9000
2019/01/14 00:00	2019/01/21 00:00	7d 0h 0m			100.0000	99.9000
2019/01/07 00:00	2019/01/14 00:00	7d 0h 0m			100.0000	99.9000
2018/12/31 00:00	2019/01/07 00:00	7d 0h 0m			100.0000	99.9000

13.4
Zabbixプロキシを利用した分散監視

　Zabbixプロキシとは、ZabbixサーバーからZabbixプロキシサーバーを介して監視を行い、多数の監視対象を監視する場合に負荷分散を行ったり、遠隔地にある監視対象を1つのZabbixサーバーで一元的に監視したりできる機能です。監視データ、監視設定、障害通知はすべてZabbixサーバーで一元的に管理します（**図13.4-1**）。ZabbixプロキシサーバーはZabbixサーバーと同様のデータベースを持ちますが、Webインターフェースを利用することはできません。

●図13.4-1　Zabbixプロキシを利用した分散監視

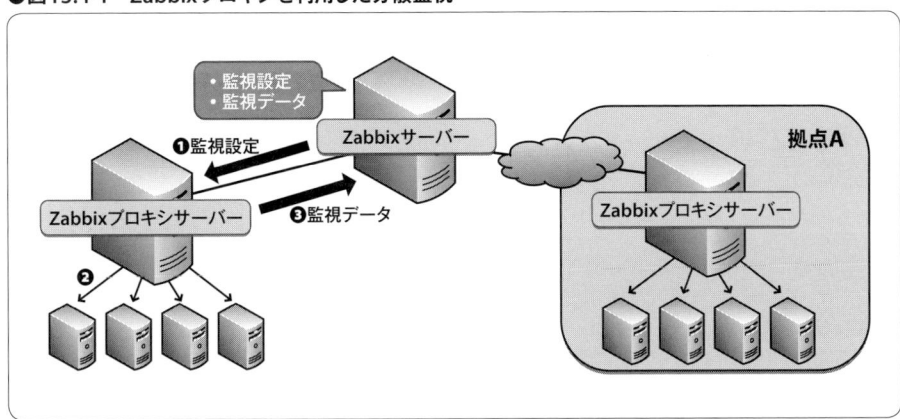

　ZabbixプロキシサーバーはZabbixサーバーとの通信が行えない場合、自身のデータベースに監視データをバッファしておき、次回に通信が行えるようになったときにデータを送付するしくみになっているため、ZabbixサーバーとZabbixプロキシサーバー間のネットワークが不安定な状態であっても確実にデータを送付できます。Zabbixプロキシサーバーはzabbixサーバーと同じメジャーバージョンを使用する必要がありますが、各ZabbixプロキシサーバーとZabbixサーバーが動作するOSや利用するデータベースは異なるものを使用できます。

　Zabbix 4.0以降、ZabbixサーバーとZabbixプロキシの間の通信データは圧縮されるようになりました。これにより通信のトラフィックを抑えることができ、監視データの内

479

容にも依存しますが、以前のバージョンに比べて5分の1程度のトラフィックで通信できます。圧縮機能はデフォルトで有効となっており、無効化することはできません。

13.4.1
Zabbixプロキシのデータフロー

Zabbixプロキシサーバーは監視データの収集を行う機能のみを搭載しており、監視対象にデータ収集リクエストを行って集めたデータはZabbixサーバーに送付し、障害の検知や通知の処理はすべてZabbixサーバー側で行います。Webインターフェースも利用できず、監視設定の管理はZabbixサーバーで行い、必要な監視設定がZabbixプロキシに転送されます。

Zabbixプロキシの動作モードには、アクティブプロキシとパッシブプロキシの2種類あり、モードによってZabbixサーバーとZabbixプロキシ間の通信の方向が異なります。動作のしくみとしてはZabbixエージェントのアクティブチェックとパッシブチェックに似ています。以降でそれぞれのモードの通信について解説します。

アクティブプロキシ

Zabbixプロキシの設定ファイルzabbix_proxy.confのProxyModeパラメータを「0」に設定するとアクティブプロキシとして動作します。アクティブモードのプロキシは、Zabbixサーバーと次のように通信します。

❶ **Zabbixプロキシは、zabbix_proxy.confのConfigFrequencyの間隔（デフォルトは1時間）でZabbixサーバーに問い合わせを行い、自身が監視する必要のあるホストとアイテムの設定情報を取得して自身のデータベースに保存する**

❷ **❶で取得して保存した自身のデータベース内の設定に基づいて監視データの収集処理を行い、自身のデータベースに保存する**

❸ **保存した監視データは、zabbix_proxy.confのDataSenderFrequencyの間隔（デフォルトは1秒）でZabbixサーバーに送付する**

❹ **Zabbixサーバーへの送付が完了した監視データは自身のデータベースから削除する**

すべての通信はZabbixプロキシ側から開始され、Zabbixサーバーの10051番ポートにリクエストを行います。Zabbixサーバー側では、❶の設定取得のリクエストがあった場合にそのプロキシ経由で監視する設定になっているホストのアイテム設定を送信し、❸の監視データの送付リクエストがあった場合にデータを受け取り、トリガーの評価を行い、障害検知と通知処理を行ってデータベースに保存します。

　リモート拠点にZabbixプロキシを配置して分散監視を行う場合、Zabbixプロキシはファイアーウォールの内側に配置されることがほとんどです。また、大規模環境の監視処理の負荷分散としてZabbixプロキシを利用するときも、アクティブモードならZabbixサーバーはZabbixプロキシからのリクエストを待ち受けるだけで済み、処理の負荷が少ないことから、一般的にZabbixプロキシはアクティブモードで利用されることがほとんどです。

パッシブプロキシ

　Zabbixプロキシの設定ファイルzabbix_proxy.confのProxyModeパラメータを「1」に設定すると、パッシブプロキシとして動作します。パッシブモードのプロキシは、次のようにZabbixサーバーと通信します。

❶**Zabbix**サーバーは、**zabbix_server.conf**の**ProxyConfigFrequency**の間隔（デフォルトは1時間）で監視に必要なホストとアイテムの情報を**Zabbix**プロキシに送付する

❷**Zabbix**プロキシは❶で受け取った情報をデータベースに保存し、その設定内容に基づいて監視データの収集処理を行い、自身のデータベースに保存する

❸**Zabbix**サーバーは、**zabbix_server.conf**の**ProxyDataFrequency**の間隔（デフォルトは1秒）で収集済みデータの取得リクエストを**Zabbix**プロキシに行う

❹**Zabbix**プロキシは、**Zabbix**サーバーに渡したデータを自身のデータベースから削除する

　すべての通信はZabbixサーバー側から開始され、Zabbixプロキシの10051番ポートにリクエストを行います。Zabbixサーバーは❸で取得した監視データがあった場合、トリガー評価を行い、障害検知と通知処理を行ってデータベースに保存します。

　Zabbixサーバーからかうxixプロキシへのアクセスが容易に行えるネットワーク環境の場合にはパッシブプロキシを活用できます。Zabbixサーバーが社内のインフラ側に置かれており、DMZ内にZabbixプロキシを配置して監視を行う場合や、ネットワークの構成上、ZabbixサーバーからZabbixプロキシへの方向のみ通信が行いやすいNAT越えの監視を行う場合などに、パッシブモードを利用できます。

13.4.2
Zabbixプロキシサーバーのインストール

　Zabbixプロキシサーバーは専用のサービスであるzabbix_proxyを利用します。Zabbixプロキシサーバーの動作アーキテクチャはZabbixサーバーと同様です。また、Zabbixプ

ロキシサーバーの動作にはデータベースが必要であり、Zabbixサーバーと同様に、MySQL、PostgreSQL、Oracle、DB2を利用できることに加え、SQLiteデータベースの利用も可能です。SQLiteを利用した場合のみ、Zabbixプロキシ起動時に自動的にデータベースを生成するデータベース自動作成機能を利用できます。ここではOSにCentOS 7を使用し、データベースにSQLiteを使用した場合のインストール方法を解説します[注1]。

インストール前の準備

Zabbixプロキシサーバーの動作に必要な関連パッケージはZabbixサーバーと同様です。**2.2.1項**の「Zabbix社のyumリポジトリの登録方法」の作業を事前に行っておいてください。

ZabbixプロキシサーバーのRPMをインストール

RPMパッケージはデータベースごとに異なるパッケージが用意されています。次のコマンドを実行して、利用するデータベース用のパッケージのインストールを行ってください。

```
# yum install zabbix-proxy-sqlite3
```

データベースへの初期データのインポート

SQLiteデータベースを利用する場合、Zabbixプロキシサーバーの起動時に自動的にデータベースが作成されるため、初期データのインポートを行う必要はありません。MySQLなどそのほかのデータベースを利用する場合は、/usr/share/doc/zabbix-proxy-x.x.x/schema.sql.gzファイルを利用して初期データベースを作成する必要があります。作成の方法は**2.2.2項**と同様です。

Zabbixプロキシサーバーの設定と起動

アクティブプロキシの場合は**表13.4-1**を、パッシブプロキシの場合は**表13.4-2**を参考に、Zabbixプロキシサーバーの設定ファイル/etc/zabbix/zabbix_proxy.confを修正します。

注1　データベースにSQLiteを使用した場合、Zabbixプロキシサーバーのサービス起動時に自動的にデータベースを作成します。

●表13.4-1　Zabbixプロキシサーバーの設定（アクティブプロキシの場合）

パラメータ	説明
ProxyMode	アクティブプロキシの場合は0を設定
Server	監視設定の取得や監視データの送付を行うZabbixサーバーのIPアドレスまたはDNS名を設定
Hostname	Webインターフェースから登録したプロキシ名を設定
DBHost	データベースが動作しているホスト名を設定。SQLiteを利用している場合は不要
DBName	データベースへの接続ユーザー名を設定。SQLiteを利用している場合はデータベースファイルのパスを設定
DBUser	データベースの接続ユーザー名を設定。SQLiteを利用している場合は不要
DBPassword	データベースの接続ユーザーのパスワードを設定。SQLiteを利用している場合は不要

●表13.4-2　Zabbixプロキシサーバーの設定（パッシブプロキシの場合）

パラメータ	説明
ProxyMode	パッシブプロキシの場合は1を設定
Server	監視設定の取得や監視データの取得のための接続を許可するZabbixサーバーのIPアドレスまたはDNS名を設定
DBHost	データベースが動作しているホスト名を設定。SQLiteを利用している場合は不要
DBName	データベースへの接続ユーザー名を設定。SQLiteを利用している場合はデータベースファイルのパスを設定
DBUser	データベースの接続ユーザー名を設定。SQLiteを利用している場合は不要
DBPassword	データベースの接続ユーザーのパスワードを設定。SQLiteを利用している場合は不要

次のコマンドでZabbixプロキシサーバーを起動します。

```
# systemctl start zabbix-proxy
```

以上でZabbixプロキシサーバーのインストールは完了です。次のようにコマンドを実行すると、Zabbixプロキシサーバーを起動／停止／再起動できます。

```
# systemctl start zabbix-proxy      ←起動
# systemctl stop zabbix-proxy       ←停止
# systemctl restart zabbix-proxy    ←再起動
```

Zabbixサーバーの設定

　パッシブプロキシを利用する場合のみ、Zabbixサーバーの設定ファイルzabbix_server.confのStartProxyPollersパラメータの値が1以上に設定されていることを確認してください（デフォルトは1）。ZabbixサーバーのProxyPollerプロセスが起動していない場合、パッシブプロキシへの通信が行われません。

13.4.3
Zabbixプロキシサーバーの登録

　Zabbixプロキシサーバーは専用のWebインターフェースを持たないため、すべての設定はZabbixサーバーのWebインターフェースから行います。

設定されているZabbixプロキシサーバーの一覧画面

　登録されているZabbixプロキシサーバーの表示は、メニューから[管理]→[プロキシ]を選択します（**図13.4-2**）。

●**図13.4-2　Zabbixプロキシサーバーの一覧画面**

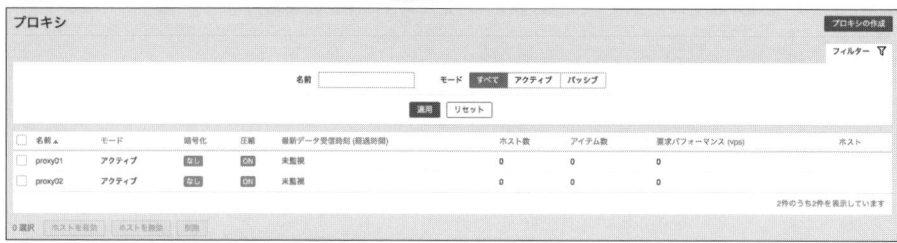

Zabbixプロキシサーバーの設定項目

　Zabbixプロキシサーバーの設定項目は**図13.4-3**のように表示されます。

●**図13.4-3　Zabbixプロキシサーバーの設定画面**

- **プロキシ名**

  プロキシ名を設定します。アクティブプロキシを利用する場合、プロキシ名は通信する対象の
  Zabbixプロキシサーバーのzabbix_proxy.confのHostname設定と同一に設定する必要があります。

- **プロキシモード**

  アクティブとパッシブから選択します。アクティブモードは監視設定やデータをプロキシから
  サーバーにリクエストし、パッシブモードはサーバーからプロキシにリクエストを行います。
  パッシブモードを利用する場合、zabbix_proxy.confに `ProxyMode=1` を設定します。

- **インターフェース**

  パッシブプロキシを利用する場合に、接続先のZabbixプロキシのIPアドレスまたはホスト名と
  ポート番号を設定します。

13.4.4
Zabbixプロキシサーバーを利用した監視設定

ホスト設定画面で経由するZabbixプロキシサーバーを設定することで、Zabbixプロキ
シサーバーを介して情報収集を行うことができます。監視対象のホスト／アイテム／ト
リガー／アクションなどの監視設定は、Zabbixプロキシを利用しない場合と同様に設定
します。

メニューの[設定]→[ホスト]をクリックし、ホスト一覧画面を開きます。ホストの設
定画面、もしくはホストの新規画面を開き(**図13.4-4**)、[プロキシによる監視]設定で経
由するZabbixプロキシサーバーを選択します。

●**図13.4-4　Zabbixプロキシサーバー経由のホスト設定画面**

　ホストの一覧画面では、プロキシサーバー経由で監視を行っているホストはホスト名の前にプロキシサーバー名が付与されて表示されます（**図13.4-5**）。

●図13.4-5　Zabbixプロキシサーバー経由のホスト一覧画面

	mail	アプリケーション 11	アイテム 50
	pop	アプリケーション 11	アイテム 50
	proxy01: web	アプリケーション 11	アイテム 52

0 選択　有効　無効　エクスポート　一括更新

13.4.5
Zabbixプロキシの監視

　Zabbixプロキシを利用する場合、Zabbixプロキシが問題なく稼働しているかどうか、継続して監視データを収集してZabbixサーバーに送付できているかを監視しておくことが重要です。

Zabbixプロキシサーバーとzabbixサーバー間の通信の監視

　Zabbixプロキシサーバーを経由して監視を行う場合、Zabbixサーバーとzabbixプロキシ間の通信を継続して行えているかどうかが重要です。特にリモート拠点の監視のためにzabbixプロキシを利用している場合、Zabbixサーバーとzabbixプロキシ間の通信が不安定になりやすいネットワーク環境では、通信を継続的に行えているかどうかを監視しておく必要があります。

　アクティブプロキシを利用している場合、Zabbixプロキシは収集済みの監視データを送信する以外にもZabbixサーバーに定期的にハートビート通信を行うようになっており、zabbix_proxy.confのHeartbeatFrequencyパラメータで送信間隔を設定できます（デフォルトは1分間隔）。送信する必要がある収集済み監視データがない場合でも、Zabbixプロキシはzabbixサーバーに定期的に通信を行うようになっています。

　パッシブプロキシを利用している場合、zabbixサーバーはzabbix_server.confのProxyDataFrequencyの間隔（デフォルトは1秒間隔）でZabbixプロキシに監視データの取得のリクエストを行うため、取得する監視データが存在するかどうかにかかわらずzabbix

プロキシと通信します。

　どちらのモードのZabbixプロキシであっても、ZabbixサーバーとZabbixプロキシの通信が確立できた場合はWebインターフェースの[管理]→[プロキシ]画面にある「最新データ受信時刻(経過時間)」の項目が更新されます。この項目は、Zabbixプロキシと最後に通信してから経過した時間を表示するようになっており、通信した直後は「0」が表示されます。この表示からZabbixプロキシとの通信の状況を確認できます。

　また、次のアイテム設定を行うことで、プロキシと最後に通信できた時刻をunixタイムスタンプで取得できます。

- **タイプ：Zabbixインターナル**
- **キー：zabbix[proxy,*Zabbix*プロキシサーバー名,lastaccess]**

トリガー設定ではfuzzytime関数を利用することで、Zabbixプロキシと通信できた時刻とZabbixサーバーのOSの現在時刻を比較し、その差が一定以上になった場合に障害として検知できます。次の設定は、Zabbixプロキシと15分以上通信できなかった場合に障害を検知するトリガー条件式です。

```
{hostname:zabbix[proxy,Zabbixプロキシサーバー名,lastaccess].fuzzytime(15m)}=0
```

　Zabbixプロキシを利用する場合は前述のアイテムとトリガーを設定し、Zabbixプロキシが正常稼働し、通信が成功していることを監視しておくとよいでしょう。

　Zabbixプロキシが正常に動作していることを監視する方法には、ほかにも次のものがあります。これらは、ZabbixプロキシとZabbixサーバーが通信できているだけでなく、監視対象から収集した監視データがZabbixサーバーに届いているかという観点での監視となります。前述の方法とは多少意味合いが異なり、Zabbixプロキシから監視対象への監視処理が正常に行えているかの確認も含まれます。必要に応じてこれらの情報の確認や監視も併せて行うことで、問題発生時の切り分けにも役立てられます。

- シンプルチェックのicmppingキーでZabbixプロキシと通信ができているかを監視する
- [管理]→[キュー]画面で監視処理の遅延が発生しているかを確認する。この画面の右上のドロップダウンから[プロキシごとの概要]を選択することでプロキシ経由で監視しているアイテムの監視遅延状況を確認できる
- プロキシ経由で監視しているホストのいずれかのアイテムにnodata関数を利用したトリガーを設定し、監視データが期待する間隔で取得できているかを監視する

Zabbixプロキシのパフォーマンス監視

　Zabbixサーバーと同様、Zabbixプロキシサーバーも複数のプロセスを起動して監視処理を行うしくみになっており、メモリ上のキャッシュも利用します。ソースコードレベルでもZabbixプロキシはZabbixサーバーのソースをほとんどの部分で共有しており、Zabbixプロキシは Zabbixサーバーから Webインターフェースの機能と障害検知通知機能を省いたものと言えます。そのためZabbixサーバーと同様に、監視処理に必要なプロセスが十分な数起動しているかどうかや、キャッシュは不足していないかを定期的に監視しておくことが重要です。

　デフォルトで登録されている Template App Zabbix proxy テンプレートには、Zabbixプロキシのプロセスの稼働状況の監視やキャッシュの使用量の監視を行うアイテムとトリガーが含まれており、このテンプレートを適用することで必要な監視を行うことができます。このテンプレートは、監視したい Zabbixプロキシサーバーを経由しているホストに適用する必要があることに注意が必要です。Zabbixプロキシサーバーが動作しているOS上にも Zabbixエージェントをインストールしてリソース監視などを行うことが一般的であるため、そのホスト設定を Zabbixプロキシ経由として設定し、同時に Template App Zabbix proxy テンプレートも適用する方法がよいでしょう。Zabbixのプロセスとキャッシュについては、**12.7.3項**でも解説しています。

13.4.6
Zabbixプロキシの運用時の注意点

　Zabbixプロキシの導入や設定自体はそれほど難しくありませんが、実際の運用にあたっていくつかの注意点を記載しておきます。あらかじめこれらのことを検討してZabbixプロキシの導入を行うことで、運用開始後のトラブルを減らすことができます。

Zabbixプロキシとの通信復帰後のパフォーマンスの検討

　Zabbixプロキシは、Zabbixサーバーと通信できない場合でも一定期間は自身のデータベースに監視データを蓄積しておき、通信が再開できた時点で未送信の監視データを送信できます。このしくみがあることで、通信が不安定なリモート拠点の監視であっても監視データを取りこぼすことなく監視を継続できます。たとえばZabbixサーバー側のネットワークの問題ですべてのZabbixプロキシが監視データを送信できない期間が長期間続いた場合、zabbix_proxy.confのProxyOfflineBufferの設定値を大きくしていると、通信の復旧時に大量の監視データがZabbixサーバーに送付される可能性があることに注意が

必要です。

　Zabbixプロキシは現在のところ、収集した監視データをZabbixサーバーに送信すると
きの速度を調整できず、溜まっているデータがあれば可能な限り早くZabbixサーバーに
送付しようとします。そのため、受け取る側のZabbixサーバーのパフォーマンスがあま
りよくない場合は、データが大量に送信されてくることで処理が追い付かなくなり、デ
ータの受信に遅延が発生したり、1つのZabbixプロキシサーバーからのデータ受信の遅
延がほかの監視処理の遅延にもつながったりすることがあります。このような問題を避
けるためには、次の点に注意してパフォーマンス設計を行っておく必要があります。

- 長期間のプロキシとの通信断復帰後の想定も含めて**Zabbix**サーバーのパフォーマンス
  を十分に確保しておく
- **zabbix_proxy.conf**の**ProxyOffilneBuffer**パラメータのサイズを大きくしない

Zabbixプロキシのメジャーバージョンアップ

　ZabbixプロキシはZabbixサーバーと同じメジャーバージョンである必要があり、異な
るメジャーバージョンの組み合わせで動作させても正しく動作できません。そのため
Zabbixサーバーのメジャーバージョンアップを行う場合には、Zabbixプロキシサーバー
も同時にバージョンアップを行う必要があります。Zabbixプロキシサーバーを多数利用
している場合、この制限も考慮してバージョンアップ時に対処しやすいように別途構成
管理ツールなどの利用を検討する必要が出てきます。

　特にリモート拠点に配置したZabbixプロキシの場合は直接アクセスできない環境のこ
ともあるため、マイナーバージョンアップについてもどのように実施するかを検討し、
メジャーバージョンアップの際には同時に複数のZabbixプロキシをバージョンアップす
る必要が出てくることに注意してください。

13.5
暗号化通信

　Zabbix 3.0以降では、Zabbixサーバー、Zabbixエージェント、Zabbixプロキシの各コンポーネント間の通信を暗号化することが可能です。また、zabbix_get、zabbix_senderコマンドも暗号化通信に対応します。

　暗号化と認証には、次の2つの方式を選択できます。

- **Pre Shared Key（PSK）**：通信する各コンポーネントに共通の**128bit**（16進数で**32文字以上**）の事前共有キーを設定し、通信の認証と暗号化を行う
- **SSL証明書**　　　　：通信する各コンポーネントに**SSL証明書**を配置し、**RSA鍵**と**SSL証明書**により通信の認証と暗号化を行う

　PSKによる暗号化は生成した事前共有キーの文字列を設定するのみで通信の認証と暗号化を行えるため設定や管理が容易であるのに対して、SSL証明書の場合はRSA鍵の管理やSSL証明書の発行、証明書自体の管理が必要になるため設定や運用には手間がかかります。通信の認証や暗号化の強度はSSL証明書のほうが強固であり、運用やセキュリティの観点からどちらの方式を利用するか決めるのがよいでしょう。

　通信する対象のZabbixエージェント、Zabbixプロキシごとに暗号化通信なし／PSK／証明書を選択でき、1つのZabbixシステム内でも一部の監視対象やZabbixプロキシのみ暗号化機能を有効にするといった設定ができます。さらにパッシブとアクティブの個々の通信方式について、どちらかの方向の通信のみを暗号化するという設定も可能です。

　また、暗号化通信を行った場合でも非暗号化の場合と同じポートを利用するため、非暗号化の通信を行っている状態から暗号化通信を利用するように変更する場合でもファイアーウォールなどネットワークの設定を変更する必要はありません。

13.5.1
Zabbixが利用する通信暗号化のライブラリ

　Zabbixサーバー、Zabbixエージェント、Zabbixプロキシの各コンポーネントは、コンパイル時に次の3つのいずれかの暗号化ライブラリを指定できます。

- **OpenSSL（1.0.1以上）**
- **GnuTLS（3.1.18以上）**
- **mbed TLS（1.3.9以降の1.3系。2.x系には非対応）**

　コンパイル時にいずれかのライブラリを選択することで利用するライブラリが決まり、設定ではライブラリを選択できません。また、コンパイル時に暗号化ライブラリを指定しなかった場合、生成されるバイナリは暗号化機能を利用できません。

　暗号化機能を利用する場合は、バイナリ自体が暗号化機能を有効にしてコンパイルされているかどうかが重要です。Zabbix社で配布するバイナリやパッケージでは、Red Hat Enterprise Linux 6以降のバイナリはすべて暗号化に対応するようにコンパイルを行っており、ライブラリはOpenSSLを利用しています。Red Hat Enterprise Linux 5以前のバイナリは、OSに付属するOpenSSLライブラリのバージョンが要件を満たさないため暗号化機能を利用できません。

　利用するバイナリが暗号化機能を有効にした状態で作成されたかは、プログラム起動時に出力されるログの次の部分で確認できます。

```
Starting Zabbix Agent [Zabbix server]. Zabbix x.x.x (revision xxxxx).
**** Enabled features ****
IPv6 support:           YES
TLS support:            YES
**************************
```

　「TLS support」の項目が「YES」になっていれば暗号化機能を利用できます。このログはZabbixエージェントを起動した際の出力例です。ZabbixサーバーやZabbixプロキシの場合でも同様に起動時のログで「TLS support」の項目を確認してください。

　以降の解説は、暗号化のためのライブラリとしてOpenSSLを利用することを前提に記載しています。ほかのライブラリを利用してコンパイルされたバイナリと通信する場合は、通信や設定の要件などが異なることがあるため、詳細はドキュメントを参照してください。

13.5.2
暗号化通信の設定

　暗号化通信を行うには、ZabbixのWebインターフェース上の設定と、zabbix_server.conf、zabbix_agentd.conf、zabbix_proxy.confの設定が必要です。次に通信を行う対象と

設定が必要となる箇所について記載します。

- **Zabbix サーバーと Zabbix エージェント間の通信**
  Web インターフェースのホスト設定の[暗号化]タブ、zabbix_server.conf、zabbix_agentd.conf

- **Zabbix サーバーと Zabbix プロキシ間の通信**
  Web インターフェースのプロキシ設定の[暗号化]タブ、zabbix_server.conf、zabbix_proxy.conf

- **Zabbix プロキシと Zabbix エージェント間の通信**
  Web インターフェースのホスト設定の[暗号化]タブ、zabbix_proxy.conf、zabbix_agentd.conf

zabbix_get、zabbix_senderはコマンドラインのパラメータに暗号化機能を有効にするためのオプションが存在します。通信する対象のエージェントやホスト設定で暗号化通信が必須となっている場合は、暗号化のパラメータを利用して通信を実行しなければ通信エラーが発生します。

13.5.3
PSKを利用した暗号化通信

PSK を利用する場合、Web インターフェースと通信対象の zabbix_agentd.conf、zabbix_proxy.confに次の2つの設定を行う必要があります。

- **PSK アイデンティティ : 127 バイトまでの任意の文字列**
- **PSK　　　　　　　　　 : 128 ビット（32 文字の 16 進数）以上、2048 ビット（512 文字の16 進数）までの任意の文字列**

あらかじめ通信を利用する双方で共通の PSK アイデンティティと PSK を設定します。いずれかの値が異なっていた場合は、通信自体が開始されずエラーとなります。

PSK アイデンティティは単純な文字列のため、任意に設定を行ってください。PSKの値は16進数で一定以上の文字列長が必要です。opensslコマンドとpsktoolコマンドにはPSKの値を生成する機能があり、次のように実行することでランダム文字列を生成できます。

```
$ openssl rand -hex 32
f63fcc20d7dbc3a628b79ce960303d88169af73b75a34e3b875093ebb7d7ec1b
```

```
$ psktool -u psk_identity -p pskfile.txt -s 32
Generating a random key for user 'psk_identity'
Key stored to pskfile.txt
```

```
cat pskfile.txt
psk_identity:acd565ec717900824542a791bf49869c54b69fc03e8847cb3e04f1f576d8f5a6
```

zabbix_agentd.confやzabbix_proxy.confにはPSKに関する次のパラメータがあります。

- **TLSPSKIdentity**：通信する対象と同一のPSKアイデンティティを設定する
- **TLSPSKFile**：通信する対象と同一のPSKを記載したファイルのパスを設定する

13.5.4
SSL証明書を利用した暗号化通信

SSL証明書を利用する場合、一般的なWebサーバー用の証明書と同様に、RSA鍵とSSL証明書を生成します。Zabbixの各コンポーネントには認証局の証明書も必要です。

Zabbixは独自認証局（CA）により発行された証明書を利用して暗号化通信を行うことも可能であり、通常はZabbix用に独自の証明書認証局を作成し、証明書の作成と管理を行うことになります。opensslコマンドラインを利用し、一般的なWebサーバーの証明書を作成するための独自認証局の構築と同一の方法を利用できます。

zabbix_server.conf、zabbix_agentd.conf、zabbix_proxy.confには、SSL証明書に関する次のパラメータがあります。SSL証明書を利用した通信の暗号化を行うコンポーネント間ではこれらの設定を行う必要があり、通信する相手先の証明書が同一の認証局から発行されたものであることのチェックが行われます。

- **TLSCAFIle**：CA証明書ファイルのパスを設定する（必須）
- **TLSCertFile**：SSL証明書ファイルのパスを設定する（必須）
- **TLSKeyFile**：SSL証明書のRSA秘密鍵ファイルのパスを設定する（必須）
- **TLSCRLFile**：証明書失効リストファイルのパスを設定する

また、併せてWebインターフェースの設定には［発行者］［サブジェクト］、zabbix_agentd.confやzabbix_proxy.confにはTLSServerCertIssuerとTLSServerCertSubjectのパラメータがあり、これらは設定を行うことで、通信する先のコンポーネントに設定されているSSL証明書のSubjectとIssuer文字列が設定値と同一かどうかをチェックができます。これらのパラメータは必須ではありませんが、設定することでSSL証明書の妥当性をより強固に確認できます。

13.5.5
ZabbixサーバーまたはZabbixプロキシとZabbixエージェント間の暗号化通信の設定

Zabbixサーバーまたは Zabbix プロキシと Zabbix エージェントの間の暗号化通信を行う場合、次の設定を行います。

- Webインターフェースからホスト設定の[暗号化]タブ
- zabbix_agentd.conf
- zabbix_server.conf または zabbix_proxy.conf(SSL証明書を利用する場合)

この設定を行うことでZabbixエージェントは直接通信を行う先のコンポーネントと暗号化通信を行います。Zabbix サーバーから直接監視を行っている場合はZabbix サーバーと Zabbix エージェント間の通信を暗号化し、Zabbix プロキシ経由で監視している場合はZabbix プロキシと Zabbix エージェント間の通信を暗号化します。

この設定を行っただけでは、Zabbix サーバーと Zabbix プロキシの間の通信は暗号化されないことに注意してください。Zabbix サーバーと Zabbix プロキシの通信の暗号化を行いたい場合は**13.5.6項**の設定も併せて行う必要があります。

Webインターフェースの設定

[設定]→[ホスト]メニューからホストの設定画面を開き、[暗号化]タブで次の設定を行います。

- パッシブチェックの通信を暗号化する場合　：[ホストへの接続]に[PSK]または[証明書]を選択
- アクティブチェックの通信を暗号化する場合：[ホストからの接続]の[PSK]または[証明書]にチェック

Zabbixサーバーの設定

暗号化にSSL証明書を利用する場合、zabbix_server.confの以下のパラメータに証明書関連のファイルのパスを設定します。

- 必須パラメータ：TLSCAFile、TLSCertFile、TLSKeyFile
- 任意パラメータ：TLSCRLFile

Zabbixエージェントの設定

　zabbix_agentd.confの次のパラメータを設定します。パッシブチェックとアクティブチェックそれぞれで関わる設定が異なります。どちらの通信も暗号化する場合は、両方のパラメータに「psk」または「cert」を設定します。設定後、Zabbixエージェントを再起動することで設定が有効になります。

- **パッシブチェックの通信を暗号化する場合**
  TLSAcceptに「unencrypted」(暗号化通信なし)、「psk」(PSKを利用した暗号化)、「cert」(SSL証明書を利用した暗号化)のいずれかを設定します。
- **アクティブチェックの通信を暗号化する場合**
  TLSConnectに「unencrypted」(暗号化通信なし)、「psk」(PSKを利用した暗号化)、「cert」(SSL証明書を利用した暗号化)のいずれかを設定します。

　暗号化にPSKを利用する場合は、次の2つのパラメータを設定します。PSK自体はファイルに記載を行い、TLSPSKFileにそのファイルのパスを記載することに注意します。

- **TLSPSKIdentity：PSKアイデンティティを記載**
- **TLSPSKFile　　：PSKを記載したファイルのパスを指定**

　暗号化にSSI証明書を利用する場合は、次のパラメータを設定します。

- **必須パラメータ：TLSCAFile、TLSCertFile、TLSKeyFile**
- **任意パラメータ：TLSCRLFile、TLSServerCertIssuer、TLSServerCertSubject**

13.5.6
ZabbixサーバーとZabbixプロキシ間の暗号化通信の設定

　ZabbixサーバーとZabbixプロキシの間の暗号化通信を行う場合、次の2つの設定を行います。

- **Webインターフェースからプロキシ設定の[暗号化]タブ**
- **zabbix_proxy.conf**

　ZabbixサーバーとZabbixプロキシ間の暗号化だけを行った場合、プロキシを経由して監視しているエージェントとZabbixプロキシの間の通信は暗号化されません。併せてZabbixプロキシとZabbixエージェントの間の通信も暗号化したい場合は、**13.5.5項**の設

定を行う必要があります。

Webインターフェースの設定

[管理]→[プロキシ]メニューからプロキシの設定画面を開き、[暗号化]タブで次の設定を行います。Zabbixエージェントの場合と異なり、Zabbixプロキシはパッシブモードとアクティブモードを混在して利用できないため、どちらのモードを利用しているかにより、暗号化の通信設定も片方しか行えないようになっています。

- **パッシブプロキシの通信を暗号化する場合**　：[プロキシへの接続]に[PSK]または[証明書]を選択
- **アクティブプロキシの通信を暗号化する場合**：[プロキシからの接続]の[PSK]または[証明書]にチェック

Zabbixサーバーの設定

暗号化にSSL証明書を利用する場合、zabbix_server.confの以下のパラメータに証明書関連のファイルのパスを設定します。

- **必須パラメータ：TLSCAFile、TLSCertFile、TLSKeyFile**
- **任意パラメータ：TLSCRLFile**

Zabbixプロキシの設定

zabbix_proxy.confの次のパラメータを設定します。パッシブプロキシとアクティブプロキシそれぞれで関わる設定が異なります。プロキシ自体がどちらのモードで動作しているかによって必要なパラメータ設定してください。

- **パッシブプロキシの場合**
  TLSAcceptに「unencrypted」（暗号化通信なし）、「psk」（PSKを利用した暗号化）、「cert」（SSL証明書を利用した暗号化）のいずれかを設定します。
- **アクティブプロキシの場合**
  TLSConnectに「unencrypted」（暗号化通信なし）、「psk」（PSKを利用した暗号化）、「cert」（SSL証明書を利用した暗号化）のいずれかを設定します。

暗号化にPSKを利用する場合は、次の2つのパラメータを設定する必要があります。PSK自体はファイルに記載を行い、TLSPSKFileにそのファイルのパスを記載することに

注意します。

- **TLSPSKIdentity**：PSKアイデンティティを記載
- **TLSPSKFile**：PSKを記載したファイルのパスを指定

暗号化に証明書を利用する場合は次のパラメータを設定します。

- **必須パラメータ：TLSCAFile、TLSCertFile、TLSKeyFile**
- **任意パラメータ：TLSCRLFile、TLSServerCertIssuer、TLSServerCertSubject**

13.5.7
暗号化通信を利用した場合のパフォーマンス

　暗号化通信を利用した場合、通信を行うたびに利用する暗号化方式のネゴシエーションや、通信元での暗号化、通信先での復号化の処理が必要となるため、利用しない場合と比較して通信にかかる処理が大きくなります。

　特にZabbixエージェントの場合、パッシブチェック（アイテム設定でタイプに［Zabbixエージェント］を選択した場合）による通信はアイテムごとにデータ取得処理が発生するタイミングでそれぞれTCP接続を行う仕様となっており、パッシブチェックが多数設定されている場合は個々のTCP接続のたびに発生する暗号化方式のネゴシエーションのオーバーヘッドが大きくなりやすいです。

　暗号化通信を利用し、多数の監視対象を監視する場合や、アイテム数が多くなる場合は、次の点を考慮して設計を行ってください。

- パッシブチェックではなくアクティブチェックを積極的に利用する
- Zabbixプロキシを利用し、ZabbixサーバーとZabbixプロキシ間のみ暗号化通信を利用する（ZabbixプロキシとZabbixエージェントの間の通信には暗号化通信を利用しない）

　また、暗号化の方式としては、SSL証明書を利用するほうが認証と暗号化の強度は高くなりますが、SSL証明書やRSA鍵の確認が発生するために暗号化自体のオーバーヘッドは大きいです。PSKはSSL証明書による暗号化と比較して強度は落ちますが、処理の負荷は低くなります。Zabbixの暗号化通信は、通信する箇所によってSSL証明書とPSKを使い分けることもできます。たとえば、アクティブプロキシとの通信にはSSL証明書、プロキシとエージェントの間の通信にはPSKを利用するなど通信の箇所と用途により異なる暗号化方式を利用することも可能です。

13.6
ヒストリとイベントの
リアルタイムエクスポート

　Zabbix 4.0以降では、ヒストリ、トレンド、イベントデータをリアルタイムにファイルに出力できます。出力したヒストリ、トレンド、イベントデータはJSON形式となるため、ほかのソフトウェアにインポートして活用できます。

13.6.1
リアルタイムエクスポートの有効化

　Zabbixサーバーの設定ファイルzabbix_server.confに次の設定を行うことで、リアルタイムエクスポートの設定を有効化できます。エクスポートしたファイルの置き場所をExportDirに指定し、最大のファイルサイズをExportFileSizeに指定します。ExportFileSizeを超えた場合は.oldファイルにリネームされ、1世代までローテーションするようになっています。

```
ExportDir=/var/lib/zabbix/export
ExportFileSize=1G
```

　エクスポートに利用するディレクトリはあらかじめ存在し、Zabbixサーバープロセスの起動ユーザー(デフォルトはzabbix)が書き込める権限を持っている必要があります。前述の設定の場合は、あらかじめ次のようにしてディレクトリを作成し、Zabbixサーバープロセスを再起動します。

```
# mkidir -p /var/lib/zabbix/export
# chown zabbix:zabbix /var/lib/zabbix/export
# systemctl restart zabbix-server
```

13.6.2
データがエクスポートされるファイル

　リアルタイムエクスポート機能を有効にすると、指定したディレクトリの下に次のファイルが作成されます。「数字」の部分には起動しているHistorySyncerプロセスの起動番号が入ります。ファイルは起動しているHistorySyncerプロセスごとに作成され、それぞ

れのプロセスが処理したデータがそれぞれのファイルに出力されるしくみになっています。

- history-history-syncer-数字.ndjson　：ヒストリデータが記録される
- problems-history-syncer-数字.ndjson：検知した障害のデータが記録される
- problems-task-manager-1.ndjson　　：障害の手動クローズの操作が記録される
- trends-history-syncer-数字.ndjson　：トレンドデータが記録される

ヒストリデータは収集した監視データそのものであり、トレンドデータは「データ型」が数値のアイテムを1時間ごとにグラフ用にサマリしたデータです。ヒストリデータは監視データを収集した時点でファイルに記録されますが、トレンドデータは毎時0分のタイミングでZabbixサーバーが計算処理を行ってデータベースに書き出すようになっており、前述のエクスポートファイルにも毎時0分に処理が開始されてデータが記録されます。

13.6.3
エクスポートされるデータの形式

それぞれのファイルにはJSON形式のデータが出力され、時刻やホスト名、アイテム名、トリガー名などの設定情報も含まれています。フォーマットはndjson形式で、1行に1つのデータが出力され、行の区切りは\nです。汎用的なフォーマットであるため、プログラムに読み込んで解析を行ったり、ほかのアプリケーションにインポートして利用したりするなどの活用ができます。

たとえば、エクスポートされたヒストリデータは次のように出力されます。

```
{"host":"Zabbix server","groups":["Zabbix servers"],"applications":["CPU","Performance"],"itemid":23295,"name":"Processor load (15 min average per core)","clock":1541836095,"ns":603690249,"value":0.410000}
{"host":"Zabbix server","groups":["Zabbix servers"],"applications":["CPU","Performance"],"itemid":23303,"name":"CPU softirq time","clock":1541836103,"ns":618746566,"value":0.102145}
{"host":"Zabbix server","groups":["Zabbix servers"],"applications":["CPU","Performance"],"itemid":23304,"name":"CPU steal time","clock":1541836104,"ns":619614538,"value":0.000000}
{"host":"Zabbix server","groups":["Zabbix servers"],"applications":["CPU","Performance"],"itemid":23306,"name":"CPU user time","clock":1541836106,"ns":622831069,"value":6.365957}
```

13.7

API

Zabbixには、スクリプトやプログラムから直接監視設定を行ったり、監視データを参照するためのAPIが用意されています。APIを利用することで、コマンドやプログラムからZabbixのデータの取得や設定を行え、大規模なシステムで大量の設定を効率よく行ったり、レポートに必要なデータの抽出から整形までの自動化などを行うことができます。また、APIを介した設定用スクリプトを作成して設定を定型化しておくことで、同じ設定を繰り返し行う場合の操作ミスの防止や、設定手順の簡略化などにも効果があります。

Zabbix APIでは次の機能を提供しています。

- 監視設定の取得
- 監視設定の実施
- 収集済み監視データやイベント、アラート情報の取得

APIへのアクセスはWebインターフェースのURL(RPMでインストールした場合は、http://*WebインターフェースのIPアドレス*/zabbix)の直下にあるapi_jsonrpc.phpに対し、JSON-RPC形式のデータを送信することで行います。HTTPプロトコルを利用した汎用的な通信でアクセスできるため、さまざまな用途に活用できます。

APIのリクエストの方法の詳細は、Zabbix社ドキュメントのAPIのセクションに記載があります。リクエスト時のデータの形式や、利用できるメソッドとパラメータの一覧の詳細が記載されているため、APIを利用する場合はこのドキュメントを確認してください。

https://www.zabbix.com/documentation/4.0/manual/api

筆者はこのAPIをより簡単に利用するためのjQueryプラグイン、jQZabbix(*jQuery plugin for Zabbix API*)を開発／公開しており、簡単にAPIのリクエストと結果を確認できるデモアプリケーションも付属しています。

ここではjQZabbixのインストール方法と簡単な使い方を解説します。

13.7.1
jQZabbixのインストール

jQZabbix は GitHub の筆者のアカウントで公開しており、以下の URL からダウンロードできます。

https://github.com/kodai/jqzabbix

上記 Web ページから「release」のリンクをクリックし、最新のリリース番号の下にある「zip」または「tar.gz」をクリックしてファイルをダウンロードします。適当なディレクトリに保存して解凍してできあがるディレクトリの構成は以下のようになっています。

- **jqzabbix ディレクトリ**
  jQuery ライブラリと jQZabbix ライブラリの双方が置かれています。

- **demo ディレクトリ**
  jQZabbix を利用したデモアプリケーションが置かれています。

- **README.md**
  Readme ファイルです。

デモアプリケーションを利用するためには、上記で解凍したディレクトリごと HTTP でアクセスできる場所へ配置します。ここでは例として CentOS 7 の Apache で標準の公開ディレクトリ下の /var/www/html/jqzabbix に置いたことを想定して解説します。

13.7.2
jQZabbixデモアプリケーションの利用方法

jQZabbix に付属するデモアプリケーションは Zabbix API へリクエストを行い、その結果をブラウザ上に表示するというシンプルなものです。サンプルアプリケーションとしてソースコードを参考にしたり、Zabbix API を利用するほかのアプリケーションを開発する際に API のリクエストとレスポンスを簡単に確認するために利用することも可能です。

先ほど転送したディレクトリにある /var/www/html/jqzabbix/demo/main.js ファイルをエディタで開き、以下の行を修正します。

```
// Zabbix server API url
var url = 'http://Zabbix Webインターフェースのホスト名またはIPアドレス/zabbix/api_
jsonrpc.php';
```

　設定を行ったのち、ブラウザから次のURLにアクセスするとログイン画面が開きます（図13.7-1）。

```
http://jQZabbixを配置したサーバーのホスト名またはIPアドレス/jqzabbix/demo/index.html
```

●図13.7-1　デモアプリケーションのログイン画面

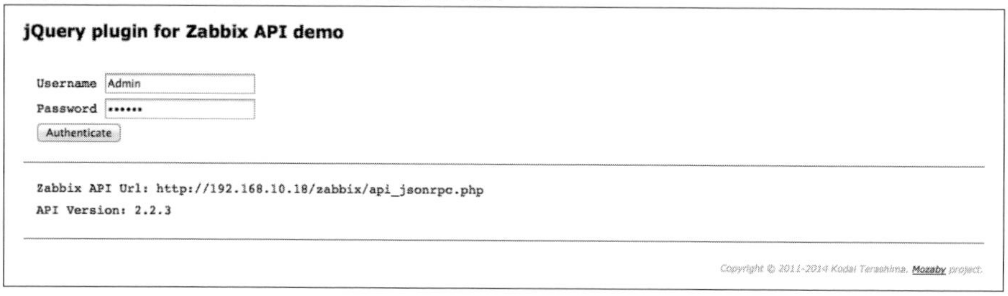

```
jQuery plugin for Zabbix API demo

Username  Admin
Password  ••••••
[ Authenticate ]
_____

Zabbix API Url: http://192.168.10.18/zabbix/api_jsonrpc.php
API Version: 2.2.3

                           Copyright © 2011-2014 Kodai Terashima. Mozaby project.
```

　この画面ではZabbixのWebインターフェースと同じログインアカウントを利用してください。

　ログインが成功するとZabbix APIにリクエストを送信できるAPIリクエスト画面が開きます（図13.7-2）。

●図13.7-2　Zabbix APIリクエスト画面

```
jQuery plugin for Zabbix API demo

Method:  [ action ▼ ] . [ get ▼ ]
Parameters
[ Send Request ]
_____

_____
                           Copyright © 2011-2014 Kodai Terashima. Mozaby project.
```

　Methodのドロップダウンから送信したいリクエストの種類を選択し、[Send Request]ボタンを押すと画面下部にレスポンスが表形式で表示されます（図13.7-3）。

●図13.7-3　Zabbix APIレスポンスの表示

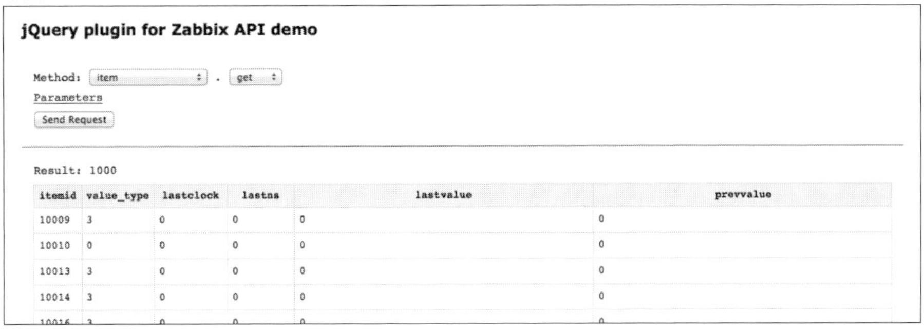

Methodの下にある「Parameters」リンクをクリックすると、リクエストのパラメータを調整できます。例としてoutputパラメータにextend、limitパラメータに10と入力してから再度[Send Request]ボタンを押すと、レスポンスが変化し詳細が得られることが確認できます（**図13.7-4**）。

jQZabbixはjQueryのライブラリとして利用できるように配布しているため、必要に応じてjqzabbix.jsファイルを読み込んで活用できます。

ここで紹介したjQZabbixはZabbix APIを利用したライブラリの一例であり、ほかにもPythonやPerl、PHPなどさまざまな言語でZabbix APIを利用するためのライブラリが公開されています。Zabbix APIは比較的容易にアクセスできるため、さまざまな用途に活用してください。

●図13.7-4　パラメータを追加したあとのレスポンス

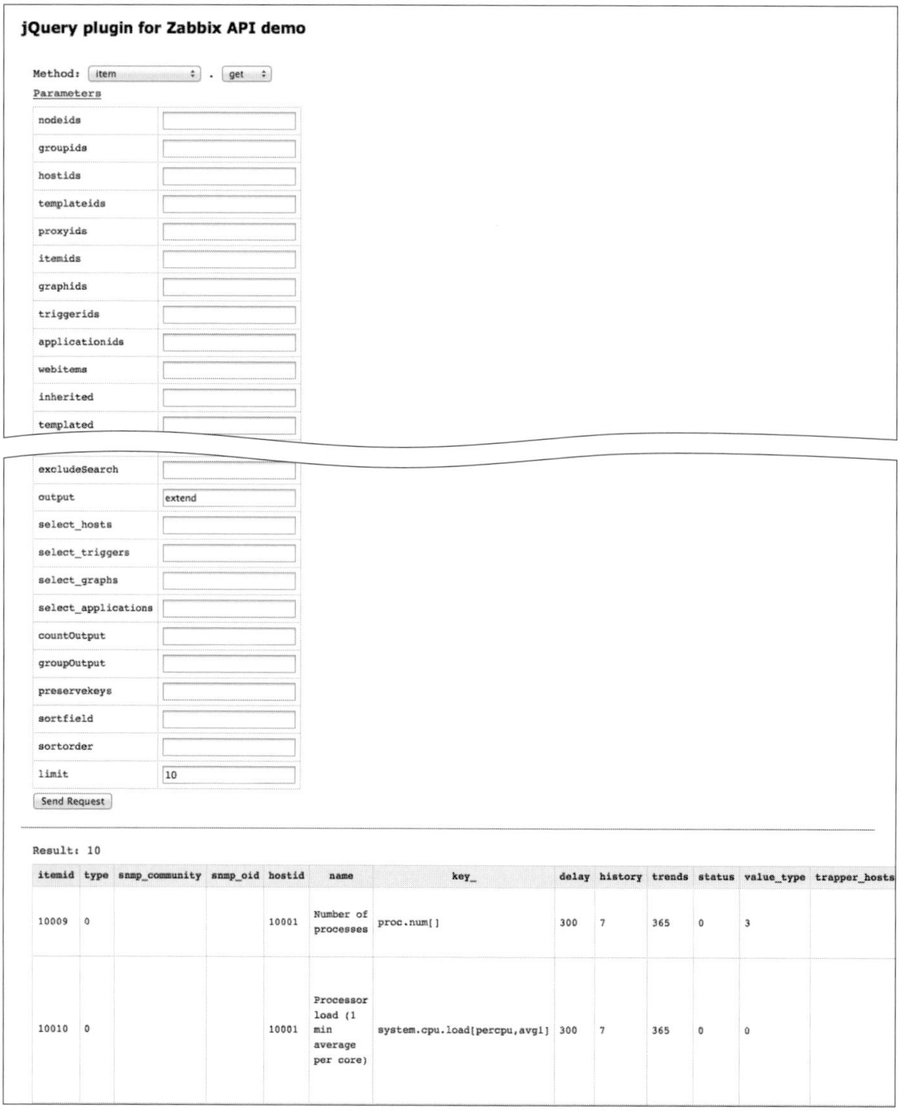

jQuery plugin for Zabbix API demo

Method: [item] . [get]
Parameters

nodeids	
groupids	
hostids	
templateids	
proxyids	
itemids	
graphids	
triggerids	
applicationids	
webitems	
inherited	
templated	

excludeSearch	
output	extend
select_hosts	
select_triggers	
select_graphs	
select_applications	
countOutput	
groupOutput	
preservekeys	
sortfield	
sortorder	
limit	10

[Send Request]

Result: 10

itemid	type	snmp_community	snmp_oid	hostid	name	key_	delay	history	trends	status	value_type	trapper_hosts
10009	0			10001	Number of processes	proc.num[]	300	7	365	0	3	
10010	0			10001	Processor load (1 min average per core)	system.cpu.load[percpu,avg1]	300	7	365	0	0	

Appendix

キー、トリガー条件式、マクロ設定リファレンス

Zabbixの設定に利用できるアイテムのキー、トリガーに利用できる関数と演算子、そしてマクロとコードページの一覧を掲載します。Appendixの内容はZabbix 4.0マニュアル(http://www.zabbix.com/documentation/4.0)を利用し、一部検証を行った結果を加えて記載しています。最新の情報についてはリリースノートや上記マニュアルを参照してください。

A.1
アイテムのキー

　アイテムのキーは次のように設定します。オプションの設定を行うことで収集するデータの種別を変更できます。

アイテム名[オプション,オプション...]

　アイテムのタイプでZabbixエージェント、シンプルチェック、Zabbixインターナル、Zabbixアグリゲートを使用した場合はキーに利用できる設定が決まっており、キーの設定に応じて収集するデータが決まるようになっています。Zabbixエージェントを利用した場合のキーとOSの対応一覧と、各タイプごとに利用できるキーの一覧を記載します。

　なお、オプション内の表記は次のように記載します。

- [*mode*]
  イタリック体で表記されている項目は、設定値／もしくはリストから選択して設定します。

- [*if*,*<mode>*]
  *<mode>*のように<>で囲まれているものは任意のオプションであり、設定しない場合はデフォルト値が利用されます(デフォルト値については表に解説を記述、あるいは★印を付加しています)。設定する場合は[eth0,bytes]のように、,を付与して記載します。[*<cpu>*,*<type>*,*<mode>*]のように3つの必須ではないオプションを設定でき、後ろの*<mode>*のみを設定する場合は、[,,avg1]のように間のオプションは,だけ残して設定します。

A.1.1
アイテムのキーとOSの対応一覧

キー	オプション設定値	Windows	Linux 2.4	Linux 2.6	Solaris	HP-UX	AIX	macOS	FreeBSD	OpenBSD	NetBSD
agent.hostname		○	○	○	○	○	○	○	○	○	○
agent.ping		○	○	○	○	○	○	○	○	○	○
agent.version		○	○	○	○	○	○	○	○	○	○
kernel.maxfiles			○	○					○	○	○
kernel.maxproc			○	○					○	○	○
log[*file*,<*regexp*>,<*encoding*>,<*maxlines*>, <*mode*>,<*output*>,<*maxdelay*>]		○	○	○	○	○	○	○	○	○	○
log.count[*file*,<*regexp*>,<*encoding*>, <*maxproclines*>,<*mode*>,<*maxdelay*>]		○	○	○	○	○	○	○	○	○	○
logrt[*file_regexp*,<*regexp*>,<*encoding*>, <*maxlines*>,<*mode*>,<*output*>,<*maxdelay*>, <*options*>]		○	○	○	○	○	○	○	○	○	○
logrt.count[*file_regexp*,<*regexp*>, <*encoding*>,<*maxproclines*>,<*mode*>, <*maxdelay*>,<*options*>]		○	○	○	○	○	○	○	○	○	○
net.dns[<*ip*>,*zone*,<*type*>,<*timeout*>, <*count*>]		○	○	○	○	○	○	○	○	○	○
net.dns.record[<*ip*>,*zone*,<*type*>, <*timeout*>,<*count*>]		○	○	○	○	○	○	○	○	○	○
net.if.collisions[*if*]					○	○	○	○	○	○	○ (※1)
net.if.discovery		○	○	○	○	○	○	○	○	○	○
net.if.in[*if*,<*mode*>]	*mode*										
	bytes ★	○	○	○	○ (※2)	○	○	○	○	○	○ (※1)
	packets	○	○	○	○	○	○	○	○	○	○ (※1)
	errors	○	○	○	○ (※2)	○	○	○	○	○	○ (※1)
	dropped	○	○	○		○		○	○		○ (※1)
net.if.out[*if*,<*mode*>]	*mode*										
	bytes ★	○	○	○	○ (※2)	○	○	○	○	○	○ (※1)
	packets	○	○	○	○	○	○	○	○	○	○
	errors	○	○	○	○ (※2)	○	○	○	○	○	○ (※1)
	dropped	○	○	○		○					
net.if.total[*if*,<*mode*>]	*mode*										
	bytes ★	○	○	○	○ (※2)	○	○	○	○	○	○ (※1)
	packets	○	○	○	○	○	○	○	○	○	○ (※1)
	errors	○	○	○	○ (※2)	○	○	○	○	○	○ (※1)
	dropped	○	○	○		○					
net.tcp.listen[*port*]		○	○	○	○				○	○	
net.tcp.port[<*ip*>,*port*]		○	○	○	○	○	○	○	○	○	○

※1　root権限が必要
※2　ループバックインターフェースは監視不可

パラメータ		対応OS									
キー	オプション 設定値	Windows	Linux 2.4	Linux 2.6	Solaris	HP-UX	AIX	macOS	FreeBSD	OpenBSD	NetBSD
net.tcp.service[*service*,*<ip>*,*<port>*]		○	○	○	○	○	○	○	○	○	○
net.tcp.service.perf[*service*,*<ip>*,*<port>*]		○	○	○	○	○	○	○	○	○	○
net.udp.listen[*port*]			○	○	○			○	○		
net.udp.service[*service*,*<ip>*,*<port>*]		○	○	○	○	○	○	○	○	○	○
net.udp.service.perf[*service*,*<ip>*,*<port>*]		○	○	○	○	○	○	○	○	○	○
proc.cpu.util[*<name>*,*<user>*,*<type>*, *<cmdline>*,*<mode>*,*<zone>*]	*type*										
	total ★		○	○	○						
	user		○	○	○						
	system		○	○	○						
	mode										
	avg1 ★		○	○	○						
	avg5		○	○	○						
	avg15		○	○	○						
	zone										
	current ★				○						
	all				○						
proc.mem[*<name>*,*<user>*,*<mode>*, *<cmdline>*,*<memtype>*]	*mode*										
	sum ★		○	○	○		○		○	○	○
	avg		○	○	○		○		○	○	○
	max		○	○	○		○		○	○	○
	min		○	○	○		○		○	○	○
	memtype		○	○	○		○		○		
proc.num[*<name>*,*<user>*,*<state>*, *<cmdline>*,*<zone>*]	*state*										
	all ★		○	○	○	○	○		○	○	○
	disk		○	○							
	sleep		○	○	○	○	○		○	○	○
	zomb		○	○	○	○	○		○	○	○
	run		○	○	○	○	○		○	○	○
	trace		○	○					○	○	○
	cmdline		○	○	○	○	○		○	○	○
	zone										
	current ★				○						
	all				○						
sensor[*device*,*sensor*,*<mode>*]			○	○						○	
system.boottime			○	○	○		○		○	○	○
system.cpu.discovery		○	○	○	○	○	○	○	○	○	○
system.cpu.intr			○	○	○		○		○	○	○
system.cpu.load[*<cpu>*,*<mode>*]	*cpu*										
	all ★	○	○	○	○	○	○	○	○	○	○
	percpu	○	○	○	○	○	○	○	○	○	○
	mode										
	avg1 ★	○	○	○	○	○	○	○	○	○	○
	avg5	○	○	○	○	○	○	○	○	○	○
	avg15	○	○	○	○	○	○	○	○	○	○
system.cpu.num[*<type>*]	*type*										
	online ★	○	○	○	○	○	○	○	○	○	○
	max		○	○	○			○	○		
system.cpu.switches			○	○	○		○		○	○	○

パラメータ		対応OS									
キー	オプション設定値	Windows	Linux 2.4	Linux 2.6	Solaris	HP-UX	AIX	macOS	FreeBSD	OpenBSD	NetBSD
system.cpu.util[*<cpu>*,*<type>*,*<mode>*]	*type*										
	user ★		○	○	○	○	○		○	○	○
	nice		○	○		○			○	○	○
	idle		○	○	○	○			○	○	○
	system	○	○	○	○	○			○	○	○
	iowait			○	○	○	○				
	interrupt			○					○	○	
	softirq			○							
	steal			○							
	guest			○							
	guest_nice			○							
	mode										
	avg1 ★	○	○	○	○	○	○		○	○	○
	avg5	○	○	○	○	○			○	○	○
	avg15	○	○	○	○	○			○	○	○
system.hostname[*<type>*]		○	○	○	○	○	○	○	○	○	○
system.hw.chassis[*<info>*]			○	○							
system.hw.cpu[*<cpu>*,*<info>*]			○	○							
system.hw.devices[*<type>*]			○	○							
system.hw.macaddr[*<interface>*,*<format>*]			○	○							
system.localtime[*<type>*]	*type*										
	utc ★	○	○	○	○	○	○	○	○	○	○
	local	○	○	○	○	○	○	○	○	○	○
system.run[*command*,*<mode>*]	*mode*										
	wait ★	○	○	○	○	○	○	○	○	○	○
	nowait	○	○	○	○	○	○	○	○	○	○
system.stat[*resource*,*<type>*]								○			
system.sw.arch		○	○	○	○	○	○	○	○	○	○
system.sw.os[*<info>*]			○	○							
system.sw.packages[*<package>*,*<manager>*,*<format>*]			○	○							
system.swap.in[*<device>*,*<type>*] system.swap.out[*<device>*,*<type>*] (specifying a device is only supported under Linux)	*type*(pages will only work if device was not specified)										
	count ★ (Linux以外)		○	○	○					○	
	sectors		○	○							
	pages ★(Linux)		○	○	○					○	
system.swap.size[*<device>*,*<type>*] (specifying a device is only supported under FreeBSD, for other platforms must be empty or "all")	*type*										
	free ★	○	○	○	○		○		○	○	
	total	○	○	○	○		○		○	○	
	used	○	○	○	○		○		○	○	
	pfree	○	○	○	○		○		○	○	
	pused		○	○	○		○		○	○	
system.uname		○	○	○	○	○	○	○	○	○	○
system.uptime		○	○	○	○		○		○	○	○
system.users.num			○	○	○	○	○	○	○	○	○
vfs.dev.read[*<device>*,*<type>*,*<mode>*] vfs.dev.write[*<device>*,*<type>*,*<mode>*]	*type*										
	sectors		○	○							

パラメータ		対応OS									
キー	オプション設定値	Windows	Linux 2.4	Linux 2.6	Solaris	HP-UX	AIX	macOS	FreeBSD	OpenBSD	NetBSD
vfs.dev.read[*<device>*,*<type>*,*<mode>*] vfs.dev.write[*<device>*,*<type>*,*<mode>*]	operations (default for OpenBSD, AIX)		○	○	○		○		○	○	
	bytes (default for Solaris)				○		○		○	○	
	sps (default for Linux)		○	○							
	ops		○	○					○		
	bps (default for FreeBSD)								○		
	mode (compatible only with type in: sps, ops, bps)										
	avg1 ★		○	○					○		
	avg5		○	○					○		
	avg15		○	○					○		
vfs.dir.count[*dir*,*<regex_incl>*, *<regex_excl>*,*<types_incl>*,*<types_excl>*, *<max_depth>*,*<min_size>*,*<max_size>*, *<min_age>*,*<max_age>*]		○	○	○							
vfs.dir.size[*dir*,*<regex_incl>*, *<regex_excl>*,*<mode>*,*<max_depth>*]		○	○	○							
vfs.file.cksum[*file*]		○	○	○	○	○	○	○	○	○	○
vfs.file.contents[*file*,*<encoding>*]		○	○	○	○	○	○	○	○	○	○
vfs.file.exists[*file*]		○	○	○	○	○	○	○	○	○	○
vfs.file.md5sum[*file*]		○	○	○	○	○	○	○	○	○	○
vfs.file.regexp[*file*,*regexp*,*<encoding>*, *<output>*]		○	○	○	○	○	○	○	○	○	○
vfs.file.regmatch[*file*,*regexp*,*<encoding>*]		○	○	○	○	○	○	○	○	○	○
vfs.file.size[*file*]		○	○	○	○	○	○	○	○	○	○
vfs.file.time[*file*,*<mode>*]	*mode*										
	modify ★	○	○	○	○	○	○	○	○	○	○
	access	○	○	○	○	○	○	○	○	○	○
	change	○	○	○	○	○	○	○	○	○	○
vfs.fs.discovery		○	○	○	○	○	○	○	○	○	○
vfs.fs.inode[*fs*,*<mode>*]	*mode*										
	total ★		○	○	○	○	○	○	○	○	○
	free		○	○	○	○	○	○	○	○	○
	used		○	○	○	○	○	○	○	○	○
	pfree		○	○	○	○	○	○	○	○	○
	pused		○	○	○	○	○	○	○	○	○
vfs.fs.size[*fs*,*<mode>*]	*mode*										
	total ★	○	○	○	○	○	○	○	○	○	○
	free	○	○	○	○	○	○	○	○	○	○
	used	○	○	○	○	○	○	○	○	○	○
	pfree	○	○	○	○	○	○	○	○	○	○
	pused	○	○	○	○	○	○	○	○	○	○
vm.memory.size[*<mode>*]	*mode*										
	total ★	○	○	○	○	○	○	○	○	○	○
	active					○		○	○	○	○
	anon										○
	buffers		○	○					○	○	○

パラメータ		対応OS									
キー	オプション設定値	Windows	Linux 2.4	Linux 2.6	Solaris	HP-UX	AIX	macOS	FreeBSD	OpenBSD	NetBSD
vm.memory.size[*<mode>*]	cached	○	○	○			○		○	○	○
	exec										○
	file										○
	free	○	○	○	○	○	○		○	○	○
	inactive							○	○	○	○
	pinned						○				
	shared		○						○	○	○
	wired							○	○	○	○
	used	○	○	○	○	○	○	○	○	○	○
	pused	○	○	○	○	○	○	○	○	○	○
	available	○	○	○	○	○	○	○	○	○	○
	pavailable	○	○	○	○	○	○	○	○	○	○
web.page.get[*host*,*<path>*,*<port>*]		○	○	○	○	○	○	○	○	○	○
web.page.perf[*host*,*<path>*,*<port>*]		○	○	○	○	○	○	○	○	○	○
web.page.regexp[*host*,*<path>*,*<port>*, *regexp*,*<length>*,*<output>*]		○	○	○	○	○	○	○	○	○	○

A.1.2
Zabbixエージェントのキー一覧

キー	agent.hostname
説明	zabbix_agentd.confに設定されたエージェントのホスト名　**データ型** 文字列

キー	agent.ping
説明	エージェントの状態。正常に接続できた場合は1を返す　**データ型** 整数

キー	agent.version
説明	Zabbixエージェントのバージョン　**データ型** 文字列

キー	kernel.maxfiles
説明	OSがサポートしているファイルオープン数の最大値　**データ型** 整数

キー	kernel.maxproc
説明	OSがサポートしているプロセス数の最大値　**データ型** 整数

キー	log[*file*,*<regexp>*,*<encoding>*,*<maxlines>*,*<mode>*,*<output>*,*<maxdelay>*]	
説明	ログファイルの監視。アクティブチェックを利用する必要がある　**データ型** ログ **例** log[/var/log/messages,,,,skip]	
パラメータ【設定値】	*file*	ファイル名のフルパス
	regexp	フィルター文字列(正規表現を利用可能)。指定しない場合はフィルターしない
	encoding	ログファイルの文字コード(利用できる文字コードはA.4に記載)
	maxlines	1秒間に送信するログの行数
	mode	ログの初回読み込み時の動作を変更【**all★**(ログの先頭から読み込む)、**skip**(ログの末尾から読み込む)】
	output	ログの一部を抜き出して監視データとして収集する場合に正規表現を設定
	maxdelay	ログが大量に出力された場合に、読み込み遅延を防ぐために読み飛ばす行数を指定する【**0★**(読み飛ばさない)、浮動小数値(指定した秒数以上の遅延が発生する場合に古いログを読み飛ばす。アイテムの監視間隔より大きい値を指定する)】

キー	logrt[*file_format*,*<regexp>*,*<encoding>*,*<maxlines>*,*<mode>*,*<output>*,*<maxdelay>*, *<options>*]
説明	ログローテートが行われるログファイルの監視。ファイル名に正規表現が利用可能。アクティブチェックを利用する必要がある　**データ型** ログ **例** logrt[/var/log/$messages\.?[1-9]?$]
パラメータ【設定値】	*file_format*	ファイル名のフルパス(末尾のファイル名部分に正規表現を利用可能)
	regexp	フィルター文字列(正規表現を利用可能)。指定しない場合はフィルターしない
	encoding	ログファイルの文字コード(利用できる文字コードはA.4に記載)
	maxlines	1秒間に送信するログの行数
	mode	ログの初回読み込み時の動作を変更【all★(ログの先頭から読み込む)、skip(ログの末尾から読み込む)】
	output	ログの一部を抜き出して監視データとして収集する場合に正規表現を設定
	maxdelay	ログが大量に出力された場合に、読み込み遅延を防ぐために読み飛ばす行数をで指定する【0★(読み飛ばさない)、浮動小数値(指定した秒数以上の遅延が発生する場合に古いログを読み飛ばす。アイテムの監視間隔より大きい値を指定する)】
	options	ログローテーションの方式を設定する。copytruncateno場合はmaxdelayオプションが利用できない【rotate★(move形式のローテーション)、copytruncate(copytruncate形式のローテーション)】

キー	log.count[*file*,*<regexp>*,*<encoding>*,*<maxlines>*,*<mode>*,*<maxdelay>*]
説明	ログファイルの行数の監視。アクティブチェックを利用する必要がある　**データ型** 整数
パラメータ【設定値】	*file*	ファイル名のフルパス
	regexp	フィルター文字列(正規表現を利用可能)。指定しない場合はフィルターしない
	encoding	ログファイルの文字コード(利用できる文字コードはA.4に記載)
	maxlines	1秒間に送信するログの行数
	mode	ログの初回読み込み時の動作を変更【all★(ログの先頭から読み込む)、skip(ログの末尾から読み込む)】
	maxdelay	ログが大量に出力された場合に、読み込み遅延を防ぐために読み飛ばす行数をで指定する【0★(読み飛ばさない)、浮動小数値(指定した秒数以上の遅延が発生する場合に古いログを読み飛ばす。アイテムの監視間隔より大きい値を指定する)】

キー	logrt.count[*file_regexp*,*<regexp>*,*<encoding>*,*<maxlines>*,*<mode>*,*<maxdelay>*, *<options>*]
説明	ログローテートが行われるログファイルの行数の監視。ファイル名に正規表現が利用可能。アクティブチェックを利用する必要がある　**データ型** 整数
パラメータ【設定値】	*file_regexp*	ファイル名のフルパス(末尾のファイル名部分に正規表現を利用可能)
	regexp	フィルター文字列(正規表現を利用可能)。指定しない場合はフィルターしない
	encoding	ログファイルの文字コード(利用できる文字コードはA.4に記載)
	maxlines	1秒間に送信するログの行数
	mode	ログの初回読み込み時の動作を変更【all★(ログの先頭から読み込む)、skip(ログの末尾から読み込む)】
	maxdelay	ログが大量に出力された場合に、読み込み遅延を防ぐために読み飛ばす行数をで指定する【0★(読み飛ばさない)、浮動小数値(指定した秒数以上の遅延が発生する場合に古いログを読み飛ばす。アイテムの監視間隔より大きい値を指定する)】
	options	ログローテーションの方式を設定する。copytruncateno場合はmaxdelayオプションが利用できない【rotate★(move形式のローテーション)、copytruncate(copytruncate形式のローテーション)】

キー	net.dns[*<ip>*,*zone*,*<type>*,*<timeout>*,*<count>*,*<protocol>*]
説明	DNSサービスの監視　**返り値** 0 - 停止、1 - 起動　**データ型** 整数 **例** net.tcp.dns[127.0.0.1,zabbix.com]
パラメータ【設定値】	*ip*	DNSサーバーのIPアドレス。指定しない場合はシステムのDNSを利用。Windowsの場合は無視される
	zone	監視するゾーン
	type	リクエストを行うレコードタイプ【ANY、A、NS、CNAME、MB、MG、MR、PTR、MD、MF、MX、SOA★、NULL、WKS(Windows以外)、HINFO、MINFO、TXT、SRV】
	timeout	タイムアウト(秒)。デフォルトは1秒。Windowsでは無視される
	count	リクエストを行う回数(デフォルトは2)。Windowsでは無視される
	protocol	リクエストに利用するプロトコル【UDP★、TCP】

キー	net.dns.record[*\<ip\>*,*zone*,*\<type\>*,*\<timeout\>*,*\<count\>*,*\<protocol\>*]	
説明	DNSにクエリを実行した結果の監視。実行した結果の文字列を返す **データ型** 文字列 **例** net.tcp.dns.query[127.0.0.1, zabbix.com, MX]	
パラメータ【設定値】	*ip*	DNSサーバーのIPアドレス。指定しない場合はシステムのDNSを利用。Windowsの場合は無視される
	zone	監視するゾーン
	type	DNSのレコードタイプを指定 【ANY、A、NS、CNAME、MB、MG、MR、PTR、MD、MF、MX、SOA★、NULL、WKS(Windows以外)、HINFO、MINFO、TXT、SRV】
	timeout	タイムアウト(秒)。デフォルトは1秒。Windowsでは無視される
	count	リクエストを行う回数(デフォルトは2)。Windowsでは無視される
	protocol	リクエストに利用するプロトコル【UDP★、TCP】

キー	net.if.collisions[*if*]	
説明	ネットワークインターフェースのコリジョン数 **データ型** 整数	
パラメータ【設定値】	*if*	ネットワークインターフェース名

キー	net.if.discovery	
説明	ネットワークインターフェースのリスト。ローレベルディスカバリで利用する **データ型** JSONオブジェクト	

キー	net.if.in[*if*,*\<mode\>*]、net.if.out[*if*,*\<mode\>*]	
説明	ネットワークインターフェースの送受信ステータス **データ型** 整数 **例** net.if.in[eth0,errors]、net.if.out[eth0]	
パラメータ【設定値】	*if*	ネットワークインターフェース名
	mode	取得するデータの種類を指定する【bytes★(バイト数)、packets(パケット数)、errors(エラーパケット数)、dropped(ドロップパケット数)】

キー	net.if.total[*if*,*\<mode\>*]	
説明	ネットワークインターフェースの送受信の合計ステータス **データ型** 整数 **例** net.if.total[eth0,bytes]	
パラメータ【設定値】	*if*	ネットワークインターフェース名
	mode	取得するデータの種類を指定する【bytes★(バイト数)、packets(パケット数)、errors(エラーパケット数)、dropped(ドロップパケット数)】

キー	net.tcp.listen[*port*]	
説明	TCPポートがLISTEN状態になっていることを監視 **返り値** 0 - LISTEN状態ではない、1 - LISTEN状態 **データ型** 整数 **例** net.tcp.listen[80]	
パラメータ【設定値】	*port*	ポート番号

キー	net.tcp.port[*\<ip\>*,*port*]	
説明	指定したポートにTCP接続が可能かどうかを監視 **返り値** 0 - 接続不可、1 - 接続可能 **データ型** 整数 **例** net.tcp.port[,80]	
パラメータ【設定値】	*ip*	IPアドレス(デフォルトは127.0.0.1)
	port	ポート番号

キー	net.tcp.service[*service*,*\<ip\>*,*\<port\>*]	
説明	指定したサービスのポートにTCP接続を行いサービスが起動していることを監視 **返り値** 0 - 停止、1 - 起動 **データ型** 整数 **例** net.tcp.service[ftp,,45]	
パラメータ【設定値】	*service*	監視するサービスを指定 【ssh、ntp、ldap、smtp、ftp、http、pop、nntp、imap、tcp、https、telnet】
	ip	IPアドレス(デフォルトは127.0.0.1)
	port	ポート番号(デフォルトは指定したサービスの標準ポート)

キー	net.tcp.service.perf[*service*,*\<ip\>*,*\<port\>*]	
説明	指定したサービスのポートにTCP接続を行ったレスポンス時間 **返り値** 0 - 停止、秒 - レスポンス時間 **データ型** 浮動小数 **例** net.tcp.service.perf[ssh]	
パラメータ【設定値】	*service*	監視するサービスを指定 【ssh、ntp、ldap、smtp、ftp、http、pop、nntp、imap、tcp、https、telnet】
	ip	IPアドレス(デフォルトは127.0.0.1)
	port	ポート番号(デフォルトは指定したサービスの標準ポート)

キー	net.udp.listen[*port*]
説明	UDP ポートが LISTEN 状態になっていることを監視 **返り値** 0 - LISTEN 状態ではない、1 - LISTEN 状態 **データ型** 整数 **例** net.udp.listen[68]
パラメータ【設定値】	*port* ｜ ポート番号

キー	net.udp.service[*service*,*<ip>*,*<port>*]
説明	指定したサービスのポートに UDP 接続を行い、サービスが起動していることを監視 **返り値** 0 - 停止、1 - 起動 **データ型** 整数 **例** net.udp.service[ntp]
パラメータ【設定値】	*service* ｜ 監視するサービスを指定【ntp】
	ip ｜ IP アドレス(デフォルトは 127.0.0.1)
	port ｜ ポート番号(デフォルトは指定したサービスの標準ポート)

キー	net.udp.service.perf[*service*,*<ip>*,*<port>*]
説明	指定したサービスのポートに UDP 接続を行ったレスポンス時間 **返り値** 0 - 停止、ミリ秒 - レスポンス時間 **データ型** 浮動小数 **例** net.udp.service.perf[ntp]
パラメータ【設定値】	*service* ｜ 監視するサービスを指定【ntp】
	ip ｜ IP アドレス(デフォルトは 127.0.0.1)
	port ｜ ポート番号(デフォルトは指定したサービスの標準ポート)

キー	proc.cpu.util[*<name>*,*<user>*,*<type>*,*<cmdline>*,*<mode>*,*<zone>*]
説明	プロセスが利用している CPU 使用率 **データ型** 浮動小数
パラメータ【設定値】	*name* ｜ プロセス名(指定しない場合はすべてのプロセス)
	user ｜ プロセスの実行ユーザー名(指定しない場合はすべてのユーザー)
	type ｜ 取得するデータの種類を指定【total ★(user+system の値)、user、system】
	cmdline ｜ フィルターするコマンドライン文字列。指定しない場合はフィルターしない
	mode ｜ 取得する値を何分平均で取得するか選択【avg1(1 分平均)、avg5(5 分平均)、avg15(15 分平均)】
	zone ｜ Solaris の場合に対象の zone を指定する【current ★(現在の zone)、all(すべての zone)】

キー	proc.mem[*<name>*,*<user>*,*<mode>*,*<cmdline>*,*<memtype>*]
説明	プロセスが使用しているメモリサイズの監視。オプションを指定することによりプロセスの実行ユーザーやコマンドラインによるフィルターが可能 **データ型** mode に avg を利用した場合は浮動小数、それ以外は整数 **例** proc.mem[,root]、proc.mem[zabbix_server,zabbix]
パラメータ【設定値】	*name* ｜ プロセス名(指定しない場合はすべてのプロセス)
	user ｜ プロセスの実行ユーザー名(指定しない場合はすべてのユーザー)
	mode ｜ 各プロセスのメモリ使用量の出力方法を指定【sum ★(合計)、avg(平均)、max(最大)、min(最小)】
	cmdline ｜ フィルターするコマンドライン文字列。指定しない場合はフィルターしない
	memtype ｜ 取得するメモリの使用量のタイプを指定。Linux、AIX、FreeBSD、Solaris でのみ利用可能。OS によって以下のパラメータが利用可能 共通：pmem、rss、vsize、size AIX：dsize、tsize、sdsize、drss、trss FreeBSD：tsize、dsize、ssize Linux：data、exe、hwm、lck、lib、peak、pin、pte、stk、swap

キー	proc.num[*<name>*,*<user>*,*<state>*,*<cmdline>*,*<zone>*]
説明	起動しているプロセス数の監視。オプションを指定することによりプロセスの実行ユーザーやコマンドラインによるフィルターが可能 **データ型** 整数 **例** proc.num[,mysql]、proc.num[apache2,www-data]
パラメータ【設定値】	*name* ｜ プロセス名。指定しない場合はすべてのプロセス
	user ｜ プロセスの実行ユーザー名(デフォルトはすべてのユーザー)
	state ｜ 監視するプロセスの状態を指定【all ★(すべての状態)、run(実行中)、sleep(スリープ状態)、zomb(ゾンビ状態)】
	cmdline ｜ フィルターするコマンドライン文字列。指定しない場合はフィルターしない
	zone ｜ Solaris の場合に対象の zone を指定する【current ★(現在の zone)、all(すべての zone)】

キー	sensor[*device*,*sensor*,*<mode>*]	
説明	ハードウェアセンサーの監視　**データ型** センサーに依存 Linux 2.4 では /proc/sys/dev/sensors、Linux 2.6 では /sys/class/hwmon を利用する **例** sensor[[w83781d-i2c-0-2d,temp1]	
パラメータ【設定値】	*device*	デバイス名
	sensor	センサー名
	mode	取得データの計算方法。指定しない場合はセンサーの値がそのまま利用される【**avg** (平均値)、**max**(最大値)、**min**(最小値)】

キー	system.boottime
説明	システムが起動した時刻(秒数)　**データ型** 整数

キー	system.cpu.discovery
説明	CPUのコアのリスト。ローレベルディスカバリで利用する　**データ型** JSONオブジェクト

キー	system.cpu.intr
説明	CPUの割り込み数　**データ型** 整数

キー	system.cpu.load[*<cpu>*,*<mode>*]	
説明	CPUロードアベレージ値　**データ型** 浮動小数　**例** system.cpu.load[,avg15]	
パラメータ【設定値】	*cpu*	取得データの計算方法　【**all★**(すべてのCPUの合計値)、**percpu**(すべてのCPU の平均値)】
	mode	取得する値を何分平均で取得するか選択【**avg1★**(1分平均)、**avg5**(5分平均)、**avg15** (15分平均)】

キー	system.cpu.num[*<type>*]	
説明	CPU数　**データ型** 整数	
パラメータ【設定値】	*type*	CPUの状態を指定する【**online★**(オンライン状態)、**max**(最大値)】

キー	system.cpu.switches
説明	コンテキストスイッチ数　**データ型** 整数

キー	system.cpu.util[*<cpu>*,*<type>*,*<mode>*]	
説明	CPU使用率(%)　**データ型** 浮動小数　**例** system.cpu.util[1,idle,avg15]	
パラメータ【設定値】	*cpu*	CPU番号(デフォルトはすべてのCPU)
	type	取得するデータの種類を指定【**user★**(ユーザープロセスによるCPU使用率)、**idle** (アイドル時間の割合)、**nice**(実行優先度を変更したユーザープロセスによるCPU の使用率)、**system**(システムプロセスによるCPU使用率)、**iowait**(I/O終了待ち時 間の割合)、**interrupt**(ハードウェア割り込みによるCPU使用率)、**softirq**(ソフ トウェア割り込みによるCPU使用率)、**steal**(仮想環境でゲストOSがリソース要 求を行ったにも関わらずCPUリソースを割り当てられなかった時間の割合)】
	mode	取得する値を何分平均で取得するか選択【**avg1★**(1分平均)、**avg5**(5分平均)、**avg15** (15分平均)】

キー	system.hostname
説明	ホスト名　**データ型** 文字列

キー	system.hw.chassis[*<info>*]	
説明	シャーシの情報。取得にはroot権限が必要　**データ型** 文字列	
パラメータ【設定値】	*info*	取得するデータの種類を指定【**full★**、**model**、**serial**、**type**、**vendor**】

キー	system.hw.cpu[*<cpu>*,*<info>*]	
説明	CPUの情報　**データ型** 文字列または整数	
パラメータ【設定値】	*cpu*	CPU番号(デフォルトはすべてのCPU)
	info	取得するデータの種類を指定　【**full★**、**curfreq**、**maxfreq**、**model**、**vendor**】

キー	system.hw.devices[*<type>*]	
説明	PCIまたはUSBデバイスのリスト　**データ型** テキスト	
パラメータ【設定値】	*type*	取得するデータの種類を指定【**pci★**、**usb**】

キー	system.hw.macaddr[*<interface>*,*<format>*]
説明	Macアドレスのリスト　**データ型** 文字列
パラメータ【設定値】	*interface*	インターフェースを指定【all★(すべて)、正規表現】
	format	データのフォーマットを指定【full★、short】

キー	system.localtime[*<type>*]
説明	ローカル時間(秒数)　**データ型** 整数または文字列
パラメータ【設定値】	*type*	時刻データの形式を指定【utc★(1970年1月1日からの経過時間をUTC形式で取得)、localtime(ローカル時刻をyyyy-mm-dd,hh:mm:ss.nnn,+hh:mm形式で取得)】

キー	system.run[*command*,*<mode>*]
説明	監視対象ホストで指定したコマンドを実行した結果を返す。zabbix_agentd.confでEnableRemoteCommand=1を設定する必要がある　**データ型** テキスト **例** system.run["ls -l /"]
パラメータ【設定値】	*command*	実行するコマンド
	mode	コマンドの実行終了まで待つかどうかを設定【wait★(コマンド終了まで待つ)、nowait(コマンド終了まで待たない)】

キー	system.stat[*resource*,*<type>*]
説明	システムのステータス情報　**データ型** 整数または浮動小数
パラメータ【設定値】	*resource/type*	**ent** - 割り当てられたプロセッサ数(浮動小数) **kthr**,<type> - カーネルスレッドの状態: 　**r** - 実行可能なカーネルスレッド数の平均(浮動小数) 　**b** - 仮想メモリ管理キューに置かれているカーネルスレッド数の平均(浮動小数) **memory**,<type> - 仮想と実メモリの使用状況: 　**avm** - アクティブな仮想ページ数(整数) 　**fre** - 空きページ数(整数) **page**,<type> - ページフォルトとページングの状態: 　**fi** - 1秒あたりのファイルページイン数(浮動小数) 　**fo** - 1秒あたりのページアウト数(浮動小数) 　**pi** - ページング領域からのページイン数(浮動小数) 　**po** - ページング領域へのページアウト数(浮動小数) 　**fr** - 置換ページ数(浮動小数) 　**sr** - ページ置換アルゴリズムにスキャンされたページ数(浮動小数) **faults**,<type> - 割り込みレート: 　**in** - デバイスからの割り込み(浮動小数) 　**sy** - システムコール(浮動小数) 　**cs** - カーネルスレッドのコンテキストスイッチ(浮動小数) **cpu**,<type> - プロセッサの使用率: 　**us** - ユーザープロセスによるCPU使用率(浮動小数) 　**sy** - システムプロセスによるCPU使用率(浮動小数) 　**id** - アイドル時間(浮動小数) 　**wa** - I/O終了待ち時間(浮動小数) 　**pc** - 物理プロセッサの消費数(浮動小数) 　**ec** - 割り当てられたCPUの使用率(浮動小数) 　**lbusy** - ユーザーおよびシステムプロセスによる論理プロセッサの使用率(浮動小数) 　**app** - 共用プロセッサプールの空き物理プロセッサ数(浮動小数) **disk**,<type> - ディスクの使用状況: 　**bps** - 1秒あたりのディスクの読み書きバイト数(整数) 　**tps** - 1秒あたりの物理ディスク/テープへの転送数(浮動小数)

キー	system.sw.arch
説明	システムのアーキテクチャ　**データ型** 文字列

キー	system.sw.os[*<info>*]
説明	OSの情報　**データ型** 文字列
パラメータ【設定値】	*type*	取得するデータの種類を指定【full★、short、name】

キー	system.sw.packages[*<package>*,*<manager>*,*<format>*]	
説明	インストールされているパッケージのリスト　データ型 テキスト	
パラメータ【設定値】	*package*	パッケージ名を指定【all★、正規表現】
	manager	パッケージマネージャの名称を指定【all★、dpkg、pkgtool、rpm、pacman】
	format	データのフォーマットを指定【full★、short】

キー	system.swap.in[*<device>*,*<type>*]、system.swap.out[*<device>*,*<type>*]	
説明	スワップイン／アウトの回数またはページ数　データ型 整数　例 system.swap.in[,bytes]	
パラメータ【設定値】	*device*	スワップデバイス(デフォルトはすべて)
	type	取得する値をスワッピン／アウトの回数かページ数かを設定【count★(スワップ回数)、pages(スワップページ数)】

キー	system.swap.size[*<device>*,*<type>*]	
説明	スワップの使用量(バイト)、使用／空き率(%)　データ型 typeにfree、totalを使用した場合は整数、pfree、pusedを使用した場合は浮動小数　例 system.swap.size[,pfree]	
パラメータ【設定値】	*device*	スワップデバイス(デフォルトはすべて)
	type	取得する値の種類を設定【free★(空きバイト数)、total(トータルバイト数)、pfree(空き率)、pused(使用率)、used(空きバイト数)】

キー	system.uname	
説明	ホストのシステム情報　データ型 文字列	

キー	system.uptime	
説明	システムの起動時間(秒数)　データ型 整数	

キー	system.users.num	
説明	接続ユーザー数　データ型 整数	

キー	vfs.dev.read[*device*,*<type>*,*<mode>*]、vfs.dev.write[*device*,*<type>*,*<mode>*]	
説明	ディスクの書き込み／読み込みセクタ数または回数　データ型 整数　例 vfs.dev.read[sda,bps]	
パラメータ【設定値】	*device*	ディスクデバイス(デフォルトはすべてのデバイス)
	type	取得するデータの種類を指定する【sectors★(セクタ数)、operations(オペレーション数)、bytes(バイト数)、sps(1秒あたりのセクタ数)、ops(1秒あたりのオペレーション数)、bps(1秒あたりのバイト数)】
	mode	取得する値を何分平均で取得するか選択【avg1★(1分平均)、avg5(5分平均)、avg15(15分平均)】

キー	vfs.dir.count.[*dir*,*<regex_incl>*,*<regex_excl>*,*<types_incl>*,*<types_excl>*,*<max_depth>*,*<min_size>*,*<max_size>*,*<min_age>*,*<max_age>*]	
説明	指定したディレクトリ以下のファイルの数　データ型 整数	
パラメータ【設定値】	*dir*	ディレクトリのフルパス
	regex_incl	計算に含めるファイル、ディレクトリ、シンボリックリンクの名前のパターンを正規表現で指定。指定しない場合はすべてのファイル
	regex_excl	計算に含めないファイル、ディレクトリ、シンボリックリンクの名前のパターンを正規表現で指定。指定しない場合はすべてのファイル
	types_incl	計算に含めるファイルタイプを指定【file、dir、sym、sock、bdev、cdev、fifo、dev、all★】
	types_excl	計算に含めないファイルタイプを指定【file、dir、sym、sock、bdev、cdev、fifo、dev、all★】
	max_depth	計算に含めるサブディレクトリの階層を指定【-1★(無制限)、0(サブディレクトリは含めない)、整数値】
	min_size	計算に含める最小のファイルサイズをバイト数で指定。指定しない場合はすべてのファイル
	max_size	計算に含める最大のファイルサイズをバイト数で指定。指定しない場合はすべてのファイル
	min_age	指定した期間よりmtimeが新しいファイルはカウントしない。指定しない場合はすべてのファイル
	max_age	指定した期間よりmtimeが古いファイルはカウントしない。指定しない場合はすべてのファイル

キー	vfs.dir.size[*dir*,<*regex_incl*>,<*regex_excl*>,<*mode*>,<*max_depth*>]	
説明	指定したディレクトリ以下の使用バイト数　**データ型** 整数	
パラメータ【設定値】	*dir*	ディレクトリのフルパス
	regex_incl	計算に含めるファイル、ディレクトリ、シンボリックリンクの名前のパターンを正規表現で指定。指定しない場合はすべてのファイル
	regex_excl	計算に含めないファイル、ディレクトリ、シンボリックリンクの名前のパターンを正規表現で指定。指定しない場合はすべてのファイル
	mode	サイズを計算する方法を指定【**appearent** ★（ファイルのサイズ）、**disk**（ディスク使用量のサイズ）】
	max_depth	計算に含めるサブディレクトリの階層を指定【**-1** ★（無制限）、**0**（サブディレクトリは含めない）、整数値】

キー	vfs.file.cksum[*file*]	
説明	ファイルのチェックサム値。UNIXのcksumアルゴリズムを利用　**データ型** 整数　**例** vfs.file.cksum[/etc/passwd]	
パラメータ【設定値】	*file*	ファイルのフルパス

キー	vfs.file.contents[*file*,<*encoding*>]	
説明	ファイルのコンテンツ　**データ型** 文字列またはテキスト　**例** vfs.file.contents[/etc/passwd]	
パラメータ【設定値】	*file*	ファイルのフルパス
	encoding	対象のファイルがUTF-8以外の場合にファイルの文字コードを設定（利用できる文字コードはA.4に記載）

キー	vfs.file.exists[*file*]	
説明	ファイルの存在の有無　**返り値** **0** - ファイルが存在しない、**1** - ファイルが存在する　**データ型** 整数　**例** vfs.file.exists[/tmp/application.pid]	
パラメータ【設定値】	*file*	ファイルのフルパス

キー	vfs.file.md5sum[*file*]	
説明	ファイルのMD5ハッシュ値。64MB以下のファイルにのみ使用可　**データ型** 整数　**例** vfs.file.cksum[/etc/passwd]	
パラメータ【設定値】	*file*	ファイルのフルパス

キー	vfs.file.regexp[*file*,*regexp*,<*encoding*>,<*start line*>,<*end line*>,<*output*>]	
説明	ファイル中に指定した文字列が存在するかどうか　**返り値** マッチした文字列。マッチする文字列が存在しない場合は空白文字列　**データ型** 文字列　**例** vfs.file.regexp[/etc/passwd,zabbix]	
パラメータ【設定値】	*file*	ファイルのフルパス
	regexp	文字列（正規表現を使用可能）
	encoding	対象のファイルがUTF-8以外の場合にファイルの文字コードを設定（利用できる文字コードはA.4に記載）
	start line	検索開始行数を指定。指定しない場合は先頭から検索を行う
	end line	検索終了行数を指定。指定しない場合は末尾まで検索を行う
	output	出力文字列のフォーマットを指定する

キー	vfs.file.regmatch[*file*,*regexp*,<*encoding*>,<*start line*>,<*end line*>]	
説明	ファイル中に指定した文字列が存在するかどうか　**返り値** **0** - 文字列が存在しない、**1** - 文字列が存在する　**データ型** 整数　**例** vfs.file.regmatch[/var/log/app.log,error]	
パラメータ【設定値】	*file*	ファイルのフルパス
	regexp	文字列（正規表現を使用可能）
	encoding	対象のファイルがUTF-8以外の場合にファイルの文字コードを設定（利用できる文字コードはA.4に記載）
	start line	検索開始行数を指定。指定しない場合は先頭から検索を行う
	end line	検索終了行数を指定。指定しない場合は末尾まで検索を行う

キー	vfs.file.size[*file*]	
説明	ファイルサイズ（バイト数）　**データ型** 整数　**例** vfs.file.size[/var/log/syslog]	
パラメータ【設定値】	*file*	ファイルのフルパス

キー	vfs.file.time[*file*,*<mode>*]	
説明	ファイルの時刻情報(秒数) **データ型** 整数 **例** vfs.file.time[/etc/passwd,modify]	
パラメータ【設定値】	*file*	ファイルのフルパス
	mode	取得するデータの種類を設定する【**modify**★(最終更新時刻)、**access**(最終アクセス時刻)、**change**(ファイル属性の最終更新時刻))】

キー	vfs.fs.discovery	
説明	マウントされているファイルシステムのリスト。ローレベルディスカバリで利用する **データ型** JSON オブジェクト	

キー	vfs.fs.inode[*fs*,*<mode>*]	
説明	ファイルシステムの i ノード使用量 **データ型** mode に total、free、used を使用した場合は inode 数(整数)、pfree、pused を使用した場合はパーセント(浮動小数) **例** vfs.fs.inode[/,pfree]	
パラメータ【設定値】	*fs*	ファイルシステム名
	mode	取得するデータの種類を指定【**total**★(全 inode 数)、**free**(空き inode 数)、**used**(使用 inode 数)、**pfree**(空き inode 率)、**pused**(使用 inode 率)】

キー	vfs.fs.size[*fs*,*<mode>*]	
説明	ファイルシステムの使用量 **データ型** mode に total、free、used を使用した場合はバイト数(整数)、pfree、pused を使用した場合はパーセント(浮動小数) **例** vfs.fs.size[/tmp,free]	
パラメータ【設定値】	*fs*	ファイルシステム名
	mode	取得するデータの種類を指定【**total**★(全バイト数)、**free**(空きバイト数)、**used**(使用バイト数)、**pfree**(空き率)、**pused**(使用率)】

キー	vm.memory.size[*<mode>*]	
説明	メモリ使用量(バイト) **データ型** mode に pfree を利用した場合はパーセント(浮動小数)、それ以外はバイト数(整数)	
パラメータ【設定値】	*mode*	取得するデータの種類を指定する。available は Linux のみ利用でき、free、buffers、cached の合計値を返す【**total**★(全容量)、**active**、**anon**、**exec**、**file**、**inactive**、**pined**、**wired**、**used**(使用量)、**pused**(使用率)、**shared**(共有メモリ)、**free**(空きメモリ)、**pfree**(空き率)、**available**(free、buffer、cache の合計値)、**pavailable**(free、buffer、cache の合計値の使用率)、**buffers**(バッファメモリ)、**cached**(キャッシュメモリ)】

キー	web.page.get[*host*,*<path>*,*<port>*]	
説明	指定した Web ページの内容を返す。Web ページの取得に失敗した場合は EOF を返す **データ型** テキスト **例** web.page.get[www.zabbix.com, index.php, 80]	
パラメータ【設定値】	*host*	ホスト名
	path	HTML ドキュメントへのパス(デフォルトは /)
	port	ポート番号(デフォルトは 80)

キー	web.page.perf[*host*,*<path>*,*<port>*]	
説明	指定した Web ページをすべて読み込むまでに要した時間(秒数) **データ型** 整数	
パラメータ【設定値】	*host*	ホスト名
	path	HTML ドキュメントへのパス(デフォルトは /)
	port	ポート番号(デフォルトは 80)

キー	web.page.regexp[*host*,*<path>*,*<port>*,*<regexp>*,*<length>*,*<output>*]	
説明	指定した Web ページに regexp で指定した文字列とマッチした文字列を返す。文字が含まれていない場合は EOF を返す **データ型** 文字列 **例** web.page.regexp[www.zabbix.com, index.php, 80, OK, 2]	
パラメータ【設定値】	*host*	ホスト名
	path	HTML ドキュメントへのパス(デフォルトは /)
	port	ポート番号(デフォルトは 80)
	regexp	文字列(正規表現を使用可能)
	length	返す文字列の文字数
	outout	返す文字列のフォーマット

A.1.3
Windows固有のZabbixエージェントのキー一覧

キー	eventlog[*name*,*<regexp>*,*<severity>*,*<source>*,*<eventid>*,*<maxlines>*,*<mode>*]	
説明	Windowsイベントログの監視。アクティブチェックを利用する必要がある **データ型** ログ **例** eventlog[Application]	
パラメータ【設定値】	*name*	イベントログ名
	regexp	フィルター文字列(正規表現を利用可能)
	severity	重要度(正規表現を利用可能)
	source	イベントソース(正規表現を利用可能)
	eventid	イベントID(正規表現を利用可能)
	maxlines	1秒間に送信するログの行数。zabbix_agentd.confの「MaxLinesPerSecond」設定を上書きする
	mode	イベントログの初回読み込み時の動作を変更【**all**★(先頭から読み込む)、**skip**(末尾から読み込む)】

キー	net.if.list	
説明	ネットワークインターフェースのリスト **データ型** テキスト	

キー	perf_counter[*counter_path*,*<interval>*]	
説明	パフォーマンスカウンタのデータ **データ型** カウンタの値に依存 **例** perf_counter[\System\Threads]	
パラメータ【設定値】	*counter_path*	カウンタパス
	interval	指定した秒数の平均値を取得。指定しない場合は1秒

キー	proc_info[*process*,*<attribute>*,*<type>*]	
説明	指定したプロセスの詳細情報 **データ型** attributeにktimeとutimeを使用した場合は浮動小数、その他の場合は整数 **例** proc_info[iexplore.exe,wkset,sum]、proc_info[iexplore.exe,pf,avg]	
パラメータ【設定値】	*process*	プロセス名
	attribute	取得するデータの種類を選択する **vmsize**★：プロセスの仮想メモリサイズ(KB) **wkset**：プロセスのワーキングセット(プロセスによって使用されている物理メモリ)の合計サイズ(KB) **pf**：ページフォルトの数 **ktime**：CPUのカーネル処理時間(ミリ秒) **utime**：CPUのユーザー処理時間(ミリ秒) **io_read_b**：読み込みI/Oのバイト数 **io_read_op**：読み込みI/O回数 **io_write_b**：書き込みI/Oバイト数 **io_read_op**：書き込みI/O回数 **io_other_b**：読み書き以外のI/Oバイト数 **io_other_op**：読み書き以外のI/O回数 **gdiobj**：GDIオブジェクト数 **userobj**：USERオブジェクト数
	type	複数のプロセスが存在した場合に結果の計算方法を指定する【**avg**★(平均値)、**min**(最小値)、**max**(最大値)、**sum**(合計値)】

キー	service.discovery	
説明	サービスのリスト。ローレベルディスカバリで利用する **データ型** JSONオブジェクト	

キー	service.info[*service*,*<param>*]	
説明	サービスの詳細情報 **データ型** パラメータに依存	
パラメータ【設定値】	*service*	サービス名または表示名
	param	取得する情報を指定 **state**★：**返り値** **0** - 実行中、**1** - 、**2** - 実行開始中、**3** - 一時停止保留、**4** - 再開保留、**5** - 停止移行中、**6** - 停止中、**7** - 不明、**255** - サービスが存在しない **displayname**：表示名 **path**：実行ファイルのパス **user**：ログオン **startup**：スタートアップの種類 **返り値** **0** - 自動、**1** - 自動(遅延開始)、**2** - 手動、**3** - 無効、**4** - 不明、**5** - 自動(トリガー開始)、**6** - 自動(遅延開始、トリガー開始)、**7** - 手動(トリガー開始) **description**：サービスの説明

キー	services[*<type>*,*<state>*]	
説明	指定した状態のサービスの一覧。存在しない場合は0　**データ型** テキスト **例** services[,started]、services[automatic, stopped]	
パラメータ【設定値】	*type*	サービスのスタートアップの種類を指定【**all★**(すべて)、**automatic**(自動)、**manual**(手動)、**disabled**(無効)】
	state	サービスの状態を指定【**all★**(すべて)、**stopped**(停止中)、**started**(起動中)、**start_pending**(起動待ち)、**stop_pending**(停止待ち)、**running**(動作中)、**continue_pending**(継続待ち)、**pause_pending**(一時停止待ち)、**paused**(一時停止中)】

キー	wmi.get[*<namespace>*,*<query>*]	
説明	WMIクエリを実行した結果を取得　**データ型** 実行するクエリに依存	
パラメータ【設定値】	*namespace*	WMIのネームスペース
	query	WMIクエリ

A.1.4
シンプルチェックのキー一覧

キー	icmpping[*<target>*,*<packets>*,*<interval>*,*<size>*,*<timeout>*]	
説明	ICMP Pingによる死活監視　**返り値 0** - ping応答なし、**1** - ping応答あり　**データ型** 整数	
パラメータ	*target*	ホストのIPアドレスまたはDNS名
	packets	パケット数
	interval	パケット送信間隔(ミリ秒)
	size	パケットサイズ(バイト)
	timeout	タイムアウト(ミリ秒)

キー	icmppingloss[*<target>*,*<packets>*,*<interval>*,*<size>*,*<timeout>*]	
説明	ICMP Pingのロスパケット率　**データ型** 浮動小数	
パラメータ	*target*	ホストのIPアドレスまたはDNS名
	packets	パケット数
	interval	パケット送信間隔(ミリ秒)
	size	パケットサイズ(バイト)
	timeout	タイムアウト(ミリ秒)

キー	icmppingsec[*<target>*,*<packets>*,*<interval>*,*<size>*,*<timeout>*,*<mode>*]	
説明	ICMP Pingのレスポンス時間(秒数)　**データ型** 浮動小数	
パラメータ	*target*	ホストのIPアドレスまたはDNS名
	packets	パケット数
	interval	パケット送信間隔(ミリ秒)
	size	パケットサイズ(バイト)
	timeout	タイムアウト(ミリ秒)
	mode	取得するデータの種類を指定(**min**、**max**、**avg★**)

キー	net.tcp.service[*service*,*<ip>*,*<port>*]	
説明	指定したサービスのポートにTCP接続を行いサービスが起動していることを監視　**返り値 0** - 停止、**1** - 起動　**データ型** 整数　**例** net.tcp.service[ftp,,45]	
パラメータ【設定値】	*service*	監視するサービスを指定【**ssh**、**ldap**、**smtp**、**ftp**、**http**、**pop**、**nntp**、**imap**、**tcp**、**https**、**telnet**】
	ip	IPアドレス(デフォルトは127.0.0.1)
	port	ポート番号(デフォルトは指定したサービスの標準ポート)

キー	net.tcp.service.perf[*service*,*<ip>*,*<port>*]
説明	指定したサービスのポートにTCP接続を行ったレスポンス時間　**返り値** 0 - 停止、秒 - レスポンス時間　**データ型** 浮動小数　**例** net.tcp.service.perf[ssh]
パラメータ【設定値】	*service*	監視するサービスを指定【ssh、ldap、smtp、ftp、http、pop、nntp、imap、tcp、https、telnet】
	ip	IPアドレス（デフォルトは127.0.0.1）
	port	ポート番号（デフォルトは指定したサービスの標準ポート）

キー	net.udp.service[*service*,*<ip>*,*<port>*]
説明	指定したudpサービスにリクエスト行いサービスが起動していることを監視　**返り値** 0 - 停止、1 - 起動　**データ型** 整数
パラメータ【設定値】	*service*	監視するサービスを指定【ntp】
	ip	IPアドレス（デフォルトは127.0.0.1）
	port	ポート番号（デフォルトは指定したサービスの標準ポート）

キー	net.udp.service.perf[*service*,*<ip>*,*<port>*]
説明	指定したudpサービスにリクエストを行ったレスポンス時間　**返り値** 0 - 停止、秒 - レスポンス時間　**データ型** 浮動小数
パラメータ【設定値】	*service*	監視するサービスを指定【ntp】
	ip	IPアドレス（デフォルトは127.0.0.1）
	port	ポート番号（デフォルトは指定したサービスの標準ポート）

A.1.5
Zabbixインターナルのキー一覧

キー	zabbix[boottime]
説明	Zabbixサーバープロセスが起動した時間。エポック時間（1970年1月1日00:00:00UTC）からの経過秒数を返す　**データ型** 整数

キー	zabbix[*table_name*]
説明	指定したテーブルに保存されているデータの数　**データ型** 整数
パラメータ【設定値】	*table_name*	テーブル名【history、history_log、history_str、history_text、history_uint、proxy_history、trends、trends_uint】

キー	zabbix[*config_name*]
説明	Zabbixデータベースに保存されている設定の数　**データ型** 整数
パラメータ【設定値】	*config_name*	設定の種別【hosts、items、items_unsupported、triggers】

キー	zabbix[host,,*param*]
説明	このアイテムが設定されているホストの有効なアイテムの数　**データ型** 整数
パラメータ【設定値】	*param*	アイテムのステータス【items（有効な全アイテム）、items_unsupported（ステータスが取得不可状態のアイテム）】

キー	zabbix[host,,maintenance]
説明	このアイテムが設定されているホストのメンテナンスの状態　**返り値** 0 - 通常状態、1 - データ取集ありのメンテナンス、2 - データ収集なしのメンテナンス　**データ型** 整数

キー	zabbix[host,discovery,interfaces]
説明	このアイテムが設定されているホストのインターフェースの設定　**データ型** JSON

キー	zabbix[host,*type*,available]
説明	このアイテムが設定されているホストのエージェントのステータス　**返り値** 0 - 監視不可、1 - 有効、2 - 不明　**データ型** 整数
パラメータ【設定値】	*type*	エージェントのタイプを指定【agent、snmp、ipmi、jmx】

キー	zabbix[java,,<*param*>]	
説明	Java Gateway のステータス 　データ型　整数または文字列	
パラメータ【設定値】	*param*	取得するデータの種類を指定【**ping**、**version**】

キー	zabbix[preprocessing_queue]	
説明	保存前処理の処理待ちのデータ数 　データ型　整数	

キー	zabbix[process,*type*,<*mode*>,<*state*>]	
説明	Zabbix サーバーまたは Zabbix プロキシのプロセスの稼働状況。このアイテムが設定されているホストが Zabbix サーバー直接の監視の場合は Zabbix サーバーのプロセスを、Zabbix プロキシ経由の監視の場合は経由している Zabbix プロキシの情報 　データ型　浮動小数 【例】 zabbix[process,poller,avg,busy]	
パラメータ【設定値】	*type*	Zabbix のプロセスの種類。Zabbix サーバー、Zabbix プロキシ共通【configuration syncer、discoverer、history syncer、http poller、icmp pinger、ipmi manager、ipmi poller、java poller、poller、self-monitoring、snmp trapper、task manager、trapper、unreachable poller、vmware collector】Zabbix サーバーのみ【alert manager、alerter、escalator、housekeeper、preprocessing manager、preprocessing worker、proxy poller、timer】Zabbix プロキシのみ【data sender、heartbeat sender】
	mode	取得データの計算方法、またはプロセスの指定【**avg**★(平均値)、**count**(プロセス数)、**max**(最大値)、**min**(最小値)、プロセス番号】
	state	取得データの形式【**busy**★(ビジー率)、**idle**(アイドル率)】

キー	zabbix[proxy,*name*,lastaccess]	
説明	指定した Zabbix プロキシサーバーからデータを受信した最終時刻 　データ型　文字列 【例】 zabbix[proxy,"Germany",lastaccess]	
パラメータ【設定値】	*name*	Zabbix プロキシサーバー名

キー	zabbix[queue,<*from*>,<*to*>]	
説明	Zabbix サーバーの更新待ちアイテムのキュー数 　データ型　整数	
パラメータ【設定値】	*from*	キューのカウント開始時間(デフォルト6秒)
	to	キューのカウント終了時間(デフォルト無限)

キー	zabbix[rcache,buffer,<*mode*>]	
説明	読み込みキャッシュの使用量 　データ型　mode に total、used、free を指定した場合は整数、pfree を指定した場合は浮動小数	
パラメータ【設定値】	*mode*	取得するデータの種類を指定【**pfree**★、**total**、**used**、**free**】

キー	zabbix[requiredperformance]	
説明	Zabbix サーバーまたは Zabbix プロキシの「1秒あたりの監視項目数」	

キー	zabbix[uptime]	
説明	Zabbix サーバーを起動してからの経過秒数 　データ型　整数	

キー	zabbix[vcache,buffer,*mode*]	
説明	Zabbix サーバーの ValueCache の容量 　データ型　整数または浮動小数	
パラメータ【設定値】	*mode*	取得するデータの種類【**total**、**free**、**pfree**、**used**、**pused**】

キー	zabbix[vcache,cache,*mode*]	
説明	Zabbix サーバーの ValueCache のステータス 　データ型　整数	
パラメータ【設定値】	*mode*	取得するデータの種類【**requests**(リクエスト数)、**hists**(ヒット数)、**misses**(ヒットしなかったリクエスト数)】

キー	zabbix[vmware,buffer,*mode*]	
説明	Zabbix サーバーの VMwareCache の容量 　データ型　整数または浮動小数	
パラメータ【設定値】	*mode*	取得するデータの種類【**total**、**free**、**pfree**、**used**、**pused**】

キー	zabbix[wcache,values,<mode>]
説明	Zabbix サーバーによる処理データの数。Zabbix サーバーのパフォーマンスを確認するための指標になる　**データ型** 整数
パラメータ【設定値】	mode　監視データのデータ型【all★、float、uint、str、log、text、not supported】

キー	zabbix[wcache,<type>,<mode>]
説明	ヒストリ、トレンド、テキストの書き込みキャッシュの使用量。このアイテムが設定されているホストが Zabbix サーバー直接の監視の場合は Zabbix サーバーのプロセスを、Zabbix プロキシ経由の監視の場合は経由している Zabbix プロキシの情報　**データ型** mode に total、used、free を指定した場合は整数、pfree を指定した場合は浮動小数
パラメータ【設定値】	type　データの種別【history、trend、index】
	mode　取得するデータの種類を指定【pfree★、total、used、free】

A.1.6
アグリゲートのキー一覧

グループ関数	説明
grpavg	平均値
grpmax	最大値
grpmin	最小値
grpsum	合計値

アイテム関数	説明
avg	平均値
count	データの数
last	最新値
max	最大値
min	最小値
sum	合計値

A.2
トリガー条件式の関数と演算子

トリガー条件式は、次のようにトリガー関数と演算子、数値を組み合わせて設定します。

{ホスト名:アイテムのキー.トリガー関数} 演算子 数値

　トリガー関数は、「関数(パラメータ)」の形で記述します。パラメータが存在しない関数の場合、設定した値は無視されます。利用できるトリガー関数とパラメータ、演算子の一覧を次に記載します。

　利用できるパラメータで <> が記載されているものは、省略可能です。設定しない場合は0が入力されたものとして評価されるか、デフォルト値が利用されます。いくつかのトリガー関数で共通に利用できるパラメータについて説明を次に記載します。

- **sec|#num**
  評価に利用する収集済みのヒストリデータから利用するデータの期間(数値のみの場合は秒数。s、m、h、d、wの指定も可能)または個数(「#数値」の形式で指定)を指定します。

- **time_shift**
  評価に利用する収集済みのヒストリデータから利用するデータを、現在時刻から指定された期間だけ過去にずらして(タイムシフト)取り出します。

A.2.1
トリガー関数

関数	引数	利用できるアイテムのデータ型	返り値
abschange	なし	すべて	0 - 等しい場合 1 - 等しくない場合
	説明 最新データと1つ前のデータの絶対値の差異を返す		
avg (*sec|#num*, <*time_shift*>)	第1引数：秒または#データ数 第2引数：タイムシフト	浮動小数、整数	―
	説明 最新のデータから指定した期間の値の平均値を返す		
band (<*sec|#num*>, *mask*, <*time_shift*>)	第1引数：秒または#データ数 第2引数：マスク(64ビット整数) 第3引数：タイムシフト	すべて	アイテムで受信したデータに第2引数のマスクをかけた結果
	説明 アイテムで受信した値に第2引数のマスクをANDでビット演算した結果を返す		
change	なし	すべて	0 - 等しい場合 1 - 等しくない場合
	説明 最新データと1つ前のデータの差異を返す		

関数	引数	利用できるアイテムのデータ型	返り値
count (*sec|#num*, *<pattern>*, *<operator>*, *<time_shift>*)	第1引数：秒または#データ数 第2引数：条件となる数値、文字列、正規表現 第3引数：以下の演算子（第2引数が浮動小数または整数の場合のみ利用可能） 第4引数：タイムシフト **eq**：等しい **ne**：等しくない **gt**：大きい **ge**：大きいまたは等しい **lt**：小さい **le**：小さいまたは等しい **like**：pattern で指定した文字列が含まれているか（大文字小文字を区別する） **band**：AND演算 **regexp**：pattern で指定した正規表現にマッチする文字列が含まれているか（大文字小文字を区別する） **iregexp**：pattern で指定した正規表現にマッチする文字列が含まれているか（大文字小文字を区別しない）	すべて	指定した条件にマッチするヒストリデータの数
	説明 最新のデータから指定した期間の条件にマッチするデータの数を返す **第2引数の例** count(600,12) は最新のデータから600秒以内に12と同じデータが存在する数を返す 　整数のアイテム：全く同じ値 　浮動小数のアイテム：0.00001 以内の誤差範囲で同じ値 　文字列、テキスト、ログのアイテム：指定した文字列が含まれる場合 **第3引数の例** count(600,12,"gt") は最新のデータから600秒以内に12より大きいデータが存在する数を返す count(#10,12,"gt") は最新のデータから10個のデータのうち12より大きいデータが存在する数を返す		
date	なし	すべて	YYYYMMDD フォーマット
	説明 現在の日付を返す　**例** 20031025		
dayofmonth	なし	すべて	**1〜31**
	説明 現在の日付を返す　**例** 28		
dayofweek	なし	すべて	**1** - 月曜〜**7** - 日曜
	説明 現在の曜日を返す		
delta (*sec|#num*, *<time_shift>*)	第1引数：秒または#データ数 第2引数：タイムシフト	浮動小数、整数	ヒストリデータの差分
	説明 max() - min()と同じ		
diff	なし	すべて	**0** - 等しい場合 **1** - 等しくない場合
	説明 最新データと1つ前のデータが異なるかどうかを返す		
forecast (*sec|#num*, *<time_shift>*, *time*,*<fit>*, *<mode>*)	第1引数：予測計算に利用する収集済み監視データを秒または#データ数で指定 第2引数：タイムシフト 第3引数：予測する時刻を現在からの経過時間で指定 第4引数：予測に利用する統計関数を次から指定〔**linear** ★、**polinomialN**、**exponential**、**logarithmic**、**power**〕 第5引数：予測値の算出結果の種類を次から指定〔**value** ★、**max**、**min**、**delta**、**avg**〕	浮動小数、整数	予測値
	説明 指定した将来の時間の予測値を算出する		
fuzzytime (*sec*)	秒	浮動小数、整数	**0** - 差がある場合 **1** - 差がない場合
	説明 アイテム system.localtime などで受信した時刻が Zabbix サーバーの時刻とN秒以上差があるかどうかを返す		
iregexp (*<pattern>*, *<sec|#num>*)	第1引数：正規表現 第2引数：秒または#データ数	文字列、テキスト、ログ	**0** - 文字列が含まれていない場合 **1** - 文字列が含まれている場合
	説明 regexp の大文字小文字を区別しない関数		
last (*<sec|#num>*, *<time_shift>*)	第1引数：秒または#データ数 第2引数：タイムシフト	すべて	ヒストリデータ
	説明 パラメータに秒を指定した場合は常に最新データを返す。#データ数を指定した場合は最新のデータからN番目のデータを返す。1秒以内に2つ以上のデータが存在する場合はデータの順番を正確に判定できない場合がある		

関数	引数	利用できるアイテムのデータ型	返り値
logeventid (*pattern*)	正規表現	ログ	**0** - 文字列が含まれていない場合 **1** - 文字列が含まれている場合
	説明 指定したイベントIDにマッチするかどうかを返す		
logseverity	なし	ログ	Windows イベントログの「情報」フィールドの整数値（デフォルトは0）
	説明 最新のログの重要度を返す		
logsource (*pattern*)	正規表現	ログ	**0** - 等しくない **1** - 等しい
	説明 最新のログのログソースと指定した文字列が等しいかどうかを返す。ログソースは Windows イベントログの値を利用　**例** logsource("VMWare Server")		
max (*sec|#num*, *<time_shift>*)	第1引数：秒または#データ数 第2引数：タイムシフト	浮動小数、整数	ヒストリデータ
	説明 最新のデータから指定した期間の値の最大値を返す		
min (*sec|#num*, *<time_shift>*)	第1引数：秒または#データ数 第2引数：タイムシフト	浮動小数、整数	ヒストリデータ
	説明 最新のデータから指定した期間の値の最小値を返す		
nodata (*sec*)	秒（30秒以上）	すべて	**0** - データを受信している **1** - データを受信していない
	説明 指定した期間にデータを受信したかどうかを返す		
now	なし	すべて	秒数
	説明 エポック時間（1970年1月1日 00:00:00 UTC）からの経過秒数を返す		
percentile (*sec|#num*, *<time_shift>*, *percentage*)	第1引数：秒または#データ数 第2引数：タイムシフト 第3引数：パーセンテージ（0から100の浮動小数値）	浮動小数、整数	パーセンタイル値
	説明 パーセンタイル値を返す		
prev	なし	すべて	ヒストリデータ
	説明 最新のデータの1つ前のデータを返す		
regexp (*<pattern>*, *<sec|#num>*)	第1引数：正規表現 第2引数：秒または#データ数	文字列、テキスト、ログ	**0** - 文字列が含まれていない場合 **1** - 文字列が含まれている場合
	説明 最新のデータに第1引数で指定した文字列が含まれるかどうかを返す（大文字小文字を区別） 第2引数を指定した場合は指定した期間にあるすべてのデータに文字列が含まれるかどうかを返す		
str (*<pattern>*, *<sec|#num>*)	第1引数：文字列 第2引数：秒または#データ数	文字列、テキスト、ログ	**0** - 文字列が含まれていない場合 **1** - 文字列が含まれている場合
	説明 最新のデータに第1引数で指定した文字列が含まれるかどうかを返す（大文字小文字を区別） 第2引数を指定した場合は指定した期間にあるすべてのデータに文字列が含まれるかどうかを返す		
strlen (*<sec|#num>*, *<time_shift>*)	秒または#データ数	浮動小数、整数、テキスト	文字数
	説明 最新のデータの文字数を返す		
sum (*sec|#num*, *<time_shift>*)	第1引数：秒または#データ数 第2引数：タイムシフト	浮動小数、整数	ヒストリデータの合計値
	説明 最新のデータから指定した期間の値の合計値を返す		
time	なし	すべて	HHMMSS フォーマット
	説明 現在の時刻を返す　**例** 123055		
timeleft (*sec|#num*, *<time_shift>*, *threshold*, *<fit>*)	第1引数：秒または#データ数 第2引数：タイムシフト 第3引数：予測したい値 第4引数：予測に利用する統計関数を次から指定【linear★、polinomialN、exponential、logarithmic、power】	浮動小数、整数	秒数
	説明 指定した予測値までに到達する残り時間を返す		

A.2.2
トリガー演算子

優先度	演算子	説明
1	-	マイナス値
2	not	否定（Zabbix 2.4以降で利用可能）
3	*	乗算
	/	除算
4	+	加算
	-	減算
5	<	小なり A<B ⇔ (A<B-0.000001)
	<=	小なりイコール（Zabbix 2.4以降で利用可能） A<=B ⇔ (A≤B+0.000001)
	>	大なり A>B ⇔ (A>B+0.000001)
	>=	大なりイコール（Zabbix 2.4以降で利用可能） A>=B ⇔ (A≥B-0.000001)"
6	=	等しい A=B ⇔ (A≥B-0.000001) and (A≤B+0.000001)
	<>	等しくない（Zabbix 2.2以前は「#」記号） A<>B ⇔ (A<B-0.000001) or (A>B+0.000001)
7	and	論理積（Zabbix 2.2以前は「&」記号）
8	or	論理和（Zabbix 2.2以前は「|」記号）

A.3
マクロ

　マクロはアクションのメッセージやリモートコマンド、トリガー条件式、マップのラベルなどに利用できる変数です。利用できるマクロはあらかじめ決められており、アクション実行時やトリガー評価時、マップ表示時などに自動的に実際の値に置き換えられます。アクションのメッセージに {TRIGGER.NAME} や {ITEM.LASTVALUE} などのマクロを設定しておくことで、アクションを実行するもとになったトリガーの設定やアイテムの収集データに置き換えられるため、マクロを活用することで設定をより柔軟に行うことができます。

　また、Zabbix全体やホスト単位でユーザー定義マクロを作成できます。ユーザー定義マクロはアイテムのキーのパラメータとトリガーの条件式に利用でき、Zabbix全体で利用する変数を作成したり、テンプレートに含まれるアイテムやトリガー設定の一部をマクロを利用するように設定しておき、テンプレート適用先のホストで実際の値に置き換えるなどの活用が可能です。

　マクロ名には大文字の英語と数字、「_」「.」を利用でき、次のフォーマットで設定します。

{$*MACRO_NAME*}　`←MACRO_NAMEは任意のマクロ名`

　ユーザー定義マクロは次の順番に評価されます。

❶ホストに設定されたユーザー定義マクロ
❷ホストがリンクしているテンプレートに設定されているユーザー定義マクロ
❸Zabbix全体で設定されているユーザー定義マクロ

利用できるマクロと設定項目の一覧を次に記載します。

A.3.1
マクロ一覧

マクロ	障害・復旧通知とリモートコマンド	障害更新の通知とリモートコマンド	メディアタイプのスクリプトのパラメータ	ネットワークディスカバリの通知	エージェントの自動登録の通知	トリガーによる内部イベントの通知	アイテムによる内部イベントの通知	ローレベルディスカバリによる内部イベントの通知	グローバルスクリプト	アイテムのキーのパラメータ	マップのアイコンのラベル	マップのリンクのラベル	マップのURL	マップの図形のテキストフィールド	アイテム名	ホストインターフェースのIPとDNS	Zabbixトラッパーの許可されたホスト	データベースモニタの追加パラメータ、SSHとTelnetのスクリプト
{ACTION.ID}	○	○		○	○	○	○	○										
{ACTION.NAME}	○	○		○	○	○	○	○										
{ALERT.MESSAGE}			○															
{ALERT.SENDTO}			○															
{ALERT.SUBJECT}			○															
{DATE}	○	○		○	○	○	○	○										
{DISCOVERY.DEVICE.IPADDRESS}				○														
{DISCOVERY.DEVICE.DNS}				○														
{DISCOVERY.DEVICE.STATUS}				○														
{DISCOVERY.DEVICE.UPTIME}				○														
{DISCOVERY.RULE.NAME}				○														
{DISCOVERY.SERVICE.NAME}				○														
{DISCOVERY.SERVICE.PORT}				○														
{DISCOVERY.SERVICE.STATUS}				○														
{DISCOVERY.SERVICE.UPTIME}				○														
{ESC.HISTORY}	○	○				○	○	○										
{EVENT.ACK.STATUS}	○	○																
{EVENT.AGE}	○	○		○	○	○	○	○										
{EVENT.DATE}	○	○		○	○	○	○	○										
{EVENT.ID}	○	○		○	○	○	○	○										
{EVENT.NAME}	○	○																
{EVENT.NSEVERITY}	○																	
{EVENT.RECOVERY.DATE}	○	○				○	○	○										
{EVENT.RECOVERY.ID}	○	○				○	○	○										
{EVENT.RECOVERY.STATUS}	○	○				○	○	○										
{EVENT.RECOVERY.TAGS}	○	○																
{EVENT.RECOVERY.TIME}	○	○				○	○	○										
{EVENT.RECOVERY.VALUE}	○	○				○	○	○										
{EVENT.SEVERITY}	○	○																
{EVENT.STATUS}	○	○		○	○	○	○	○										
{EVENT.TAGS}	○	○																
{EVENT.TIME}	○	○		○	○	○	○	○										
{EVENT.UPDATE.ACTION}		○																
{EVENT.UPDATE.DATE}		○																
{EVENT.UPDATE.HISTORY}	○	○																
{EVENT.UPDATE.MESSAGE}		○																
{EVENT.UPDATE.TIME}		○																
{EVENT.VALUE}	○	○		○	○	○	○	○										
{HOST.CONN<1-9>}	○	○				○	○	○	○	○*1	○					○	○*2	○*3
{HOST.DESCRIPTION<1-9>}	○	○				○	○	○			○							

マクロ	JMXアイテムのエンドポイント	ローレベルディスカバリルールのフィルターの正規表現	ダッシュボードとスクリーンのダイナミックアイテムのURL	トリガー名と説明	トリガー条件式	トリガーのタグと値	トリガーのURL	HTTPエージェント、アイテムのプロトタイプ、ディスカバリルールのURL、クエリ、リクエストボディ、ヘッダ、プロキシ、SSL証明書ファイル、公開鍵ファイル、許可されたホスト	Web監視	グラフ名	サポートするバージョン	説明
{ACTION.ID}											2.2.0	実行されたアクションのID
{ACTION.NAME}											2.2.0	実行されたアクションの名前
{ALERT.MESSAGE}											3.0.0	アクションのメッセージの送信で通知するメッセージの本文
{ALERT.SENDTO}											3.0.0	アクションのメッセージの送信で通知するメッセージの送信先
{ALERT.SUBJECT}											3.0.0	アクションのメッセージの送信で通知するメッセージの件名
{DATE}												現在の日付(yyyy.mm.dd形式)
{DISCOVERY.DEVICE.IPADDRESS}												発見されたデバイスのIPアドレス
{DISCOVERY.DEVICE.DNS}												発見されたデバイスのDNS名
{DISCOVERY.DEVICE.STATUS}												発見されたデバイスのステータス (UP/DOWN)
{DISCOVERY.DEVICE.UPTIME}												デバイスの最後のステータス変更からの経過時間(例:1h29m)
{DISCOVERY.RULE.NAME}												発見した、または存在しなくなったデバイスまたはサービスのディスカバリルール名
{DISCOVERY.SERVICE.NAME}												発見されたサービスの名前(例:HTTP)
{DISCOVERY.SERVICE.PORT}												発見されたサービスのポート番号(例:80)
{DISCOVERY.SERVICE.STATUS}												発見されたサービスのステータス(UP/DOWN)
{DISCOVERY.SERVICE.UPTIME}												サービスの最後のステータス変更からの経過時間(例:1h29m)
{ESC.HISTORY}												エスカレーションの履歴。過去に送信された障害通知とエスカレーションステップと送信ステータスの履歴
{EVENT.ACK.STATUS}												イベントの障害対応ステータス(Yes/No)
{EVENT.AGE}												アクション生成元イベントの継続時間
{EVENT.DATE}												イベントの日付
{EVENT.ID}												イベントのID
{EVENT.NAME}											4.0.0	イベントの名前
{EVENT.NSEVERITY}											4.0.0	数値形式のイベントの深刻度(0-未分類、1-情報、2-警告、3-軽度の障害、4-重度の障害、5-致命的な障害)
{EVENT.RECOVERY.DATE}											2.2.0	リカバリイベントの日付。リカバリ通知にのみ利用可能
{EVENT.RECOVERY.ID}											2.2.0	リカバリイベントのID。リカバリ通知にのみ利用可能
{EVENT.RECOVERY.STATUS}											2.2.0	リカバリイベントのステータス。リカバリ通知にのみ利用可能
{EVENT.RECOVERY.TAGS}											3.2.0	リカバリイベントのタグのカンマ区切りのリスト
{EVENT.RECOVERY.TIME}											2.2.0	リカバリイベントの時刻。リカバリ通知にのみ利用可能
{EVENT.RECOVERY.VALUE}											2.2.0	リカバリイベントの数値形式のステータス。リカバリ通知にのみ利用可能
{EVENT.SEVERITY}											4.0.0	イベントの深刻度
{EVENT.STATUS}											2.2.0	イベントの文字表記のステータス
{EVENT.TAGS}											3.2.0	イベントのタグのカンマ区切りのリスト
{EVENT.TIME}												イベントの時刻
{EVENT.UPDATE.ACTION}											4.0.0	障害更新の実施内容。同時に複数の変更を行った場合は実施内容がすべて展開される(acknowledged - 障害確認、commented - コメント入力、changed severity from (変更前の深刻度) to (変更後の深刻度) - 深刻度の変更、closed - 障害のクローズ)
{EVENT.UPDATE.DATE}												障害更新を行った日付
{EVENT.UPDATE.HISTORY}												障害更新の履歴
{EVENT.UPDATE.MESSAGE}												障害更新のメッセージ
{EVENT.UPDATE.TIME}												障害更新を行った時刻
{EVENT.VALUE}											2.2.0	イベントの数値形式のステータス
{HOST.CONN<1-9>}	○	○[4]	○[4]	○		○	○[5]	○[2]	○[6]		2.0.0	IPアドレスまたはDNS名。ホストの設定に依存[10]
{HOST.DESCRIPTION<1-9>}											2.4.0	ホストの説明

マクロ	障害・復旧通知とリモートコマンド	障害更新の通知とリモートコマンド	メディアタイプのスクリプトのパラメータ	ネットワークディスカバリの通知	エージェントの自動登録の通知	トリガーによる内部イベントの通知	アイテムによる内部イベントの通知	ローレベルディスカバリによる内部イベントの通知	グローバルスクリプト	アイテムのキーのパラメータ	マップのアイコンのラベル	マップのリンクのラベル	マップのURL	マップの図形のテキストフィールド	アイテム名	ホストインターフェースのIPとDNS	Zabbixトラッパーの許可されたホスト	データベースモニタの追加パラメータ、SSHとTelnetのスクリプト
{HOST.DNS<1-9>}	○	○				○	○	○	○	○※1	○					○	○※2	○※3
{HOST.HOST<1-9>}	○	○			○	○	○	○	○	○※1	○					○	○※2	○※3
{HOST.ID<1-9>}														○				
{HOST.IP<1-9>}	○	○			○	○	○		○	○※1	○					○	○※2	○※3
{HOST.METADATA}					○													
{HOST.NAME<1-9>}	○	○			○	○	○	○	○	○※1	○					○	○※2	○※3
{HOST.PORT<1-9>}	○	○			○	○	○											
{HOSTGROUP.ID}														○				
{INVENTORY.*<1-9>}	○	○				○	○											
{ITEM.DESCRIPTION<1-9>}	○	○				○	○											
{ITEM.ID<1-9>}	○	○				○	○											
{ITEM.KEY<1-9>}	○	○				○	○											
{ITEM.KEY.ORIG<1-9>}	○	○				○	○											
{ITEM.LASTVALUE<1-9>}	○	○																
{ITEM.LOG.AGE<1-9>}	○	○																
{ITEM.LOG.DATE<1-9>}	○	○																
{ITEM.LOG.EVENTID<1-9>}	○	○																
{ITEM.LOG.NSEVERITY<1-9>}	○	○																
{ITEM.LOG.SEVERITY<1-9>}	○	○																
{ITEM.LOG.SOURCE<1-9>}	○	○																
{ITEM.LOG.TIME<1-9>}	○	○																
{ITEM.NAME<1-9>}	○	○				○	○	○										
{ITEM.NAME.ORIG<1-9>}	○	○				○	○	○										
{ITEM.STATE<1-9>}							○											
{ITEM.VALUE<1-9>}	○	○																
{LLDRULE.DESCRIPTION}								○										
{LLDRULE.ID}								○										
{LLDRULE.KEY}								○										
{LLDRULE.KEY.ORIG}								○										
{LLDRULE.NAME}								○										
{LLDRULE.NAME.ORIG}								○										
{LLDRULE.STATE}								○										
{MAP.ID}													○					
{MAP.NAME}														○				

マクロ	JMXアイテムのエンドポイント	ローレベルディスカバリールールのフィルターの正規表現	ダッシュボードとスクリーンのダイナミックアイテムのURL	トリガー名と説明	トリガー条件式	トリガーのタグと値	トリガーのURL	HTTPエージェント、アイテムのプロトタイプ/ディスカバリールールのURL、クエリーフィールド、ヘッダー、ポスト、プロキシ、SSL証明書ファイル、SSL公開鍵ファイル、許可されたホスト	Web監視	グラフ名	サポートするバージョン	説明
{HOST.DNS<1-9>}	○	○※4	○※4	○		○	○※5	○※2	○※6		2.0.0	ホストのDNS名※10
{HOST.HOST<1-9>}	○	○※4	○※4	○		○	○※5	○※2	○※6			ホスト名({HOSTNAME<1-9>}は廃止予定)
{HOST.ID<1-9>}			○※4				○※5					ホストID
{HOST.IP<1-9>}	○	○※4	○※4	○		○	○※5	○※2	○※6		2.0.0	ホストのIPアドレス※10({IPADDRESS<1-9>}は廃止予定)
{HOST.METADATA}											2.2.0	ホストのメタデータ。エージェントの自動登録にのみ利用可能
{HOST.NAME<1-9>}	○※4	○※4			○	○※5	○※2	○※6			2.0.0	ホストの表示名
{HOST.PORT<1-9>}	○			○		○	○※5				2.0.0	ホストのエージェントのポート番号※10
{HOSTGROUP.ID}												ホストグループID
{INVENTORY.*<1-9>}					○							ホストインベントリの各フィールド値。利用できるマクロ一覧はA.3.2に記載
{ITEM.DESCRIPTION<1-9>}											2.0.0	イベントを生成する元になったトリガー条件式のN番目のアイテムの説明
{ITEM.ID<1-9>}							○				1.8.12	イベントを生成する元になったトリガー条件式のN番目のアイテムのID
{ITEM.KEY<1-9>}							○				2.0.0	イベントを生成する元になったトリガー条件式のN番目のアイテムのキー({TRIGGER.KEY}は廃止予定)
{ITEM.KEY.ORIG<1-9>}											2.0.6	イベントを生成する元になったトリガー条件式のN番目のアイテムのマクロ展開前のキー
{ITEM.LASTVALUE<1-9>}			○		○	○※7						イベントを生成する元になったトリガー条件式のN番目のアイテムの最新データ。3.2.0以降ではマクロのコンテキストが利用可能
{ITEM.LOG.AGE<1-9>}												ログアイテムのイベントの障害継続時間
{ITEM.LOG.DATE<1-9>}												ログアイテムのイベントの障害発生日付
{ITEM.LOG.EVENTID<1-9>}												WindowsイベントログのイベントID
{ITEM.LOG.NSEVERITY<1-9>}												Windowsイベントログの数値形式の深刻度
{ITEM.LOG.SEVERITY<1-9>}												Windowsイベントログの文字表記の深刻度
{ITEM.LOG.SOURCE<1-9>}												Windowsイベントログのイベントソース
{ITEM.LOG.TIME<1-9>}												ログアイテムのイベントの障害発生時刻
{ITEM.NAME<1-9>}												イベントを生成する元になったトリガー条件式のN番目のアイテムの名前
{ITEM.NAME.ORIG<1-9>}											2.0.6	イベントを生成する元になったトリガー条件式のN番目のアイテムのマクロ展開前の名前
{ITEM.STATE<1-9>}											2.2.0	イベントを生成する元になったトリガー条件式のN番目のアイテムの現在のステータス(Not supported/Normal)
{ITEM.VALUE<1-9>}			○		○	○※7						イベントの表示や通知のメッセージではイベントを生成する元になったトリガーのN番目のアイテムのイベント発生時のヒストリデータ。トリガー一覧などイベントの状態とは関係ない画面では利用しているアイテムの最新の値。3.2.0以降ではマクロのコンテキストが利用可能
{LLDRULE.DESCRIPTION}											2.2.0	ローレベルディスカバリルールの説明
{LLDRULE.ID}											2.2.0	ローレベルディスカバリルールのID
{LLDRULE.KEY}											2.2.0	イベントを生成する元になったローレベルディスカバリのキー
{LLDRULE.KEY.ORIG}											2.2.0	イベントを生成する元になったローレベルディスカバリのマクロ展開前のキー
{LLDRULE.NAME}											2.2.0	イベントを生成する元になったローレベルディスカバリの名前
{LLDRULE.NAME.ORIG}											2.2.0	イベントを生成する元になったローレベルディスカバリのマクロ展開前の名前
{LLDRULE.STATE}											2.2.0	ローレベルディスカバリの最新のステータス(Not supported/Normal)
{MAP.ID}												ネットワークマップID
{MAP.NAME}											3.4.0	マップの名前

マクロ	障害・復旧通知とリモートコマンド	障害更新の通知とリモートコマンド	メディアタイプのスクリプトのパラメータ	ネットワークディスカバリの通知	エージェントの自動登録の通知	トリガーによる内部イベントの通知	アイテムによる内部イベントの通知	ローレベルディスカバリによる内部イベントの通知	グローバルスクリプト	アイテムのキーのパラメータ	マップのアイコンのラベル	マップのリンクのラベル	マップのURL	マップの図形のテキストフィールド	アイテム名	ホストインターフェースのIPとDNS	Zabbixトラッパーの許可されたホスト	データベースモニタの追加パラメータ、SSHとTelnetのスクリプト
{PROXY.DESCRIPTION<1-9>}	○	○		○	○	○	○	○										
{PROXY.NAME<1-9>}	○	○		○	○	○	○	○										
{TIME}	○	○		○	○	○	○	○										
{TRIGGER.DESCRIPTION}	○	○				○												
{TRIGGER.EVENTS.ACK}	○	○									○							
{TRIGGER.EVENTS.PROBLEM.ACK}	○	○									○							
{TRIGGER.EVENTS.PROBLEM.UNACK}	○	○									○							
{TRIGGER.EVENTS.UNACK}	○	○									○							
{TRIGGER.HOSTGROUP.NAME}	○	○				○												
{TRIGGER.PROBLEM.EVENTS.PROBLEM.ACK}											○							
{TRIGGER.PROBLEM.EVENTS.PROBLEM.UNACK}											○							
{TRIGGER.EXPRESSION}	○	○				○												
{TRIGGER.EXPRESSION.RECOVERY}	○	○				○												
{TRIGGER.ID}	○	○				○							○					
{TRIGGER.NAME}	○	○				○												
{TRIGGER.NAME.ORIG}	○	○				○												
{TRIGGER.NSEVERITY}	○	○				○												
{TRIGGER.SEVERITY}	○	○				○												
{TRIGGER.STATE}						○												
{TRIGGER.STATUS}	○	○																
{TRIGGER.TEMPLATE.NAME}	○	○				○												
{TRIGGER.URL}	○	○				○												
{TRIGGER.VALUE}	○	○																
{TRIGGERS.UNACK}											○							
{TRIGGERS.PROBLEM.UNACK}											○							
{TRIGGERS.ACK}											○							
{TRIGGERS.PROBLEM.ACK}											○							
{USER.FULLNAME}		○																
{host:key.func(param)}	○	○									○*8	○*8						

マクロ	JMXアイテムのエンドポイント	ローレベルディスカバリールールのフィルターの正規表現	ダッシュボードとスクリーンのダイナミックアイテムのURL	トリガー名と説明	トリガー条件式	トリガーのタグと値	トリガーのURL	HTTPエージェント、アイテムのプロトタイプ、ディスカバリールールのURL、クエリ、リクエストボディ、ヘッダ、プロキシ、SSL証明書ファイル、公開鍵ファイル、許可されたホスト	Web監視	グラフ名	サポートするバージョン	説明
{PROXY.DESCRIPTION<1-9>}											2.4.0	イベントを生成する元になったN番目のトリガーのホストが経由するプロキシの説明。ネットワークディスカバリとエージェントの自動登録の場合は、経由しているプロキシの説明
{PROXY.NAME<1-9>}											1.8.4	イベントを生成する元になったトリガー条件式のN番目のアイテムのホストが経由するプロキシ名
{TIME}												現在の時刻(hh:mm:ss)
{TRIGGER.DESCRIPTION}											2.0.4	トリガーの説明。2.2.0以降は障害通知で利用した場合設定に含まれるマクロも展開される
{TRIGGER.EVENTS.ACK}											1.8.3	マップのアイコンでは確認済みイベントの数。通知の場合はイベントを生成する元になったトリガーの確認済みイベントの数
{TRIGGER.EVENTS.PROBLEM.ACK}											1.8.3	トリガーのステータスにかかわらず、すべてのトリガーの確認済み障害イベントの数
{TRIGGER.EVENTS.PROBLEM.UNACK}											1.8.3	トリガーのステータスにかかわらず、すべてのトリガーの未確認の障害イベントの数
{TRIGGER.EVENTS.UNACK}											1.8.3	マップのアイコンでは未確認のイベントの数。通知の場合はイベントを生成する元になったトリガーの未確認のイベントの数
{TRIGGER.HOSTGROUP.NAME}											2.0.6	トリガーが設定されているホストグループのカンマ区切りのリスト
{TRIGGER.PROBLEM.EVENTS.PROBLEM.ACK}											1.8.3	障害状態のトリガーの確認済みのイベント数
{TRIGGER.PROBLEM.EVENTS.PROBLEM.UNACK}											1.8.3	障害状態のトリガー未確認のイベント数
{TRIGGER.EXPRESSION}											1.8.12	トリガー条件式
{TRIGGER.EXPRESSION.RECOVERY}											3.2.0	トリガーの復旧条件式
{TRIGGER.ID}							○					トリガーID(トリガーURL設定では1.8.8以降)
{TRIGGER.NAME}												トリガー名
{TRIGGER.NAME.ORIG}											2.0.6	マクロ展開前のトリガー名
{TRIGGER.NSEVERITY}												数値形式のトリガー深刻度(0 - 未分類、1 - 情報、2 - 警告、3 - 軽度の障害、4 - 重度の障害、5 - 致命的な障害)
{TRIGGER.SEVERITY}												トリガー深刻度(管理→一般設定→トリガー深刻度の設定を変更した場合はその値を利用)
{TRIGGER.STATE}											2.2.0	トリガーの最新のステータス(Unknown/Normal)
{TRIGGER.STATUS}												現在のトリガーのステータス(PROBLEM/OK)。{STATUS}は廃止予定
{TRIGGER.TEMPLATE.NAME}											2.0.6	トリガーが設定されているテンプレートのカンマ区切りのリスト。トリガーがホストに直接設定されている場合は*UNKNOWN*
{TRIGGER.URL}												トリガーのURL
{TRIGGER.VALUE}					○							現在のトリガーの数値形式のステータス(0 - 正常、1 - 障害)
{TRIGGERS.UNACK}												トリガーの状態にかかわらずマップのアイコンの未確認のトリガー数。トリガーによって生成されたイベントが1つでも未確認の場合、そのトリガーは未確認として数えられる
{TRIGGERS.PROBLEM.UNACK}											1.8.3	マップのアイコンの未確認の障害状態のトリガー数。トリガーによって生成されたイベントが1つでも未確認の場合、そのトリガーは未確認として数えられる
{TRIGGERS.ACK}											1.8.3	確認済みのトリガーの数。トリガーはすべての障害イベントが確認済みかを考慮する
{TRIGGERS.PROBLEM.ACK}											1.8.3	確認済みの障害状態のトリガーの数。トリガーはすべての障害イベントが確認済みかを考慮する
{USER.FULLNAME}											3.4.0	障害更新処理を行ったユーザーの名と姓
{host:key.func(param)}										○[※9]		トリガー条件式形式で利用できるマクロ

※1　{HOST.*}マクロをアイテムのキーのパラメータに利用した場合、そのアイテムの「ホストインターフェース」設定で選択しているインターフェースの設定を利用。「ホストインターフェース」の設定がないアイテムタイプの場合はエージェント、SNMP、JMX、IPMIの順にインターフェースの設定が利用される

※2　「許可されたホスト」設定では4.0.2以降で利用可能

※3　2.0.3以降で利用可能

※4　2.4.0以降で利用可能

※5　3.0.0以降で利用可能

※6　2.2.0以降で利用可能。{HOST.*}マクロはWebシナリオの名前、変数、ヘッダ、SSL証明書ファイル、SSL秘密鍵ファイルで利用可能。ステップの名前、URL、POST、ヘッダ、要求文字列で利用可能

※7　4.0.0以降で利用可能

※8　avg、last、max、min関数のみ利用可能

※9　2.2.0以降で利用可能。avg、last、max、min関数のみ利用できる。{HOST.HOST}マクロを利用して{{HOST.HOST}:ifInOctets.1.last()}の形式でも利用できる

※10　リモートコマンド、グローバルスクリプト、インターフェースのIP/DNSフィールド、Webシナリオではホストのインターフェースをエージェント、SNMP、JMX、IPMIの順に利用。1つのエージェントタイプに複数のインターフェース設定が存在する場合は「標準」が選択されているものを利用

A.3.2
ホストインベントリで利用できるマクロ一覧

マクロ	マクロ	マクロ
{INVENTORY.ALIAS<1-9>}	{INVENTORY.NOTES<1-9>}	{INVENTORY.SITE.ADDRESS.B<1-9>}
{INVENTORY.ASSET.TAG<1-9>}	{INVENTORY.OOB.IP<1-9>}	{INVENTORY.SITE.ADDRESS.C<1-9>}
{INVENTORY.CHASSIS<1-9>}	{INVENTORY.OOB.NETMASK<1-9>}	{INVENTORY.SITE.CITY<1-9>}
{INVENTORY.CONTACT<1-9>}	{INVENTORY.OOB.ROUTER<1-9>}	{INVENTORY.SITE.COUNTRY<1-9>}
{INVENTORY.CONTRACT.NUMBER<1-9>}	{INVENTORY.OS<1-9>}	{INVENTORY.SITE.NOTES<1-9>}
{INVENTORY.DEPLOYMENT.STATUS<1-9>}	{INVENTORY.OS.FULL<1-9>}	{INVENTORY.SITE.RACK<1-9>}
{INVENTORY.HARDWARE<1-9>}	{INVENTORY.OS.SHORT<1-9>}	{INVENTORY.SITE.STATE<1-9>}
{INVENTORY.HARDWARE.FULL<1-9>}	{INVENTORY.POC.PRIMARY.CELL<1-9>}	{INVENTORY.SITE.ZIP<1-9>}
{INVENTORY.HOST.NETMASK<1-9>}	{INVENTORY.POC.PRIMARY.EMAIL<1-9>}	{INVENTORY.SOFTWARE<1-9>}
{INVENTORY.HOST.NETWORKS<1-9>}	{INVENTORY.POC.PRIMARY.NAME<1-9>}	{INVENTORY.SOFTWARE.APP.A<1-9>}
{INVENTORY.HOST.ROUTER<1-9>}	{INVENTORY.POC.PRIMARY.NOTES<1-9>}	{INVENTORY.SOFTWARE.APP.B<1-9>}
{INVENTORY.HW.ARCH<1-9>}	{INVENTORY.POC.PRIMARY.PHONE.A<1-9>}	{INVENTORY.SOFTWARE.APP.C<1-9>}
{INVENTORY.HW.DATE.DECOMM<1-9>}	{INVENTORY.POC.PRIMARY.PHONE.B<1-9>}	{INVENTORY.SOFTWARE.APP.D<1-9>}
{INVENTORY.HW.DATE.EXPIRY<1-9>}	{INVENTORY.POC.PRIMARY.SCREEN<1-9>}	{INVENTORY.SOFTWARE.APP.E<1-9>}
{INVENTORY.HW.DATE.INSTALL<1-9>}	{INVENTORY.POC.SECONDARY.CELL<1-9>}	{INVENTORY.SOFTWARE.FULL<1-9>}
{INVENTORY.HW.DATE.PURCHASE<1-9>}	{INVENTORY.POC.SECONDARY.EMAIL<1-9>}	{INVENTORY.TAG<1-9>}
{INVENTORY.INSTALLER.NAME<1-9>}	{INVENTORY.POC.SECONDARY.NAME<1-9>}	{INVENTORY.TYPE<1-9>}
{INVENTORY.LOCATION<1-9>}	{INVENTORY.POC.SECONDARY.NOTES<1-9>}	{INVENTORY.TYPE.FULL<1-9>}
{INVENTORY.LOCATION.LAT<1-9>}	{INVENTORY.POC.SECONDARY.PHONE.A<1-9>}	{INVENTORY.URL.A<1-9>}
{INVENTORY.LOCATION.LON<1-9>}	{INVENTORY.POC.SECONDARY.PHONE.B<1-9>}	{INVENTORY.URL.B<1-9>}
{INVENTORY.MACADDRESS.A<1-9>}	{INVENTORY.POC.SECONDARY.SCREEN<1-9>}	{INVENTORY.URL.C<1-9>}
{INVENTORY.MACADDRESS.B<1-9>}	{INVENTORY.SERIALNO.A<1-9>}	{INVENTORY.VENDOR<1-9>}
{INVENTORY.MODEL<1-9>}	{INVENTORY.SERIALNO.B<1-9>}	
{INVENTORY.NAME<1-9>}	{INVENTORY.SITE.ADDRESS.A<1-9>}	

A.3.3
ユーザー定義マクロとローレベルディスカバリのマクロ

		ユーザー定義マクロ {$MACRO}	ローレベルディスカバリのマクロ {#MACRO}
ホストとホストのプロトタイプ	インターフェースのIPアドレスまたはDNS名	○	
	インターフェースのポート番号	○	
ホストのプロトタイプ	ホスト名		○
	表示名		○
	ホストグループのプロトタイプ		○
パッシブプロキシ	インターフェースのポート番号	○	
アイテムとアイテムのプロトタイプ	名前	○	○
	キーのパラメータ	○	○
	単位		○
	監視間隔	○	○
	例外の監視間隔	○	
	ヒストリの保存期間	○	○
	トレンドの保存期間	○	○
	SNMPv3コンテキスト名	○	
	SNMPv3セキュリティ名	○	
	SNMPv3認証パスフレーズ	○	
	SNMPv3プライバシーパスフレーズ	○	
	SNMPv1/v2コミュニティ名	○	
	SNMP OID	○	○
	SNMPポート	○	
	IPMIセンサー		○
	SSHユーザー名	○	
	SSH公開鍵ファイル	○	
	SSH秘密鍵ファイル	○	
	SSHパスワード	○	
	SSHスクリプト	○	○
	Telnetユーザー名	○	
	Telnetパスワード	○	
	Telnetスクリプト	○	○
	計算アイテムの式	○	○
	Zabbixトラッパーの許可されたホスト	○	
	データベースモニタのSQLクエリ	○	○
	JMXアイテムのエンドポイント設定	○	○
	アイテムの保存前処理	○	○
	HTTPエージェントのURL	○	○
	HTTPエージェントのクエリフィールド	○	○
	HTTPエージェントのリクエストボディ	○	○
	HTTPエージェントの要求ステータスコード	○	○
	HTTPエージェントのヘッダのキーと値	○	○
	HTTPエージェントの認証のユーザー名	○	○
	HTTPエージェントの認証のパスワード	○	○
	HTTPエージェントのHTTPプロキシ	○	○
	HTTPエージェントのSSL証明書ファイル	○	○
	HTTPエージェントのSSL秘密鍵ファイル	○	○
	HTTPエージェントのSSL秘密鍵パスワード	○	○
	HTTPエージェントのタイムアウト	○	○
ネットワークディスカバリ	監視間隔	○	
	SNMPv3コンテキスト名	○	
	SNMPv3セキュリティ名	○	

		ユーザー定義マクロ {$MACRO}	ローレベルディスカバリのマクロ {#MACRO}
ネットワークディスカバリ	SNMPv3 認証パスフレーズ	○	
	SNMPv3 プライバシーパスフレーズ	○	
	SNMPv1/v2 コミュニティ名	○	
	SNMP OID	○	
ローレベルディスカバリルール	キーのパラメータ	○	
	監視間隔	○	
	例外の監視間隔	○	
	SNMPv3 コンテキスト名	○	
	SNMPv3 セキュリティ名	○	
	SNMPv3 認証パスフレーズ	○	
	SNMPv3 プライバシーパスフレーズ	○	
	SNMPv1/v2 コミュニティ名	○	
	SNMP OID	○	
	SNMP ポート	○	
	SSH ユーザー名	○	
	SSH 公開鍵ファイル	○	
	SSH 秘密鍵ファイル	○	
	SSH パスワード	○	
	SSH スクリプト	○	
	Telnet ユーザー名	○	
	Telnet パスワード	○	
	Telnet スクリプト	○	
	Zabbix トラッパーの許可されたホスト	○	
	データベースモニタの SQL クエリ	○	
	JMX アイテムのエンドポイント設定	○	
	存在しなくなったリソースの保持期間	○	
	フィルターのマクロ		○
	フィルターの正規表現	○	
	HTTP エージェントの URL	○	
	HTTP エージェントのクエリフィールド	○	
	HTTP エージェントのリクエストボディ	○	
	HTTP エージェントの要求ステータスコード	○	
	HTTP エージェントのヘッダのキーと値	○	
	HTTP エージェントの認証のユーザー名	○	
	HTTP エージェントの認証のパスワード	○	
	HTTP エージェントのタイムアウト	○	
Web 監視	名前	○	
	監視間隔	○	
	エージェント	○	
	HTTP プロキシ	○	
	変数	○	
	ヘッダ	○	
	ステップの名前	○	
	ステップの URL	○	
	ステップの POST 変数	○	
	ステップのヘッダ	○	
	ステップのタイムアウト	○	
	ステップの要求文字列	○	
	ステップの要求ステータスコード	○	
	認証(ユーザー名とパスワード)	○	
	SSL 証明書ファイル	○	
	SSL 秘密鍵ファイル	○	

		ユーザー定義マクロ {$MACRO}	ローレベルディスカバリのマクロ {#MACRO}
Web監視	SSL秘密鍵パスワード	○	
トリガーとトリガーのプロトタイプ	名前	○	○
	条件式の右辺と関数のパラメータ	○	○
	説明	○	○
	URL	○	○
	タグの名前と値	○	○
グラフのプロトタイプ	グラフ名		○
アクション	障害と復旧通知の件名と本文、リモートコマンド	○	
	内部イベントの通知の件名と本文、リモートコマンド	○	
	障害更新の通知の件名と本文、リモートコマンド	○	
	ステップの間隔	○	
	実行条件の期間	○	
グローバルスクリプト	コマンド	○	
	確認テキスト	○	
ダイナミックスクリーンのURL	URL	○	
ユーザー	メディアの有効な時間帯	○	
一般設定	ワーキングタイム	○	

A.4
コードページ

　ログ監視やファイル監視のアイテムのキーではコードページを指定できます。コードページには「数値表記」「名前表記」「cp + 名前表記」の3つすべてを利用可能です。

例：
log[/var/log/messages,,20932]
log[/var/log/messages,,EUC-JP]
log[/var/log/messages,,cp20932]

　次にZabbixで利用できるコードページ一覧を記載します。

A.4.1
コードページ一覧

数値表記	文字表記	数値表記	文字表記	数値表記	文字表記
0	ANSI	949	KS_C_5601-1987	10000	MACINTOSH
37	IBM037	950	BIG5	10001	X-MAC-JAPANESE
437	IBM437	1026	IBM1026	10002	X-MAC-CHINESETRAD
500	IBM500	1047	IBM01047	10003	X-MAC-KOREAN
708	ASMO-708	1140	IBM01140	10004	X-MAC-ARABIC
720	DOS-720	1141	IBM01141	10005	X-MAC-HEBREW
737	IBM737	1142	IBM01142	10006	X-MAC-GREEK
775	IBM775	1143	IBM01143	10007	X-MAC-CYRILLIC
850	IBM850	1144	IBM01144	10008	X-MAC-CHINESESIMP
852	IBM852	1145	IBM01145	10010	X-MAC-ROMANIAN
855	IBM855	1146	IBM01146	10017	X-MAC-UKRAINIAN
857	IBM857	1147	IBM01147	10021	X-MAC-THAI
858	IBM00858	1148	IBM01148	10029	X-MAC-CE
860	IBM860	1149	IBM01149	10079	X-MAC-ICELANDIC
861	IBM861	1200	UTF-16	10081	X-MAC-TURKISH
862	DOS-862	1201	UNICODEFFFE	10082	X-MAC-CROATIAN
863	IBM863	1250	WINDOWS-1250	12000	UTF-32
864	IBM864	1251	WINDOWS-1251	12001	UTF-32BE
865	IBM865	1252	WINDOWS-1252	20000	X-CHINESE_CNS
866	CP866	1253	WINDOWS-1253	20001	X-CP20001
869	IBM869	1254	WINDOWS-1254	20002	X_CHINESE-ETEN
870	IBM870	1255	WINDOWS-1255	20003	X-CP20003
874	WINDOWS-874	1256	WINDOWS-1256	20004	X-CP20004
875	CP875	1257	WINDOWS-1257	20005	X-CP20005
932	SHIFT_JIS	1258	WINDOWS-1258	20105	X-IA5
936	GB2312	1361	JOHAB	20106	X-IA5-GERMAN

数値表記	文字表記
20107	X-IA5-SWEDISH
20108	X-IA5-NORWEGIAN
20127	US-ASCII
20261	X-CP20261
20269	X-CP20269
20273	IBM273
20277	IBM277
20278	IBM278
20280	IBM280
20284	IBM284
20285	IBM285
20290	IBM290
20297	IBM297
20420	IBM420
20423	IBM423
20424	IBM424
20833	X-EBCDIC-KOREANEXTENDED
20838	IBM-THAI
20866	KOI8-R
20871	IBM871
20880	IBM880
20905	IBM905
20924	IBM00924
20932	EUC-JP
20936	X-CP20936
20949	X-CP20949
21025	CP1025
21866	KOI8-U
28591	ISO-8859-1
28592	ISO-8859-2
28593	ISO-8859-3
28594	ISO-8859-4
28595	ISO-8859-5
28596	ISO-8859-6
28597	ISO-8859-7
28598	ISO-8859-8
28599	ISO-8859-9
28603	ISO-8859-13
28605	ISO-8859-15
29001	X-EUROPA
38598	ISO-8859-8-I
50220	ISO-2022-JP
50221	CSISO2022JP
50222	ISO-2022-JP
50225	ISO-2022-KR
50227	X-CP50227
51932	EUC-JP
51936	EUC-CN
51949	EUC-KR
52936	HZ-GB-2312
54936	GB18030
57002	X-ISCII-DE

数値表記	文字表記
57003	X-ISCII-BE
57004	X-ISCII-TA
57005	X-ISCII-TE
57006	X-ISCII-AS
57007	X-ISCII-OR
57008	X-ISCII-KA
57009	X-ISCII-MA
57010	X-ISCII-GU
57011	X-ISCII-PA
65000	UTF-7
65001	UTF-8

A.5
プロセスとキャッシュ

Zabbixサーバーと Zabbix プロキシは、役割別に複数のプロセスを起動して動作します。また、メモリ上にいくつかのキャッシュ領域を確保します。設定ファイルでプロセス数やキャッシュサイズを調整できるものもあり、次に詳細を記載します。

A.5.1
プロセス

プロセス名	Zabbix サーバー	Zabbix プロキシ	起動数のパラメータ	説明
poller	○	○	StartPollers	監視対象へ監視データの取得リクエストを送信するプロセス
unreachable poller	○	○	StartPollersUnreachable	ネットワーク接続が行えない監視対象へ監視データの取得リクエストを送信するプロセス
http poller	○	○	StartHTTPPollers	Web監視の監視処理を行うプロセス
icmp pinger	○	○	StartPingers	Ping実行を行うプロセス
trapper	○	○	StartTrappers	デフォルトで10051番ポートをオープンし、Zabbixエージェントのアクティブチェック、アクティブプロキシ、zabbix_senderによるデータ送信のリクエストを受け取り、処理するプロセス
ipmi manager	○	○		ipmi pollerのプロセス管理を行うプロセス
ipmi poller	○	○	StartIPMIPollers	IPMI監視の監視データ取得処理を行うプロセス
snmp trapper	○	○	StartSNMPTrapper	SNMPトラップ監視のためにトラップデータの記載されたファイルを読み、ホストとアイテムに振り分ける処理を行うプロセス
vmware collector	○	○	StartVMwareCollectors	vSphere APIと通信を行い、データを収集するプロセス
java poller	○	○	StartJavaPollers	Java Gatewayと通信を行い、データ取得リクエストを行うプロセス
housekeeper	○	○		保存期間を過ぎた監視データやイベント、セッション情報、監査履歴をデータベースから削除するプロセス
discoverer	○	○	StartDiscoverers	ネットワークディスカバリの探索処理を行うプロセス
preprocessing manager	○			preprocessing worker プロセスの管理を行うプロセス
preprocessing worker	○		StartPreprocessors	アイテムの保存前処理を行うプロセス
self-monitoring	○	○		子プロセスが異常終了していないかを監視するプロセス
configuration syncer	○	○		データベースから一部の設定を定期的に取得し、メモリキャッシュに置くプロセス
history syncer	○	○	StartDBSyncers	History Cacheに保存されているデータを処理し、トリガー評価、データベースへの保存、トレンド計算を行うプロセス
task manager	○	○		Webインターフェースのコマンド実行、障害確認、障害の手動クローズ、アイテムの「監視データの取得」ボタンの処理を行うプロセス

プロセス名	Zabbix サーバー	Zabbix プロキシ	起動数のパラメータ	説明
timer	○		StartTimers	メンテナンス期間設定に基づいてホストや障害イベントをメンテナンス状態に出し入れするプロセス
escalator	○		StartEscalators	障害状態が継続しているイベントのエスカレーション処理とリモートコマンドの実行を行うプロセス
alert manager	○			alerterプロセスの管理を行うプロセス
alerter	○		StartAlerters	障害通知の送信やアラートスクリプトの送信を行うプロセス
proxy poller	○		StartProxyPollers	パッシブプロキシと通信し、監視設定の送信とプロキシの収集済み監視データの取得を行うプロセス
heartbeat sender		○		アクティブプロキシ利用時に定期的にZabbixサーバーにハートビートを送信するプロセス
data sender		○		アクティブプロキシ利用時に収集済みの監視データをZabbixサーバーに送信するプロセス

A.5.2
キャッシュ

キャッシュ名称	Zabbix サーバー	Zabbix プロキシ	設定パラメータ	説明
Configuration Cache	○	○	CacheSize	データベースから取得した一部の設定をキャッシュしておくメモリ領域。不足した場合はログにエラーを出力してプロセスが停止する
History Cache	○	○	HistoryCacheSize	取得した監視データをデータベースへの保存前に一時的に置いておくメモリ領域。不足した場合はZabbixサーバーが新規のデータを受け付けなくなる
History Index Cache	○	○	HistoryIndexCacheSize	History Cacheに置かれている監視データのインデックスを置くメモリ領域
Trend Cache	○		TrendCacheSize	取得したデータから計算したトレンドの値を置くメモリ領域。不足した場合はログにエラーを出力してプロセスが停止する
Value Cache	○		ValueCacheSize	トリガーの評価や計算アイテムの算出に利用する監視データをキャッシュするメモリ領域。不足した場合はデータベースから直接データを取得する動作になるため、Zabbixサーバーのパフォーマンスが低下する
VMware Cache	○	○	VMwareCacheSize	vmware collectorが監視対象のvSphereから取得した監視データを置く領域

索引

※項目名の( )内は補足情報です。
※[ ]は、選択項目、あるいは画面であることを表します。

●著者紹介

寺島 広大　Terashima Kodai

Zabbix Japan代表。20歳の頃にLinuxに触れたのがきっかけでオープンソースに興味を持つ。2005年にZABBIX-JPのコミュニティサイトを作成し、2010年に書籍を出版、2011年にはZabbix本社へ転職し世界中のZabbixサポートを行いつつ、日本向けの公式トレーニングやパッケージ作成を担当する。2012年に日本支社であるZabbix Japanを設立し代表に就任。

●カバー・本文デザイン............ 西岡裕二
●本文レイアウト..................... 徳田久美（株式会社トップスタジオ）
●本文図版............................. 加藤久、酒徳葉子（技術評論社制作業務部）
●編集................................... 森下洋子（株式会社トップスタジオ）
●編集アシスタント................. 北川香織（技術評論社雑誌編集部）
●企画................................... 池田大樹（技術評論社雑誌編集部）

Software Design plusシリーズ

［改訂3版］Zabbix統合監視実践入門 —— 障害通知、傾向分析、可視化による省力運用

2010年　5月　5日　初　版　第1刷発行
2019年　7月23日　第3版　第1刷発行
2024年　9月25日　第3版　第3刷発行

著者.................................... 寺島 広大
発行者................................. 片岡 巌
発行所................................. 株式会社技術評論社
　　　　　　　　　　　　　　東京都新宿区市谷左内町21-13
　　　　　　　　　　　　電話　03-3513-6150　販売促進部
　　　　　　　　　　　　　　 03-3513-6175　雑誌編集部
印刷／製本......................... 昭和情報プロセス株式会社

●お問い合わせ
本書に関するご質問は記載内容についてのみとさせていただきます。本書の内容以外のご質問には一切応じられませんので、あらかじめご了承ください。
なお、お電話でのご質問は受け付けておりませんので、書面または小社Webサイトのお問い合わせフォームをご利用ください。

〒162-0846　東京都新宿区市谷左内町21-13　株式会社技術評論社
『［改訂3版］　Zabbix統合監視実践入門』係
URL. https://gihyo.jp/（技術評論社Webサイト）

ご質問の際に記載いただいた個人情報は回答以外の目的に使用することはありません。使用後は速やかに個人情報を廃棄します。